风光发电及传输技术

鲍玉军 著

东南大学出版社
SOUTHEAST UNIVERSITY PRESS
·南京·

内 容 提 要

目前，世界各国都在加大对新能源和可再生能源研究的力度。本书中对新能源和可再生能源的相关原理进行了分析，对可再生能源的发电技术进行了研究，重点研究了太阳能、风能及其相关发电的关键技术，并分析了风、光发电的电力并网和传输的技术方法，并参考了相关行业专家的意见。本书可作为高等院校电气、自控、机电类等相关专业的专业课教材，也可供相关工程技术人员解决实际问题时参考，还可以作为高校相关专家学者的参考资料。

图书在版编目(CIP)数据

风光发电及传输技术/鲍玉军著.—南京：东南大学出版社，2014.12(2021.8重印)

ISBN 978-7-5641-5313-7

Ⅰ.①风… Ⅱ.①鲍… Ⅲ.①电力发电系统 ②太阳能发电 Ⅳ.①TM614 ②TM615

中国版本图书馆CIP数据核字(2014)第259694号

风光发电及传输技术

出版发行 东南大学出版社
出 版 人 江建中
社　　址 南京市四牌楼2号
邮　　编 210096

经　　销 江苏省新华书店
印　　刷 广东虎彩云印刷有限公司
开　　本 787 mm×1092 mm 1/16
印　　张 16.25
字　　数 413千字
版　　次 2014年12月第1版
印　　次 2021年8月第4次印刷
书　　号 ISBN 978-7-5641-5313-7
定　　价 45.00元

(本社图书若有印装质量问题，请直接与营销部联系，电话：025-83791830)

前　言

能源是人类社会和经济发展的重要物质基础。在21世纪，新能源的开发和应用得到包括中国在内的世界各国的普遍重视，很多国际组织、跨国公司、高校和研究机构对新能源和可再生能源的获取进行了深入研究，新能源和可再生能源的应用前景光明。在中国，目前在沿海和西部地区已经普遍建设了规模较大的风力、太阳能发电场，而且中国太阳能电池块总产量和出口量多年居全球第一。为了拓宽本书的使用范围，在撰写过程中，也充分考虑到使用的广泛性，可供相关工程技术人员解决工程问题和高校师生作研究参考资料。

本书特色鲜明，实用性强、简明清晰、结论表述准确，适用不同层次的读者学习和参考。在对可再生能源发电的介绍时，将每个知识点紧密结合到相关学科，突出实用知识和特色鲜明的经典案例，方便相关工程技术人员参考。本书对可再生能源发电技术的公式不求严格证明，但对可再生发电原理表达清晰，结论准确，有利于帮助相关工程技术人员建立可再生能源发电的数理模型，提高相关工程技术人员的形象思维能力和解决实际工程问题的能力。

本书是在常州工学院鲍玉军老师主要参与的江苏省自然科学项目(10KJD480003)研究基础上撰写而成的，在撰写过程中，调研并参考了相关行业专家的意见，努力做到难易适中，适用面广。但由于种种原因，书中难免存在有误的地方，欢迎各位同仁提出宝贵意见，如需要交流和相关资料，请用 baoyj@czu.cn 邮箱与作者联系。

鲍玉军

于常州工学院

2014年5月

前　言

目　录

1 风光发电技术发展现状及趋势

1.1 中国风能及分布

1.1.1 风能的形成及特性

1）大气环流

温差形成的空气流动。风的形成是空气流动的结果。空气流动的原因是多方面的，由于地球绕太阳运转，日地距离和方位不同，地球上各纬度所接收的太阳辐射强度也就各异。赤道和低纬度地区比极地和高纬度地区太阳辐射强度强，地面和大气接收的热量多，因而温度高，这种温差形成了南北间的气压梯度，在等压面空气向北流动。

地球自转形成的空气流动。由于地球自转形成了科里奥利力，简称偏向力或科氏力。在此力作用下，在北半球，气流向右偏转，在南半球，气流向左偏转。所以，地球大气的运动，除受到气压梯度力的作用外，还受到地转偏向力的影响。地转偏向力在赤道为零，随着纬度的增高而增大，在极地达到最大。

由于地球表面受热不均，引起大气层中空气压力不均衡，因此，形成地面与高空的大气环流。各环流圈伸屈的高度，以赤道最高，中纬度次之，极地最低，这主要是由于地球表面增热程度随纬度增高而降低的缘故。这种环流在地球自转偏向力的作用下，形成了赤道到纬度 30°N 环流圈（哈德来环流）、纬度 30°～60°N 环流圈和纬度 60°～90°N 环流圈，这便是著名的三圈环流，如图 1.1 所示。当然，所谓三圈环流乃是一种理论的环流模型。由于地球上海陆的分布不均匀，因此，实际的环流比上述情况要复杂得多。

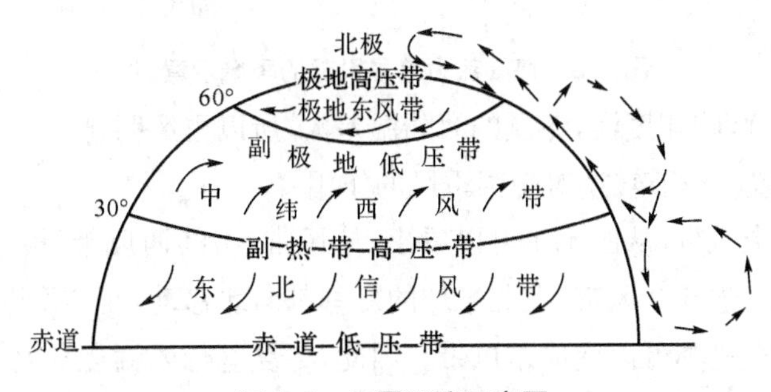

图 1.1 三圈环流示意图

2）季风环流

在一个大范围地区内，盛行风向或气压系统有明显的季节变化，这种在一年内随着季节不同有规律转变风向的风，称为季风。季风盛行地区的气候又称季风气候。

亚洲东部的季风范围主要包括我国的东部、朝鲜、日本等地区。亚洲南部的季风，以印度半岛最为显著，这就是世界闻名的印度季风。

我国位于亚洲的东南部，所以东亚季风和南亚季风对我国天气气候变化都有很大影响。

图 1.2 是季风的地理分布图，形成我国季风环流的因素很多，主要是由于海陆差异、行星风带的季风转换以及地形特征等因素综合形成的。

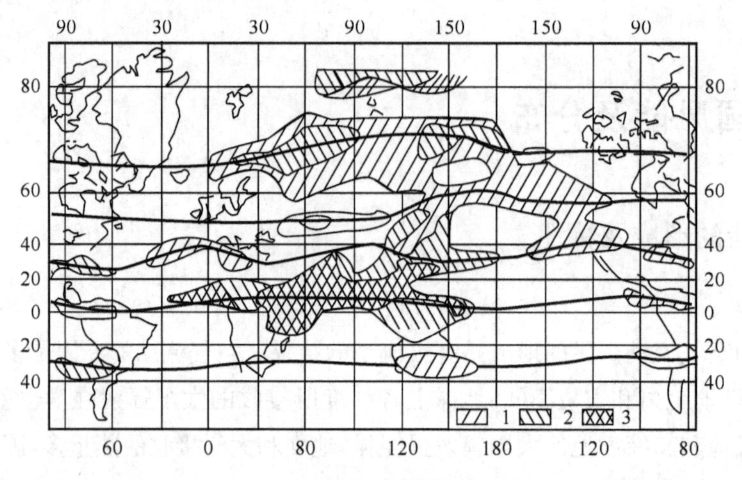

图 1.2　季风的地理分布

(1) 海陆分布对中国季风的作用

海洋的热容量比陆地大得多。冬季，陆地比海洋冷，大陆气压高于海洋，气压梯度力自大陆指向海洋，风从大陆吹向海洋；夏季则相反，陆地很快变暖，海洋相对比较冷，陆地气压低于海洋，气压梯度力由海洋指向大陆，风从海洋吹向大陆，如图 1.3 所示。

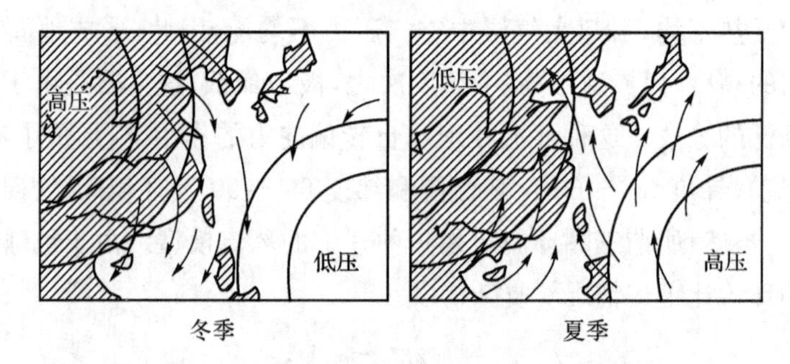

图 1.3　海陆热力差异引起的季风示意图

中国东临太平洋，南临印度洋，冬夏的海陆温差大，所以季风明显。

(2) 行星风带位置的季节转换对中国季风的作用

地球上存在着 6 个风带，从图 1.1 可以看出，信风带、中纬西风带、极地东风带在南半球和北半球是对称分布的。这 6 个风带，在北半球的夏季都向北移动，而冬季则向南移动。这样，冬季西风带的南缘地带在夏季可以变成东风带。因此，冬夏盛行风就会发生 180°的变化。

冬季，我国主要在西风带的影响下，强大的西伯利亚高压笼罩着全国，盛行偏北气流。夏季，西风带北移，全国在热低压控制之下，副热带高压也北移，盛行偏南风。

(3) 青藏高原对中国季风的作用

青藏高原占我国陆地面积的四分之一，平均海拔在 4 000 m 以上，它对周围地区具有热力作用。在冬季，高原上温度较低，周围大气温度较高，这样形成下沉气流，从而加强了地面高压系统，使冬季风增强；在夏季，高原相对于周围自由大气是一个热源，加强了高原周围地区的低压系统，使夏季季风得到加强。另外，在夏季，西南季风由孟加拉湾向北推行，沿着青藏高原东部南北走向的横断山脉流向中国的西南地区。

3）局地环流

（1）海陆风

海陆风的形成与季风相同，也是由大陆和海洋之间的温度差异的转变引起的。不过海陆风的范围小，以日为周期，势力也相对薄弱。

由于海陆物理属性的差异，造成海陆受热不均，白天，陆上增温较海洋快，空气上升，而海洋上空气温相对较低，使地面有风自海洋吹向大陆，补充大陆地区上升气流，而陆上的上升气流流向海洋上空而下沉，补充海上吹向大陆的气流，形成一个完整的热力环流；夜间环流的方向正好相反，所以风从陆地吹向海洋。将这种白天从海洋吹向大陆的风称海风，夜间从陆地吹向海洋的风称陆风，将一天中海陆之间的周期性环流总称海陆风（见图 1.4）。

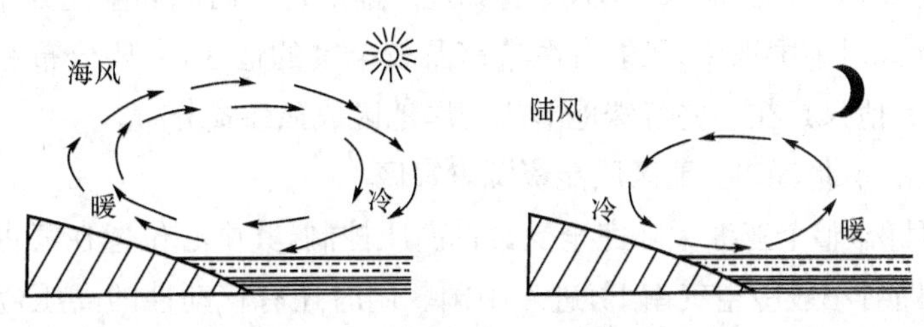

图 1.4　海陆风形成示意图

海陆风的强度在海岸最大，随着离岸距离的增加而减弱，一般影响距离约为 20～50 km。海风的风速比陆风大，在典型的情况下，风速可达 4～7 m/s。而陆风一般仅为 2 m/s 左右。海陆风最强烈的地区，发生在温度日变化最大及昼夜还陆温差最大的地区。低纬度日照强，所以海陆风较为明显，尤以夏季为甚。

此外，在大湖附近同样日间有风自湖面吹向陆地，称为湖风，夜间风自陆地吹向湖面，称为陆风，合称湖陆风。

（2）山谷风

山谷风的形成原理跟海陆风是类似的。白天，山坡接受太阳光热较多，空气增温较多；而山谷上空，同高度上的空气因离地较远，增温较少。于是山坡上的暖空气不断上升，并从山坡上空流向谷地上空，谷底的空气则沿山坡向山顶补充，这样便在山坡与山谷之间形成一个热力环流。下层风由谷底吹向上坡，称为谷风。到了夜间，山坡上的空气受山坡辐射冷却影响，空气降温较多；而谷地上空，同高度的空气因离地面较远，降温较少。于是山坡上的冷空气因密度大，顺山坡流入谷地，谷底的空气因汇合而上升，并从上面向山顶上空流去，形成与白天相反的热力环流。下层风由山坡吹向谷地，称为山风。山风和谷风又总称为山谷风（见图 1.5）。

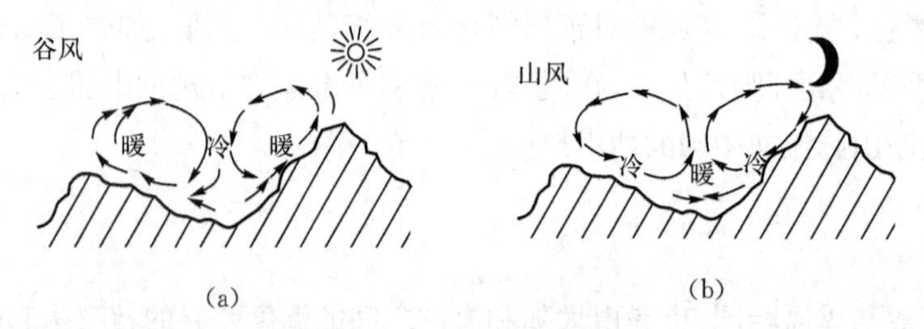

图 1.5　山谷风形成示意图

山谷风风速一般较弱，谷风比山风大一些，谷风速度一般为 2～4 m/s，有时可达 6～7 m/s。谷风通过山隘时，风速加大。山风速度一般仅为 1～2 m/s。但在峡谷中，风力还能增大一些。

4) 中国风能资源的形成

风资源的形成受多种自然因素的影响，特别是天气气候背景及地形和海陆的影响至关重要。由于风能在空间分布上是分散的，在时间分布上也是不稳定和不连续的，也就是说风速对天气气候非常敏感，时有时无，时大时小，尽管如此风能资源在时间和空间分布上仍存在着很强的地域性和时间性。对中国来说，风能资源丰富及较丰富的地区，主要分布在北部和沿海及其岛屿两个大带里，其他只是在一些特殊地形或湖岸地区成孤岛式分布。

(1) 三北(西北、华北、东北)地区风能资源丰富区

冬季(12～2 月份)整个亚洲大陆完全受蒙古高压控制，其中心位置在蒙古人民共和国的西北部，在高压中不断有小股冷空气南下，进入中国。同时还有移动性的高压(反气旋)不时的南下，南下时气温较低，若一次冷空气过程中其最低气温在 5 ℃以下，且这次过程中日平均气温 48 h 内最大降温达 10 ℃以上时，称为一次寒潮，不符合这一标准的称为一次冷空气。

影响中国的冷空气有 5 个源地，这 5 个源地侵入的路线称为路径。第一条路径来自新地岛以东附近的北冰洋面，从西北方向进入蒙古人民共和国西部，再东移南下影响中国，称西北 1 路径，如图 1.6 中的 NW1；第二条是源于新地岛以西北冰洋面，经俄罗斯、蒙古国进入中国，称西北 2 路径，如图 1.6 中的 NW2；第三条源于地中海附近，称西路径，东移到蒙古国西部再影响中国，如图 1.6 中的 W；第四条源于太梅尔半岛附近北冰洋洋面，向南移入蒙古国，然后再向东南

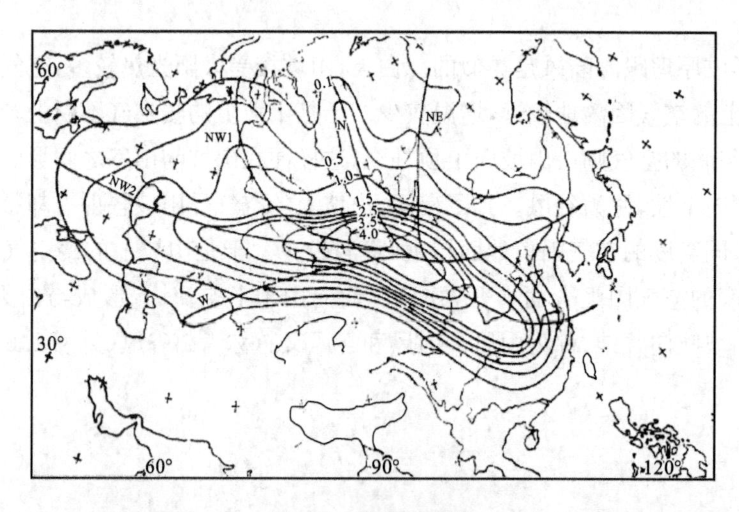

图 1.6　寒潮路径图

影响中国，称为北路径，如图 1.6 中的 N；第五条源于贝加尔湖以东的东西伯利亚地区，进入中国东北及华北地区，称为东北路径，如图 1.6 中的 NE。

从图 1.6 中还可以看到，这 5 条路径进入中国后，分两条不同的路径南下，一条是经河套、华北、华中，由长江中下游入海，有时可侵入华南地区，沿此路径入侵的寒潮可以影响中国大部分地区，出现次数占总次数的 60%左右，冷空气经过之地有连续的大风、降温，并常伴有风沙。另一条经过华北北部、东北平原，冷空气路径东移进入日本海，也有一部分经华北、黄河下游，向西南移入两湖盆地。这一条出现次数约占总次数的 40%。它常使渤海、黄海、东海出现东北大风，也给长江以北地区带来大范围的大风、降雪和低温天气。

这 5 条路径除东北路径外，一般都要经过蒙古人民共和国，当经过蒙古高压时得到新的冷高压的补充和加强，这种高压往往可以迅速南下，进入中国。每当冷空气入侵一次，大气环流必定发生一次大的调整，天气也将发生剧烈的变化。

欧亚大陆面积广大，北部气温低，是北半球冷高压活动最频繁的地区，而中国地处亚欧大陆南岸，正是冷空气南下的必经之路。三北地区是冷空气入侵中国的前沿地区，一般冷高压前锋称为冷锋，在冷锋过境后的 200 km 附近经常可出现大风，可造成一次 6～10 级(10.8～24.4 m/s)大风。而对风能资源利用来说，就是一次可以有效利用的高质量风速。强冷空气除在冬季入侵外，在春秋也常有入侵。

从中国三北地区向南，由于冷空气从源地长途跋涉，到达黄河中下游再到长江中下游，地面气温有所升高，原来寒冷干燥的气流性质逐渐改变为较冷湿润的气流性质(称为变性)，也就是冷空气逐渐变暖，这时气压差也变小，所以，风速由北向南逐渐减小。

中国东部处于蒙古高压的东侧和东南侧，因此盛行偏北风。三北地区多为西北风，秦岭-黄河下游以南的广大地区，盛行风向偏于北和东北之间。

春季(3～5 月份)是由冬季到夏季的过渡季节，由于地面温度不断升高，从 4 月份开始，中、高纬度地区的蒙古高压强度已明显减弱，而这时印度低压(大陆低压)及其向东北伸展的低压槽已控制了中国的华南地区，与此同时，太平洋副热带高压也由菲律宾向北逐渐侵入中国华南沿海一带，这几个高、低气压系统频繁交替，它们的强弱、消长都对中国风能资源有着重要的作用。

春季是中国气旋活动最多的季节，特别是中国东北及内蒙一带气旋活动频繁，造成内蒙和东北的大风和沙尘暴天气。同样，江南气旋活动也较多，但造成的却是春雨和华南雨季。这也是三北地区风资源较南方丰富的一个主要原因。春季的全国风向已不如冬季那样稳定少变，但仍以偏北风居多，但风的偏南分量显著地增加。

夏季(6～8 月份)东南地面气压分布形势与冬季完全相反。这时中、高纬度的蒙古高压向北退缩的已不明显，相反的，印度低压继续发展控制了亚洲大陆，为全年最盛的季风。太平洋副热带高压此时也向北扩展和向大陆西延伸。可以说，东亚大陆夏季的天气气候变化基本上受这两个环流系统的强弱和相互作用所制约。

随着太平洋副热带高压的西伸北跳，中国东部地区都会受到它的影响，此高压的西部为东南气流和西南气流带来了丰富的降水，但由于高、低压间压差小，风速不大，夏季是全国全年风速最小的季节。

夏季，大陆为热低压，海上为高压，高、低压间的等压线在中国东部几乎呈南北向分布的形式，所以此地区夏季盛行偏南风。

秋季(9～11月份)是由夏季到冬季的过渡季节，这时印度低压和太平洋高压开始明显衰退，而中高纬度的蒙古高压又开始活跃起来。冬季风来得迅速，且维持稳定。此时，中国东南沿海已逐渐受到蒙古高压边缘的影响，华南沿海由夏季的东南风转为东北风。三北地区秋季已确立了冬季风的形势。各地多为稳定的偏北风，风速开始增大。

(2) 东南沿海及其岛屿风能资源丰富区

东南沿海地区的天气气候背景与三北地区基本相同，所不同的是海洋与大陆由两种截然不同的物质组成，二者的辐射与热力学过程都存在着明显的差异。大陆与海洋间的能量交换不同，海洋温度变化慢，具有明显的热惰性，大陆温度变化快，具有明显的热敏感性，冬季海洋较大陆温暖，夏季较大陆凉爽。在冬季，每当冷空气到达海上时，风速增大，再加上海洋表面平滑，摩擦力小，一般风速比大陆增大2～4 m/s。

东南沿海又受台湾海峡的影响，每当冷空气南下到达时，由于狭管效应使风速增大，因此是风能资源最佳的地区。

在沿海，每当夏秋季节均受到热带气旋的影响，中国现行的热带气旋名称和等级标准见表1.1。当热带气旋风速达到8级(17.2 m/s)以上时，称为台风。台风是一种直径为1 000 km左右的圆形气旋，中心气压极低，距台风中心10～30 km的范围内是台风眼，台风眼中天气较好，风速很小。在台风眼外壁，天气最为恶劣，最大破坏风速就出现在这个范围内，所以一般只要不是在台风正面直接登陆的地区，风速一般小于10级(26 m/s)，它的影响平均有800～1 000 km的直径范围，每当台风登陆后，沿海可以产生一次大风过程，而风速基本上在风力机切出风速范围之内，这是一次满发电的好机会。

表1.1 热带气旋名称和等级标准

中心附近最大风力等级	国际热带气旋名称	中国现行热带气旋名称	
		对国内	对国外
6、7	热带低压	热带低压	热带低压
8、9	热带风暴	台风	热带风暴
10、11	强热带风暴		
12或12以上	台风	强台风	台风

登陆台风在中国每年有11个，而广东每年登陆台风最多，为3.5次，海南次之，为2.1次，台湾为1.9次，福建为1.6次，广西、浙江、上海、江苏、山东、天津、辽宁等合计仅为1.7次，由此可见，台风影响的地区由南向北递减，从台湾路径通过的次数，进行等频率线图的分析可看出(见图1.7)，南海和东海沿海频率远大于北部沿海，对风能资源来说也是南大北小。由于台风登陆后中心气压升高极快，再加上东南沿海东北—西南走向的山脉重叠，所以形成的大风仅在距海岸几十千米内。风能功率密度由300 W/m² 锐减到100 W/ m² 以下。

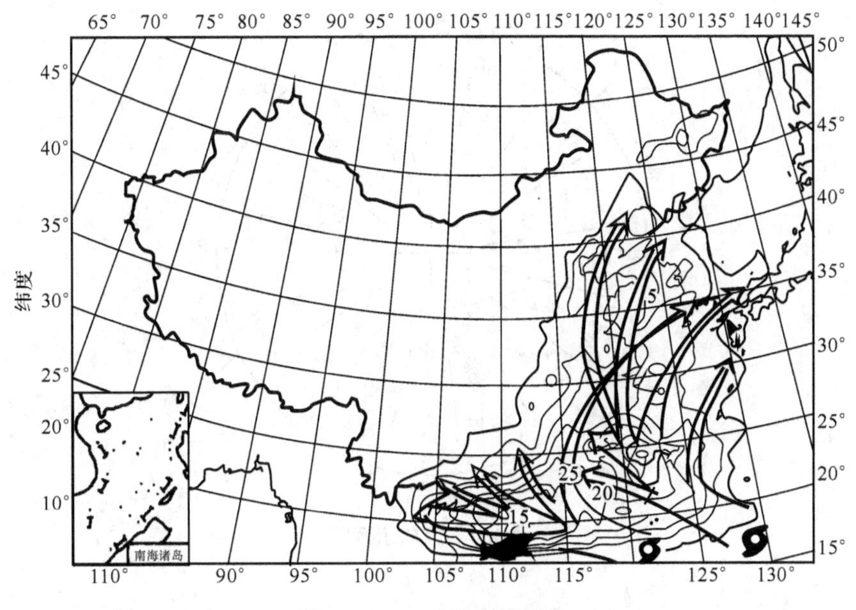

图 1.7　5～10 月台风频率

综上所述，冬、春季的冷空气和夏、秋季的台风都能影响到沿海及其岛屿。相对内陆来说，这里形成了风能丰富带。由于台湾海峡的狭管效应的影响，东南沿海及其岛屿也是风能资源最丰富的地区之一。中国的海岸线有 18 000 多千米，有 6 000 多个岛屿和近海广大的海域，这里是风能大有开发利用前景的地区。

(3) 内陆风能资源丰富区

在两个风能丰富带之外，风能功率密度一般较小，但是在一些地区，由于湖泊和特殊地形的影响，风能比较丰富，如鄱阳湖附近较周围地区风能就大，湖南衡山、湖北九宫山和利川、安徽的黄山、云南太华山等也较平地风能大。但是这些只限于很小范围之内，不像两大带那样有大的面积。

青藏高原海拔在 4 000 m 以上，这里的风速比较大，但空气密度小，如海拔 4 000 m 以上的空气密度大致为地面的 0.67 倍，也就是说，同样是 8 m/s 的风速，在平原上风能功率密度为 313.6 W/m^2，而在海拔 4 000 m 只为 209.9 W/m^2，所以对风能利用来说仍属一般地区。

5) 中国风速变化特性

(1) 风速年变化

各月平均风速的空间分布与造成风速的天气气候背景和地形以及海陆分布等有直接关系，就全国而论，各地年变化有差异，如三北地区和黄河中下游，全国风速最大的时期绝大部分出现在春季，风速最小出现在秋季。以内蒙古多伦为代表，每年 3～5 月份风速最大，7～9 月份风速最小。冬季冷空气经三北地区奔腾而下，风速也较大，但春季不但有冷空气经过，而且气旋活动频繁，故而春季比冬季风要大些。北京也是 3 月份和 4 月份全年风速最大，7～9 月份风速最小。但在新疆北部，风速年变化情况和其他地区有所不同，而是春末夏初(4～7 月份)风速最大，冬季风速最小，这是由于冬季处在蒙古高压盘踞之下，冷空气聚集在盆地之下，下层空气极其稳定，风速最小，而在 4～7 月份，特别是在 5、6 月份，冷锋和高空低槽过境较多，地面温度较高，冷暖平流很强，容易产生较大的气压梯度，所以风速最大，如图 1.9 所示。

图 1.8 为风向示意图。

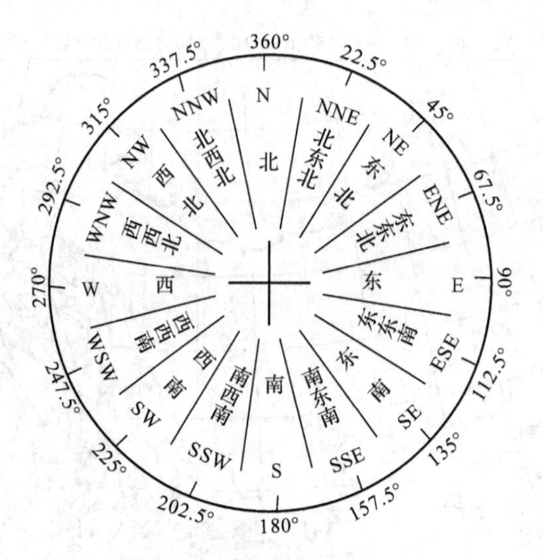

图 1.8　风向示意图

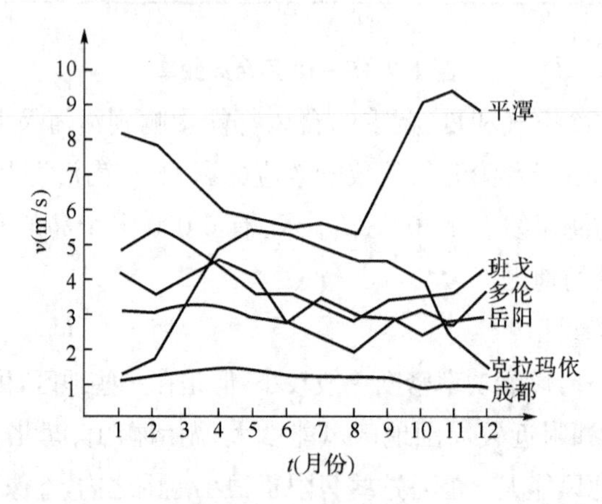

图 1.9　风速年变化

东南沿海全年风速变化以福建平潭为例，如图 1.9 所示，夏季风速最小，秋季风速最大。由于秋季北方冷高压加强南下，海上台风活跃北上，东南沿海气压梯度很大，再加上台湾海峡的狭管效应，因此风速最大；初夏因受到热带高压脊的控制，风速最小。

青藏高原以班戈为代表，风速年变化如图 1.9 所示，它是春季风速最大，夏季风速最小。在春季，由于高空西风气流稳定维持在这一地区，高空动量下传，所以风速最大；在夏季，由于高空西风气流北移，地面为热低压，因此风速较小。

(2) 风速日变化

风速日变化即风速在一日之内的变化。它主要与下面的性质有关，一般有陆地上和海上日变化两种类型。

陆地上风速日变化是白天风速大，午后 14 时左右达到最大，晚上风速小，在黎明前 6 时左右风速最小。这是由于白天地面受热，特别是午后地面最热，上下对流旺盛，高层风动量下传，使下层空气流动加速，而在午后加速最多，因此风速最大；日落后地面迅速冷却，气层趋于稳定，风速逐渐减小，到日出前地面气温最低，有时形成逆风，因此风速最小，如图 1.10 所示是某城市某日的湿度—风速变化曲线。

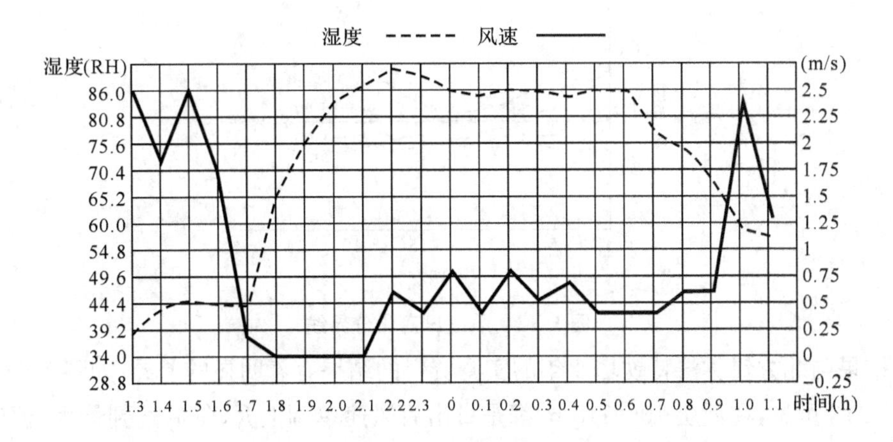

图 1.10 某城市某日湿度—风速变化曲线

海上风速日变化与陆地相反，白天风速小，午后 14 时左右最小，夜间风速大，清晨 6 时左右风速最大，地面风速日变化是因高空动量下传引起的，而动量下传又与海陆昼夜稳定变化不同有关。夜间，海水温度高于气温，大气层热稳定度比白天大，正好与陆地相反。另外，海上风速日变化的幅度比陆面小，这是因为海面上水温和气温的日变化都比陆地小，陆地上白天对流强于海上夜间的缘故。

但在近海地区或海岛上，风速的变化既受海面的影响又受陆地的影响，所以风速日变化的类型不太明显。稍大的一些岛屿一般受陆地影响较大，白天风速较大，如成山头、南澳、西沙等。但有些较大的岛屿，如平潭岛，风速日变化几乎已经接近陆上风速日变化的类型。

风速的日变化还随着高度的增加而改变，如武汉阳逻铁塔高 146 m，风的梯度观测有 9 层，即 5 m、10 m、15 m、20 m、30 m、62 m、87 m、119 m、146 m。通过 5 年的观测，结果表明不同高度风速日变化特点很不相同，如图 1.11 所示。

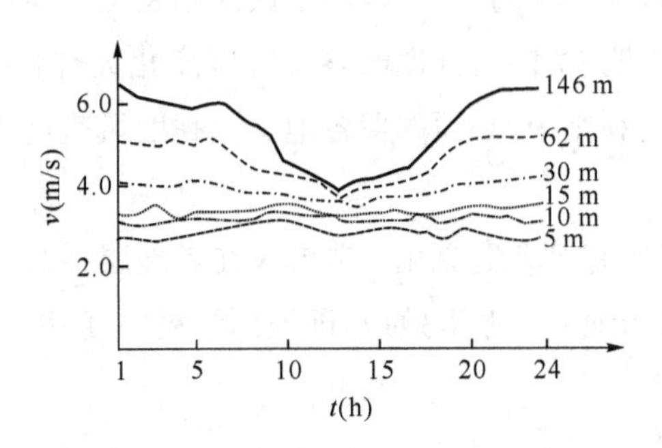

图 1.11 武汉阳逻铁塔平均风速日变化

由图 1.12 可见，大致在 15～30 m 处是分界线，在 30 m 以下的日变化是白天风大，夜间风小，在 30 m 以上随高度的增加，风速日变化逐渐由白天风大向夜间风大转变，到 62 m 以上基本上是白天风小，夜间风大。

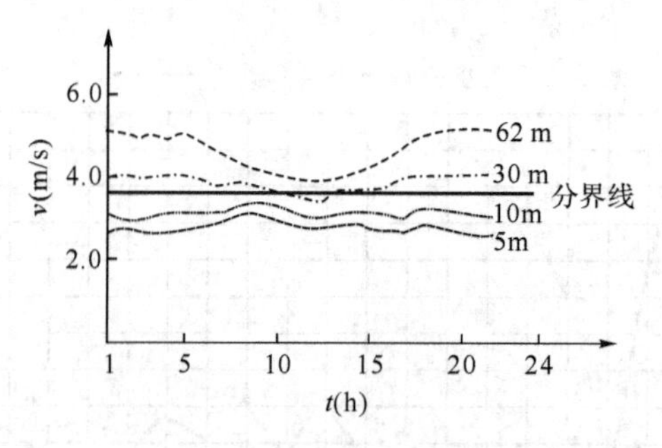

图 1.12　风速日变化分界线

这一结果与北方锡林浩特铁塔 4 年的实测资料的结果有着明显的差异，如图 1.13。

由图 1.13 可见，在低层 10～118 m 都是日出后风速单调上升，午后达到最大，但达到最大的时间随高度增加向后推移，低层 10 m 的风速在 14 时达到最大，到 118 m，风速达到最大的时间在 17 时左右。此后，随着午后太阳辐射强度的减弱，上下层交换又随之减弱，相应风速又开始下降，在 7 时左右风速最小，也是随高度向后推移，在 118 m 高度，风速达到最小值的时间在 9 时左右。

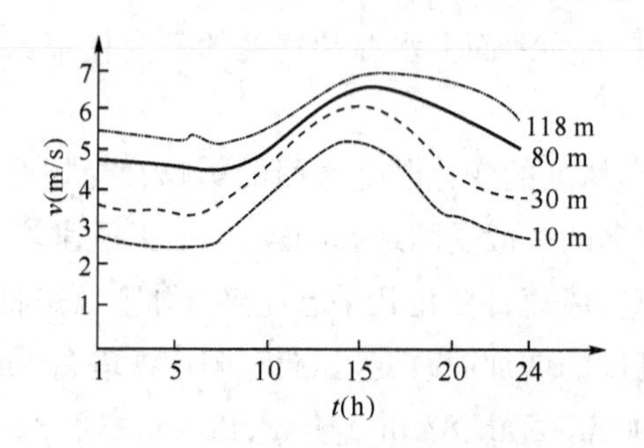

图 1.13　锡林浩特铁塔年平均风速日变化

这两地的风速随高度日变化不同，主要是由于武汉阳逻上下动量交换远比锡林浩特交换高度低所致。该结果同时也表明，中国北方地区昼夜温度变化大，白天湍流交换比长江沿岸要大得多这一特点。因此在风能利用中，必须掌握各地不同高度风速日变化的规律。

6）风速随高度的变化

在近地层中，风速随高度有显著地变化。造成风在近地层中的垂直变化的原因有动力因素和热力因素，前者主要来源于地面的摩擦效应，即地面的粗糙度，后者主要表现为与近地层大气垂直稳定度的关系。

风速与高度的关系式：

$$u_n = u_1\left(\frac{z_n}{z_1}\right)^\alpha \tag{1.1}$$

式中：α——风速随高度变化的系数；

u_1——高度为 z_1 时的风速；

u_n——高度为 z_n 时的风速。

一般直接应用风速随高度变化的指数律，以 10 m 为基准，订正到不同高度上的风速，再计算风能。

由公式(1.1)可知，风速垂直变化的大小取决于 α 值。α 值的大小反映风速随高度增加得快慢，α 值大，表示风速随高度增加得快，即风速梯度大；α 值小，表示风速随高度增加得慢，即风速梯度小。

α 值的变化与地面粗糙度有关。在不同的地面粗糙度下，风速随高度变化的差异很大。粗糙地面比光滑地面更易在近地层中形成湍流，使垂直混合更为充分，混合作用加强，近地层风速梯度减小，而梯度风的高度增高，也就是说粗糙的地面比光滑的地面到达梯度风的高度要高，所以使得粗糙的地面层中的风速比光滑地面的风速小。

指数 α 值的变化一般为 1/15～1/4，最常用的是 1/7(即 α=0.142)。1/7 代表气象站地面粗糙度。为了便于比较，计算了 α=0.12、0.142、0.16 时的三种不同地面粗糙度，如表 1.2 所示。

表 1.2　风速随高度变化系数

离地高度(m)	α=0.12	α=0.142	α=0.16	离地高度(m)	α=0.12	α=0.142	α=0.16
10	1.10	1.10	1.00	55	1.23	1.27	1.31
15	1.05	1.06	1.07	60	1.24	1.29	1.33
20	1.09	1.10	1.12	65	1.25	1.30	1.35
25	1.12	1.14	1.16	70	1.26	1.32	1.37
30	1.14	1.17	1.19	75	1.27	1.33	1.38
35	1.16	1.19	1.22	80	1.28	1.34	1.39
40	1.18	1.22	1.25	85	1.29	1.36	1.41
45	1.20	1.24	1.27	90	1.30	1.37	1.42
50	1.21	1.26	1.29	100	1.32	1.39	1.45

α 值也可根据现场实测 2 层以上的资料推算出来，由式 1.1 可以推算出 α 的计算公式为：

$$\alpha = \frac{\ln u_n - \ln u_1}{\ln z_n - \ln z_1} \tag{1.2}$$

1.1.2　风能的分布与计算方法

在了解了地球上风的形成和风带的分布规律之后，我们将进一步估计某一地区以及更大范围内风能资源的潜力。这是风能利用的基础，也是最重要的工作。因为任何风能利用装置，从设计、制造到安装、使用以及使用效果，都必须考虑风能资源状况。

如前所述，地球上风的形成主要是由于太阳辐射造成地球各部分受热不均匀，因此形成了大气环流以及各种局地环流。除了这些有规则的运动形式之外，自然界的大气运动还有复杂而无规则的乱流运动，这给对风能资源潜力的估计、风电场的选址带来了很大的困难，但是在大的天气气候背景和有利的地形条件下，风的形成及风带的分布仍有很强的规律可循。

1) 中国风能资源总储量的估计

风能利用究竟有多大的发展前景？这需要对它的总储量有一个科学的估计。这样可以更合理地配置今后可以发展的各种能源的比例，充分发挥其效益。

早在1948年，普特南姆(Putnam)就对全球风能储量进行了估算，他认为大气总能量约为10^{14} MW，这个数量得到世界气象组织的认可，并在1954年出版的技术报告第4期《来自于风的能量》专集中进一步假定上述数量的一千万分之一是可为人们所利用的，即有10^7 MW为可利用的风能。这相当于10 000座发电量为100万kW，利用燃料发电的发电厂的发电量，也相当于当今全世界能源的总需求量。可见，它是一个十分巨大的潜在能源库。然而冯·阿尔克斯(W. S. Von Arx,1974)认为上述的量过大，这个量只是一个贮藏量，对可再生能源来说，可利用的能量必须跟太阳能的流入量对它的补充相平衡，其补充率较它小时，它将会衰竭，因此人们关心的是可利用的风的动能。他认为地球上可以利用的风能为10^6 MW，即使如此，可利用风能的数量仍旧是地球上可利用的水能的10倍。因此在可再生能源中，风能是一种非常可观的、有前途的能源。

古斯塔夫逊(1979)从另一个角度推算了风能利用的极限。他根据风能从根本上说是来源于太阳能这一理论，认为可以通过估计到达地球表面的太阳辐射流有多少能够转变为风能，来推算可利用的风能有多少。根据他的推算，到达地球表面的太阳辐射流是1.8×10^{17} W，也就是350 W/m^2，其中转变为风能的转换率$\eta=0.02$，因此可以获得的风能为3.6×10^{15} W，即7 W/m^2。在整个大气层中，边界层中的风能占总风能的35%，也就是边界层中能获得的风能为1.3×10^{15} W，即2.5 W/m^2。保守估计，近地面层中风能的提取极限是边界层中风能的1/10，即0.25 W/m^2，那么全球可利用的风能总量就是1.3×10^{14} W。

根据全国年平均风能功率密度分布图，利用每平方米25、50、100、200 W等各等值线区间的面积乘以各等级风能功率密度，然后求其各区间乘积之和，可计算出全国10 m高度处风能储量为322.6×10^{10} W，即32.26亿kW，这个储量称作理论可开发量。实际可开发的量要考虑风力机间的湍流影响，一般取风力机间距10倍叶轮直径，因此按上述总量的1/10估计，并考虑风力机叶片的实际扫掠面积(对于1 m直径叶轮的面积为$0.5^2\times\pi=0.785$ m^2)，因此，再乘以扫掠面积系数0.785，即为实际可开发量。由此，便可得到中国风能实际可开发量为2.53×10^{11} W，即2.53亿kW。这个值不包括海面上的风能资源量。同时，这仅是10 m高度层上的风能资源量，而非整个大气层或整个近地层内的风能量。因此，本估算与阿尔克斯、古斯塔夫逊等人的估算值不属同一概念，不能直接与之比较。我国东海和南海可开发利用的风能资源量约为7.5亿kW。

2) 风能的计算

风能的利用主要是将它的动能转化成其他形式的能，因此计算风能的大小也就是计算气流所具有的动能。

风功率是指在单位时间内流过垂直于风速截面积A(m^2)的风能，用$\tilde{\omega}$表示，即

$$\tilde{\omega} = \frac{1}{2}\rho v^3 A \tag{1.3}$$

式中：$\tilde{\omega}$——风功率(W)；

ρ——空气密度(kg/m^3)；

v——风速(m/s)。

式(1.3)是常用的风功率公式。而在风力工程上，则又习惯称之为风能公式。

由式(1.3)可以看出，风能大小与气流通过的面积、空气密度和风速的立方成正比。因此，在风能计算中，最重要的因素是风速，风速取值准确与否对风能的估计起决定性作用。如风速大1倍，风能可大8倍。

为了衡量一个地方风能的大小，评价一个地区的风能潜力，风能密度是最方便和有价值的量。风能密度是指气流在单位时间内垂直通过单位截面积的风能。将式(1.3)除以相应的面积A，当$A=1$时，便得到风功率密度的公式，也称风能密度公式，即

$$\tilde{\omega} = \frac{1}{2}\rho v^3 \ (\mathrm{W/m^2}) \tag{1.4}$$

由于风速是一个随机性很大的量，必须通过一定时间的观测来了解它的平均状况。因此求一段时间内的平均风能密度，可以将上式对时间积分后平均。

当知道了在T时间内风速v的概率分布$P(v)$后，平均风能密度便可计算出来。

在研究了风速的统计特性后，可以用一定的概率分布形式来拟合，这样就大大简化了计算量。

风力机需要根据一个确定的风速来确定其额定功率，这个风速称为额定风速。在这种风速下，风力机功率达到最大。风力工程中，把风力机开始运行做功时的这个风速称为启动风速或切入风速；当风速达到某一极限时，风力机就有损坏的危险，必须停止运行，这一风速称为停机风速或切出风速。在统计风速资料计算风能潜力时，必须考虑这两种因素。通常将切入风速到切出风速之间的风能称为有效风能。因此还必须引入有效风能密度这一概念，它是有效风能范围内的风能平均密度。

3) 风能资源分布

风能资源潜力的多少，是风能利用的关键。

利用上述方法计算出的全国有效风能功率密度和可利用小时数(见图1.14和图1.15)，代表了风能资源丰欠的指标值。将这两张图综合归纳分析，可以得到如下几个特点：

(1) 大气环流对风能分布的影响

东南沿海及东海、南海诸岛因受台风的影响，最大年平均风速在5 m/s以上。大陈岛台山可达8 m/s以上，风能也最大。东南海沿岸有效风能密度不小于200 W/m^2，其等值线平行于海岸线，有效风能出现的时间百分率可达80%～90%。风速不小于3 m/s的风全年出现累积小时数为7 000～8 000 h；风速不小于6 m/s的风有4 000 h左右。岛屿上的有效风能密度为200～500 W/m^2，风能可以集中利用。福建的台山、东山、平潭、三沙，台湾的澎湖湾，浙江的南

鹿山、大陈、嵊泗等岛，有效风能密度都在 500 W/m² 左右，风速不小于 3 m/s 的风积累为 800 h，换言之，平均每天可以有 21 h 以上风速不小于 3 m/s。但在一些大岛，如台湾和海南，又具有独特的风能分布特点。台湾风能南北两端大，中间小；海南西部大于东部。

内蒙古和甘肃北部地区，高空终年在西风带的控制下。冬半年地面在蒙古高原东南缘，冷空气南下，因此，总有 5～6 级以上的风出现在春夏和夏秋之交。气旋活动频繁，当每一气旋过境时，风速也较大。这一地区年平均风速在 4 m/s 以上，最高可达 6 m/s。有效风能密度为 200～300 W/m²，风速不小于 3 m/s 的风全年累积小时数在 5 000 h 以上，风速不小于 6 m/s 的风在2 000 h以上。风速的规律是从北向南递减。其分布范围较大，从面积来看，是中国风能连成一片的最大地带。

云、贵、川、甘南、陕西、豫西、鄂西和湘西风能较小。这一地区因受西藏高原的影响，冬半年高空在西风带的死水区，冷空气沿东亚大槽南下，很少影响这里。夏半年海上来的天气系统也很难影响到这里，所以风速较弱，年平均风速约在 2.0 m/s 以上，有效风能密度在 500 W/m² 以下，有效风力出现时间仅 20%左右。风速不小于 3 m/s 的风全年累积出现小时数在 2 000 h 以下，风速不小于6 m/s的风在 150 h 以下。在四川盆地和西双版纳风速最小，年平均风速小于 1 m/s。这里全年静风频率在 60%以上，如绵阳为 67%，巴中为 60%，阿坝为 67%，恩施为 75%，德格为 63%，耿马孟定为 72%，景洪为 79%，有效风能密度仅 30 W/m² 左右。风速不小于 3 m/s的风全年累积出现小时数仅 3 000 h 以上，风速不小于 6 m/s 的风仅 20 多小时。换句话说，这里平均每 18 天以上才有 1 次10 min的风速不小于 6 m/s 的风，这样的风能是没有利用价值的。图 1.15 是中国风能资源分布图。

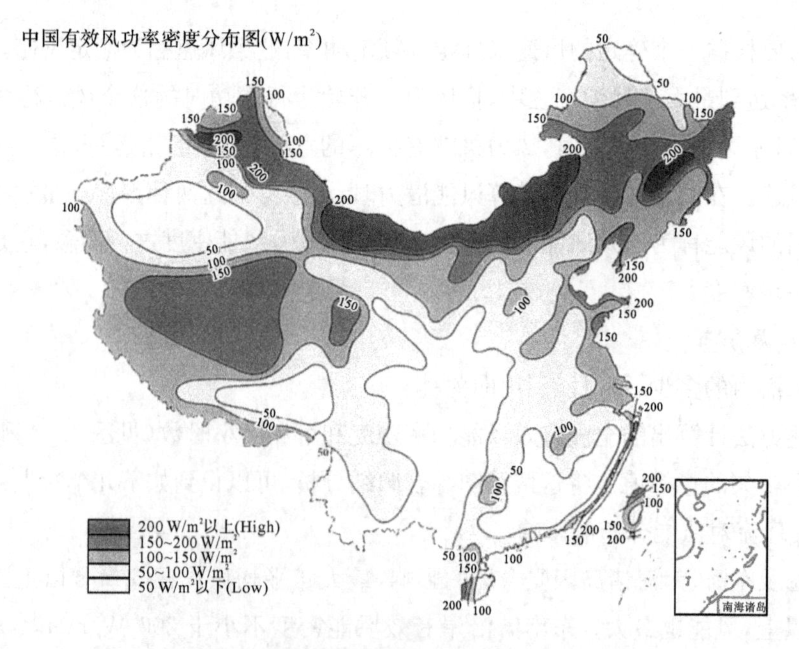

图 1.14　中国有效风能功率密度(单位：W/m²)

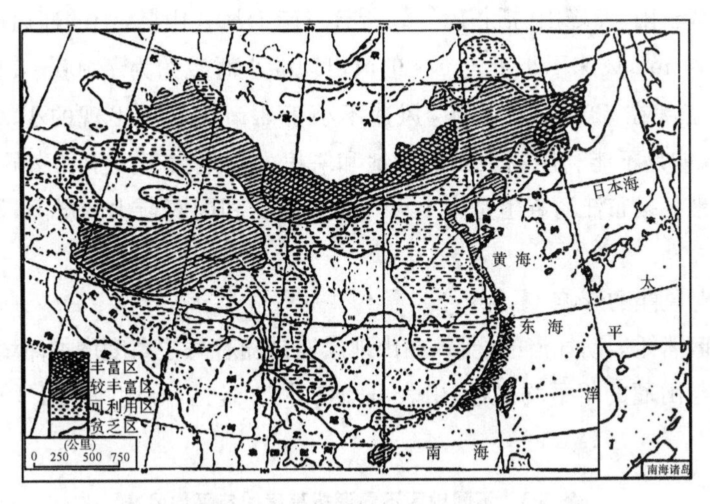

图 1.15 中国风能资源分布图

(2) 海陆和水体对风能分布的影响

中国沿海风能都比内陆大,湖泊都比周围的湖滨大。这是由于气流流经海面或湖面摩擦力较少,风速较大。由沿海向内陆或由湖面向湖滨,动能很快消耗,风速急剧减小。故有效风能密度利用率小,风速不小于 3 m/s 和风速不小于 6 m/s 的风的全年累积小时数的等值线不但平行于海岸线和湖岸线,而且数值相差很大。福建海滨是中国风能分布丰富地带,而距海 50 km 处,风能反变为贫乏地带。山东荣城和文登两地相差不到 40 km,而荣城有效风能密度为 240 W/m^2,文登为 141 W/m^2,相差 59%。台风风速随登陆距离增大而削减情况的统计结果如图 1.16 所示。若台风登陆时在海岸上的风速为 100%,而在离海岸 50 km 处,台风风速为海岸风速的 68%左右。

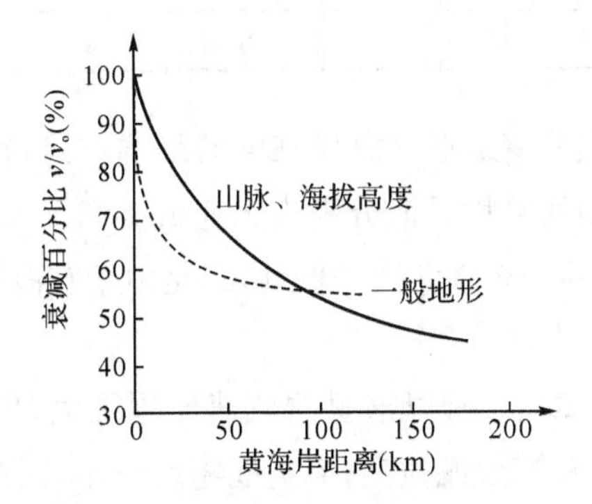

图 1.16 台风登陆风速衰减百分比

(3) 地形对风能分布的影响

地形影响风速,可分为山脉、海拔高度和一般地形等几个方面。

①山脉对风能的影响

气流在运行中遇到地形阻碍的影响,不但会改变大形势下的风速,还会改变其方向。其变化的特点与地形形状有密切关系。一般范围较大的地形,对气流有屏障作用,使气流出现爬绕运动。所以在天山、祁连山、秦岭、大小兴安岭、阴山、太行山、南岭和武夷山等地的风能密度线和可利用小时数曲线大都平行于这些山脉。特别明显的是东南沿海的几条东北—西南走向的山脉，如武夷山、戴云山、鹫峰山、括苍山等。所有东南沿海式山脉，山的迎风面风能是丰富的，风能密度为 200 W/m^2，风速不小于 3 m/s 的风出现的小时数约为 7 000～8 000 h。而在山区及其背风面风能密度在 50 W/m^2 以下，风速不小于 3 m/s 的风出现的小时数约为 1 000～2 000 h，这样的风能是不能利用的。四川盆地和塔里木盆地由于天山和秦岭山脉的阻挡为风能不能利用区。雅鲁藏布江河谷也是由于喜马拉雅山脉和冈底斯山的屏障，风能很小，不值得利用。

②海拔高度对风能的影响

由于地面摩擦消耗运动气流的能量，在山地风速是随着海拔高度增加而增加的。表 1.3 给出了各地区高山与山麓的年平均风速，由表可知，在同一地区，高度每上升 100 m，风速约增加 0.11～0.34 m/s。

表 1.3　不同地区不同海拔高度的年平均风速

站名	海拔高度(m)	年平均风速(m/s)	每百米递增率(m/s)	站名	海拔高度(m)	年平均风速(m/s)	每百米递增率(m/s)
泰山	1 534 1 405	6.2 2.3	0.25	衡山	1 266 1 165	6.2 2.82	0.34
泰安	129	2.7		衡阳	101	2.2	
五台山	2 896 2 059	9.0 3.91	0.33	庐山	1 164 1 132	5.5 1.9	0.23
原平	837	2.3		九江	32	2.9	
黄山	1 840 1 696	5.7 4.75	0.27	华山	2 065 1 716	4.3 1.73	0.11
屯溪	147	1.2		渭南	349	2.5	

事实上，在复杂山地，很难分清地形和海拔高度的影响，二者往往交织在一起，如北京与八达岭风力发电试验站同时观测的平均风速分别为 2.8 m/s 和 5.8 m/s，相差 3.0 m/s。后者风大，一是由于它位于燕山山脉的一个南北向的低地，二是由于它海拔比北京高 500 多米，是二者同时作用的结果。

青藏高原海拔在 4 000 m 以上，所以这里的风速比周围大，但其有效风能密度却较小，在 150 W/m^2 左右。这是由于青藏高原海拔高，但空气密度较小，因此风能较小，如在 4 000 m 的空气密度大致为地面的 67%。也就是说，同样是 8 m/s 的风速，在平地海拔 500 m 以下为 313.6 W/m^2，而在 4 000 m 只有 209.9 W/m^2。表 1.3 是不同地区不同海拔高度的年平均风速。

③中小地形的影响

避风地形风速较小，狭管地形风速增大。明显的狭管效应地区如新疆的阿拉山口、达坂城，甘肃的安西，云南的下关等，这些地方风速都明显的增大。

即使在平原上的河谷，如松花江、汾河、黄河和长江等河谷，风能也比周围地区大。

海峡也是一种狭管地形，与盛行风向一致时，风速较大，如台湾海峡中的澎湖列岛，年平均风速为 6.5 m/s，马祖为 5.9 m/s，平潭为 8.7 m/s，南澳为 8 m/s，又如渤海海峡的长岛，年平均风速为 5.9 m/s 等。

局地风对风能的影响是不可低估的。在一个小山丘前，气流受阻，被迫抬升，所以在山顶流线密集，风速加强。山的背风面，因为流线辐射，风速减小。有时气流过一个障碍，如小山包等，其产生的影响在下方 5～10 km 的范围。有些低层风是由于地面粗糙度的变化形成的。

4) 风能区划

划分风能区划的目的，是为了了解各地风能资源的差异，以便合理地开发利用。

(1) 区划标准

风能分布具有明显的地域性规律，这种规律反映了大型天气系统的活动和地形作用的综合影响。

第一级区划选用能反映风能资源多寡的指标，即利用年有效风能密度和年风速≥3 m/s 风的年累积小时数的多少，将全国分为 4 个区，见表 1.4。

表 1.4 风能区划指标

指 标	丰富区	较丰富区	可利用区	贫乏区
年有效风能密度 (W/m^2)	≥200	150～200	50～150	≤50
风速≥3 m/s 的年小时数 (h)	≥5 000	4 000～5 000	2 000～4 000	≤2 000
占全国面积 (%)	8	18	50	24

第二级区划指标选用一年四季中各季风能大小和有效风速出现的小时数。

第三级区划指标采用风力机安全风速，即抗大风的能力，一般取 30 年一遇。

根据这三种指标，将全国分为 4 个大区，30 个小区。

一般情况下仅是粗略地了解风能区划的大的分布趋势，所以按一级指标就能满足。

(2) 中国风能分区及各区气候特征

按表 1.5 的指标将全国划分为 4 个区：

①风能丰富区

a. 东南沿海、山东半岛和辽东半岛沿海区。这一地区由于面临海洋，风力较大。越向内陆，风速越小，风力等值线与海岸线平行。从表 1.5 中可以看出，除了高山站——台山、天池、五台山、贺兰山等外，全国气象站风速不小于 7 m/s 的地方都集中在东南沿海。平潭年平均风速为 8.7 m/s，是全国平地上风速最大的地区。该区有效风能密度在 200 W/m^2 以上，海岛上为 300 W/m^2 以上，其中平潭最大(749.1 W/m^2)。风速不小于 3 m/s 的小时数全年有 6 000 h 以上，风速不小于 6 m/s 的小时数在 3 500 以上。而平潭分别可达 7 939 h 和 6 395 h。也就是说，风速不小于 3 m/s 的风每天平均有 21.75 h。这里的风能潜力是十分可观的。台山、南麂、成山头、东山、马祖、马公、东沙、嵊泗等地风能也都很大。

表 1.5　全国年平均风速≥6 m/s 的地点

省名	地点	海拔高度 (m)	年平均风速 (m/s)	省名	地点	海拔高度 (m)	年平均风速 (m/s)
吉林	天池	2 670.0	11.7	福建	九仙山	1 650.0	6.9
山西	五台山	2 895.8	9.0	福建	平潭	24.7	6.8
福建	平潭海洋站	36.1	8.7	福建	崇武	21.7	6.8
福建	台山	106.9	8.3	山东	朝连岛	44.5	6.4
浙江	大陈岛	204.9	8.1	山东	青山岛	39.7	6.2
浙江	南麂岛	220.9	7.8	湖南	南岳	1 265.9	6.2
山东	成头山	46.1	7.8	云南	太华山	2 358.3	6.2
宁夏	贺兰山	2 901.0	7.8	江苏	西连岛	26.9	6.1
福建	东山	51.2	7.3	新疆	阿拉山口	282.0	6.1
福建	马祖	91.0	7.3	辽宁	海洋岛	66.1	6.1
台湾	马公	22.0	7.3	山东	泰山	1 533.7	6.1
浙江	嵊泗	79.6	7.2	浙江	括苍山	1 373.9	6.0
广东	东沙岛	6.0	7.1	内蒙	宝音图	1 509.4	6.0
浙江	岱山岛	66.8	7.0	内蒙	前达门	1 510.9	6.0
山东	砣矶岛	66.4	6.9	辽宁	长海	17.6	6.0

这一区风能大的原因主要是由于海面比起伏不平的陆地表面摩擦阻力小。在气压梯度力相同的条件下,海面上风速比陆地要大。风能的季节分配,山东、辽东半岛春季最大,冬季次之,这里 30 年一遇 10 min 平均最大风速为 35～40 m/s,瞬间风速可达 50～60 m/s,为全国最大风速的最大区域。而东南沿海、台湾及南海诸岛都是秋季风能最大,冬季次之,这与秋季台风活动频繁有关。

b. 三北部区。本区是内陆风能资源最好的区域,年平均风能密度在 200 W/m^2 以上,个别地区可达 300 W/m^2。风速不小于 3 m/s 的时间 1 年有 5 000～6 000 h,虎勒盖可达 7 659 h。风速不小于 6 m/s 的时间 1 年在 3 000 h 以上,个别地区在 4 000 h 以上(如朱日和为 4 180 h)。本区地面受蒙古高压控制,每次冷空气南下都可造成较强风力,而且地面平坦,风速梯度较小,春季风能最大,冬季次之。30 年一遇 10 min 平均最大风速可达 30～35 m/s,瞬时风速为 45～50 m/s,本区地域远较沿海为广。

c. 松花江下游区。本区风能密度在 200 W/m^2 以上,风速不小于 3 m/s 的时间有 5 000 h,每年风速不小于 6～20 m/s 的时间在 3 000 h 以上。本区的大风多数是由东北低压造成的。东北低压春季最易发展,秋季次之,所以春季风力最大,秋季次之。同时,这一区又处于峡谷中,北为小兴安岭,南有长白山,这一区正好在喇叭口处,风速加大。30 年一遇 10 min 平均最大风速为25～30 m/s,瞬时风速为 40～50 m/s。

②风能较丰富区

a. 东南沿海内陆和渤海沿海区。从汕头沿海岸向北，沿东南沿海经江苏、山东、辽宁沿海到东北丹东。实际上是丰富区向内陆的扩展。这一区的风能密度为150～200 W/m^2，风速不小于3 m/s的时间有4 000～5 000 h，风速≥6 m/s的时间有2 000～3 500 h。长江口以南，大致秋季风能大，冬季次之；长江口以北，大致春季风能大，冬季次之。30年一遇10 min平均最大风速为30 m/s，瞬时风速为50 m/s。

b. 三北的南部区。从东北图门江口区向西，沿燕山北麓经河西走廊，过天山到新疆阿拉山口南，横穿三北中北部。这一区的风能密度为150～200 W/m^2，风速≥3 m/s的时间有4 000～4 500 h。这一区的东部也是丰富区向南向东扩展的地区。在西部北疆是冷空气的通道，风速较大，因此也形成了风能较丰富区。30年一遇10 min平均最大风速为30～32 m/s，瞬时风速为45～50 m/s。

c. 青藏高原区。本区的风能密度在150 W/m^{2}以上，个别地区(如五道梁)可达180 W/m^2。而3～20 m/s的风速出现的时间却比较多，一般在5 000 h以上(如茫崖为6 500 h)。所以，若不考虑风能密度，仅以风速≥3 m/s出现时间来进行区划，那么该地区应为风能丰富区。但是，由于这里海拔在3 000～5 000 m以上，空气密度较小。在风速相同的情况下，这里风能较海拔低的地区为小，若风速同样是8 m/s，上海的风能密度为313.3 W/m^2，而呼和浩特为286.0 W/m^2，二地高度相差1 000 m，风能密度则相差10%。林芝与上海高度相差约3 000 m，风能密度相差30%；那曲与上海高度相差4 500 m，风能密度则相差40%(见表1.6)。由此可见，计算青藏高原(包括内陆的高山)的风能时，必须考虑空气密度的影响，否则计算值将会大大偏高。青藏高原海拔较高，离高空西风带较近，春季随着地面增热，对流加强，上下冷热空气交换，使西风急流动量下传，风力较大，故这一区的春季风能最大，夏季次之。这是由于此区里夏季转为东风急流控制，西南季风爆发，雨季来临，但由于热力作用强大，对流活动频繁且旺盛，所以风力也较大。30年一遇10 min平均最大风速为30 m/s，虽然这里极端风速可达11～12级，但由于空气密度小，风压却只能相当于平原的10级。

表1.6 不同海拔高度风能的差异

风能密度(W/m^2) / 风速(m/s)	海拔高度(m)				
	4.5 (上海)	1 063.0 (呼和浩特)	11 984.9 (阿合奇)	3 000 (林芝)	4 507.0 (那曲)
3	16.5	15.1	13.5	11.8	11.0
5	76.5	69.8	62.4	54.4	46.4
8	313.3	286.0	255.5	223.0	190.0
10	612.0	558.6	499.1	435.5	371.1

③风能可利用区

a. 两广沿海区。这一区在南岭以南，包括福建海岸向内陆50～100 km的地带。风能密度为50～100 W/m^2，每年风速≥3 m/s的时间为2 000～4 000 h，基本上从东向西逐渐减小。本区位于大陆的南端，但冬季仍有强大冷空气南下，其冷锋可越过本区到达南海，使本区风力增大。所以，本区的冬季风最大；秋季受台风的影响，风力次之。由广东沿海的阳江以西沿海，包括雷州半岛，春季风能最大。这是由于冷空气在春季被南岭山地阻挡，一股股冷空气沿漓江河谷南下，使这一地区的春季风力变大。秋季，台风对这里虽有影响，但台风西行路径仅占所有台风的 19%，台风影响不如冬季冷空气影响的次数多，故本区的冬季风能较秋季为大。30 年一遇 10 min 平均最大风速可达 37 m/s，瞬时风速可达 58 m/s。

b. 大小兴安岭山地区。大小兴安岭山地的风能密度在 100 W/m^2 左右，每年风速≥3 m/s 的时间为 3 000～4 000 h。冷空气只有偏北时才能影响到这里，本区的风力主要受东北低压影响较大，故春、秋季风能大。30 年一遇最大 10 min 平均风速可达 37 m/s，瞬时风速可达 45～50 m/s。

c. 中部地区。东北长白山开始向西过华北平原，经西北到中国最西端，贯穿中国东西的广大地区。由于本区有风能欠缺区（即以四川为中心）在中间隔开，这一区的形状与希腊字母“η”很相像，它约占全国面积的 50%。在“η”字形的前一半，包括西北各省的一部分、川西和青藏高原的东部与南部。风能密度为 100～150 W/m^2，一年风速≥3 m/s 的时间有 4 000 h 左右。这一区春季风能最大，夏季次之。但雅鲁藏布江两侧（包括横断山脉河谷）的风能春季最大，冬季次之。“η”字形的后一半分布在黄河和长江中下游。这一地区风力主要是冷空气南下造成的，每当冷空气过境，风速明显加大，所以这一地区的春、冬季节风能大。由于冷空气南移的过程中，地面气温较高，冷空气很快变性分裂，很少有明显的冷空气到达长江以南。但这时台风活跃，所以这里秋季风能相对较大，春季次之。30 年一遇最大 10 min 平均风速为 25 m/s 左右，瞬时风速可达 40 m/s。

④风能欠缺区

a. 川云贵和南岭山地区。本区以四川为中心，西为青藏高原，北为秦岭，南为大娄山，东面为巫山和武陵山等。这一地区冬半年处于高空西风带“死水区”内，四周的高山使冷空气很难入侵。夏半年台风也很难影响到这里，所以，这一地区为全国最小风能区，风能密度在500 W/m^2 以下。成都仅为 35 W/m^2 左右。风速≥3 m/s 的时间在 2 000 h 以上，成都仅有400 h，恩施、景洪二地更小。南岭山地风能欠缺，由于春、秋季冷空气南下，受到南岭阻挡，往往停留在这里，冬季弱空气到此地也形成南岭准静止锋，故风力较小。南岭北侧受冷空气影响相对比较明显，所以冬、春季风力最大。南岭南侧多受台风影响，故冬、秋两季风力最大。30 年一遇 10 min 平均最大风速为 20～25 m/s，瞬时风速可达 30～38 m/s。

b. 雅鲁藏布江和昌都区。雅鲁藏布江河谷两侧为高山，昌都地区也在横断山脉河谷中。这两地区由于山脉屏障，冷、暖空气都很难侵入，所以风力很小。有效风能密度在 50 W/m^2 以下，风速≥3 m/s 的时间在 2 000 h 以下。雅鲁藏布江的风能春季最大，冬季次之，而昌都春季风能最大，夏季次之。30 年一遇 10 min 平均最大风速为 25 m/s，瞬时风速为 38 m/s。

c. 塔里木盆地西部区。本区四面亦为高山环抱，冷空气偶尔越过天山，但为数不多，所以风力较小。塔里木盆地东部由于是一马蹄形“C”的开口，冷空气可以从东灌入，风力较大，所以盆地东部属可利用区。30 年一遇 10 min 平均最大风速为 25～28 m/s，瞬时风速为 40 m/s 左右。

(3) 各风能区中,不同下垫面风速的变化

上面已谈到,4 个风能区是粗略地区分。往往在一些情况下,风能丰富区中可能包括较丰富的地区,较丰富区又包括丰富的地区。这种差异,一般是由于下垫面造成的,特别是山脊山顶和海岸带地区。

根据大量实测资料对比分析,参照国外的资料给出表 1.7。

表 1.7　10 m 高 4 类不同地形条件下风能功率密度和年平均风速

风能区	城郊气象站(遮蔽)		开阔平原		海岸带		山脊和山顶	
	风速(m/s)	风能(W/m^2)	风速(m/s)	风能(W/m^2)	风速(m/s)	风能(W/m^2)	风速(m/s)	风能(W/m^2)
丰富区	＞4.5	＞225	＞6.0	＞330	＞6.5	＞372	＞7.0	＞425
较丰富区	3.0～4.5	155～255	4.5～6.0	225～330	5.0～6.5	262～372	55～7.0	296～425
可利用区	2.0～3.0	95～115	3.0～4,5	123～225	3.5～5.0	155～262	4.0～5.5	193～296
贫乏区	＜2.0	＜95	＜3.0	＜123	＜3.5	＜155	＜4.0	＜193

由表 1.7 可知,气象站观测的风速较小,这主要是由于气象站一般位于城市附近,受城市建筑等的影响使风速偏小。如在丰富区,气象站年平均风速为 4.5 m/s,开阔的平原为 6 m/s,海岸带为 6.5 m/s,到山顶可达 7.0 m/s。这就说明地形对风速的影响是很大的。若以风能而论则影响更为明显,同是丰富区,气象站风能功率密度为 225 W/m^2,而山顶可达 425 W/m^2,几乎增加 1 倍。

1.1.3　风能发电的现状及趋势

中国有丰富的风能资源,为发展风电事业创造了十分有利的条件。目前中国电力发电中火力发电仍是主力电源,主要以燃煤发电为主,正在大量排放 CO_2 和 SO_2 等污染气体,形成大量的 PM2.5,这对中国环境保护极为不利。而发展风电,可减少污染气体的排放,有利于中国电源结构的调整和缓解全球变暖的威胁。同时,又有利于减少能源进口方面的压力,对提高中国能源供应的多样性和安全性将作出积极的贡献。

由于风电场建设成本较高,加之风能的不稳定性,因而导致风电电价较高,而无法与常规的火电相竞争。在这种情况下,为了支持发展风力发电,国家曾给予多方面政策支持。

例如,1994 年原电力工业部决定将风电作为电力工业的新清洁能源,制定了关于风电并网的规定。规定指出,风电场可以就近上网,而电力部门应全部收购其电量,同时指出其电价可按"发电成本＋还本付息＋合理利润"的原则确定,高于电网平均电价部分在网内摊销。为了搞好风电场项目的规范化管理,又陆续发布了一些行业标准,如风电场项目可行性研究报告编制规程和风电场运行规程等。有了上述的政策支持,从此风电的发展便进入了产业化发展阶段。

与此同时,国家为了支持和鼓励发展风电产业,原国家计委和国家经贸委曾提供补贴或贴息贷款,给建立采用国产机组的示范风电场业主。

1.2 太阳能及太阳能分布

1.2.1 太阳的结构

从生物角度讲，万物生长靠太阳。太阳以它灿烂的光芒和巨大的能量给人类以光明，给人类以温暖，给人类以生命。太阳和人类的关系是再密切不过了。没有太阳，便没有白昼；没有太阳，一切生物都将死亡。从能源角度讲，万种能源靠太阳。不论是煤炭、石油、天然气，还是风能和水力，无不直接或间接来自太阳。人类所吃的一切食物，无论是动物性的，还是植物性的，无不有太阳的能量包含在里面。完全可以这样认为：太阳是地球上一切生命现象的根源，没有太阳便没有人类。同时，也可以说，太阳是地球上一切能量的根源，没有太阳便没有能源。

按照经典理论，煤、石油是古代生物演变而来，而生物的生长是离不开太阳的，因此，煤、石油是来源于太阳的。

风能、水能和海洋能，也是来源于太阳，因为，风是由于阳光照射到地球上，在地球上形成温差，导致空气流动而形成的。水能是阳光照耀在海面、湖面、江面、河面和植物表面上，形成水蒸气，在空中形成云，遇冷凝聚成水滴（大水分子团），变成雨，落到地面，形成海面、湖面、江面、河面，进而有了风能。海洋波浪能、朝夕能也与太阳有关，没有风能，也就没有海洋波浪能，海洋朝夕能也与地球、月球、太阳的相对运动相关。

至于原子能、地热能是地球上的矿物质，在太阳系形成时，就已经有关了。

太阳大气是太阳外边的大气层，它的结构可分为三个层次：最里层为光球层，中间为色球层，最外面为日冕层，如图 1.17 所示。

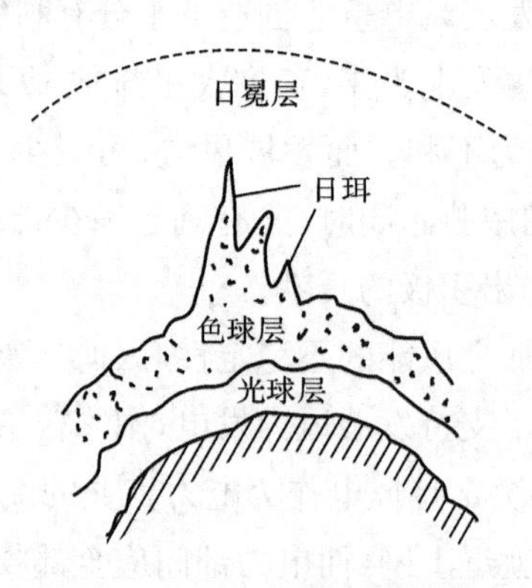

图 1.17 太阳大气结构示意图

(1) 光球层

我们平常所见太阳的那个光芒四射、平滑如镜的圆面，就是光球层。它是太阳大气中最下面的一层，也就是最靠近太阳内部的那一层，厚度为 500 km 左右，仅约占太阳半径的万分之七，非常薄。其温度在 5 700 K 左右，太阳的光辉基本上就是从这里发出的。它的压力只有大气压力的 1%，密度仅为水密度的几亿分之一。

(2) 色球层

在发生日全食时，在太阳的四周可以看见一个美丽的彩环，那就是太阳的色球层。它位于光球层的上面，是稀疏透明的一层太阳大气，主要由氢、氦、钙等离子构成。厚度各处不同，平均厚度为 2 000 km 左右。色球层的温度比光球层要高，从光球层顶部的4 600 K到色球层顶部，温度可增加到几万 K(热力学温度)，但它发出的可见光的总量却不及光球层。

(3) 日冕层

在发生日全食时，我们可以看到在太阳的周围有一圈厚度不等的银白色环，这便是日冕层。日冕层是太阳大气的最外层，在它的外面，便是广漠的星际空间。日冕层的形状很不规则，并且经常变化，同色球层没有明显的界限。它的厚度不均匀，但很大，可以延伸到$(5\sim6)\times10^6$ km的范围。它的组成物质特别稀少，密度只有地球高空大气密度的几百分之一。亮度也很小，仅为光球层亮度的一百万分之一。可是它的温度却很高，达到 100 多万 K。根据高度的不同，日冕层可分为两个部分，高度在 1.7×10^5 km 以下的范围叫内冕，呈淡黄色，温度在 10^6 K 以上；高度在 1.7×10^5 km 以上的范围叫外冕，呈青白色，温度比内冕略低。

利用太阳光谱分析法，已经初步揭露出了太阳的化学组成。目前在地球上存在的化学元素，大多数在太阳上都能找到。地球上的 100 多种自然元素中，有 66 种已先后在太阳上发现。构成太阳的主要成分是氢和氦。氢的体积占整个太阳体积的 78.4%，氦的体积占整个太阳体积的 19.8%。此外，还有氧、镁、氮、硅、硫、碳、钙、铁、铝、钠、镍、锌、钾、锰、铬、钴、钛、铜、钒等 60 多种元素，但它们所占比重极小。

太阳是距离地球最近的一颗恒星。地球与太阳的平均距离，最新测定的精度数值为 149 597 892 km，一般可取 1.5×10^8 km。

太阳的直径为 1 395 300 km，一般可取为 1.39×10^6 km，相当于九大行星直径总和的 3.4 倍，比地球的直径大 109.3 倍，比月球的直径大 400 倍。太阳的体积为 1.412×10^{18} km^3，为地球体积的 130 万倍。我们肉眼之所以看到太阳和月亮的大小差不多，那是因为月亮与地球之间的平均距离仅为 384 400 km，约为太阳与地球之间平均距离的四百分之一。

据推算，太阳的质量约有 1.982×10^{27} t，相当于地球质量的 333 400 倍。

标准状况下，物体的质量同它的体积的比值称为物体的密度。太阳的密度是很不均匀的，外部小，内部大，而且是由表及里逐渐增大。太阳的中心密度为 160 g/cm^3，为黄金密度的 8 倍，但其外部的密度却极小。就整个太阳来说，它的平均密度为 1.41 g/cm^2，约等于水的密度(在 4 ℃时为 1 g/cm^3)的 1.5 倍，比地球物质的平均密度 5.5 g/cm^3 要小得多。这就是太阳的外观。

太阳的内部具有无比大的能量，它一刻也不停息地向外发射着巨大的光和热。

太阳是一颗熊熊燃烧着的大火球，它的温度极高。众所周知，水烧到 100 ℃就会沸腾；炼钢炉里的温度达到 1 000 ℃，铁块就会熔化成炽热的铁水，如果再继续加热到 2 450 ℃以上，铁水就会变成气体。太阳的温度比炼钢炉里的温度高得多。太阳的表面温度为 5 770 K 或 5 497 ℃。可以说，不论什么东西放在太阳表面都将化为气体。太阳内部的温度更高。天体物理学的理论计算告诉我们，太阳的中心温度高达$(1.5\sim2.0)\times10^7$ ℃、压力比大气压力高3 000 多亿倍，密度高达 160 g/cm^3，这真是一个骇人听闻的高温、高压、高密度的世界。

对于生活在地球上的人类来说，太阳光是一切自然光源中最明亮的。那么，太阳究竟有多亮呢？据科学家计算，太阳的总亮度大约为 2.5×10^{27} 烛光，这里还要指出，地球周围有一层厚达 100 多 km 的大气，它使太阳光大约减弱了 20%，在修正了大气吸收的影响之后，理论上得到的太阳的真实亮度就更大了，大约为 3×10^{27} 烛光。

既然太阳的温度如此之高，亮度如此之大，那么它的辐射能量也一定会很大。平均来说，在地球大气外面正对着太阳 1 m^2 的面积上，每分钟接收的太阳能大约为 1 367 W，这是一个很重要的数字，叫做太阳常数。这个数字表面上看来似乎不大，但是不能忘记的是，太阳距离地球远在 1.5 亿 km 之外，它的能量只有二十二亿分之一能到达地球之上，整个太阳每秒钟释放出来的能量是无比巨大的，高达 3.865×10^{26} J，相当于每秒钟燃烧 1.32×10^{16} $t_{标准煤}$ 所放出的热量。

太阳的巨大能量是从太阳的核心由热核反应产生的。太阳内部的结构，可以分为产能核心区、辐射输出区和对流区三个范围广阔的区带，如图 1.18 所示。太阳实际上是一座以核能为动力的极其巨大的工厂，氢便是它的燃料。在产能核心区，由于有极高的温度和上面各层的巨大压力，使原子核反应得以不断地进行。这种核反应是氢变为氦的热核聚变反应。1 个氢原子核，经一系列的核反应，变成 1 个氦原子核，其损失的质量便转化成了能量向空间辐射，太阳上不断进行着的这种核反应，就像氢弹爆炸一样，会产生巨大的能量。其所产生的能量，相当于 1 s内爆炸 910 亿个 10^6 t TNT 级的氢弹，总辐射功率达 3.75×10^{26} W。

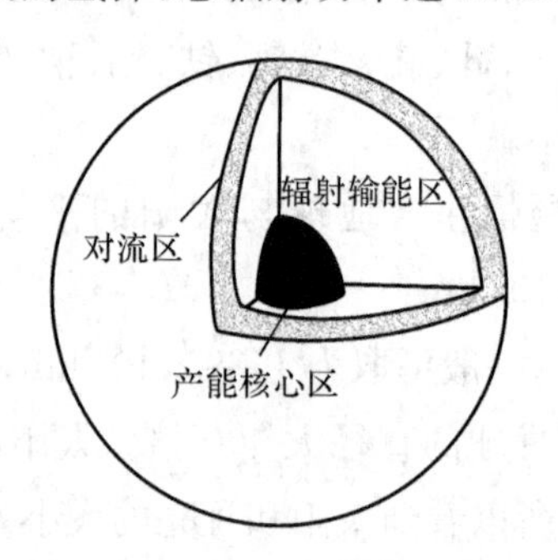

图 1.18　太阳内部结构示意图

1.2.2　太阳的能量及太阳光谱

1）太阳能量的传送方式

太阳是地球上的光和热的主要源泉。太阳一刻也不停息地把它巨大的能量源源不断地传送到地球上来。它是如何传送的呢？

热量的传播有传导、对流和辐射三种形式。太阳是以辐射的形式向广阔无垠的宇宙传播它的热量和微粒的。这种传播的过程，就称作太阳辐射。太阳辐射不仅是地球获得热量的根本途径，而且也是对人类和其他一切生物的生存活动以及地球气候变化产生最重要影响的因素。

太阳上发射出来的总辐射能量大约为 3.75×10^{26} W，是极其巨大的。但是其中约有二十二亿分之一到达地球。到达地球范围内的太阳总辐射能大约为 1.73×10^{14} kW。其中，被大气吸收的太阳辐射能大约为 3.97×10^{13} kW，约占到达地球范围内的太阳总辐射能量的 23%；被大气分子和尘粒反射回宇宙空间的太阳辐射能大约为 5.2×10^{13} kW，约占总能量的 30%；穿过大气层到达地球表面的太阳辐射能大约为 8.1×10^{13} kW，约占总能量的 47%。在到达地球表面的太阳辐射能中，到达地球陆地表面的辐射能大约为 1.7×10^{13} kW，约占到达地球范围内的太阳总辐射能量的 10%。到达地球陆地表面的这 1.7×10^{13} kW 是个什么数量级呢？形象地说，它相当于目前全世界一年内消耗的各种能源所产生的总能量的 3 000 多万倍。在陆地表面所接收的这部分太阳辐射能中，被植物吸收的仅占 0.015%，被人们利用作为燃料和食物的仅占 0.002%，已利用的比重微乎其微。可见，太阳能的潜力是相当大的，开发利用太阳能为人类服务是大有可为的。

2）彩色的光谱

太阳是以光辐射的方式把能量输送到地球表面上的。我们所说的利用太阳能，就是利用太阳光线的能量。那么太阳光的本质是什么，它有哪些特点呢？

现代物理学认为，各种光（包括太阳光在内）都是物质的一种存在形式。光既有波动性，又有粒子性，这叫做光的波粒二象性。一方面，任何种类的光都是某种频率或频率范围内的电磁波，在本质上与普通的无线电波没有什么差别，只不过是它的频率比较高，波长比较短。比如太阳光中的白光，它的频率就比厘米波段的无线电波的频率至少要高 1 万倍。所以，不管何种光，都可以产生反射、折射、绕射以及相干等波动形式，因此我们又把光叫做“光波”。另一方面，任何物质发出的光，都是由不连续的、运动着的、具有质量和能量的粒子所组成的粒子流。这些粒子极小，就是用现代最高倍的电子显微镜也无法看见它们的外貌。这些微观粒子叫做光量子或光子，它们具有特定的频率或波长。单个光子的能量是极小的，是能量的最小单元。但是，即使在最微弱的光线中，光子的数目也很大。这样，集中起来就可以产生人们能够感觉得到的能量了。科学研究表明，不同频率或波长的光子或光线，具有不同的能量，光子的频率越高能量越大。

我们眼睛所能看见的太阳光，叫可见光，呈白色。但是科学实践证明，它不是单色光，而是由红、橙、黄、绿、青、蓝、紫七种颜色的光所组成的，是一种复色光。每种颜色的光都有自己的频率范围。红色光的波长为 0.76～0.63 μm；橙色光为 0.63～0.60 μm；黄色光为 0.60～0.57 μm；绿色光为 0.57～0.50 μm；青色光为 0.50～0.45 μm；蓝色光 0.45～0.43 μm；紫色光为 0.43～0.40 μm。通常我们把太阳光中的各色光按频率或波长大小的次序排列而成的光带图，叫做太阳的光谱。

太阳不仅发射可见光，同时还发射许多人眼看不见的光。可见光的波长范围只占整个太阳光谱的一小部分。整个太阳光谱包括紫外区、可见光区和红外区三个部分。但其主要部分，即能量很强的骨干部分，是由波长为 0.30～3.00 μm 的光所组成的。其中，波长小于 0.4 μm 的紫外区和波长大于 0.76 μm 的红外区，分布着人眼看不见的紫外线和红外线；波长为 0.40～0.76 μm的可见光区，分布着我们所能看到的可见光。在到达地面的太阳光辐射中，紫外线占的比例很小，大约为 6%；主要是可见光和红外线，分别占 50%和 43%。

太阳光中不同波长的光线具有不同的能量。在地球大气层的外表面具有最大能量的光线，其波长大约为 0.48 μm，但是在地面上，由于大气层的存在，太阳辐射穿过大气层时，紫外线和红外线被大气吸收较多，且紫外线和可见光被大气分子和云雾等质点散射较多，所以太阳辐射能随波长的分布情况比较复杂。大体情况是：晴朗的白天，太阳在中午前后四五个小时的这段时间，能量最大的光是绿光和黄光部分；而在早晨和晚间这两段时间，能量最大的光则是红光部分。可见，地面上具有最大能量的光线，其波长比大气层外表面具有最大能量的光线的波长要长。

在太阳光谱中，不同波长的光线对物质产生的作用和穿透物体的本领是不同的。紫外线很活跃，它可以产生强烈的化学作用、生物作用和激发荧光等；而红外线则很不活跃，被物体吸收后主要引起热效应；至于可见光，因为它的频率范围较宽，既可起杀菌的生物作用，也可以被物体吸收转变成热量。植物的生长主要依靠吸收可见光部分，大量的波长短于 0.30 μm 的紫外线对植物是有害的，波长超过 0.8 μm 的红外线仅能提高植物的温度并加速水分的蒸发，而不能引起光化学反应(光合作用)。太阳光线对人体皮肤的伤害主要表现为形成红斑和灼伤，这主要是由波长短于 0.38 μm 的紫外线所引起的；而使皮肤表层的脂肪光合成为可防止佝偻病的维生素 D_3 和导致黝黑的是波长为 0.30～0.45 μm 的光线。

光的传播速度是非常快的。远在 1.5×10^8 km 之遥的太阳辐射光，传播到地面只要短短的 8 min 19 s 。迄今实验得到的最为精确的光速为 299 792.456 2 km/s，平常取为 3.0×10^5 km/s。

1.2.3 太阳辐射能

利用太阳能就是利用太阳光辐射所产生的能量。那么，太阳光辐射能量的大小如何度量，它到达地球表面的量值受哪些因素的影响，有哪些特点呢？这是我们了解太阳能、利用太阳能必须要弄清楚的一个基本问题。

太阳辐照度是指太阳以辐射的形式发射出的功率投射到地球表面单位面积上的多少。根据不同波长范围的辐射能的多少及其稳定程度，可将太阳辐照度分为常定辐射和异常辐射两类。常定辐射包括可见光部分、近紫外线部分和近红外线部分三个波段的辐射，是太阳光辐射的主要部分。它的特点是能量大而且稳定，它的辐射占太阳总辐射能的 90%左右，受太阳活动的影响很小。表示这种辐照度的物理量叫做太阳常数。异常辐射则包括光辐射中的无线电波部分、紫外线部分和微粒子流部分。它的特点是随着太阳活动的强弱而发生剧烈的变化，在极大期能量很大，在极小期能量则很微弱。

1) 影响到达地球表面的太阳辐射能的因素

由于大气层的存在，真正到达地球表面的太阳辐射能的大小要受多种因素影响。一般来说，太阳高度、大气质量、大气透明度、地理纬度、日照时间及海拔高度是主要的影响因素。

(1) 太阳高度

太阳高度是太阳高度角的简称，指太阳光的入射方向和地平面之间的夹角，常用 θ 来表示。入射角大，太阳高，辐照度也大；反之，入射角小，太阳低，辐照度也小。

由于地球的大气层对太阳辐射有吸收、反射和散射的作用，所以红外线、可见光和紫外线在光射线中所占的比例，也随着太阳高度的变化而变化。当太阳高度为 90°时，在太阳光谱中，红外线占 50%，可见光占 46%，紫外线占 4%；当太阳高度为 30°时，红外线占 53%，可见光占 44%，紫外线占 3%；当太阳高度为 5°时，红外线占 72%，可见光占 28%，紫外线则近似于 0。

太阳高度在一天中是不断变化的。早晨日出时最低，θ 为 0；以后逐渐增加，到正午时最高，θ 为 90°；下午，又逐渐减小，到日落时，θ 又降为 0。太阳高度在一年中也是不断变化的。这是由于地球不仅在自转，而且又在围绕着太阳公转的缘故。地球自转轴与公转轨道平面不是垂直的，而是始终保持着一定的倾斜度，自转轴与公转轨道平面法线之间的夹角为 23.5°。上半年，太阳高度从低纬度到高纬度逐日升高，直到夏至日正午，达到最高点 90°。从此以后，太阳高度则逐日降低，直到冬至日，降低到最低点。这就是一年中夏季炎热、冬季寒冷和一天中正午比早、晚气温高的原因。

对于某一地平面来说，太阳高度低时，光线穿过大气层的路程较长，能量衰减的就较多。同时，又由于光线以较小的角度投影到该地平面上，所以到达地平面的能量就较少。反之，则较多。

(2) 大气质量

由于大气的存在，太阳辐射能在到达地面之前将会有很大的衰减。这种衰减作用的大小，与太阳辐射穿过大气层的路程长短有着密切的关系。太阳光线在大气中经过的路程越长，能量损失得就越多；路程越短，能量损失得越少。通常我们把太阳处于头顶，即太阳垂直照射地面时，光线所穿过的大气的路程，称为 1 个大气质量。太阳在其他位置时，大气质量都大于 1。例如，在早晨 8～9 点钟时，大约有 2～3 个大气质量。大气质量越大，说明太阳光线经过大气的路程就越长，受到的衰减就越多，到达地面的能量也就越少。

(3) 大气透明度

在大气层外界与光线垂直的平面上，太阳辐照度基本上是一个常数；但是在地球表面上，太阳辐照度却是经常变化的。这主要是由于大气透明程度的不同所引起的。大气透明度是表征大气对太阳光线透过程度的一个参数。在晴朗无云的天气，大气透明度高，到达地面的太阳辐射能就多些。在天空中云雾很多或风沙灰尘很大时，大气透明度很低，到达地面的太阳辐射能就较少。可见，大气透明度是与天空中云量的多少以及大气中所含灰尘等杂质的多少密切相关的。

(4) 地理纬度

太阳辐射能量是由低纬度向高纬度逐渐减弱的。这是什么原因呢？我们假定高纬度地区和低纬度地区的大气透明度是相同的，在这样的条件下进行比较，如图 1.19 所示。

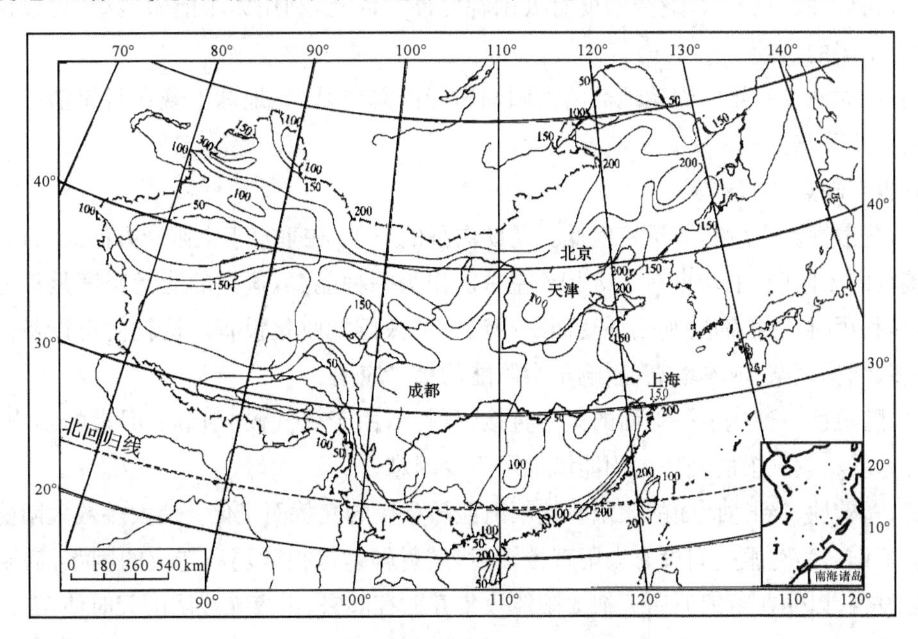

图 1.19 太阳垂直辐射通量与地理纬度的关系

地处高纬度的圣彼得堡(北纬 60°),每年在 1 cm^2 的面积上,只能获得 335 kJ 的热量;而在我国首都北京,由于地处中纬度(北纬 39°57′),则可得到 586 kJ 的热量;在低纬度的撒哈拉地区,则可得到高达 921 kJ 的热量。正是由于这个原因,才使得赤道地带全年气候炎热,四季一片葱绿,而在北极圈附近,则终年严寒,银装素裹,冰雪覆盖。

(5) 日照时间

日照时间也是影响地面太阳辐照度的一个重要因素。如果某地区某日白天有 14 h,若其中阴天时间≥6 h,而出太阳的时间≤8 h,那么,我们就说该地区那一天的日照时间是 8 h。日照时间越长,地面所获得的太阳总辐射量就越多。

(6) 海拔高度

海拔越高,大气透明度也越好,从而太阳的直接辐射量也就越高。

此外,日地距离、地形、地势等对太阳辐照度也有一定的影响。例如,地球在近日点要比在远日点的平均气温高。又如,在同一纬度上,盆地要比平川气温高,阳坡要比阴坡气温高。

总之,影响地面太阳辐照度的因素很多,但是某一具体地区的太阳辐照度的大小,则是由上述这些因素的综合结果决定的。

2) 太阳辐射能的特点

太阳辐射能作为一种能源,与煤炭、石油、核能等比较,有着独自的特点。它的优点可概括为如下四点:

第一,普遍性。阳光普照大地,处处都有太阳能,可以就地利用,不需到处寻找,更不需火车、轮船、汽车等日夜不停地运输。这对解决偏僻边远地区以及交通不便的乡村、海岛的能源供应,具有很大的优越性。

第二,无害性。利用太阳能做能源,没有废渣、废料、废水、废气排出,没有噪声,不产生对人体有害的物质,因而不会污染环境,没有公害。

第三,长久性。只要太阳存在,就有太阳辐射能。因此,利用太阳能做能源,可以说是取之不尽、用之不竭的。

第四,巨大性。一年内到达地面的太阳辐射能的总量,要比地球上现在每年消耗的各种能源的总量大几万倍。

但它也有缺点,主要是:

第一,分散性。也就是能量密度低。晴朗白昼的正午,在垂直于太阳光方向的 1 m^2 地面面积上能接收的太阳能,平均只有 1.3 kW 左右。作为一种能源,这样的能量密度是很低的。因此,在实际利用时,往往需要利用一套面积相当大的太阳能收集设备。这就使得设备占地面积大、用料多、结构复杂、成本增高,影响了太阳能的推广应用。

第二,随机性。到达某一地面的太阳直接辐射能,由于受气候、季节等因素的影响,是极不稳定的。这就给大规模的利用太阳能增加了不少困难。

第三,间歇性。到达地面的太阳直接辐射能随昼夜的交替而变化。使大多数太阳能设备在夜间无法工作。为克服夜间没有太阳直接辐射,散射辐射也很微弱所造成的困难,需要研究和配备贮能设备,以便在晴朗的白天把太阳能收集并贮存起来,供夜晚或阴雨天时使用。

3）太阳辐射能在我国的分布

我国的疆界，南从北纬4°西沙群岛的曾母暗沙以南起，北到北纬52°32′黑龙江省漠河以北的黑龙江江心，西自东经73°40′附近的帕米尔高原起，东到东经135°10′的黑龙江和乌苏里江的汇流处，土地辽阔，幅员广大。我国的国土跨度，从南到北，自西至东，距离都在5 000 km以上，总面积约1 000万km^2，陆地面积占世界陆地总面积的7%。在我国广阔富饶的土地上，有着十分丰富的太阳能资源。全国各地太阳能总辐射量为334～8 400 MJ/(m^2 · a)，中值为5 852 MJ/(m^2 · a)。从全国太阳能年总辐射量的分布来看，西藏、青海、新疆、内蒙古南部、山西、陕西北部、河北、山东、辽宁、吉林西部、云南中部和西南部、广东东南部、福建东南部、海南岛东部和西部以及台湾的西南部等广大地区的太阳能总辐射量很大。尤其是青藏高原地区最大，这里平均海拔高度在4 000 m以上，大气层薄而清洁，透明度好，纬度低，日照时间长。例如，被人们称为"日光城"的拉萨市，1961—1970年的太阳年平均日照时间为3 005.7 h，相对日照为68%，年平均晴天为108.5天，阴天为98.8天，年平均云量为4.8，太阳能总辐射里为8 160 MJ/(m^2 · a)，比全国其他省区和同纬度的地区都高。全国以四川和贵州两省的太阳能年总辐射量最小，尤其是四川盆地，那里雨多、雾多、晴天较少。例如，素有"雾都"之称的成都，年平均日照时数仅为1 152.2 h，相对日照为26%。年平均晴天为24.7天，阴天达244.6天，年平均云量高达8.4。其他地区的太阳能年总辐射量居中。

我国太阳能资源分布的主要特点有：太阳能的高值中心和低值中心都处在北纬22°～35°这一带，青藏高原是高值中心，四川盆地是低值中心；太阳能年总辐射量，西部地区高于东部地区，而且除西藏和新疆两个自治区外，基本上是南部低于北部；由于南方多数地区云多、雨多，在北纬30°～40°地区，太阳能的分布情况与一般的太阳能随纬度变化的规律相反，太阳能不是随着纬度的增加而减少，而是随着纬度的增加而增长。

我国太阳能辐射量分布图如图1.20所示。

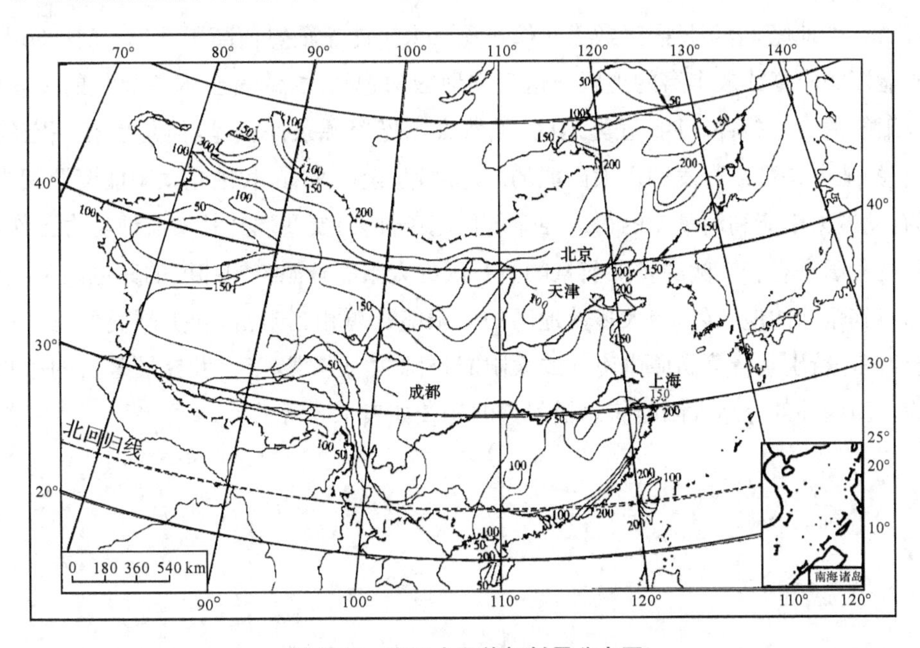

图1.20 中国太阳能辐射量分布图

为了按照各地不同条件更好地利用太阳能，可根据各地接收太阳能总辐射量的多少，将全国划分为如下五类地区：

一类地区　全年日照时数为 3 200～3 300 h，在每平方米面积上一年内接收的太阳能总辐射量为 6 680～8 400 MJ，相当于 225～285 $kg_{标准煤}$燃烧所放出的热量。这一地区主要包括宁夏北部、甘肃北部、新疆南部、青海西部和西藏西部等地，是我国太阳能资源最丰富的地区，与印度和巴基斯坦北部的太阳能资源相当。尤以西藏自治区的太阳能资源最为丰富，太阳能总辐射量最高值达 8 400 MJ/(m^2 · a)，仅次于撒哈拉大沙漠，居世界第二位。

二类地区　全年日照时数为 3 000～3 200 h，在每平方米面积上一年内接收的太阳能总辐射量为 5 852～6 680 MJ，相当于 200～225 $kg_{标准煤}$燃烧所放出的热量。这一地区主要包括河北西北部、山西北部、内蒙古南部、宁夏南部、甘肃中部、青海东部、西藏东南部和新疆南部等地，为我国太阳能资源较丰富地区。

三类地区　全年日照时数为 2 200～3 000 h，在每平方米面积上一年内接收的太阳能总辐射量为 5 016～5 852 MJ，相当于 170～200 $kg_{标准煤}$燃烧所放出的热量。这一地区主要包括山东、河南、河北东南部、山西南部、新疆北部、吉林、辽宁、云南、陕西北部、甘肃东南部、广东南部、福建南部、江苏北部、安徽北部、台湾西南部等地，为我国太阳能资源的中等类型区。

四类地区 全年日照时数为 1 400～2 200 h，在每平方米面积上一年内接收的太阳能总辐射量为 4 190～5 016 MJ，相当于 140～170 $kg_{标准煤}$燃烧所放出的热量。这一地区主要包括湖南、湖北、广西、江西、浙江、福建北部、广东北部、陕西南部、江苏南部、安徽南部以及黑龙江、台湾东北部等地，为我国太阳能资源较贫乏的地区。

五类地区 全年日照时数为 1 000～1 400 h。在每平方米面积上一年内接收的太阳能总辐射量为 3 344～4 190 MJ，相当于 115～140 $kg_{标准煤}$燃烧所放出的热量。这一地区主要包括四川、贵州两省。这里是我国太阳能资源最少的地区。

一、二、三类地区，全年日照时数大于 2 000 h，太阳能总辐射量高于 5 016 MJ/(m^2 · a)，是我国太阳能资源丰富或较丰富的地区。这三类地区面积较大，约占全国总面积的 2/3 以上，具有利用太阳能的良好条件。四、五类地区，虽然太阳能资源条件较差，但是也有一定的利用价值，其中有的地方是可以开发利用太阳能的。总之，从全国来看，我国是太阳能资源相当丰富的国家，具有发展太阳能利用事业的得天独厚的优越条件，只要我们扎扎实实地努力工作，太阳能利用事业在我国是有着广阔的发展前景的。我国的太阳能资源与同纬度的其他国家相比，除四川盆地和与其毗邻的地区外，绝大多数地区的太阳能资源相当丰富，和美国类似，比日本、欧洲条件优越得多，特别是青藏高原中南部的太阳能资源尤为丰富，接近世界最著名的撒哈拉大沙漠。西藏与国内外部分站太阳能年总辐射量的比较如表 1.8 所示。

表 1.8　西藏与国内外部分站太阳能年总辐射量比较

地　名	年总辐射量(MJ/m²)	地　名	年总辐射量(MJ/m²)	地　名	年总辐射量(MJ/m²)
拉萨	7 784	呼和浩特	6 109	莫斯科	3 727
那曲	6 557	银川	6 012	汉堡	3 422
昌都	6 137	北京	5 564	华沙	3 516
狮泉河	7 808	上海	4 672	伦敦	3 642
绒布寺	8 369	成都	3 805	巴黎	4 020
哈尔滨	4 622	昆明	5 271	维也纳	3 894
乌鲁木齐	5 304	贵阳	3 806	威尼斯	4 815
格尔木	7 005	曾母暗沙	6 100	里斯本	6 908
武汉	4 672	黄岩岛	6 050	纽约	4 731
广州	4 480	太平岛	5 960	非洲中部	8 374
兰州	5 442	钓鱼岛	4 300	新加坡	5 736

西藏高原由于海拔高,大气洁净,空气干燥,纬度又低,所以太阳能总辐射量大。西藏全区的太阳能年总辐射量多在 6 000～8 000 MJ/m² 之间 ,呈自东向西递增的形式分布。西藏太阳能年总辐射量的分布如图 1.21 所示。在西藏东南边缘地区云雨较多,太阳能年总辐射量较少,在5 155 MJ/m² 以下;雅鲁藏布江中游河谷地区,雨较少,多夜雨,太阳能年总辐射量达6 500～8 000 MJ/m²。在珠穆朗玛峰北坡海拔 5 000 km 的绒布寺,1954 年 4 月至 1960 年 3 月观测的太阳能年平均总辐射量高达 8 369.4 MJ/m² 即使是太阳能总辐射量较少的昌都,其年总辐射量也大于内地各地区,与内蒙古中部地区相当。与世界各国太阳能年总辐射量比较,西藏高原也是日照丰富的地区之一。

太阳能总辐射量的年变化曲线呈峰形,月总辐射量一般以 5 月(昌都、林芝、米林、琼结出现在 6～7 月)为最大,月总辐射量均在 500 MJ/m² 以上,雅鲁藏布江中上游、羌塘、阿里高原可达 700 MJ/m² 以上,狮泉河为 853.4 MJ/m²,绒布寺曾达 933.7 MJ/m²,最低值一般出现在 12 月(比如、米林、索县、波密、林芝、察隅、改则、普兰出现在 1 月),月总辐射量在 318.5～510.9 MJ/m² 之间。西藏太阳能月总辐射量年变化曲线如图 1.21 所示。

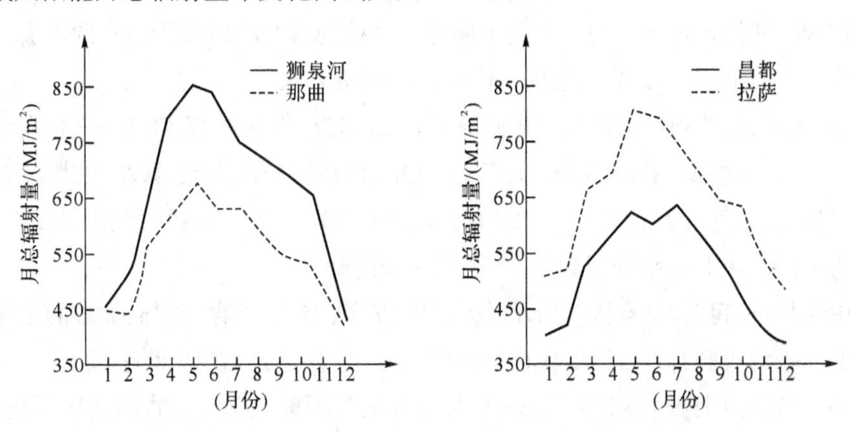

图 1.21　西藏太阳能月总辐射量的年变化曲线

太阳能总辐射量的季节变化，以春、夏季最大，秋、冬季最小。雨季(5～9 月)的太阳能总辐射量约占全年的 46%～49%。

西藏各站太阳能总辐射量的季节变化如表 1.9 所示。西藏高原是我国日照时数的高值中心之一，全年平均日照时数在 1 500～3 400 h 之间。其地区分布特点是：西部最多，狮泉河的年日照时数为 3 417 h，其次是珠穆朗玛峰北坡的定日，年日照时数为 3 327 h。年平均日照时数向东南地区依次减少，波密仅 1 544 h。

表 1.9 西藏各站太阳能总辐射量的季节变化 (MJ/m²)

地 名	年总辐射量	12 月到次年 2 月		3～5 月		6～8 月		9～11 月	
		辐射量	占全年%	辐射量	占全年%	辐射量	占全年%	辐射量	占全年%
狮泉河	7 808	1 376	17.6	2 327	29.8	2 275	29.1	1 828	23.4
拉 萨	7 784	1 289	19.7	1 881	28.7	1 845	28.1	1 542	23.5
那 曲	6 557	1 194	19.5	1 700	27.7	1 837	29.9	1 404	22.9
昌 都	6 137	1 519	19.5	2 181	28.0	2 268	29.1	1 815	23.3

每天日照时数≥6 h 的年平均天数的分布规律与日照时数基本相同。狮泉河最大，达 330 天，定日为 327 天，察隅最少，仅为 127 天。

日照时数的年变化规律，基本分为两种类型。第一类是双峰型，西藏大部分地区属于这种情况，以雅鲁藏布江河谷中上段及其以南地区最为典型。第二类属三峰型，主要出现在西藏东南部的多雨地区。

关于西藏太阳能资源的具体评述如下：

(1) 西藏西部太阳能资源区

本区位于西藏西部，主要包括阿里地区、那曲西部地区、雅鲁藏布江中游西段和上游及江南地区。

区内全年日照时数为 2 900～3 400 h，太阳能年总辐射量高达 7 000～8 400 MJ/m²，每天日照时数≥6 的年平均天数在 275～330 天之间。

从各月每天日照时数≥6 h 的平均天数来看，最低值出现在阿里地区和聂拉木站的 2 月，在 19～24 天之间，其他站点出现在 7～8 月，一般在 17～22 天。除浪卡子县 8 月(14.2 天)对太阳能的利用稍差外，其他各站全年均可利用太阳能。这些地区为西藏太阳能资源Ⅰ类地区。

(2) 喜马拉雅山南翼—那曲中东部—昌都太阳能资源区

本区包括亚东、洛扎和措美两县南部地区、错那、加查、朗县西部、工布江达、嘉黎、那曲、安多、聂荣、索县、巴青、边坝、丁青、洛隆、类乌齐、八宿、江达、昌都、贡觉、察雅、芒康等县。

区内太阳能总辐射量为 6 250～7 000 MJ/(m²·年)，全年总日照时数为 2 250～2 999 h，全年每天日照时数≥6 h 的平均天数在 215～275 天之间。

从太阳能利用时间上看，本区分布不均，洛隆、安多、那曲、丁青、昌都、加查的全年每天日照时数≥6 h 的月平均天数都在 15 天以上，均可利用。索县 7 月、芒康 8 月、嘉黎 7～8 月、错那 7～8 月、类乌齐 6,7,9 月及亚东、帕里 6～9 月每天的日照时数≥6 h 的月平均天数均在 15 天以下，其他月份均可利用。这些地区为西藏太阳能资源Ⅱ类地区。

(3) 藏东南太阳能资源区

本区主要是指喜马拉雅山南翼部分地区、朗县东部、林芝、比如、波密、易贡到左贡的狭长区域。

区内太阳能年总辐射量在 5 850～6 250 MJ/m² 之间，全年日照时数为 2 000～2 250 h，全年每天日照时数大于 6 h 的平均天数在 150～215 天之间。

该地区全年太阳能最佳利用时段一般为 6～9 月。左贡 10 月到翌年 6 月为最佳利用时段；林芝利用时段仅 5 个月，即 10 月至次年 1 月、4 月；比如为间断型式分布，4～6 月、8 月、10 月至次年 1 月为最佳利用时段，其他月份不能利用。这些地区为西藏太阳能资源Ⅲ类地区。

(4) 雅鲁藏布江下游太阳能资源区

本区主要是指雅鲁藏布江下游地区，包括米林、波密南部、墨脱、察隅。

区内全年日照时数不足 2 000 h，波密仅 1 544 h。太阳能年总辐射量在 5 850 MJ/m² 以下，波密仅 5 116 MJ/m²。

全年每天日照时数≥6 h 的平均天数在 125～150 天之间。每天日照时数≥6 h 的月平均天数除个别月份(米林 10～12 月、波密 12 月至次年 1 月、察隅 11 月)外，其他月份均在 15 天以下。这些地区为西藏太阳能资源Ⅳ类地区。

1.3 风力发电技术的现状及发展方向

风能可以在大范围内无污染地发电，并提供给独立用户或输送到中央电网。风能资源丰富、风电技术相当成熟、风电价格越来越具有市场竞争力，风电是世界上增长最快的能源。近几年来，风电装机容量年均增长超过 30%，而每年新增风电装机容量的增长率则达到 35.7%。风电装备制造业发展迅猛，恒速、变速等各类风力发电机组逐步实现了商品化和产业化，与此同时，大型风力发电在世界各地进入产业化。

1.3.1 风力发电技术

风力发电机组由风机和发电机组组成，一般包括叶片(集风装置)、发电机(包括传动装置)、调向器(尾翼)、塔架、限速安全机构和储能装置等构件。风力发电有三种运行方式：一是独立运行方式，通常由风力发电机、逆变器和蓄电池三部分组成，一台风力发电机向一户或几个用户提供电力，蓄电池用于蓄能，以保证无风时的用电；二是混合型风力发电运行方式，除了风力发电机外，还带有一套备用的发电系统，通常采用柴油机，在风力发电机不能提供足够的电力时，柴油机投入运行；三是风力发电并入常规电网运行，向大电网提供电力，通常是一处风电场安装几十台甚至几百台风力发电机，这是风力发电的主要方式。

1.3.2 风力发电的发展趋势

随着科技的不断进步和世界各国能源政策的倾斜，风力发电发展迅速，展现出广阔的前景，未来数年世界风电技术发展的趋势主要表现在如下几个方面：

1) 风力发电机组向大型化发展

21 世纪以前，国际风力发电市场上主流机型从 50 kW 增加到 1 500 kW。进入 21 世纪后，随着技术的日趋成熟,风力发电机组不断向大型化发展,目前,单机容量 1～3 MW 的风力发电机组已成为国际主流,5 MW 风电机组已投入试运行。2004 年以来,1 MW 以上的兆瓦级风机占到新增装机容量的 74.90%。大型风力发电机组有陆地和海上两种发展模式,陆地风力发电,其发展方向是低风速发电技术,主要机型是 1～3 MW 的大型风力发电机组,这种模式关键是向电网输电。近海风力发电,主要用于比较浅的近海海域,安装 3 MW 以上的大型风力发电机,布置大规模的风力发电场。随着陆地风电场利用空间越来越小,海上风电场在未来风能开发中将占据越来越重要的份额。

风力发电系统中,发电机是能量转换的核心部分。在风力发电中,当发电机与电网并联运行时,要求风电频率和电网频率保持一致,即风电频率保持恒定,因此风力发电系统按发电机的运行方式分为恒速恒频发电机系统(CSCF 系统)和变速恒频发电机系统(VSCF 系统)。恒速恒频发电机系统是指在风力发电过程中保持发电机的转速不变,从而得到和电网频率一致的恒频电能。恒速恒频系统一般来说比较简单,所采用的发电机主要是同步发电机和鼠笼式感应发电机,前者运行于由电机极数和频率所决定的同步转速,后者则以稍高于同步转速的速度运行。变速恒频发电机系统是指在风力发电过程中发电机的转速可以随风速变化,而通过其他的控制方式来得到和电网频率一致的恒频电能。

2) 风力发电机桨叶长度可变

随着风轮直径的增加,风力发电机可以捕捉更多的风能。直径 40 m 的风轮适用于 500 kW 的风力发电机,而直径 80 m 的风轮则可用于 2.5 MW 的风力发电机。长度超过 80 m 的叶片已经成功运行,每增加 1 m 叶片长度,风力发电机可捕捉的风能就会显著增加。和叶片长度一样,叶片设计对提高风能利用也有着重要的作用。目前,丹麦、美国、德国等风电技术发达国家的一些知名风电制造企业正在利用先进的设备和技术条件致力于研究长度可变的叶片技术。这项技术可以根据风况,调整叶片的长度。当风速较低时,叶片会完全伸展,最大限度地产生电力;随着风速增大,输出电能会逐步增至风力发电机的额定功率,一旦风速超过这一峰值,叶片就会回缩以限制输电量;如果风速继续增大,叶片长度会继续缩小直至最短。风速自高向低变化时,叶片长度也会作相应调整。

3) 采用新型塔架结构

目前,美国的几家公司正在以不同方法设计新型塔架,采用新型塔架结构有助于提高风力发电机的经济可行性。Valmount 工业公司提出了一个完全不同的塔架概念,发明了由两条斜支架支撑的非锥形主轴。这种设计比钢制结构坚固 12 倍,能够从整体上降低结构中无支撑部分的成本,是传统筒式风力发电机结构成本的一半。用一个活动提升平台,可以将叶轮等部件提升到塔架顶部。这种塔架具有占地面积少和容易安装的特点,由于其成本低且无需大型起重机,拓宽了风能利用的可用场址。

4) 风力发电从陆地向海面拓展

海上有丰富的风能资源和广阔平坦的区域。风速大且稳定,日平均利用小时数可达到 20 个小时以上。同容量装机,海上比陆上成本增加 60%,电量增加 50%以上。随着风力发电的发展,陆地上的风机总数已经趋于饱和,海上风力发电场将成为未来发展的重点。虽然近海风电场的前期资金投入和运行维护费用都要高得多,但大型风电场的规模经济使大型风力发电机变得切实可行。为了在海上风场安装更大机组，许多大型风力机制造商正在开发3～5 MW的机组，多兆瓦级风力发电机组在近海风力发电场的商业化运行是国内外风能利用的新趋势。从2006年开始，欧洲的海上风力发电开始大规模起飞，到2010年，欧洲海上风力发电的装机容量达到10 000 MW。目前，德国正在建设的北海近海风电场，总功率在100万kW，单机功率为5 MW，是目前世界上最大的风力发电机，该风电场生产出来的电量之大，可与常规电厂相媲美。

5）风机控制技术不断提高

随着电力电子技术的发展，近年来发展的一种变速风电机，取消了沉重的增速齿轮箱，发电机轴直接连接到风力机轴上，转子的转速随风速而改变，其交流电的频率也随之变化，经过置于地面的大功率电力电子变换器，将频率不定的交流电整流成直流电，再逆变成与电网同频率的交流电输出。由于它被设计成在几乎所有的风况下都能获得较大的空气动力效率，从而大大提高了捕捉风能的效率。试验表明，在平均风速为6.7 m/s时，变速风电机要比恒速风电机多捕获15%的风能。同时，由于机舱质量减轻和改善了传动系统各部件的受力状况，可使风电机的支撑结构减轻，从而降低了设施费用，运行维护费用也较低。这种技术经济上可行，故有较广泛的应用前景。

1.4　我国风力发电的技术水平及应用

1.4.1　江苏风力发电前景展望

江苏省内主要电厂均为燃煤电厂，电源结构形式单一，发电用煤需求量大。但江苏省产煤能力有限，电厂燃煤80%需要从外省购进，成本高，电煤供给紧缺，污染严重；水力发电资源极少，核电成本高，而由于本省没有多少可供建设核电的地形地貌，因此，加快开发风力资源，对江苏能源结构调整有一定促进作用。江苏省有效利用风能资源，大规模发展风电产业，有利于和矿产资源、港口运输、制造业发展相结合，构建包括风机制造、风力发电、与风电有关的盐化工产业与冶金工业、金属和非金属原料的精深加工产业在内的大规模风电产业体系，在长三角地区形成独特的绿色能源利用高地。

1.4.2　我国风电技术研发与进展

我国风电技术的发展是从20世纪80年代由小型风力发电机组开始，并由小及大的。期间以100 W～10 kW的产品为主。“九五”期间，我国重点对600 kW三叶片、失速型、双速型发电机的风电机组进行了研制，掌握了整体总装技术和关键部件叶片、电控、发电机、齿轮辐等的设计制造技术，并初步掌握了总体设计技术。对变桨距600 kW风电机组也研制了样机。“十五”期间，科技部对750 kW的失速性风电机组的技术和产品进行攻关，并取得了成功。目前，600 kW和750 kW定桨距失速型机组已经成为经市场验证的、批量生产的主要国产机组。在此基础上，“十五”期间，国家“863”计划支持了国内数家企业研制兆瓦级风力发电机组和关键部件，以追赶世界主流机型先进技术。另外，还采取和国外公司合作设计、在国内采购生产主要部件组装风电机组的方式，进行 1.2 MW 直驱式变速恒频风电机组研制项目，第一台样机已于 2005 年 5 月投入试运行，国产化率达到 25%。第二台样机也于 2006 年 2 月投入试运行，国产化率达到 90%。该项目完成后，将形成具有国内自主知识产权的 1.2 MW 直接驱动永磁风力发电机组机型，同时初步形成大型风电机组的自主设计能力以及叶片、电控系统、发电机等关键部件的设计和批量生产能力。

我国对兆瓦级变速恒频风电机组项目的研制，完全立足于自主设计，技术方案采取双馈发电机、变桨距、变速技术，完成了总体和主要部件设计、缩比模型加工制造及模拟试验研究、风电机组总装方案的制订，其中兆瓦级变速恒频风电机组多功能缩比模型填补了我国大型风电机组实验室地面试验和仿真测试设备的空白。首台样机已经于 2005 年 9 月投入试运行。该项目完成后，我国将形成 1 MW 双馈式变速恒频风电机组机型和一整套风力发电机组的设计开发方法，从而为全面掌握风电机组的设计技术提供基础。

在市场的激励下，2004 年以来进入风电制造业的众多企业还自行通过引进技术或通过自主研发迅速启动了兆瓦级风电机组的制造。其中一些企业与国外知名风力发电制造企业成立合资企业或向其购买生产许可证，直接引进国际风电市场主流成熟机型的总装技术。在早期直接进口主要部件，然后努力消化吸收，逐步实现部件国产化。

总体上看，当前国内众多整机制造企业引进和研制的各种型号兆瓦级机组（容量为 1～2 MW，技术形式包括失速型、直驱永磁式和双馈式），已经于 2007 年投入批量生产。但是，兆瓦级机组控制系统仍依赖进口。

国内大型风电用发电机的研制生产始于 20 世纪 90 年代初。在国内坚实的电机工业基础上以及国内风电市场的拉动下，目前数家企业已具备 750 kW 级发电机的批量生产供应能力，并在近两年内研制出了兆瓦级双馈型发电机并投入试运行。大型风电机组的叶片一度是我国风力发电设备国产化的主要瓶颈。目前已经掌握了 600 kW 和 750 kW 叶片的设计制造技术，并实现产业化，形成了研制兆瓦级容量叶片的创新能力，2005 年研制出了 1.3 MW 叶片。国内主要的叶片生产企业，其产能已达到约 1 000 MW/年。风电机组的电控系统是国内风电机组制造业中最薄弱的环节，过去数年中我国研发生产电控设备的单位经刻苦攻关，如今 600 kW、750 kW风电机组的电控系统技术已经成熟，可批量生产。

地球上的风能资源非常丰富，开发潜力巨大，全球已有不少于 70 个国家在利用风能，风力发电是风能的主要利用形式。近年来，全球范围内风电装机容量持续较快增长。

到 2009 年底，全球风电累计装机总量已超过 15 000 万 kW，中国风电累计装机总量突破 2 500万 kW，约占全球风电的 1/6。中国风电装机容量增长迅猛，年度装机容量增长率连续 6 年超过 100%，成为风电产业增长速度最快的国家。

近年来，风电的开发有力地带动了相关设备市场的蓬勃发展。在国家政策支持和能源供应紧张的背景下，中国风电设备制造业迅速崛起，已经成为全球风电投资最为活跃的场所。国际风电设备巨头竞相进军中国市场，Gamesa、Vestas 等国外风电设备企业纷纷在中国设厂或与我国本土企业合作。

经过多年的技术积累，中国风电设备制造业逐步发展壮大，产业链日趋完善。风电机组自主化研发取得丰硕成果，关键零部件市场迅速扩张。内资和合资企业在 2004 年前后还只占据不到三分之一的中国风机市场，到 2009 年，这一市场份额已超过 6 成。

中国对风力发电的政策支持由来已久，政策支持的对象由过去的注重发电转向了注重扶持国内风电设备制造。随着国产风电设备自主制造能力不断加强，2010 年国家取消了国产化率政策，提升准入门槛，加快风电设备制造业结构优化和产业升级，进一步规范风电设备产业的有序发展。

中国正逢风电发展的大好时机，遍地开花的风电场建设意味着庞大的设备需求。除了风电整机需求不断增长之外，叶片、齿轮箱、大型轴承、电控等风电设备零部件的供给能力仍不能完全满足需求，市场增长潜力巨大。因此，中国风电设备制造业发展前景乐观。

2 空气动力学及风力机负载研究

2.1 空气动力学

2.1.1 空气动力学简介

空气动力学是流体力学的一个分支，主要研究物体在空气或其他气体中运动时而产生的各种力。空气动力学为流体力学在工程上的应用力学，特别讨论在马赫数大于 0.3 的流场情形。空气动力学因为讨论的状况接近真实流体，考虑了真实流体的黏滞性、可压缩性、三维运动等特点，所以得到的计算方程式比较复杂，通常为非线性的偏微分方程式形式。这种方程在绝大多数的情况下都是难以求得解析解的，加之早期计算技术还比较落后，所以当时大多是以实验的方式来求得所需的数据。

随着计算机技术的迅速发展，使用计算机进行大量数值运算来求解空气动力学方程式成为可能。利用数值法以及计算流体力学方法，可以求出非线性偏微分方程的数值解，得到所需要的各种数据，从而省去了大量的实验成本。由于数学模型的不断完善以及计算机计算能力的不断提高，已经可以采用电脑模拟流场的方式来取代部分空气动力学实验。

2.1.2 空气动力学发展简史

最早对空气动力学的研究，可以追溯到人类对鸟或弹丸在飞行时的受力和力的作用方式的种种猜测。17 世纪后期，荷兰物理学家惠更斯首先估算出物体在空气中运动的阻力；1726 年，牛顿应用力学原理和演绎方法得出：在空气中运动的物体所受的力，正比于物体运动速度的平方和物体的特征面积以及空气的密度。这一工作可以看做是空气动力学经典理论的开始。1755 年，数学家欧拉得出了描述无粘性流体运动的微分方程，即欧拉方程。这些微分形式的动力学方程在特定条件下可以积分，得出很有实用价值的结果。19 世纪上半叶，法国的纳维和英国的斯托克斯提出了描述粘性不可压缩流体动量守恒的运动方程，后称为纳维-斯托克斯方程。

到 19 世纪末，经典流体力学的基础已经形成。20 世纪以来，随着航空事业的迅速发展，空气动力学便从流体力学中发展出来，并形成力学的一个新的分支。

航空要解决的首要问题是如何获得飞行器所需要的升力、减小飞行器的阻力和提高它的飞行速度。这就要从理论和实践上研究飞行器与空气相对运动时作用力的产生及其规律。1894 年，英国的兰彻斯特首先提出无限翼展机翼或翼型产生升力的环量理论，和有限翼展机翼产生升力的涡旋理论等。但兰彻斯特的想法在当时并未得到广泛重视。

约在 1901—1910 年间，库塔和儒科夫斯基分别独立地提出了翼型的环量和升力理论，并给出生力理论的数学形式，建立了二维机翼理论。1904 年，德国的普朗特发表了著名的低速流动的边界层理论。该理论指出，在不同的流动区域中控制方程可有不同的简化形式。边界层理论极大地推进了空气动力学的发展。普朗特还把有限翼展的三维机翼理论系统化，给出它的数学结果，从而创立了有限翼展机翼的升力线理论。但它不能适用于失速、后掠和小展弦比的情况。1946 年，美国的琼斯提出了小展弦比机翼理论，利用这一理论和边界层理论，可以足够精确地求出机翼上的压力分布和表面摩擦阻力。

小扰动在超声速流中传播会叠加起来形成有限量的突跃——激波。在许多实际超声速流动中也存在着激波。在绝热情况下，气流通过激波流场，参量发生突跃，熵增加而总能量保持不变。

英国科学家兰金在 1870 年、法国科学家希贡扭在 1887 年分别独立地建立了气流通过激波所应满足的关系式，为超声速流场的数学处理提供了正确的边界条件。对于薄翼小扰动问题，阿克莱特在 1925 年提出了二维线化机翼理论，以后又相应的出现了三维机翼的线化理论。这些超声速流的线化理论圆满地解决了流动中小扰动的影响问题。

近代航空和喷气技术的迅速发展使飞行速度迅猛提高。在高速运动的情况下，必须把流体力学和热力学这两门学科结合起来，才能正确认识和解决高速空气动力学中的问题。1887—1896 年间，奥地利科学家马赫在研究弹丸运动扰动的传播时指出：在小于或大于声速的不同流动中，弹丸引起的扰动传播特征是根本不同的。在高速流动中，流动速度与当地声速之比是一个重要的无量纲参数。1929 年，德国空气动力学家阿克莱特首先把这个无量纲参数与马赫的名字联系起来，十年后，马赫数这个特征参数在气体动力学中被广泛引用。

在飞行速度或流动速度接近声速时，飞行器的气动性能发生急剧变化，阻力突增，升力骤降。飞行器的操纵性和稳定性极度恶化，这就是航空史上著名的声障。大推力发动机的出现冲过了声障，但并没有很好地解决复杂的跨声速流动问题。直至 20 世纪 60 年代以后，由于跨声速巡航飞行、机动飞行，以及发展高效率喷气发动机的要求，跨声速流动的研究更加受到重视，并有很大的发展。

远程导弹和人造卫星的研制推动了高超声速空气动力学的发展。在 50 年代到 60 年代初，确立了高超声速无粘流理论和气动力的工程计算方法。60 年代初，高超声速流动数值计算也有了迅速的发展。通过研究这些现象和规律，发展了高温气体动力学、高速边界层理论和非平衡流动理论等。

由于在高温条件下会引起飞行器表面材料的烧蚀和质量的引射，需要研究高温气体的多相流。空气动力学的发展出现了与多种学科相结合的特点。空气动力学发展的另一个重要方面是实验研究，包括风洞等各种实验设备的发展和实验理论、实验方法、测试技术的发展。世界上第一个风洞是英国的韦纳姆在 1871 年建成的。到今天适用于各种模拟条件、目的、用途和各种测量方式的风洞已有数十种之多，风洞实验的内容极为广泛。

20 世纪 70 年代以来，激光技术、电子技术和电子计算机的迅速发展，极大地提高了空气动力学的实验水平和计算水平，促进了对高度非线性问题和复杂结构（如湍流）的流动的研究。

除了上述由航空航天事业的发展推进空气动力学的发展之外，60 年代以来，由于交通、运输、建筑、气象、环境保护和能源利用等多方面的发展，出现了工业空气动力学等分支学科。

2.2 空气动力学的基本公式

2.2.1 叶片翼型的几何形状与空气动力学特性

如图 2.1 是风机叶片的示意图，叶片的功能是将风能转变成机械能，风力机的风轮一般由 2～3 个叶片组成。

先考虑一个不动的翼型受到风吹的情况。风的速度为矢量 v，方向与翼型平面平行。有关翼型几何形状的定义如下：翼型的尖尾点（B 点）称为后缘，圆头上 A 点为前缘。连接前、后缘的直线 AB 长为 l，称为翼弦。AMB 称为上表面，ANB 称为翼型下表面。从前缘到后缘的弯曲虚线叫做翼型的中线。仰角 θ 是翼弦与气流速度矢量 v 之间的夹角。

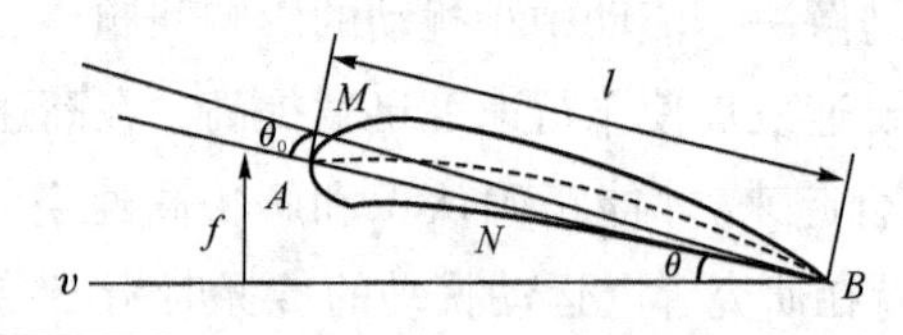

图 2.1 风力机叶片翼型图

考虑到风吹过叶片时所受的空气动力，如图 2.2 是翼剖面上的压力示意图，上表面压力为负，下表面压力为正，合力如图 2.3 所示。

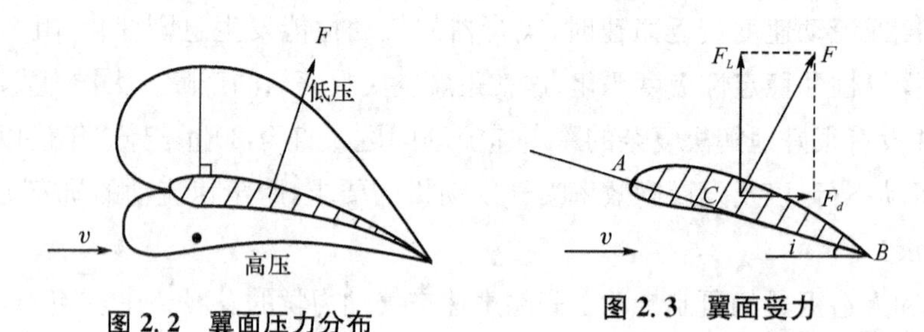

图 2.2 翼面压力分布　　图 2.3 翼面受力

合力 F 可用下式表达，即

$$F = \frac{1}{2}\rho C S v^2 \tag{2.1}$$

力 F 可分解为两个分力，一个是垂直于气流速度 v 的升力——F_L，另一个是平行于气流速度 v 的阻力——F_d，F_L 和 F_d 可用下式表示，即

$$\begin{aligned} F_L &= \frac{1}{2}\rho C_L S v^2 \\ F_d &= \frac{1}{2}\rho C_d S v^2 \end{aligned} \tag{2.2}$$

式中：C_L 和 C_d 分别是翼型的升力系数和阻力系数。

由于 F_L 和 F_d，相互垂直，因此有：

$$F^2 = F_L^2 + F_d^2 \tag{2.3}$$

翼型的升力系数 C_L 和阻力系数 C_d 随攻角的变化曲线如图 2.4 和如图 2.5 所示。

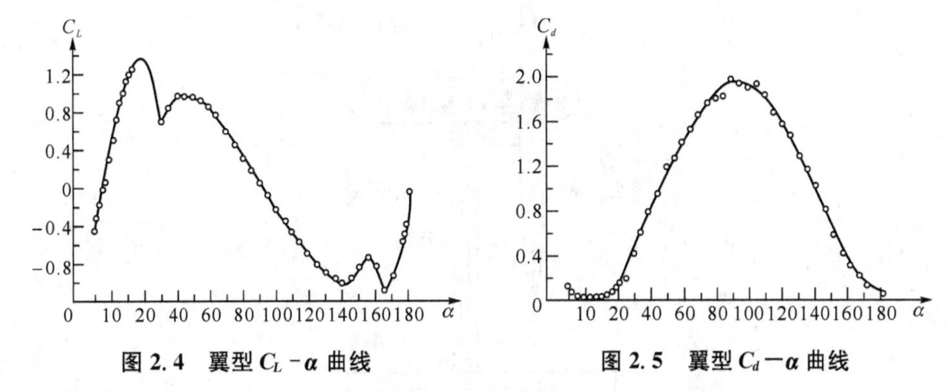

图 2.4　翼型 C_L - α 曲线　　　**图 2.5　翼型 C_d — α 曲线**

与风轮有关的几何定义有：

(1) 风轮轴：风轮旋转运动的轴线。

(2) 旋转平面：与风轮轴垂直，叶片在旋转时的平面。

(3) 风轮直径：风轮扫掠面的直径。

(4) 叶片轴：叶片纵向轴，绕此轴可以改变叶片相对于旋转平面的偏转角(安装角)。

(5) 叶片截面：叶片在半径 r 处与以风轮轴为轴线的圆柱相交的截面。

(6) 安装角或桨矩角：在半径 r 处翼型的弦线与旋转面的夹角 α，如图 2.6 所示。

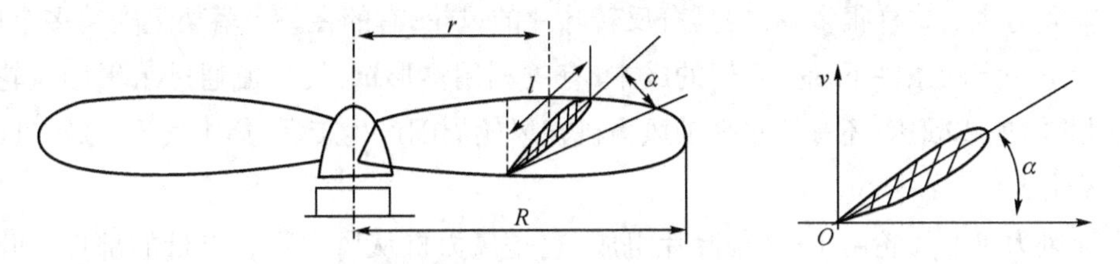

图 2.6　风轮空气动力学的几何名词

结论：通过研究风力机叶片的空气动力学，得出了叶片翼型的几何形状与空气动力学特性以及风力机的空气动力学的相关公式，对设计风力机的叶片具有指导性意义。

2.2.2　风力机主要部件的设计

风力机经过 20 多个世纪的发展，现在已有很多种型式，其中有的是老式风力机，现在不再使用；有的是现代风力机，正为人们广泛利用；有的正在研究之中。尽管风力机的型式各异，但它们的工作原理是相同的，即利用风轮从风中吸收能量，然后再转变成其他形式的能量。在这里主要研究新型风力机的风轮、塔架和对风装置。

1) *风力机的主要部件*

水平轴风力机主要由风轮、塔架及对风装置组成，如图 2.7 所示。

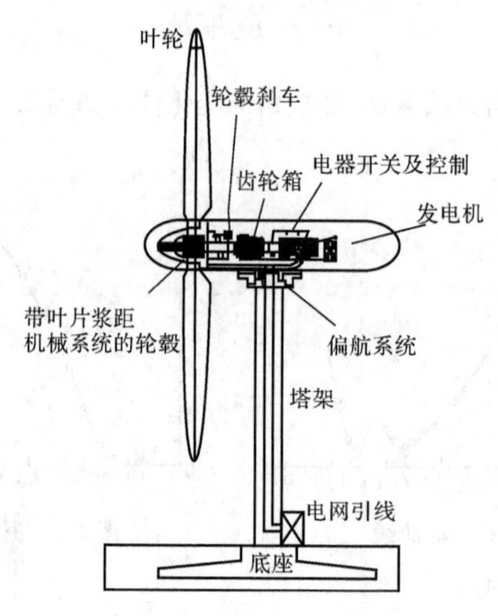

图 2.7 水平轴风力机的剖面图

水平轴风力机可分为升力型和阻力型两类。升力型旋转速度快,阻力型旋转速度慢。对于风力发电,多采用升力型水平轴风力机。大多数水平轴风力机具有对风装置,能随风向改变而转动。对小型风力机,这种对风装置采用尾舵,而对于大型的风力机,则利用风向传感元件及伺服电动机组成的传动机构。

风力机的风轮在塔架前面的称上风向风力机,风轮在塔架后面的则称下风向风力机。

水平轴风力机的式样很多,有的具有反转叶片的风轮;有的在一个塔架上安装多个风轮,以便在输出功率一定的条件下减少塔架的成本;有的利用锥形罩,使气流通过水平轴风轮时集中或扩散,因此加速或减速;还有的水平轴风力机在风轮周围产生旋涡,集中气流,增加气流速度。

(1) 风轮

水平轴风力机的风轮由 1～3 个叶片组成,它是风力机从风中吸收能量的部件。叶片的结构有如下四种形式,如图 2.8 所示。

①实心木质叶片。这种叶片是用优质木材精心加工而成,其表面可以蒙上一层玻璃钢,以防雨水和尘土对木材的侵蚀。

②使用管子作为叶片的受力梁,用泡沫材料、轻木或其他材料作中间填料,并在其表面包上一层玻璃钢。

③叶片用管梁、金属肋条和蒙皮组成。金属蒙皮做成气动外型,用钢钉和环氧树脂将蒙皮、肋条和管梁连接在一起。

④叶片用管梁和具有气动外型的玻璃钢蒙皮做成。玻璃钢蒙皮较厚,具有一定的强度,同时,在玻璃钢蒙皮内可黏结一些泡沫材料的肋条。

当风轮旋转时,叶片受到离心力和气动力的作用,离心力对叶片是一个拉力,而气动力使叶片弯曲,如图 2.9 所示。当风速高于风力机的设计风速时,为防止叶片损坏,需对风轮进行控制。控制风轮有三种主要方法:①使风轮偏离主风向;②改变叶片角度(改变桨距角);③利用扰流器产生阻力,以降低风轮转速。

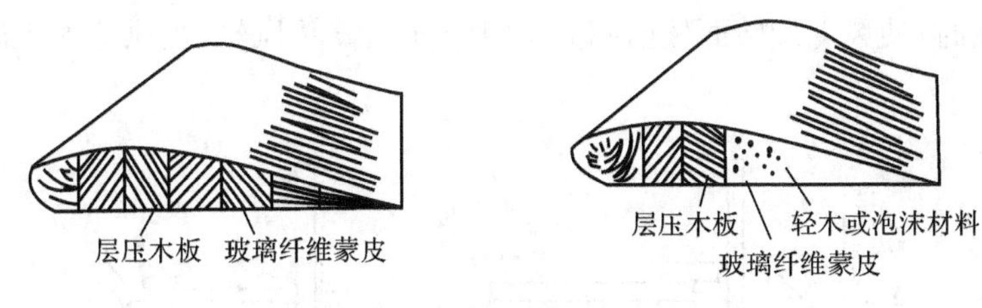

(a) 用玻璃纤维作蒙皮的木制叶片结构

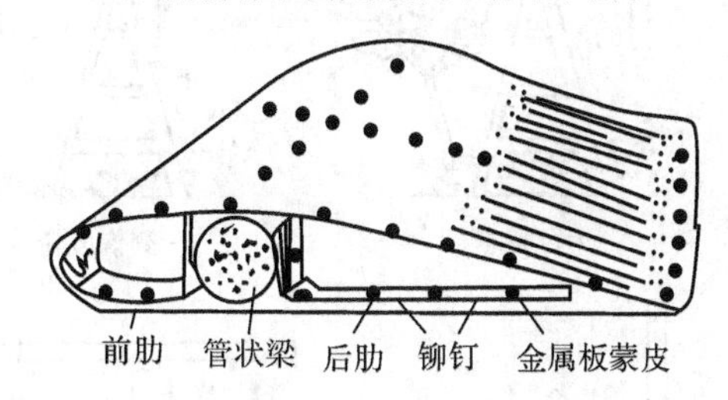

(b) 金属作蒙皮的管状梁叶片结构

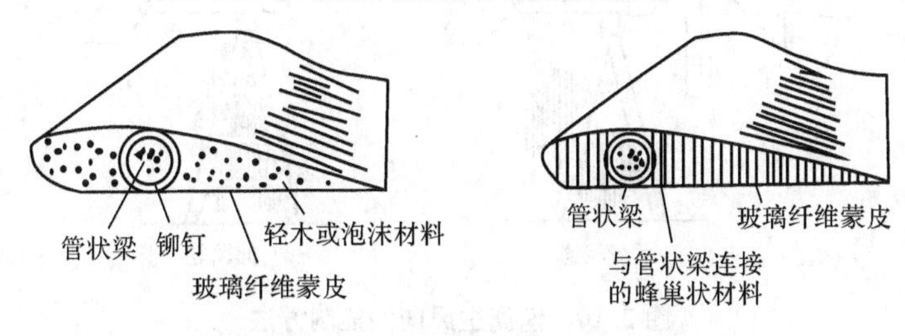

(c) 用玻璃纤维作蒙皮的管状梁叶片结构

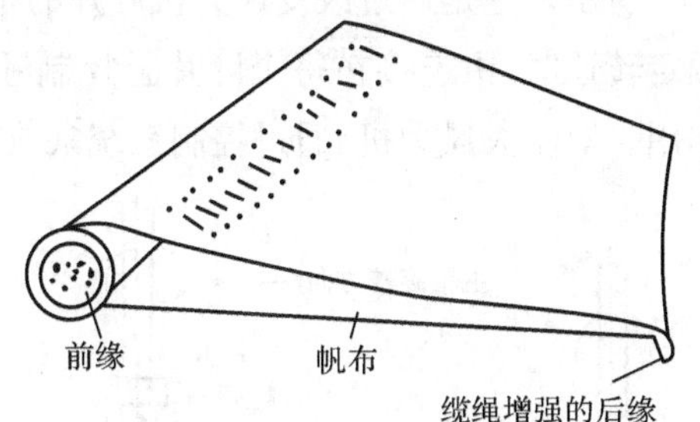

用缆绳将帆布或涤纶织布从管状前沿向后撑紧

(d) 典型的帆翼结构

图 2.8 叶片的结构形式

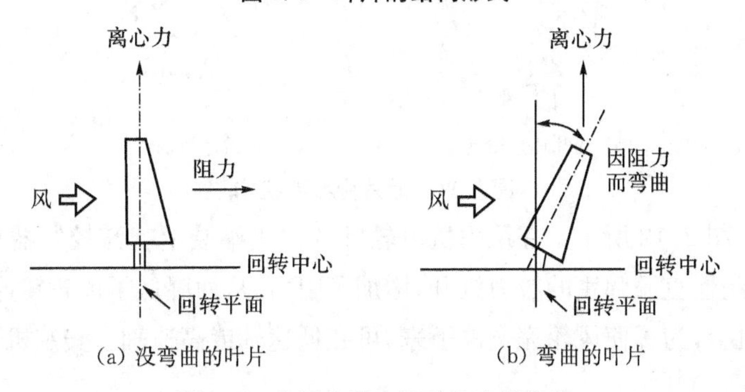

(a) 没弯曲的叶片　　(b) 弯曲的叶片

图 2.9 作用在风力机叶片上的负荷

偏离主风向的控制方法如图 2.10 所示。当风速太大时，风轮向侧方或上方偏转，从而减少了风轮的迎风面，防止过转速。侧向偏转风轮在风轮中心与风力机支撑塔的旋转中心之间有一个偏心距，当大风时，使风轮旋转面偏向侧方。对于向上偏转风轮，当风速太大时，风轮旋转面便向上偏转。

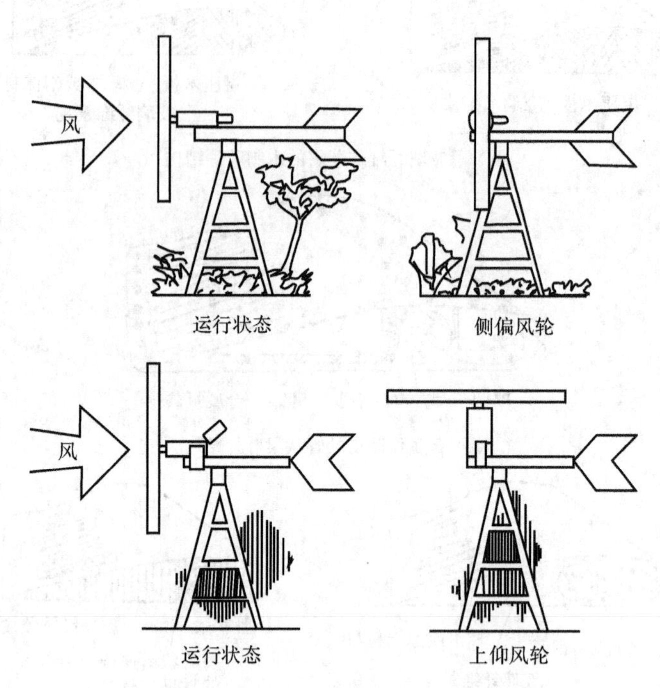

图 2.10　偏离主风向的控制方法

叶片变桨距机构如图 2.11 所示。它是通过改变风力机叶片的角度来控制输出功率。对于小风力机，当叶片转速超过额定转速时，由连接在每个叶片上控制锤的离心力的作用使叶片的桨距角加大，而避开风力的作用。对于大风力机，通过控制系统来改变桨距以控制输出功率。

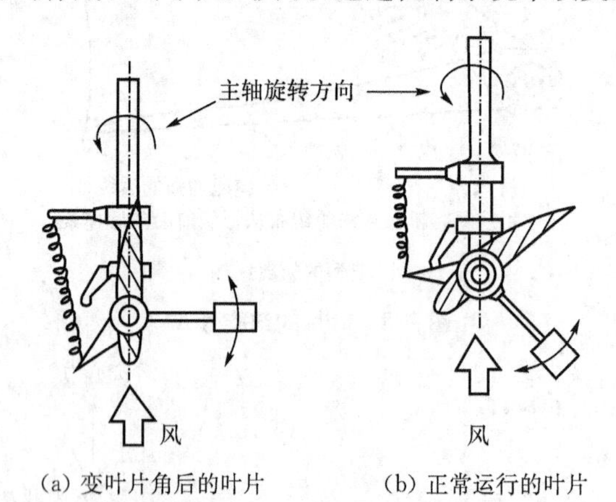

图 2.11　叶片变桨距机构

扰流控制器如图 2.12 所示。在风力机风轮叶片的尖端装上扰流控制器后，在过转速时离心力增大，扰流控制器克服弹簧的拉力张开，增加了阻力，从而降低了风轮转速。

在大型风力机上，为了使风轮完全停下来，可在低速轴或高速轴上安装机械刹车装置。

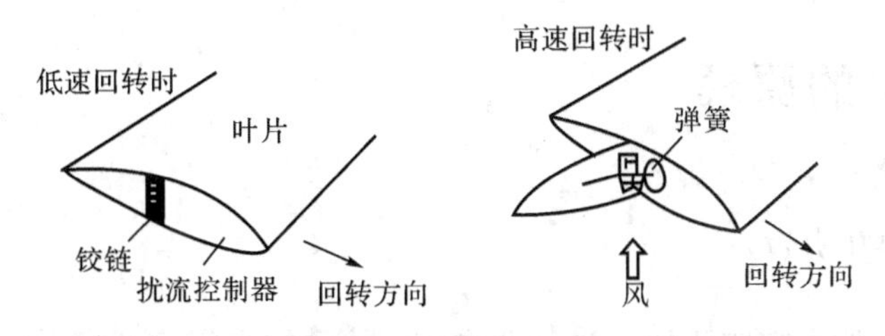

图 2.12 扰流控制器

(2) 塔架

为了让风轮能在地面上较高的风速中运行，需要用塔架把风轮支撑起来，如图 2.13 所示。这时，塔架承受两个主要载荷：一个是风力机的重力，向下压在塔架上；另一个是阻力，使塔架向风的下游方向弯曲。塔架有张线支杆式和悬臂梁式两种基本形式。塔架所用的材料可以是木杆、铁管或其他圆柱结构，也可以是钢材做成的桁架结构。

不论选择什么塔架，使用的目的是使风轮获得较大的风速。在选择塔架时，必须考虑塔架的成本。引起塔架陨坏的载荷主要是风力机的重力和塔架所受的阻力。因此，选择塔架要根据风力机的实际情况来确定。大型风力机的塔架基本上是锥形圆柱钢塔架。

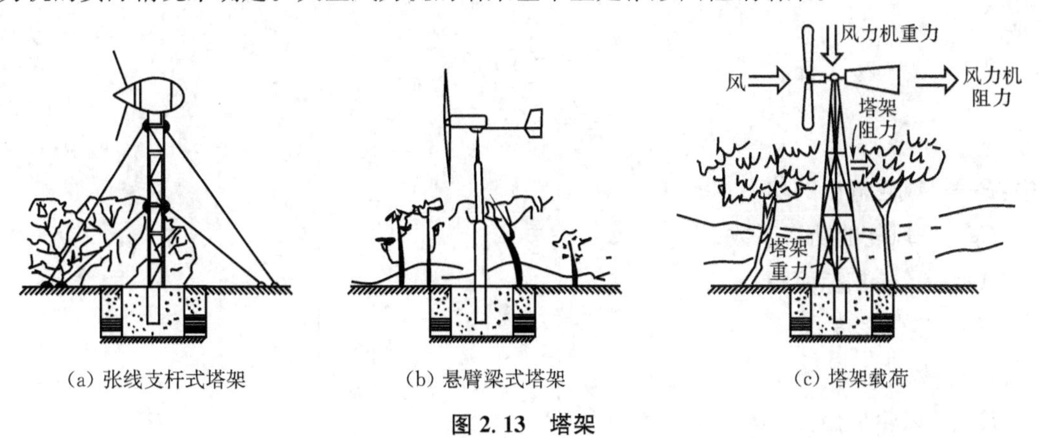

(a) 张线支杆式塔架　　(b) 悬臂梁式塔架　　(c) 塔架载荷

图 2.13 塔架

2) 对风装置

自然界的风，不论是速度还是方向，都经常发生变化。对于水平轴风力机，为了得到最高的风能利用效率，应使风轮的旋转面经常对准风向，为此，需要对风装置。一些典型的对风装置如图 2.14 所示。图 2.14 (a)是用尾舵控制对风的最简单的方法，小型风力机多采用这种方式。图 2.14 (b)是在风力机两侧装有控制方向的舵轮，多用于中型风力发电机。图 2.14 (c)是用专门设计的风向传感器与伺服电机相结合的传动机构来实现对风，多用于大型风力发电机组。

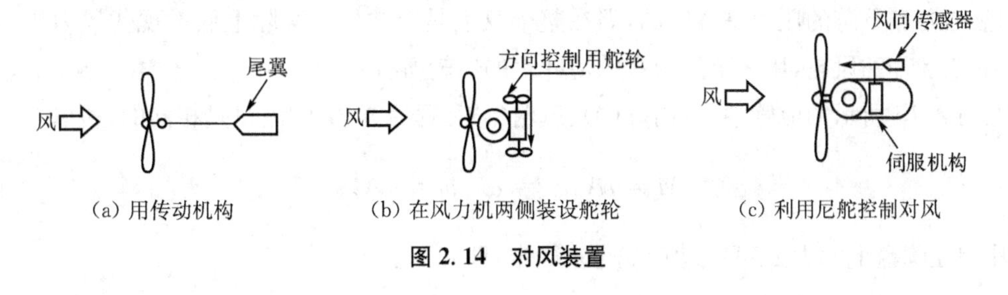

(a) 用传动机构　　(b) 在风力机两侧装设舵轮　　(c) 利用尼舵控制对风

图 2.14 对风装置

2.3 风力机的原理

2.3.1 风力机的功效

风的动能与风速的平方成正比。当一个物体使流动的空气速度变慢时，流动的空气中的动能部分转变成物体上的压力能，整个物体上的压力就是作用在这个物体上的力。

功率是力和速度的乘积，这也可以用于风轮的功率计算。因为风力与速度的平方成正比，所以风的功率与速度的三次方成正比。如果风速增加一倍，风的功率便增加八倍。这在风力机设计中是一个很重要的概念。

风力机的风轮是从空气中吸收能量的，而不是像飞机螺旋桨那样，把能量投入空气中去。所以当风速加倍时，风轮从气流中吸收的能量增加八倍。在确定风力机的安装位置和选择风力机型号时，都必须考虑这个因素。

风轮从风中吸收的功率可以用下面的公式表示，即

$$P = \frac{1}{2}C_P A \rho v^3 \tag{2.4}$$

$$A = \pi R^2$$

式中：P——风轮输出的功率；

C_P——风轮的功率系数；

A——风轮扫掠面积；

ρ——空气密度；

v——风速；

R——风轮半径。

众所周知，如果接近风力机的空气全部动能都被转动的风轮叶片所吸收，那么风轮后的空气就不动了，然而空气不可能完全停止，所以风力机的效率总是小于 1。

下面介绍一下贝兹(Betz)极限。

贝兹假设了一种理想的风轮，即假设风轮是一个平面圆盘(叶片无穷多)，空气没有摩擦和黏性，流过风轮的气流是均匀的，且垂直于风轮旋转平面，气流可以看做是不可缩压的，速度不大，所以空气密度可看作不变。当气流通过圆盘时，因为速度下降，流线必须扩散。利用动量理论，圆盘上游和下游的压力是不同的，但在整个盘上是个常量。实际上假设现代风力机一般具有 2～3 个叶片的风轮，用一个无限多的薄叶片的风轮所替代。

在图 2.15 所示的流管中，远前方(0)、风轮(1)和远后方(2)的流量是相同的，所以

$$M = \rho A_0 v_0 = \rho A_1 v_1 = \rho A_2 v_2 \tag{2.5}$$

作用在圆盘上的力 F 可由动量变化来确定，即

$$F = M(v_0, v_2) \tag{2.6}$$

风轮所吸收的功 W 可用动量变化的速率来确定，即

$$W = \frac{1}{2}M(v_0^2 - v_2^2) \tag{2.7}$$

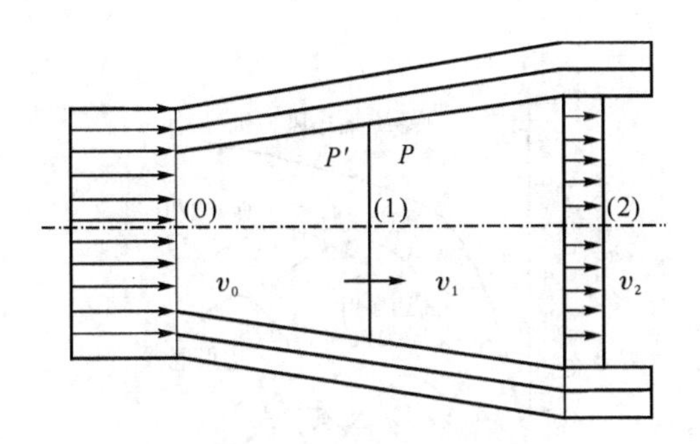

图 2.15　空气的流管

在圆盘上，力 F 以速度 v 做功，所以

$$W = Fv_1 \tag{2.8}$$

由式(2.6)～式(2.8)得：

$$v_1 = \frac{1}{2}(v_0 + v_2) \tag{2.9}$$

设下游速度因子为 b，其计算公式为：

$$b = \frac{v_2}{v_0} \tag{2.10}$$

利用式(2.5)、式(2.7)、式(2.8)和式(2.10)，可得：

$$\frac{F}{A_1} = \frac{1}{2}\rho v_0^2(1 - b^2) \tag{2.11}$$

利用式(2.8)～式(2.10)和式(2.11)，可得：

$$\frac{W}{A_1} = \frac{1}{4}\rho v_0^3(1 - b^2)(1 + b) \tag{2.12}$$

功率系数定义为风轮吸收的能量和总能量之比，即

$$C_P = \frac{W}{W_1} \tag{2.13}$$

因为

$$W_1 = \frac{1}{2}\rho A_1 v_0^3 \tag{2.14}$$

所以

$$C_P = \frac{1}{2}(1 - b^2)(1 + b) \tag{2.15}$$

把 C_P 对 b 微分，当 $b=1/3$ 时，C_P 最大，$C_P=16/27=0.59$，这就是贝兹极限。它表示风轮可达的最大效率。

试验数据表明：二叶片的风轮旋转速度越快，风轮效率越高，尖速比为 5 或 6 时，效率可达 0.47 。同样，达里厄式风轮在尖速比为 6 时，最大效率为 0.35。其他一些风轮的效率如图2.16所示。

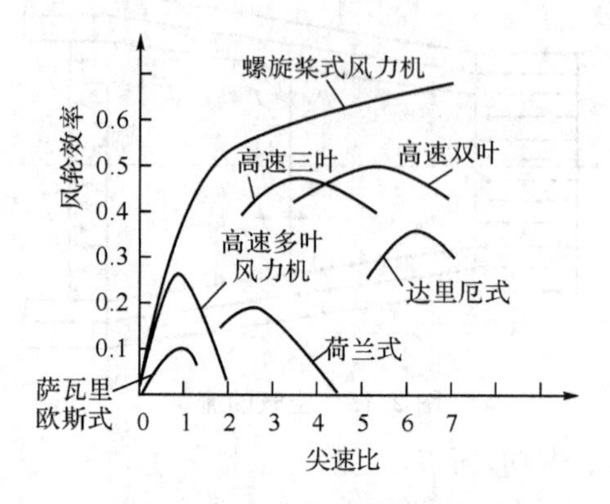

图 2.16　几种典型风轮的效率

结论：根据空气动力学的原理，研究风力机的主要部件的结构，并以水平轴风力机为例，研究了风轮、塔架及对风装置的基本结构和制造工艺，并对风力机的功率和效率进行了计算，比较了几种风力机的输出功率和效率，对指导风力机的设计具有重要意义。在设计风力机时，一般采用螺旋桨式风力机。

风力机经过 2000 年的发展，现在已有很多种型式，其中有的是老式风力机，现在不再使用；有的是现代风力机，正为人们广泛利用；有的正在研究之中。尽管风力机的型式各异，但它们的工作原理是相同的，即利用风轮从风中吸收能量，然后再将其转变成其他形式的能量。

2.3.2　各类风力机简介

1) 风力机的种类

尽管风力机多种多样，但归纳起来，可分为两类：一类是水平轴风力机，风轮的旋转轴与风向平行；另一类是垂直轴风力机，风轮的旋转轴垂直于地面或气流方向。

(1) 水平轴风力机

水平轴风力机可分为升力型和阻力型两类。升力型旋转速度快，阻力型旋转速度慢。对于风力发电，多采用升力型水平轴风力机。大多数水平轴风力机具有对风装置，能随风向改变而转动。对小型风力机，这种对风装置采用尾舵，而对于大型的风力机，则利用风向传感元件及伺服电动机组成的传动机构。

风力机的风轮在塔架前面的称上风向风力机，风轮在塔架后面的则称下风向风力机。

水平轴风力机的式样很多，有的具有反转叶片的风轮；有的在一个塔架上安装多个风轮，以便在输出功率一定的条件下减少塔架的成本；有的利用锥型罩，使气流通过水平轴风轮时集中或扩散，因此加速或减速；还有的水平轴风力机在风轮周围产生旋涡，集中气流，增加气流速度。

(2) 垂直轴风力机

垂直轴风力机在风向改变时无需对风，在这点上相对水平轴风力机是一大优点，它不仅使结构设计简化，而且也减少了风轮对风时的陀螺力。

利用阻力旋转的垂直轴风力机有几种类型，其中有利用平板和杯子做成的风轮，这是一种纯阻力装置；S形风机，具有部分升力，但主要还是阻力装置。这些装置有较大的启动力矩，但尖速比较低，在风轮尺寸、重量和成本一定的条件下，提供的功率输出较低。

达里厄式风轮是法国 G.J.M 达里厄于 19 世纪 30 年代发明的。在 20 世纪 70 年代，加拿大国家科学研究院对此进行了大量的研究，现在是水平轴风力机的主要竞争者。

达里厄式风轮是一种升力装置，弯曲叶片的剖面是翼型，它的启动力矩低，但尖速比可以很高，对于给定的风轮重量和成本，有较高的功率输出。现在有多种达里厄式风力机，如 Φ 形、Δ 形和 Y 形等，这些风轮可以设计成单叶片、双叶片、三叶片或多叶片。我国一般采用三叶片。

其他形式的垂直轴风轮有美格劳斯效应风轮，它由自旋的圆柱体组成。当它在气流中工作时，产生的移动力是由于美格劳斯效应引起的，其大小与风速成正比。

垂直轴风轮有的使用管道或旋涡发生塔，通过套管或扩压器使水平气流变成垂直方向，以增加速度；有些还利用太阳能或燃烧某种燃料，使水平气流变成垂直方向气流。

2）风力机的气动基础

风力发电机组主要利用气动升力的风轮。气动升力是由飞行器的机翼产生的一种力。从图 2.17 可以看出，机翼翼型运动的气流方向有所变化，在其上表面形成低压区，在其下表面形成高压区，产生向上的合力，并垂直于气流方向，如图 2.18 所示，在产生升力的同时也产生阻力，风速因此有所下降。

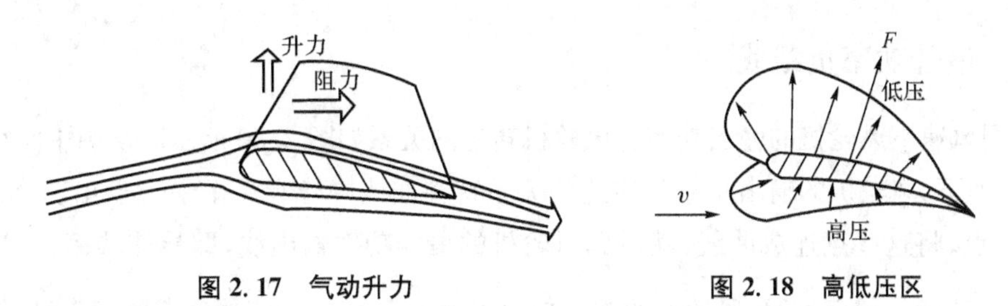

图 2.17　气动升力　　**图 2.18　高低压区**

现在做一个升力和阻力试验。把一块板子从行驶的车中伸出来，只抓住板子的一端，板子迎风边称作前缘。把前缘稍稍朝上，会感到一种向上的升力，如果前缘朝下一点，会感到一个向下的力，在向上和向下的升力之间，有一个角度，不产生升力，称作零升力角。

在零升力角时，会产生很小的阻力。阻力向后拉板子，使板子成 90°，前缘向上，这时阻力已大大增加。如果车的速度很大，板子可能从手中吹走。

升力和阻力是同时产生的，将板子的前缘从零升力角开始慢慢地向上转动，开始时升力增加，阻力也增加，但升力比阻力增加的快得多；到某一个角度之后，升力突然下降，但阻力继续增加。这时的攻角大约是 20°，这时的机翼会产生失速。

在某些特定的攻角下，升力比阻力大得多，升力就是设计高效风力机的动力。翼型的高升力区、低阻力区对风力机设计是十分重要的，翼型的升力、阻力曲线如图 2.19 所示。

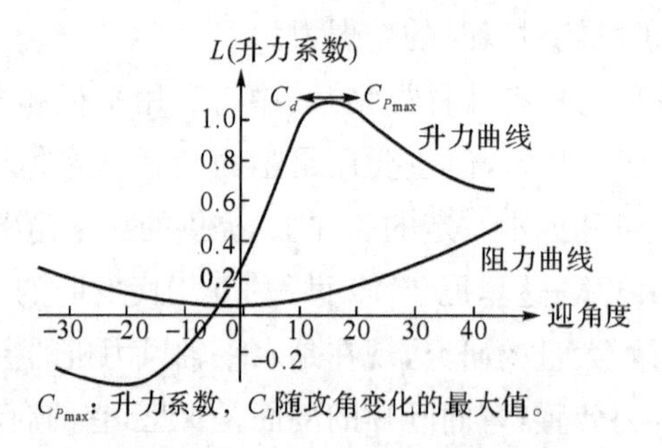

图 2.19 翼型的升力、阻力曲线

达里厄垂直轴风力机，它的功率轴是垂直于风向的。帆船可做环形运动，但坐在帆船上时，可以看到风帆在开始时有一面受风的作用做弯曲运动，当帆船弯曲运动到一定角度时，另一面受风，继续做弯曲运动。达里厄风力机的工作原理与此相同。

在水平轴风力机的情况下，升力总是推动叶片绕中心轴转动。如果风速不变，则升力的大小也不变。而达里厄风力机的叶片转动过程中，升力是不断变化的。在叶片转动过程中有两个区间升力很小，一个是叶片运动到与风向一致时，另一个是运动到下风向时。在叶片转动过程中的其他各点，升力变得较大。

2.4 功率负载特性曲线

2.4.1 最佳功率负载线

在不同风速下风轮机的输出功率与风轮机转速的关系如图 2.20 所示。从图中曲线可以看出，不同风速下，风轮机的输出功率与转速的关系特性曲线中皆有一个最大输出功率值，如 a、b、c、…、f 点，将这些点连成曲线，就得到风轮机的最佳功率输出线，即最佳功率负载线，如图 2.20 中虚线所示。前已阐明，风轮机的输出功率 $P=\frac{1}{2}\rho Av^3C_P$ ，而功率系数 C_P 是风轮机的效率系数（或叶尖速比）的 λ 函数，即 $C_P=f(\lambda)$ 。当 $\lambda=\frac{\omega R}{V}$ 时，C_P 值是变化的，只在某一个 λ 值时，C_P 值达到最大值，对应于此最大 C_P 值（$C_{P\max}$）的 λ 值，称为最佳叶尖速比。因此所谓最佳功率负载线即意味着在这条线上的各点，皆是运行于最佳叶尖速比情况下的。这就是说，当风速增大时，风轮机转速也应随之增大（即 v 增加，ω 增加，），从而维持最佳的叶尖速比，即 $\lambda=\frac{\omega R}{v}$ 不变（最佳），以达到维持风能利用系数 $C_P=C_{P\max}$ 不变，风轮机的输出功率也将达最大值。从最大限度地利用风能的角度看，应使风轮机运行在最佳功率负载上，但从图 2.20 可以看出，若风轮机运行在最佳功率负载线上，则风轮机的转速应随风速的变化而在很大的范围内变化。在独立运行的风力发电系统中，一般多采用同步发电机，而同步发电机输出电能的频率与其转速有固定的比例关系（即频率 $f\propto n$），这将导致供电质量达不到要求。因此实际上风力发电机在运行过程中应按照用户的用电设备对电能质量（如频率、电压）的要求，使风轮机在尽可能接近最佳功率负载线的情况下运行，而不是在实际最佳功率负载线上运行。

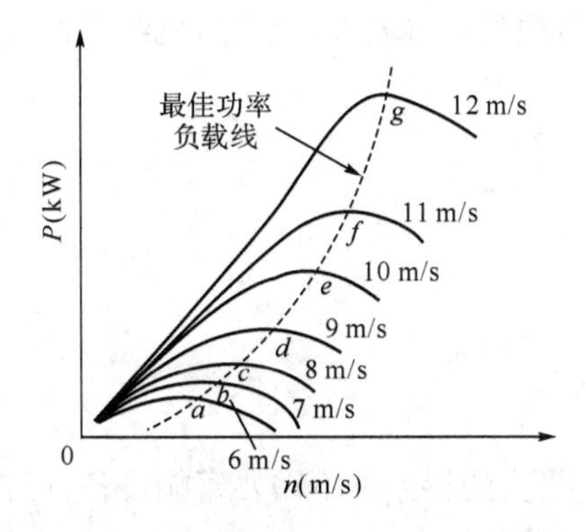

图 2.20 输出功率与风速及转速的关系

2.4.2 实际功率负载线及负载调节方法

为了保证输出电能的质量(频率,电压等),风轮机不可能完全按照最佳功率负载线运行,但应尽量接近最佳功率负载线,特别是在额定风速及接近额定风速时,风轮机应运行在最佳功率负载线上或靠近最佳功率负载线,如图 2.21 所示。

例如,额定风速为 8 m/s,则实际功率负载线应选择如图 2.21 中实线所示,可以看出,当如此选择时,在 6～8 m/s 风速内运行时,风轮机的实际功率负载线与最佳功率负载线是靠近的。由图 2.21 中可以看出,按照所选择的实际功率负载线运行时,风轮机转速的变化,远比按照最佳功率负载线运行时要小,这样,输出电能的质量可以得到保证。

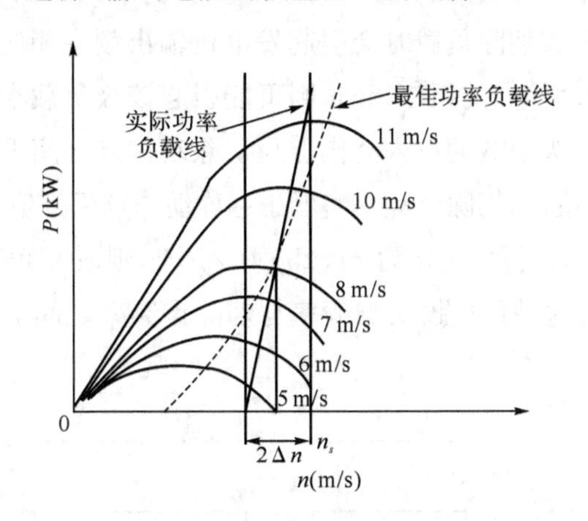

图 2.21 实际功率负载线的确定及风轮机转速的变化范围

图 2.21 中,n_s 为额定风速下风轮机的转速。而当风轮机在 4～12 m/s 风速下运行时,风轮机的转速为 $n_s \pm \Delta n$,相应的同步发电机的频率将为 $f(50\ \text{Hz}) \pm \Delta f$。

由图 2.21 可以看出,当风速变化时,为了使风轮机能沿着实际功率负载线运行,必须相应的增加或减少负载,以使风轮机的输出功率与负载上所吸收(或消耗)的功率平衡,这就是负载调节。负载调节可以按照风轮机在风速(或负载)变化时转速的变化来相应的增加(投入)或减少(切除)负载,也可以按照发电机输出电能频率的变化来调节负载,从而使风轮机转速达到稳定。所以,也可以认为负载调节即是利用改变负载来稳定风轮机的转速。由图中可以看出,当实际负载功率线选定的转速变化范围很小时,可以提高发电机的供电质量,但相对于比较小的转速变化，所需增加或减少的负载就显得较大，这会对机组有冲击作用，也会对机组运行的稳定性有影响。

2.5 负载控制器

2.5.1 多级负载控制器

独立运行的风力发电系统最大的特点是不需要蓄能设备，可直接向用户的用电设备提供交流电能。采用负载调节，理想的情况是根据来自发电机的频率信号的变化连续地改变用户负载，以使风轮机的输出功率与用户负载达到平衡。实际上是采用分级投入或切除负载的方式来平衡风轮机输出功率的变化，只要每级负载的变化不是太大，风轮机就能靠近最佳功率负载线运行。在采用负载调节的风力发电系统中，经常变动(投入或切除)的负载宜采用电阻式设备(如电热器、电炉等)。这种性质的负载属于线性变化元件，对于提高整个系统运行的稳定性有利，当然变动负载的最大功率值应按照风轮机及发电机的最大允许功率值来确定，这样，当系统内属于经常固定的负载，因不需要而减少时，则可由系统内的变动负载来补足。

分级负载控制器的原理如图 2.22 所示。将负载分成几级，每一级负载的投入或切除动作点频率皆不同，可以事先调整确定。当发电机的输出频率大于该级负载投入动作点频率，该级负载便投入；当频率变得小于该级负载切除动作点频率，该级负载便切除。由于负载的投入和切除是分级进行的，当投入或切除负载时会引起发电机输出频率相应的变化。因此，如果选择某一级负载的投入与切除动作点的频率相同，则可能引起该级负载在动作点反复投入和切除，为了避免这种现象，在同一级负载的投入动作点与切除动作点之间设置了回滞区，使投入点频率略高于标称动作点频率值，而切除点频率略低于标称动作点频率值。如图 2.23 所示，若标称动作点的频率选定为 50 Hz，回滞区选定为－0.25～0.25 Hz，则该级负载投入点频率为 50.25 Hz，切除点频率为 49.75 Hz。这种负载投入点频率与切除点频率之间的回滞差，保证了整个系统的稳定。

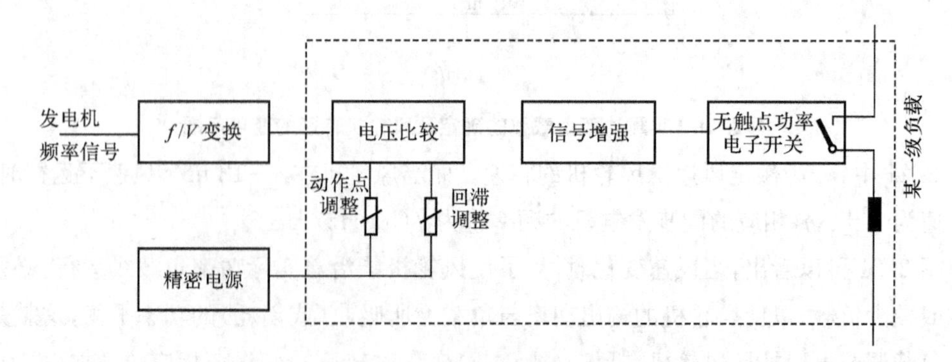

图 2.22 分级负载控制器原理图

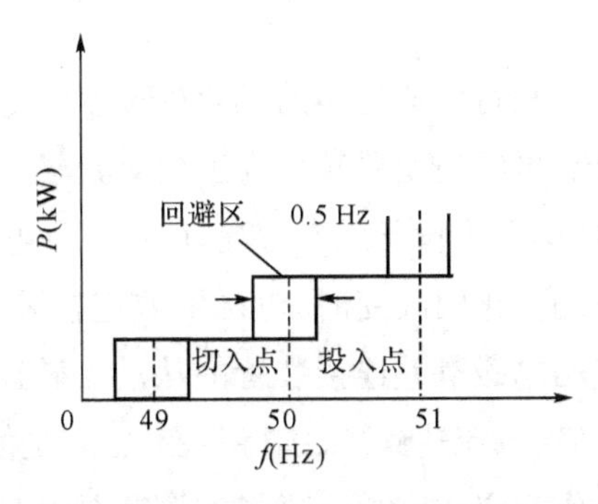

图 2.23　负载调节动作点频率及回滞区的确定

利用负载调节系统中的分级负载控制器，可以自动依次投入或切除负载，使独立的风电系统达到稳定运行，发电机的频率可控制在 49～51 Hz 或 48～52 Hz 之间。为了防止独立运行的风力发电机组超负载运行，风轮机应具有桨距调节装置或失速叶片，当大风或超速运行时能自动降低风轮机输出功率，保证系统的安全。

2.5.2　负载控制器与变速恒频风力发电

当风轮机转速波动（或停转），发电机电压低于蓄电池电压时，发电机不但不能对蓄电池充电，相反，蓄电池却要向发电机输送电流。

为了防止这种情况出现，在发电机电枢回路与蓄电池组之间加入截流器，其作用是当发电机电压低于蓄电池组时，截流器动作断开两者之间的连接。

风轮机带动主发电机转子旋转后，由于发电机有剩磁，在发电机的附加绕组中产生感应电势，经二极管全波整流后，供给励磁机励磁绕组。

风轮机与励磁机的三相交流绕组同轴旋转，在三相交流绕组中感应出交流电势，经三相半波旋转二极管整流后供给主发电机励磁绕组。

主发电机励磁绕组通电后，则在其中产生感应电势，同时又在附加绕组中感应出电势，增大了励磁机励磁绕组中的电流，从而又增大了主发电机励磁绕组中的电流，如此反复，在主发电机励磁绕组内的电流越来越大，而主发电机三相绕组内感应的电势也越来越大，最后趋于稳定，并建立起电压来。

风能是一种随机性很强的能源，风的方向不断变化，风力的大小时强时弱。风速的变化会引起风轮机转速的变化，如果没有必要的机械或电气控制，则由风轮机驱动的交流发电机的转速也将随之变化，因而发电机的输出电压及频率都不是恒定的，这样的不稳定电能无论是单独由风电站供电或是与其他类型发电机组（例如柴油发电机组）并联运行，或是与电网并联都是不允许的。另一方面，众所周知，风能与风速的立方成比例，当风速在一定范围内变化时，如果允许风轮机变速运行，使风轮机始终维持或接近在最佳叶尖速比下运行（也即是维持叶尖速比为最佳值并保持不变常数），从而使风轮机的功率系数值不变，进而能达到更好地利用风能的目的。因此，变速恒频发电方式具有重要的现实意义。

实现变速恒频发电可以有多种不同方案，例如交流—直流—交流转换系统；交流整流子发电机方式；磁场调制发电机及降频转换系统等。各种系统各有不同的特点，并且皆在进一步研究和发展中。

交流一直流一交流转换系统是将变速运转的风轮机转子和交流发电机连接，发电机发出的变频交流电，经整流器变成直流，再经逆变器转变为工频交流电。这种方法在技术上是成熟的，但由于采用整流及逆变装置，功率电子设备成本较高，增加了发电设备的投资费用。

当风轮机的转速由于风速的变化而改变时，电磁滑差连接装置的主动轴转速将随之改变，但与交流同步发电机硬性连接的电磁滑差连接装置的从动轴转速则可以通过自动调节电磁滑差连接装置的磁场(通过调节励磁电流达到)来维持不变，也就是使电磁滑差连接装置的主动轴与从动轴之间的转速差(滑差)作相应的变化。磁场的调节是通过测速机构及电子调节装置实现的。所以电磁滑差连接装置变速恒频发电系统如果在风轮机及发电机之间借助电磁联系实现滑差连接，并通过调节电磁滑差连接装置的磁场改变滑差，就能在风轮机风速变化的情况下，保证在发电机端得到稳定频率的电源。

电磁滑差连接装置实质上是一个特殊电机，起着离合器的作用。它由两个旋转的部分组成，它区别于一般电磁离合器的地方，是在这两个旋转部分之间没有机械上的硬性连接，而是以电磁场的方式实现从原动机到被驱动机械之间的弹性连接来传递力矩。

从结构原理上看，电磁连接装置与工业上日趋广泛使用的滑差电机相似。在工业上当交流电动机由恒定频率的电网供电时，滑差电机可作为均匀调速的装置，实现由恒频电能到变速机械能的能量转换。而电磁滑差连接装置与交流发电机一起则可以实现由变速的机械能到恒频电能的转换。

电磁滑差连接装置的结构型式可以是多种多样的。考虑到运行可靠简单，可以采用不带滑环的无刷励磁方式，其不足之处是滑差功率不能利用，特别是在滑差值比较大时整个系统的效率会受到影响。为提高整个系统的效率，同时获得可以利用的直流电能，则可考虑采用转动部分带有滑环的结构型式，通过滑环将滑差功率引出，当然随着滑差的变化，在滑环上引出的滑差功率的频率及电压也是变化的，但这种结构型式对于充分利用风能是有效的。由滑环引出的滑差功率经过整流设备整流以后可以对蓄电池充电，并将这部分电功率输送到需要直流电的电网上去。

由滑环引出的滑差功率也可以经过整流器及逆变器，先转变成直流，再转变成工频交流电反馈给电网。这也是一种交流一直流一交流转换系统。

2.6　风力与发电机的匹配

风力发电的匹配问题包括两个方面，一是风力发电机组与风电场风资源的匹配，二是风电场与电网的匹配。火力发电厂装机容量越大，发电量也就越多，但风力发电则不同，风力发电机组必须和风场资源相匹配，才能提高发电量。另外，在具有风力发电的电网中，风电场容量也不是越大越好，只有保持一定的比例，才能保证电力系统可靠、稳定、经济地运行，这就是风电场与电网的匹配问题。

对于一个特定的风电场，风力发电机组的输出功率取决于多种因素。这些因素包括风电场场址的平均风速、风力发电机组的输出特性，特别是轮毂高度、切入风速 v_c 、额定风速 v_r 和切出风速 v_f，如图 2.24 所示。

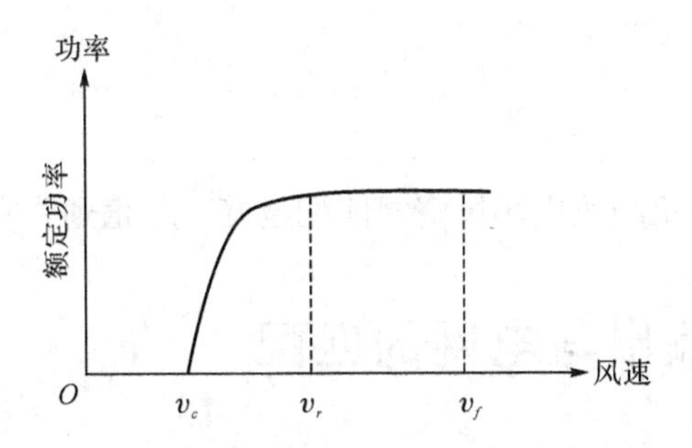

图 2.24 一个典型的变桨距风力发电机组输出特性

现在，市场上销售的风力发电机组种类很多，容量从 11 kW 到 1.5 MW 不等。对于某一个风电场，应选择最好而又适合的风力发电机组，而不能局限于风力发电机组容量。平均容量系数能反映风力发电机组与风电场风资源的匹配情况，下面介绍怎样计算风力发电机组的平均容量系数。

平均风速使用下面公式计算：

$$v_i = \left[\frac{\sum_{v=1}^{N_j} v_k^3}{N_j}\right]^{\frac{1}{3}} \tag{2.16}$$

风速概率密度函数可用韦布尔概率密度函数表示，即

$$f(v) = \left(\frac{k}{c}\right)\left(\frac{v}{c}\right)^{k-1}\exp\left(1-\frac{v}{c}\right)^k \tag{2.17}$$

式中：c ——标度参数；

k ——形状系数；

v ——风速。

容量系数是平均功率与额定输出功率之比，即

$$C_f = \frac{P_a}{P_r} \tag{2.18}$$

$$P_a = \int_0^{\infty} \rho f(v)\mathrm{d}v$$

$$P_r = \frac{1}{2}e_v C_P A v^3 \tag{2.19}$$

式中：e_v ——风力机的效率；

C_P——风力机的功率系数；

ρ——空气密度；

A——叶片扫风面积；

v——平均风速。

所以

$$C_f = \frac{1}{v^3}\int_{v_r}^{v_\tau} v^3 f(v)\mathrm{d}v + \int_{v_r}^{v_f} f(v)\mathrm{d}v \tag{2.20}$$

显然，C_f 值越大，风力机与风电场风资源匹配越好。C_f 值通常在 20%～40%。

2.7 风力发电输出与电网的匹配

风力发电机组并网运行时会对电网有一定的影响。由于风力发电机组单机容量比较小，一般不超过 2 MW，对于一个大电网，影响很小，可以忽略。但对一个风电场来说，由几十台、上百台机组组成，总装机容量超过几十万千瓦，对于一个容量不大的电网，就会造成很大的影响，影响程度与风电容量所占电网容量的比例有关。风电场对电网有多大影响，为了保证电网安全可靠运行，风电场容量应占多大比例比较合适，这就是本节要研究的风电场与电网的匹配问题。

据丹麦专家分析，风电比例低于 10%对电网不会构成危险(90 年代初)。德国也曾提出过，风电场并入人口稀少地区的电网可能受到容量的潜在限制。我国原电力部颁布的《风力发电场并网运行管理规定》中有一条：风电场容量与电网统一调度的原则是由稳态运行下的电能质量、最小线路损失和暂态稳定性等因素决定。当风电场容量占电网统一调度容量的 5%以下时，一般无需装控制设备，当超过 5%时，应与电网调度机构协商解决。

对于某电网，目前，风电装机容量已约占 3.3%，有必要对风电场与电网的匹配问题进行深入的研究，从而达到既充分利用风能资源，又保证电网安全、可靠、经济地运行的目的。

风电场对电网稳态频率的影响是指电网受到扰动后，从一个稳态频率到另一个稳态频率的情况，而不考虑期间的频率变化过程。风力发电的不稳定性表现在间歇性和难以预计性。阵风、从有风到无风等，都会对电网曲率产生影响。

众所周知，电力系统的特点是维持发电输出功率和用电负荷的动平衡。当风电场输出功率突然增加时，会对电网产生影响，电网频率会有增加的趋势，但电网对这种变化适应能力比较强。当风电场的电输出功率下降时，或者用电负荷增加时，就破坏了原有的电力平衡，其他电厂的旋转备用容量经一次调频和二次调频后，若仍不能达到新的电力平衡，即仍有功率缺额 ΔP，则电网频率必然下降，同时用电负荷的功率随之下降，当其下降额度等于功率缺额 ΔP 时，重新达到电力平衡，电网频率稳定下来。负荷的这种对频率的补偿作用称为负荷的频率静特性。该特性在 50 Hz 附近可以近似为一条直线，其数学表达式为：

$$k = \frac{\Delta P/P_0}{\Delta f/f_0}$$

或

$$\frac{\Delta P_0}{P_0} = k\,\frac{\Delta f}{f_0} \tag{2.21}$$

式中：k ——负荷频率调节效应系数；

P_0 ——初始用电负荷；

f_0 ——初始电网频率；

ΔP ——功率缺额；

Δf ——允许频率偏差。

假设一个风电场的装机容量为 $P_{风}$，风电负载率为 m_i，则电风场输出功率为 $m_i P_{风}$。常规电源装机总容量为 P_0，常规电源开机容量为 $P_{开}$，旋转备用容量的比率为 m_c，则常规电源输出 $(1-m_c)P_{开}$ 时，电网总的容量为

$$P_0 = m_i P_{风} + (1-m_c)P_{开} \tag{2.22}$$

允许风电失去造成功率缺额最大值的条件是：常规电源的旋转备用经一次调频和二次调频全部调出后，电网频率降低的幅度不大于 Δf。功率缺额：

$$\begin{aligned} \Delta P_0 &= m_i P_{风} + (1-m_c)P_{开} - P_{开} \\ &= m_i P_{风} - m_c P_{开} \end{aligned} \tag{2.23}$$

根据式(2.21)可以得到：

$$\frac{m_i P_{风} - m_c P_{开}}{P_0} \leqslant k\frac{\Delta f}{f_0} \tag{2.24}$$

再根据式(2.22)～式(2.24)，可以推出以下结果：

常规电源开机容量占最大负荷的比例

$$\frac{P_{开}}{P_0} \geqslant 1 - k\frac{\Delta f}{f_0} \tag{2.25}$$

风电装机容量占最大负荷的比例

$$\frac{P_{风}}{P_0} \leqslant \frac{1}{m_i}\left[m_c + (1-m_c)k\frac{\Delta f}{f_0}\right] \tag{2.26}$$

风电装机容量占常规开机容量的比例为：

$$\frac{P_{风}}{P_{开}} \leqslant \frac{1}{m}\left(\frac{k\Delta f}{f_0 - k\Delta f} + m_c\right) \tag{2.27}$$

从以上公式可以看出，风电比例与电网正常运行频率、允许频率偏差、负荷频率调节效应系数以及风电负载率、允许的常规电源旋转备用容量等因素有关系。

解决风电场与电网的匹配问题，常规电源开机容量占最大负荷的比例、风电装机容量占最大负荷的比例、风电装机容量占常规开机容量的比例可以参考式(2.25)～式(2.27)进行。

风力发电机组的并网技术是通过风力发电机组所发出的电流送入到电网中，再通过电网将

电力供应给用户，从而不仅有效地解决了风力发电的间断性、电压频率的不稳定性及电能储存的问题，还保证了向电网输送的电能质量的可靠。风力发电机组既可将发出的交流电直接输入到电网，也可以先将机组发出的交流电整流成直流再转换成与电力系统相同的交流电输入到电网。要实现并网运行，就必须输入要求的电网交流电，其电压与电网电压大小要相等，频率也要与电网的频率相同，电压与电网电压的相序要保持一致。此外，电压与电网电压的相位要吻合，电压同电网电压的波形也要相同。

3 风力机的设计方法

3.1 风机叶片

随着计算机科学的快速发展,风力机的设计越来越依赖计算机的应用。面对现代高技术产品的设计复杂性和激烈的市场竞争,产品设计生产部门非常需要能有效地提高产品设计质量、缩短产品研制周期、降低产品开发和生产成本的新技术的支持。

在传统的产品设计与制造过程中,为了验证产品的整体性能,往往采用物理原型(Physical Prototype)方法,但是这种方法生产周期长,成本高。进入90年代后,随着计算机技术和CIMS技术的迅猛发展,虚拟原型(Virtual Prototype)在产品设计和制造过程中起到越来越大的作用。虚拟原型是根据产品设计信息或产品概念产生的在功能、行为以及感官(视觉、听觉、触觉等)特性方面与实际产品尽可能相似的可仿真数字模型。本章分析了虚拟原型与并行设计的关系,提出了基于域对象的虚拟原型建模与仿真方法,并重点阐述了利用计算机控制风力发电的风机叶片的设计,并模拟叶片的空气动力学过程。

虚拟原型技术是在虚拟的逼真环境下,对产品设计信息进行协同仿真验证的有效手段,它可以有效支持并行设计,缩短产品开发周期。在分析了虚拟原型与并行设计的关系后,提出了基于域对象的虚拟原型建模与仿真方法,并阐述了支持虚拟原型的集成框架的关键技术。

由于虚拟原型技术对推动并行工程和拟实制造技术的发展有重要意义,国外许多研究机构和软件供应商都很重视研究、开发和应用虚拟原型技术,现已深入到机械、电子、航空航天、船舶、汽车与通信等多个领域。

3.1.1 虚拟原型

原型是一个产品的最初形式,它不必具有最终产品的所有特性,只需具有对产品进行某些方面(如形状的、物理的、功能的)测试所需的关键特性。在设计制造任何产品时,都有一个叫“原型机”的环节。所谓原型机是指对于某一新型号或新设计,在结构上的一个全功能的物理装置。通过这个装置,设计人员可以检验各部件的设计性能以及部件之间的兼容性,并检查整机的设计性能。

开发一种新产品,需要考虑诸多因素。例如,在开发一种新型水泵时,其创新性要受到产品性能、人机工程学、可制造性及可维护性等多方面要求的制约。为了在各个方面作出较好的权衡,往往需要建立一系列小比例(或者是全比例)的产品试验模型,通过重新装配试验模型并进行试验,供设计、工艺、管理和销售等具有不同经验的人员讨论和校验产品设计的正确性。为了反映真实产品的特性,这种试验模型通常需要花费相当长的时间和经费才能制造出来,甚至还可能影响系统性能的确定和进一步优化,我们通常称这种模型为物理原型或物理原型机。对物理原型机进行评价的、来自不同部门的人员不仅希望能看到直观的原型，而且还希望原型能够被迅速地、方便地修改，以便能体现出讨论的结果，并为进一步讨论做准备，但这样做要花费大量的时间和经费，有时甚至是实现不了的。

图 3.1 是采用虚拟原型的产品并行设计流程示意图。在上游结构功能设计与验证完成后，根据产品功能结构信息、库元件信息及一些经验数据生成产品的虚拟原型；虚拟原型中包含所需的系统行为、结构和物理设计信息。以虚拟原型为基础，并行设计规划综合考虑各种约束，对虚拟原型进行仿真和测试，对物理参数信息进行分析和规划，判断性能指标是否能够满足要求，设计方案是否合理，并给出产品的工程可实现性评价。如果发现性能指标和各种约束不能满足要求，则提出相应的修改建议，重新生成虚拟原型或修改设计方案；若能够满足，则规划出设计优化约束规则，驱动下游设计。

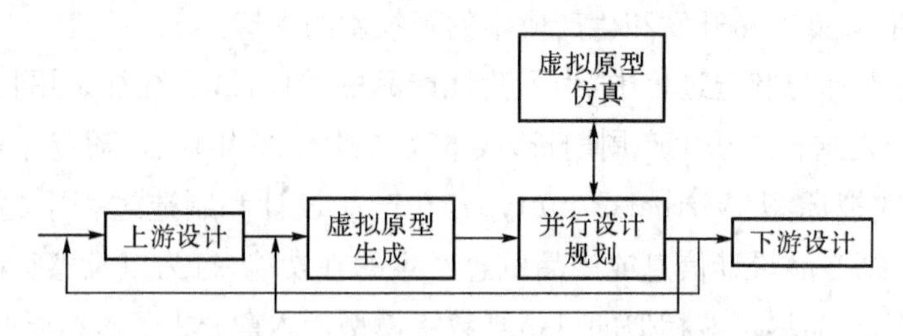

图 3.1　采用虚拟原型的产品并行设计流程示意图

通过构造一个数字化的原型机来完成物理原型机功能，在虚拟原型上能实现对产品进行几何、功能、制造等方面交互的建模与分析。它是在 CAD 模型的基础上，使虚拟技术与仿真方法相结合，为建立原型提供的一种方法。这一定义包括以下几个要点：

(1) 对于指定需要虚拟的原型机的功能应当明确定义并仿真。

(2) 如果人的行为包含于原型机指定的功能之中，那么人的行为应当被逼真地仿真或者人的行为要被包含于仿真回路之中，即要求实现实时的人在回路中的仿真。

(3) 如果原型机的指定功能不要求人的行为，那么离线仿真即非实时仿真是可行的。同时，定义指出，虚拟原型机还有如下要点：首先，它是部分的仿真，不能要求对期望系统的全部功能进行仿真；其次，使用虚拟原型机的仿真缺乏物理水平的真实功能；第三，虚拟原型就是在设计的阶段，根据已经有的细节，通过仿真期望系统的响应来做出必要判断的过程。同物理样机相比，虚拟样机的一个本质的不同点就是能够在设计的最初阶段就构建起来，远远先于设计的定型。

当然，虚拟原型不是用来代替现有的 CAD 技术，而是要在 CAD 数据的基础上进行工作。虚拟原型给所设计的物体提供了附加的功能信息，而产品模型数据库包含完整的、集成的产品模型数据及对产品模型数据的管理，从而为产品开发过程的各阶段提供共享的信息。

虚拟原型仿真是在域对象的功能基础上进行。其模型在逻辑上是由多个域对象构成的网络，由一个服务器统一管理。参与虚拟原型仿真的用户通过客户结点连接到服务器上，如图 3.2。服务器结点的核心是对象管理器，它通过对一组领域实体对象的管理，集中体现了产品的整体结构信息。客户结点由视图对象、仿真客户代理和协作虚拟原型仿真界面构成。视图对象由对象管理器根据用户的仿真需求动态产生，记录了用户希望得到的信息的内容和形式，其主要作用是配合仿真客户代理,为用户提供所需的产品仿真视图,以减少信息冗余。不同领域设计者关心的内容及认识问题的角度都有不同。仿真客户代理在各领域对象产生的仿真输出结果中查找用户需要的信息,经过一定转换后送到虚拟原型界面上产生可视化的输出。用户在界面上对虚拟原型所加的操作,被虚拟原型界面感知后,也通过仿真客户代理转化为域对象可识别的激励形式,并通过虚拟原型服务器发往各域对象。

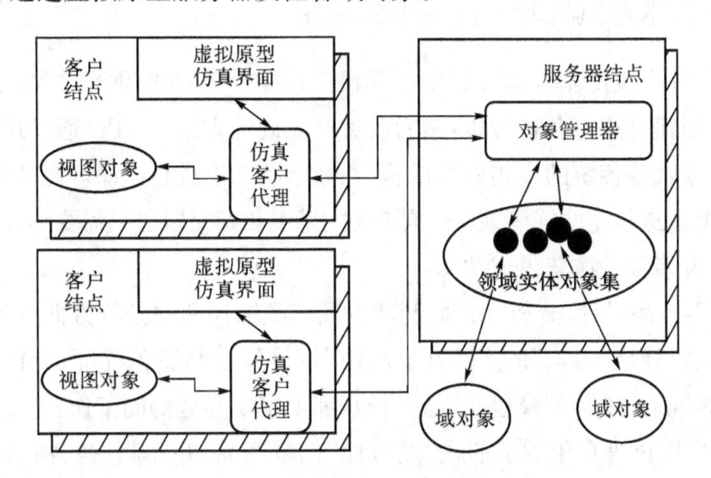

图 3.2 基于域对象的异构建模框架

虚拟原型技术　虚拟原型技术是一种利用数字化的或者虚拟的数字模型来替代昂贵的物理原型,从而大幅度缩短产品开发周期的工程方法。它是物理原型的一种替换技术。

在国外相关文献中,出现过"Virtual Prototype"和"Virtual Prototyping"两种提法。"Virtual Prototype"是指一个基于计算机仿真的原型系统或原型子系统,相比于物理原型机,它在一定程度上可达到功能的真实性,因此可称为虚拟原型机或虚拟样机。"Virtual Prototyping"是指为了测试和评价一个系统设计的特定性质而使用虚拟样机来替代物理样机的过程,它是构建产品虚拟原型机的行为,可用来探究、检测、论证和确认设计,并通过虚拟现实呈现给开发者、销售者,使用户在虚拟原型机构建过程中与虚拟现实环境进行交互,我们称其为虚拟原型化。虚拟原型化属于虚拟制造过程中的主要部分。而一般情况下简称的 VP 则是泛指以上两个概念。美国国防部将虚拟原型机定义为利用计算机仿真技术建立与物理样机相似的模型,并对该模型进行评估和测试,从而获取关于候选的物理模型设计方案的特性。

开发虚拟原型的目的在于便于用户对产品进行观察、分析和处理。

3.1.2 虚拟原型的特点

同传统的基于物理原型的设计开发方法相比,虚拟原型开发方法具有以下特点。

首先,它是一种全新的研发模式。虚拟原型技术真正地实现了系统角度的产品优化,它基于并行工程,使得在产品的概念设计阶段可以迅速地分析、比较多种设计方案,确定影响性能的敏感参数,并通过可视化技术设计,预测产品在真实工作情况下的特征以及所具有的响应,直至获得最优工作性能。

其次,它具有更低的研发成本、更短的研发周期和更高的产品质量。通过计算机技术建立产品的数字化模型,可以克服成本和时间条件的限制,完成无数次物理样机无法进行的虚拟试验,从而无需制造及试验物理样机就可获得最优方案,这样不但克服了成本和时间条件的限制,而且缩短了研发周期,提高了产品质量。

第三,它是实现动态联盟的重要手段。虚拟原型机是一种数字化模型,它通过网络传输产品信息,具有传递快速、反馈及时的特点,进而使动态联盟的活动具有高度的并行性。

3.1.3 VPD 技术在风机叶片设计中的应用

风力发电机叶片开发的基本构思是用计算机完成整个产品的开发过程。工程师在计算机上建立产品模型,对模型进行各种分析,然后改进产品设计方案。VPD 通过建立产品的数字模型,用数字化形式来代替传统的实物原型试验,在数字状态下进行产品静态和动态的性能分析,然后再对原设计重新进行组合或者改进。即使对于复杂的产品,也只需要制作一次最终的实物原型,使新产品开发能够一次获得成功。

VPD 是由从事产品设计、分析、仿真、制造以及产品销售和服务等方面的各种人员所组成,他们通过网络通信组建成"虚拟"的产品开发小组,将设计和制造工程师、分析专家、销售人员、供应厂商以及顾客连成一体,不管他们所处何地,都可实现异地协同工作。

VPD 技术的应用过程是用数字形式"虚拟地"创造产品,并在制造实物原型之前对产品的外形、部件组合和功能进行评审,快速地完成新产品开发。由于在 VPD 环境中的产品实际上只是一种数字模型,因此可以对它随时随地进行观察、分析、修改及更新版本,这样使新产品开发所涉及的方方面面,包括设计、分析以及对产品可制造性、可装配性、易维护性、易销售性等的测试,都能同时相互配合进行。

3.1.4 建立虚拟原型的方法

美国密执安大学(University of Michigan)的虚拟现实实验室曾经在克莱斯勒汽车公司的资助下对建立汽车虚拟原型的过程进行了研究,包括如何从一个产品的 CAD 模型创建虚拟原型以及如何在虚拟环境中使用虚拟原型,同时还开发了人机交互工具、自动算法和数据格式等,结果使创建虚拟原型所需的时间从几周降低到几小时。

建立虚拟原型的主要步骤如下:

(1) 从 CAD/CAM 模型中取出几何模型;

(2) 镶嵌:用多面体和多边形逼近几何模型;

(3) 简化:根据不同要求删去不必要的细节;

(4) 虚拟原型编辑:着色、材料特性渲染、光照渲染等;

(5) 粘贴特征轮廓:更好地表达某些细节;

(6) 增加周围环境和其他要素的几何模型;

(7) 添加操纵功能和性能。

3.1.5 虚拟原型的集成框架

实现虚拟原型需要有仿真工具的支持,需要有相关领域设计工具的支持,也需要有开放的集成框架平台的支持。集成框架集数据库的数据管理能力、网络的通信能力及过程的控制能力于一体，它不仅能实现分布环境中产品数据的统一管理，还能够很好地实现对虚拟原型的支持。

1）支持虚拟原型的集成框架的结构

支持虚拟原型的集成框架基于 Client/Server 结构，客户和服务器对象间的通信通过基于 CORBA 的 Client/Server 中间件连接，其结构如图 3.3 所示。

从软件角度看它是一种层次结构，上层是用户服务器，反映了虚拟原型系统所支持的主要功能，用户通过客户端用户界面使用服务方提供的高层次的用户服务，不必关心底层实现结构。每类服务由多个 Agent 构成，Agent 之间以灵活的方式通信和互操作。用户服务分为四类：数据服务、集成服务、交互服务、应用服务。

其中：

数据服务对领域数据和原型数据进行存储和管理，并负责产生虚拟数据。它使用面向对象方法对数据建模，用数据语言描述虚拟原型。

集成服务支持工具集成和团队集成。包括共享电子记事本，用于多领域设计团队中人的通信，也包括工具集成和封装机制。

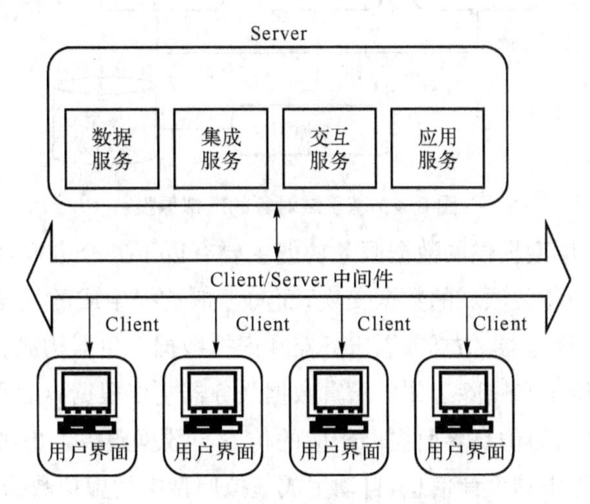

图 3.3　支持虚拟原型的集成框架结构

交互服务提供 3D 虚拟环境，支持产品数据的可视化和交互。

应用服务包括一些与虚拟原型设计验证相关的工具，如虚拟原型生成工具、虚拟原型仿真工具，也包括一些特定的服务，如过程管理、项目管理、工具调度、并行设计规划等。

在这些用户服务之下，是底层支持结构，这种底层结构对用户不可见。该结构主要是支持高层次 Agent 间的通信需求，它包含三个层次：

（1）信息共享层：与系统内实体间的高层次通信需求相关。

（2）对象管理层：在分布异构计算环境中，对用户和应用隐藏通信细节。

（3）高性能计算和通信网络接口层：分离网络级的底层硬件和通信与对象管理层及其他高层次 Agent。

在上述结构中，数据服务是实现支持虚拟原型的集成框架的核心和难点。

2）数据服务

图 3.4 是基于域对象的虚拟原型数据服务的结构。领域数据库（Discipline Database，

DDB)中存放域对象,虚拟原型是对域对象的更高层次封装,是以产品为核心包含多领域信息的完备功能实体,为用户提供一个数字的产品仿真模型。原型数据库(Prototype Database,PDB)存放虚拟原型使用的多领域数据集合,包括所有域对象、域对象之间的关系以及相关的设计数据与虚拟数据等。用户界面一方面通过仿真界面服务器接受用户的仿真操作,并将该操作转化成向虚拟原型提出的仿真请求;另一方面将仿真的结果数据以图形的方式显示,以便人机交互。领域数据库和原型数据库分别置于物理上分布的多个 Server 中,各 Client 中仿真界面直接访问原型数据库所在的 Server,该 Server 再根据内部的域对象管理机制,向各领域数据库所在的 Server 上的域对象发出服务请求。最后,将服务返回的结果提供给用户界面或视图对象。

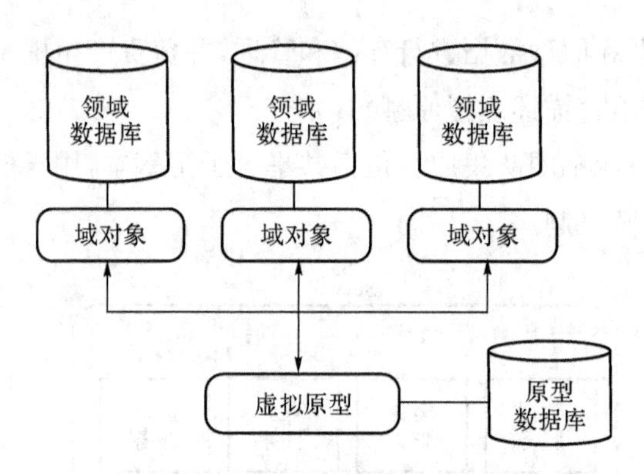

图 3.4 基于域对象的虚拟原型

领域数据库为虚拟原型提供的数据服务功能主要有以下四个方面:域对象的生成与存储;面向仿真的数据服务;与相关领域的数据交换;面向虚拟数据生成的数据服务。原型数据库在数据管理功能上由对象管理器、仿真数据服务器和虚拟数据产生器构成。对象管理器负责域对象与视图对象的创建、维护和删除工作。仿真数据服务器主要根据界面服务器对用户操作的感知,通过对域对象的访问,为仿真界面提供相应的仿真与数据服务。虚拟数据服务器按照一定的规则,结合领域数据库中的设计信息,自动生成虚拟原型中的虚拟数据。

3.1.6 计算机在风力发电风机叶片设计中的应用

计算机技术在风力发电风机叶片设计系统的实际工程项目中得到成功应用。系统构建流程是:首先在 3D CAD 系统中(如 UG、Pro/E、SolidWork 等)建立变电柜产品的 CAD 模型;然后将建好的模型通过 STEP 中间转化格式引入到 3DS MAX 中,并进行相应的材质贴图、渲染、动画、优化等操作使虚拟模型更加逼真;通过 3DS MAX 的 VRML97 Exporter 插件将虚拟模型保存为 VRML 文件;在 VRML 中添加相应的动画事件并优化 VRML 文件,使其便于在网上传输;最后将处理后的模型发布在基于虚拟原型技术的风力发电风机叶片设计系统中供用户使用。

3.1.7 计算机在风力发电风机叶片设计中的优势

(1) 成本低、速度快。节省了制造物理原型的昂贵费用,并且,在计算机上建立虚拟原型的时间远远小于物理原型的制作时间。

(2) 有利于设计优化。虚拟原型易于修改,可以利用虚拟原型对各种设计方案进行综合比较,并选出最优设计。

(3) 可有效支持并行设计,可以方便地实现上下游并行设计和多专家协同设计。

(4) 有利于实现拟实制造。虚拟原型数据可直接用于拟实制造。

虚拟原型是多学科和多领域技术的交叉和集成,除应用专业技术外,还涉及CAD/CAE、并行工程、虚拟现实、CSCW、逆向工程、人工智能、计算机仿真、分布计算等技术,技术难度很大。我们正以机电一体化的电子设备设计应用为背景,研究虚拟原型的实现技术,开发实用的、支持并行设计的虚拟原型环境。

3.2　叶片的有限元设计方法

有限元方法作为一种数学计算方法,自其问世以来,在工程计算领域中起着越来越重要的作用。二维和三维有限元法在工程中得到了广泛应用。本文重点研究基于计算机的有限元分析中的一些基本原理和方法。

不少工程问题都可用微分方程和相应的边界条件来描述。例如一个长为 l 的螺旋浆风叶叶片在自由端受集中力 F 作用时,其变形挠度 Y 满足的微分方程和边界条件是:

$$\frac{\mathrm{d}y^2}{\mathrm{d}x^2}=\frac{F}{EI}(l-x),y\left|_{x=0}=0,\frac{\mathrm{d}y}{\mathrm{d}x}\right|_{x=0}=0$$

式中:E——弹性模量;

l——截面惯量。

由微分方程和相应边界条件构成的定解问题称为微分方程的边值问题。除少数几种简单的边值问题可以求出解析解外,一般都只能通过数值方法求解,而有限元法就是一种十分有效的求解微分方程边值问题的数值方法,也是CAE软件的核心技术之一。

3.2.1　有限元法分析

有限元法(Finile Element Method,FEM)是一种数值离散化方法,根据变分原理进行数值求解。因此适合于求解结构形状及边界条件比较复杂,材料特性不均匀等力学问题,能够解决几乎所有工程领域中各种边值问题(平衡或定常问题、特征值问题,动态或非定常问题)。如弹性力学、弹塑性与黏弹性、疲劳与断裂分析、动力响应分析、流体力学、传热、电磁场等问题。

有限元法的基本思想是:在对整体结构进行结构分析和受力分析的基础上,对结构加以简化,利用离散化方法把简化后的连续结构看成是由许多有限大小、彼此只在有限个节点处相连接的有限单元的组体;然后,从单元分析入手,先建立每个单元的刚度方程,再通过组合各单元,得到整体结构的平衡方程组(也称总体刚度方程);最终引入边界条件,并对平衡方程组进行求解,便可得到问题的数值近似解。

用有限元法进行结构分析的步骤是:离散化处理—单元分析—整体分析—引入边界条件求解。

结构和受力分析有限元法分为三类：

(1) 位移法。取节点位移作为基本未知量的求解方法。利用位移表示的平衡方程及边界条件先求解位移未知量，然后根据几何方程与物理方程求解应变和应力。

(2) 力法。取节点力作为基本未知量的求解方法。

(3) 混合法。取一部分节点位移、一部分节点力作为基本未知量的求解方法。

其中位移法易于实现计算机自动化计算。

下面以图 3.5 所示的两段截面大小不同的螺旋浆叶片为例来说明有限元法的基本原理和步骤。该梁一端固定，另一端受一轴向载荷作用($P_3=10$ N)，已知两段的横截面面积分别为 $A^{(1)}=2\ \text{cm}^2$ 和 $A^{(2)}=1\ \text{cm}^2$，长度为 $L^{(1)}=L^{(2)}=10$ cm，所用材料的弹性模量 $E^{(1)}=E^{(2)}=1.96\times10^7\ \text{N/cm}^2$。以下是用有限元法求解这两段轴的应力和应变的过程。

结构和受力分析　图 3.5 所示的结构和受力情况均较简单，可直接将此螺旋浆风叶叶片简化为由两根杆件组成的结构，一端受集中力 P_3 作用，另一端为固定约束。

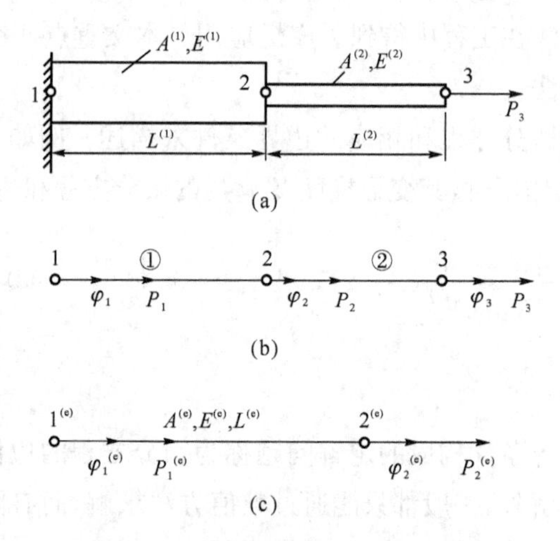

图 3.5　阶梯轴结构及受力分析

离散化处理　将这两根杆分别取为两个单元，单元之间通过节点 2 相连接。这样，整个结构就离散为两个单元、三个节点。由于结构仅受轴向截荷，因此各单元内只有轴向位移。现将三个节点的位移量分别记为 φ_1、φ_2、φ_3。

单元分析　单元分析的目的是建立单元刚度矩阵。现取任一单元 e 进行分析。当单元两端分别受两个轴向力 $P_1^{(e)}$ 和 $P_2^{(e)}$ 的作用时，如图 3.5(c)所示，它们与两端节点 $1^{(e)}$ 和 $2^{(e)}$ 处的位移量 $\varphi_1^{(e)}$ 和 $\varphi_2^{(e)}$ 之间存在一定的关系。根据材料力学知识可知：

$$\begin{cases} P_1^{(e)}=\dfrac{E^{(e)}A^{(e)}}{l^{(e)}}(\varphi_1^{(e)}-\varphi_2^{(e)}) \\ P_2^{(e)}=\dfrac{E^{(e)}A^{(e)}}{l^{(e)}}(-\varphi_1^{(e)}+\varphi_2^{(e)}) \end{cases} \tag{3.1}$$

可将式(3.1)写成矩阵形式，

$$\begin{Bmatrix} \boldsymbol{P}_1 \\ \boldsymbol{P}_2 \end{Bmatrix}^{(e)}=\frac{E^{(e)}A^{(e)}}{l^{(e)}}\begin{bmatrix} 1 & -1 \\ -1 & 1 \end{bmatrix}\begin{Bmatrix} \varphi_1 \\ \varphi_2 \end{Bmatrix}^{(e)}$$

或简记为：

$$(\boldsymbol{P})^{(e)} = [\boldsymbol{K}]^{(e)}(\varphi)^{(e)}$$

式中：$(\boldsymbol{P})^{(e)}$——节点力向量；

$(\varphi)^{(e)}$——节点位移向量；

$[\boldsymbol{K}]^{(e)}$——单元刚度矩阵。

单元刚度矩阵可改写为标准形式，

$$[\boldsymbol{K}]^{(e)} = \frac{E^{(e)}A^{(e)}}{l^{(e)}}\begin{bmatrix} 1 & -1 \\ -1 & 1 \end{bmatrix} = \begin{bmatrix} \frac{EA}{l} & -\frac{EA}{l} \\ -\frac{EA}{l} & \frac{EA}{l} \end{bmatrix} = \begin{bmatrix} k_{11} & k_{12} \\ k_{21} & k_{22} \end{bmatrix}$$

该矩阵中任一元素 k_{ij}，都称为单元刚度系数。它表示该单元内节点 j 处产生单位位移时，在节点 i 处所引起的载荷。

3.2.2 有限元单元类型的分类与选择

由于实际机械结构常常很复杂，即使对结构进行了简化处理，仍难用单一的单元束描述。因此，在对机械结构进行有限元分析时，必须选用合适的单元并进行合理的搭配，对连续结构进行离散化处理，以便使所建立的计算力学模型能在工程意义上尽量接近实际结构，提高计算精度。在结构离散化处理中需要解决的主要问题是：单元类型选择、单元划分、单元编号和节点编号。

1）单元类型选择的原则

在进行有限元分析时，正确选择单元类型对分析结果的正确性和计算精度具有重要的作用。选择单元类型通常应遵循以下原则：

(1) 所选单元类型应对结构的几何形状有良好的逼近程度；

(2) 要真实地反映分析对象的工作状态，例如，机床基础大件受力时，弯曲变形很小，可以忽略，这时宜采用平面应力单元；

(3) 根据计算精度的要求，并考虑计算工作量的大小，恰当选用线性或高次单元。

2）单元类型及其特点

(1) 螺旋浆风叶叶片单元

一般把截面尺寸远小于其轴向尺寸的构件称为杆状构件。杆状构件通常用杆状单元来描述。杆状单元属于一维单元。根据结构形式和受力情况，螺旋浆风叶叶片单元模拟杆状构件时，一般还应分为杆单元和梁单元两种形式。

①杆单元有两个节点，每个节点仅有一个轴向自由度，如图 3.6(a)所示，因而它能承受轴向拉压载荷。常见的铰接桁架，通常就使用这种单元来处理。

②平面梁单元也只有两个节点，每个节点在图示平面内具有三个自由度，即横向自由度、轴向自由度和转动自由度，如图 3.6(b)所示。该单元可以承受弯矩切向力和轴向力，如机床的主

轴及导轨可使用这种单元处理。

③空间螺旋浆风叶叶片单元实际上是平面螺旋浆风叶叶片单元向空间的推广。因而单元的每个节点具有六个自由度，如图 3.6(c)所示。当梁截面的高度大于 1/5 长度时，一般要考虑剪切应变对挠度的影响，通常的方法是对梁单元的刚度矩阵进行修正。

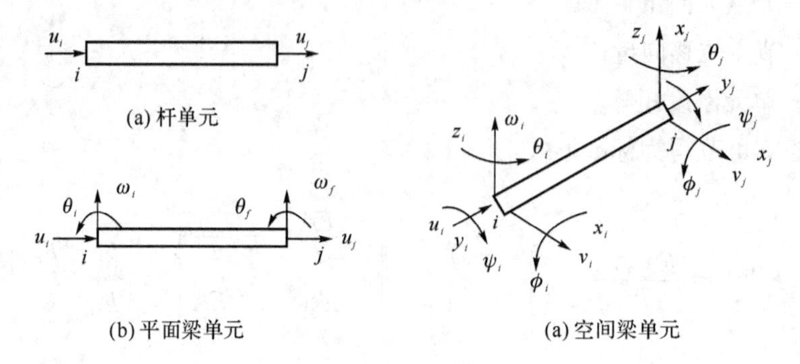

图 3.6　杆状单元

(2) 薄板单元

薄板构件一般是指厚度远小于其轮廓尺寸的构件。薄板单元主要用于薄板构件的处理，但对那些可以简化为平面问题的受载结构，也可使用这类单元。这类单元属于二维单元，按其承载能力又可分为平面单元、弯曲单元和薄壳单元三种。

常用的平面单元有三角形单元和矩形单元两种，它们分别有三个节点和四个节点，每个节点有两个平面内的平动自由度，如图 3.7 所示。这类单元不能承受弯曲载荷。

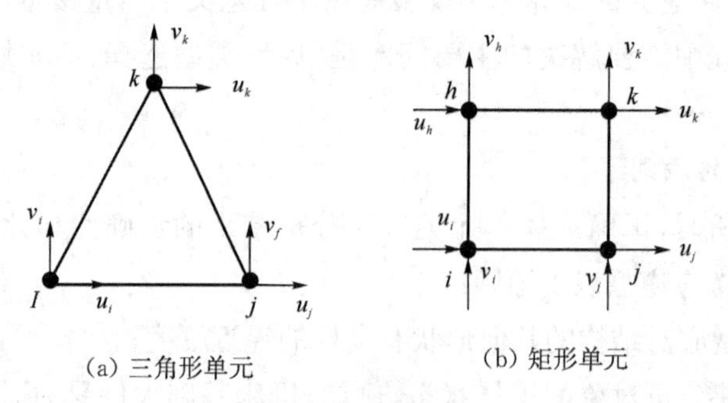

图 3.7　平面单元

薄板弯曲单元主要承受横向载荷和绕两个水平轴的弯矩，它也有三角形和矩形两种单元形式。分别具有三个节点和四个节点，每个节点都有一个横向自由度和两个转动自由度，如图 3.8 所示。

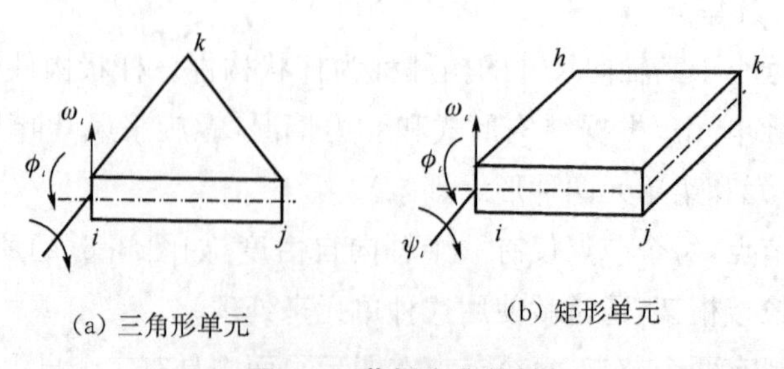

图 3.8　薄板弯曲单元

所谓薄壳单元,实际上是平面单元和薄板弯曲单元的组合,它的每个节点既可承受平面内的作用力,又可承受横向载荷和绕水平轴的弯矩。显然,采用薄板单元来模拟工程中的板壳结构,不仅考虑了板在平面内的承载能力,而且考虑了板的抗弯能力,这是比较接近实际情况的。

(3) 多面体单元

多面体单元是平面单元向空间的推广。图 3.9 所示的多面体单元属于三维单元(四面体单元和长方体单元),分别有 4 个节点和 8 个节点,每个节点有 3 个沿坐标轴方向的自由度。多面体单元可用于对三维实体结构的有限元分析。目前,大型有限元分析软件中,多面体单元一般都被 8～21 节点空间等参单元所取代。

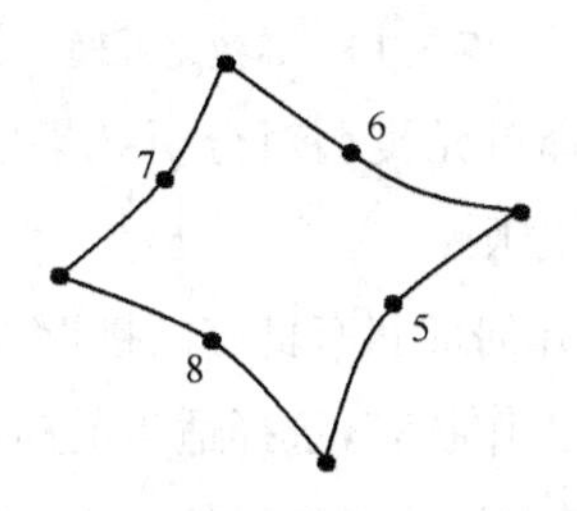

图 3.9 等参单元

(4) 等参单元

在有限元法中,单元内任意一点的位移是用节点位移进行插值求得的,其位移插值函数一般称为形函数。如果单元内任一点的坐标值也用同一形函数,按节点坐标进行插值来描述,那么这种单元就称为等参单元。

等参单元有许多优点,它可用于模拟任意曲线或曲面边界,其分析计算的精度较高。等参单元的类型很多,常见的有平面 4～8 节点空间等参单元和 8～21 节点空间等参单元,如图 3.9 所示。

3.2.3 离散化处理

在完成单元类型选择之后,便可对分析模型进行离散化处理,将分析模型划分为有限个单元。单元之间仅在节点上连接,仅通过节点传递载荷。

在进行离散化处理时,应根据要求的计算精度、计算机硬件性能等决定单元的数量。同时,还应注意下述问题:①任意一个单元的顶点必须同时是相邻单元的顶点,而不能是相邻单元的内点,图 3.10(a)正确,图 3.10(b)错误;②尽可能使单元的各边长度相差不要太大,在三角形单元中最好不要出现钝角,图 3.10(c)正确,图 3.10(d)不妥;③在结构的不同部位应采用不同大小的单元来划分,重要部位网格密、单元小,次要部位网格稀、单元大;④对具有不同厚度或由几种材料组合而成的构件,必须把厚度突变线或不同材料的交界线取为单元的分界线,即同一单元只能包含一个厚度或一种材料常数;⑤如果构件受集中载荷作用或承受突变的分布载荷作用,应当把受集中载荷作用的部位或承受突变的分布载荷作用的部位划分得更细,并且在集中载荷作用点或载荷突变处设置节点;⑥若结构和载荷都是对称的,则可只取一部分来分析,以减小计算量。

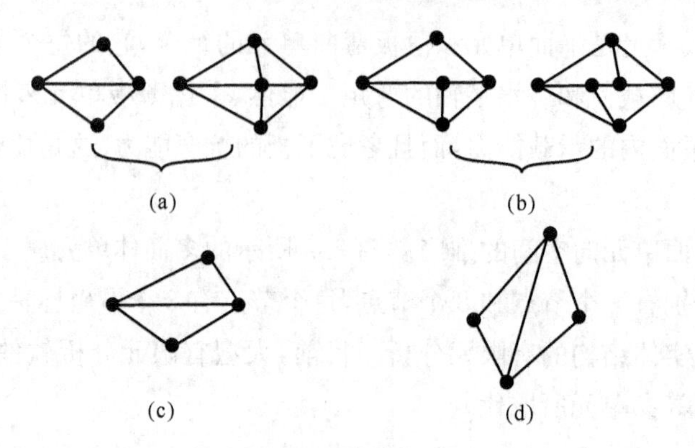

图 3.10 离散化处理

在进行有限元分析时，正确选择单元类型对分析结果的正确性和计算精度具有重要的作用。选择单元类型通常应遵循以下原则：

(1) 所选单元类型应对结构的几何形状有良好的接近程度，其越接近越好；

(2) 要真实地反映分析对象的工作状态，选择适当的曲面；

(3) 根据计算精度的要求，并考虑计算工作量的大小，恰当选用线性或高次单元。

3.3 飞轮储能技术

3.3.1 功能样机数字化

随着虚拟样机技术的不断完善，计算机仿真作为验证和优化产品设计的重要手段，已渗透到产品设计全生命周期的第一步，利用数字化分析技术，对产品模型进行虚拟试验、仿真测试和评估，在改进设计方案的同时，能够极大地提高产品开发效率，降低成本。

虚拟样机技术是应用于仿真设计过程的技术，它用虚拟样机来代替物理样机对设计方案的某方面或综合特性进行仿真测试和评估。虚拟样机(Virtual Proto-type，VP)侧重于产品数字化模型的建立，强调充分利用各学科子系统之间的动态交互与协同求解，快速建立一个与产品物理样机具有相似功能的系统或子系统模型来进行基于计算机的仿真，通过模拟测试并不断评估改进产品的设计方案，获得整机的最优性能。

数字化功能样机(Functional Digital Prototype，FDP)对应于产品分析过程，侧重产品系统级的多性能分析与多体系系统动态性能的多目标优化，用于仿真评价已装配系统整体上的功能和操作性能，是对一般虚拟样机技术的扩展应用，与产品多学科设计优化的基本思想比较吻合。它强调利用 CAD/CAE 软件系统集成，来实现产品多功能全分析的集成；基于多体系系统和有限元理论，解决产品的运动学、动力学、结构、变形、强度、寿命等问题；通过虚拟试验能精确、快捷地预测产品系统的整体性能。

3.3.2 设计优化

多学科设计优化(Multidisciplinary Design Optimization，MDO)是一种通过充分探索和利

用工程系统中相互作用的协同机制来设计复杂系统和子系统的方法。它通过分解和协调等手段将复杂产品系统分解为与现有工程产品设计组织形式相一致的若干子系统，对产品的特定问题建立合理的优化系统，应用有效的设计优化策略来组织和管理优化设计过程，将单个学科的分析和优化与整个系统中互为耦合的其他学科的分析和优化结合起来，从整个系统的角度优化问题，设计复杂的产品系统，从结构上解决产品设计优化的计算和组织的复杂性难题。多学科设计优化强调产品局部之间的相互作用，注重产品全过程、全性能和全系统的设计分析优化。

复杂产品 MDO 数字化流程方法必须要融入复杂机械产品的数字化设计流程，与已有的数字化设计方法、先进的仿真技术结合起来，使设计过程形成闭环，才能驱动设计过程的执行，不断的评估改进设计，形成一个自动的、集成的迭代优化设计过程。分析是设计的基础，通过建模仿真获得产品的功能行为参数，强调对产品全性能多学科的集成数字化分析。该流程利用学科软件的无缝集成，通过模型转换，保证产品结构主模型与其他学科分析模型之间的数据一致性和互操作性。采用统一有限元模型进行多学科并行分析，利用 CAD/CAE 一体化软件来解决大多数的分析问题，大大压缩了整个分析过程的前后置处理时间，缩短了产品开发周期。

3.3.3 虚拟技术在飞轮储能设计中的应用

飞轮储能是具有独立功能的部件，其功能旨在使其储能与放能，并保证储能与放能安全、高效。在飞轮储能设计领域，虚拟样机技术是指在计算机里应用三维设计软件建立飞轮储能模型并对之进行一系列的性能模拟仿真。

(1) 建立虚拟样机

虚拟样机(Virtual Prototyping，VP)就是利用计算机仿真技术建立的与物理样机相似的模型，通过优化、集成和仿真测试得到关于该样机的性能描述。虚拟样机技术是在数字化设计的背景中得以实现的，它依赖于三维数字模型的准确性和参数化特性，从而可以快速地进行分析仿真，来实现设计方案的优化。它强调数字化的产品模型及其产生过程，将二维图纸表达的设计构思演变成基于三维实体模型的虚拟产品(虚拟样机)，建立起数字化设计平台。

(2) 飞轮储能模型的建立

首先对已有飞轮储能实物模型的工作原理及结构进行分析，对其主要部件进行测量，然后通过 UG 软件建立各个部件的三维实体模型。准确的物理模型和方便的建模方法是应用虚拟样机技术的关键。在各个部件的建模过程中，主要运用了建立草图(Sketch)、成型特征(Form Feature)、自由形状特征(Free Form Feature)以及钣金特征(Sheet Metal Feature)等功能。飞轮的结构比较复杂，是典型的钣金部件。利用 UG 钣金设计模块创建和制作了飞轮模型。Sheet Metal Feature(板金特征)菜单中的 General Flange(通用弯边)特征、Sheet Metal Bend(钣金折弯)特征、Sheet Metal Punch(钣金冲压)特征、Sheet Metal Bead(钣金筋槽)特征、Sheet Metal Bridge(钣金桥接)特征等功能被广泛地运用到了飞轮储能建模中。飞轮储能模型应用 UG 软件的参数化建模方法建立各个部件的参数化实体模型，为后续的设计分析、修改模型打下了坚实的基础，从而不断提高飞轮的设计水平和质量。

(3) 飞轮储能的虚拟装配

应用UG软件的虚拟装配模块建立飞轮储能的虚拟样机模型。完成飞轮的各个部件的虚拟样机模型的建立后,就可以进行虚拟装配了。本文采用自底向上的方法进行虚拟装配,使用配对约束、对齐约束、正交约束、角度约束、平行约束、中心对齐约束、距离约束等约束条件建立配对条件,这样一旦部件的虚拟样机模型改变,产品的虚拟装配模型即飞轮的虚拟样机模型将随着改变,实现了真正意义的参数化设计。

(4) 飞轮的虚拟分析

为了方便研究和分析,建立了 scenario1、scenario2、scenario3、scenario4 四个运动分析方案。每种分析方案对应着一个装配排列。分析时若发现干涉或间隙过大等问题,可以及时修改虚拟样机模型,然后再进行分析,直至满意为止,充分发挥虚拟样机技术的优点,缩短产品开发周期,降低产品开发成本。

4 风力发电系统的飞轮储能技术

4.1 风能储能装置技术简介

风能是随机性的能源，具有间歇性，并且是不能直接储存起来的，因此，若在风能资源丰富的地区，以风力发电作为获得电能的主要方法时，必须配备适当的蓄能装置。在风力强的时段，除了通过风力发电机组向用电负荷提供所需的电能以外，还要将多余的风能转换为其他形式的能量，并储存在蓄能装置中；在风力弱或无风时，再将蓄能装置中储存的能量释放出来并转换为电能，向用电负荷供电。由此可见，蓄能装置是风力发电系统中实现稳定和持续供电必不可少的工具。

当前风力发电系统中的蓄能方式主要有飞轮蓄能、电解水制氢蓄能、抽水蓄能、压缩空气蓄能和蓄电池蓄能等几种。

4.1.1 飞轮蓄能

从运动学知道，做旋转运动的物体皆具有动能，此动能也称为旋转的惯性能，其计算公式为

$$A = \frac{1}{2} J\Omega^2 \tag{4.1}$$

式中：A——旋转物体的惯性能量(J)；

J——旋转物体的转动惯量(kg·m²)；

Ω——旋转物体的旋转角速度(rad/s)。

式(4.1)所表示的为旋转物体达到稳定的旋转角速率 Ω 时所具有的动能，若旋转物体的旋转角速度是变化的，例如由 Ω_1 增加到 Ω_2，则旋转物体增加的动能为：

$$\Delta A = J\int_{\Omega_2}^{\Omega_1} \Omega \mathrm{d}\Omega = \frac{1}{2} J(\Omega_2^2 - \Omega_1^2) \tag{4.2}$$

这部分增加的动能即储存在旋转体中，反之，若旋转物体的旋转角速度减小，则有部分旋转的惯性动能被释放出来。

同时由动力学原理知，旋转物体的转动惯量 J 与旋转物体的重力及旋转部分的惯性直径有关，即

$$J = \frac{GD^2}{4g} \tag{4.3}$$

式中：G——旋转物体的重力(N)；

D——旋转物体的惯性直径(m)；

g——重力加速度，取 9.81 m/s^2。

风力发电系统中采用飞轮蓄能，即是在风力发电机的轴系上安装一个飞轮，利用飞轮旋转时的惯性储能原理，当风力强时，风能即以动能的形式储存在飞轮中；当风力弱时，储存在飞轮中的动能则释放出来驱动发电机发电，采用飞轮蓄能可以平抑由于风力起伏而引起的发电机输出电能的波动，改善电能的质量。

风力发电系统中采用的飞轮，一般多由钢制成，飞轮的尺寸大小则视系统所需储存和释放能量的多少而定。

4.1.2 电解水蓄能

众所周知，电解水可以制氢，而且氢可以储存，在风力发电系统中采用电解水制氢蓄能就是在用电负荷小时，将风力发电机组提供的多余电能用来电解水，使氢和氧分离，把电能储存起来；当用电负荷增大，风力减弱或无风时，使储存的氢和氧在燃料电池中进行化学反应而直接产生电能，继续向负荷供电，从而保证供电的连续性，故这种蓄能方式是将随时的不可储存的风能转换为氢能储存起来；而制氢、贮氧及燃料电池则是这种蓄能方式的关键技术和部件。

燃料电池(Fuel cell)是一种化学电池，其作用原理是把燃料氧化时所释放出来的能量通过化学变化转化为电能。在以氢作燃料时，就是利用氢和氧化合时的化学变化所释放出来的化学能，通过电极反应，直接转化为电能，即 $H_2+\frac{1}{2}O_2 \longrightarrow H_2O$ 电能。由此化学反应式可以看出，除产生电能外，只能产生水，因此，利用燃料电池发电是一种清洁的发电方式，而且由于没有高温高压等条件要求，工作起来更安全可靠，利用燃料电池发电的效率很高，例如碱性燃料电池的发电效率可达到 50%～70%。

在这种蓄能方式中，氢的储存也是一个重要环节，储氢技术有多种形式，其中以金属氧化物储氢最好，其储氢度高，优于气体储氢及液态储氢，不需要高压和绝热的容器，安全性能好。

今年国外还研制出一种再生式燃料电池(Regenerative Fuel cell)，这种燃料电池既能利用氢氧化合直接产生电能，反过来应用它可以电解水而产生氢和氧。

毫无疑问，电解水制氢蓄能是一种高效、清洁、无污染、工作安全、寿命长的蓄能方式，但燃料电池及储氢装置的费用则较贵。

4.1.3 抽水蓄能

这种蓄能方式在地形条件合适的地区可以采用。所谓地形条件合适就是在安装风力发电机的地点附近有高地，在高地处可以建造蓄水池或水库，而在低处有水。当风力强而用电负荷所需要的电能少时，风力发电机发出的多余的电能驱动抽水机，将低处的水抽到高处的蓄水池或水库中存储起来；在无风期或是风力较弱时，则将高地蓄水池或水库中存储的水释放出来流向低地水池，利用水流的动能推动水轮机转动，并带动与之相连接的发电机发电，从而保证用电负荷不断电。实际上，这时已是风力发电机和水力发电同时运行，共同向负荷供电。当然，在无风期，只要是在高地蓄水池或水库中有一定的蓄水量，就可以靠水利发电来维持供电。

4.1.4　压缩空气蓄能

与抽水蓄能方式相似，这种蓄能方式也需要特定的地形条件，即需要有挖掘的坑或是废弃的矿坑或是地下的岩洞。当风力强，用电负荷少时，可用风力发电机发出的多余的电能驱动一台由电动机带动的空气压缩机，将空气压缩后存储在地坑内；而在无风期或用电负荷增大时，则将存储在地坑内的压缩空气释放出来，形成高速气流，从而推动涡轮机转动，并带动发电机发电。

4.1.5　蓄电池蓄能

在独立运行的小型风力发电系统中，广泛使用蓄电池作为蓄能装置，蓄电池的作用是当风力较强或用电负荷减小时，可以将来自风力发电机发出的电能中的一部分蓄存在蓄电池中，也就是向蓄电池充电；当风力较弱、无风或用电负荷增大时，蓄电池中的电能向负荷供电，以补充风力发电机发电量的不足，达到维持向负荷持续稳定供电的目的。风力发电系统中常用的蓄电池有铅酸电池（亦称铅蓄电池）和镍镉电池（亦称碱性蓄电池）。

单格铅酸蓄电池的电动势约为 2 V，单格碱性蓄电池的电动势约为 1.2 V 左右，将多个单格蓄电池串联组成蓄电池组，可获得不同的蓄电池组电势，例如 12 V、24 V、36 V 等。当外电路闭合时，蓄电池正负两极间的电位差即为蓄电池的端电压（亦称电压）。

蓄电池的端电压在充电和放电过程是不相同的。充电时蓄电池的电压高于其电动势，放电时蓄电池的电压低于其电动势，这是因为蓄电池有电阻的缘故，且蓄电池的内阻随温度的变化比较明显。

蓄电池的容量以 A·h 表示，容量为 100 A·h 的蓄电池代表该蓄电池若放电电流为 10 A，可连续放电 10 h；若放电电流为 5 A，则可连续放电 20 h。在放电过程中，蓄电池的电压随着放电而逐渐降低，放电式铅酸蓄电池的电压不能低于 1.8 V，碱性蓄电池的电压不能低于 1.1 V，蓄电池放电时的最佳电流值为 10 h(10 HR)放电率电流，蓄电池的最佳充电电流值等于其最佳放电电流值。

蓄电池经过多次充电及放电以后，其容量会降低，当蓄电池的容量降低到其额定值的 80%以下时，就不能再使用了，也就是蓄电池有一定的使用寿命，影响蓄电池寿命的因素很多，如充电或放电过度、蓄电池的电解液浓度太大或纯度降低以及在高温环境下使用等都会使蓄电池的性能变坏，降低蓄电池的使用寿命。

4.2　飞轮储能

飞轮储能技术是一种新兴的电能存储技术，它与超导储能技术、燃料电池储能技术等各种先进的储能技术一样，具有很大的发展前景。虽然目前化学电池（铅酸蓄电池、锂离子蓄电池等）储能技术已经发展得非常成熟，但是，铅酸蓄电池有污染环境的风险，磷酸铁锂蓄电池的充放电次数受到一定的限制。新能源、电动汽车、UPS 供电等许多行业迫切需要新型的储能技术来满足某些特殊技术要求。其中飞轮储能技术就是一种具有无限的充放电次数和绿色环保型的储能技术，已经开始越来越广泛地应用于国内外的许多行业中。

4.2.1　飞轮电池的组成及工作原理

1）飞轮电池的组成

典型的飞轮储能系统一般是由三大主体、两个控制器和一些辅件所组成：①储能飞轮；②集成驱动的电机；③磁悬浮支承系统；④磁力轴承控制器和电机变频调速控制器；⑤辅件、冷却系统、显示仪表、真空设备和安全容器等。这里重点介绍储能飞轮、集成驱动的换能电机、磁悬浮支承系统，控制、冷却、显示等不做介绍。

图 4.1 所示为一种飞轮电池的结构简图。其中：1 为飞轮；2 为含有水冷却的径向磁轴承的定子；3 为径向磁轴承，4 为轴向磁轴承；5 为含有水冷却的电机定子；6 为电机内转子部分；7 为电机外转子部分；8 为真空壳体。

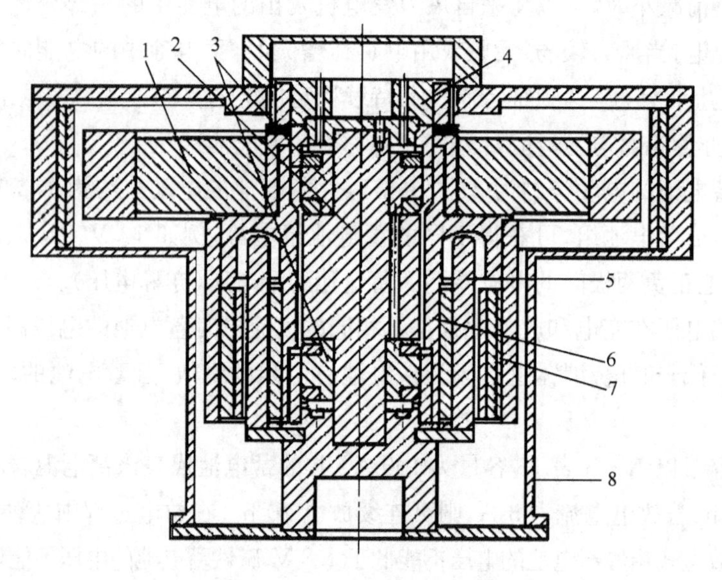

图 4.1　飞轮电池的结构简图

2）飞轮电池的工作原理

飞轮电池类似于化学电池，它有以下两种工作模式。

(1)“充电”模式

当飞轮电池充电器插头插入外部电源插座时，打开启动开关，电动机开始运转，吸收电能，使飞轮的转动速度提升，直至达到额定转速时，由电机控制器切断与外界电源的连接。在整个充电过程中，电机作电动机用。

(2)“放电”模式

当飞轮电池外接负载设备时，发电机开始工作，向外供电，飞轮转速下降，直至下降到最低转速时由电机控制器停止放电。在放电过程中，电机作为发电机使用。这两种工作模式全部由电机控制器负责完成。

飞轮转子在运动时由磁力轴承实现转子无接触支撑，而接触轴承则主要负责转子静止或存在较大的外部扰动时的辅助支撑，避免飞轮转子与定子直接相碰而导致灾难性破坏。真空设备用来保持壳体内始终处于真空状态，减少转子运转的风耗。冷却系统则负责电机和磁悬浮轴承的冷却。安全容器用于避免一旦转子产生爆裂或定子与转子相碰时发生意外。显示仪表则用来显示剩余电量和工作状态。

4.2.2 飞轮电池转子控制技术

飞轮电池是一种储能装置，当“充电”时，电动机通过变频调速控制逐步提高飞轮转子的转速，将电能转换为飞轮的动能储存起来；而“放电”时，则通过发电机向外稳定输出电能，使飞轮转速逐步下降。

飞轮电池作为一种储能装置，其主要技术指标有：可提取的能量(简称净能量)；充电/放电电压(或充电/放电电流)；充电速率或功率(影响充电时间)和放电速率或功率(决定带动负载的能力)。飞轮电池可提取的能量与飞轮的最大安全运转速度、最小稳定运转速度以及飞轮的转动惯量等有关。一般来说，提高飞轮的最大安全运转速度比提高飞轮的转动惯量可得到更好的储能效果，原因是旋转物体的动能与旋转速度是二次关系，而与转动惯量是一次关系。除提高飞轮的最大安全运转速度和转动惯量能提高飞轮电池可提取的能量外，尽量降低最小稳定运转速度也可提高飞轮电池可提取的能量。飞轮电池的充电速率主要影响充电时间，充电速率越高，充电时间越短。放电速率的大小则决定飞轮电池带动负载的能力，放电速率越大，带动负载的功率就越大。

衡量飞轮电池的主要性能指标有：能量转换效率、储能密度(比能量)、怠速损耗、使用温度、寿命、可靠性、安全性等。能量转换效率越高，动能与电能之间相互转化的损耗就越小，经济性也就越好。储能密度一般主要取决于飞轮材料的抗拉强度，抗拉强度越高，飞轮可安全运转的转速就越高，储存的能量就越多，相对的储能密度就越高。而高的可靠性和高的安全性则是所有仪器和设备所追求的目标。

一般来说，一个好的飞轮电池除了要达到用户所提出的主要技术指标(如可提取的能量、充电时间和最大放电功率)外，还应该具有低的怠速损耗、长寿命、高的能量密度、高的能量转换效率、高的可靠性、高的安全性和良好的经济性。这些技术性能指标有的是由飞轮电池的某些部件单独体现的，有些则是由几个或所有零部件共同体现的。

飞轮电池系统的结构　飞轮电池系统的总体结构方案与飞轮的结构、飞轮转子的支承方案、集成式电动机/发动机和其他一些辅件的结构密切相关。按理说，它应该在所有零部件的结构方案形成后才能确定下来，为了方便理解后面各章节内容，在这里建立飞轮电池的系统结构方案，增强对飞轮电池的感性认识。

针对固定应用(指的是基础或机架固定不动)的飞轮电池，提出一种新型的磁悬浮支承系统，并在考虑飞轮电池内部各关键零部件的结构和布置情况下，构造出飞轮电池的结构方案，如图 4.2 所示。这种方案的最大特点是它的磁悬浮支承系统采用了一种新型磁力轴承(即电动磁力轴承)作为转子的径向支承，并结合轴向永磁磁力轴承构成飞轮转子无接触磁悬浮式支承。

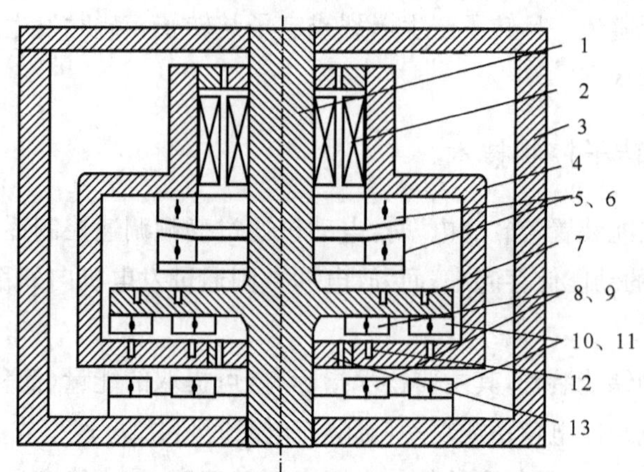

1—定子；2—电动机/发电机；3—壳体；4—复合材料转子；
5、6—环形磁铁；7—线圈；8、9—环形磁铁；10、11—环形磁铁；
12—导体环；13—保护轴承

图 4.2　飞轮电池的结构示意图

对于固定应用的飞轮电池，由于不存在陀螺效应，所以轴承主要承受飞轮转子的自重。为了充分利用永磁磁力轴承承受静态或准静态负载的能力，飞轮转子作垂直布置，其重量完全由永磁磁力轴承来承受，而径向电动磁力轴承则主要用来承受由于转子径向偏移运动所产生的动载荷，并确保转子运动过程中的自动定心作用，即确保转子始终在预定中心附近回转。

与其他磁悬浮支承系统相比，这种组合的磁悬浮支承系统由于既没有采用电磁轴承，又没有采用超导磁力轴承，因而消除了电磁轴承由于需要位置传感器和反馈控制系统所带来的失效的可能性和费用的增加，以及电磁线圈的能量损耗；也避免了超导磁力轴承由于需要液态氮制备设备所带来的结构尺寸增加和制冷设备失效导致的可靠性降低以及费用的增加，是目前经济性和可靠性都较高的支承系统，所以值得大力研究开发，也是本书重点研究内容之一。

支承飞轮转子的磁力轴承　飞轮电池中的磁悬浮轴承（也称磁力轴承或磁轴承）与机床主轴所用的磁悬浮轴承的作用基本相同，都是用来支承高速旋转的转子，但工作要求大不相同。

对于机床中支承主轴的磁力轴承，它主要承受来自刀具切削作用于转子上的径向力和轴向力（通常这些力的变化范围是非常大的），以及转子自身的重量，这就要求磁力轴承的刚度大，并且可调，因而必须使用有源磁力轴承，即电磁轴承；此外还要求轴承对主轴进行精确定位以确保机械加工的精度。而飞轮电池中的磁悬浮轴承，它主要承受飞轮转子自身的重量和由于转子的偏移运动引起的动载荷，以及由于固定飞轮电池的基础或机架的运动而引起的附加陀螺效应力；此外，飞轮电池转子无需精确定位。如果飞轮电池用在那些机架固定不动的应用中，则飞轮转子将不受陀螺效应力。

目前的飞轮储能系统经常选择几种类型的轴承组合起来使用，而在高速飞轮系统中，使用最多的还是磁悬浮轴承，这是由于磁力轴承具有无磨损（无机械接触）、寿命长和免维护等优点，传统的机械接触轴承无法比拟。目前可供使用的磁力轴承主要有：电磁轴承、超导磁力轴承、永磁磁力轴承和电动磁力轴承。前者称为主动磁力支承，后三者称为被动磁力支承。

电磁轴承是通过改变电磁铁线圈的电流来控制悬浮力的大小，从而适应外界干扰力的变化；超导磁力轴承是利用超导体在临界温度以下所表现出来的迈斯纳效应，即磁力线不能穿过超导体而表现出的完全抗磁性来悬浮物体；永磁磁力轴承则是利用永磁体之间或永磁体与软磁体之间的吸力或斥力来悬浮物体。在一些转速不是太高的场合，除磁力轴承外，有时也用到一种轴向球轴承，只不过球轴承的材料一般选用摩擦系数非常小又非常耐磨的材料，如金属陶瓷或红宝石等。

组合磁悬浮的支承系统　目前，飞轮电池的支承系统方案主要有两大类：一类是含电磁轴承的主动磁悬浮支承系统；另一类是被动磁悬浮支承系统。主动磁悬浮支承系统主要有三种组合方案：一是径向采用电磁轴承，轴向采用被动磁力轴承或机械接触轴承；二是轴向采用电磁轴承，径向采用被动磁力轴承；三是径向和轴向均采用主动磁力轴承。主动磁悬浮支承系统中含有电磁轴承，尽管承载能力较高（刚度和阻尼可调），稳定性也好，但存在前面提到的不足，如果将它用到机架固定的飞轮电池上，则由于只承受稳定的静态载荷，电磁轴承的优点没法体现，而缺点却变得尤为突出，因而对固定应用的飞轮电池，使用主动磁悬浮支承系统是没有必要的。被动磁悬浮支承系统目前也有三种组合方案：一是在径向采用被动磁力轴承，轴向采用机械接触轴承；二是在径向采用永磁磁力轴承，轴向采用超导磁力轴承；三是在轴向采用永磁磁力轴承，径向采用超导磁力轴承。对于第一种支承方式，尽管支承可靠，但由于采用了机械接触轴承，将降低轴承的最高转速，同时能量损耗较大，寿命较低。对于第二种或第三种支承方式，由于采用了超导磁力支承，就要附加一套液态氮的制冷装置，增加了电池的体积，降低了系统的可靠性和经济性。

设计飞轮电池磁悬浮支承系统时，除了要利用现有磁力轴承外，还要充分考虑到磁力轴承的最新发展。根据目前磁力轴承的特点，结合最新研究的成果，现提出一种全新的被动磁悬浮支承系统，如图 4.3 所示。其中，转子的径向支承是由分别安装在两个定子上的两对环形磁铁 6、7、8、9 和镶嵌在转子上的导体环 10 构成，环形磁铁 6 和 7 提供导体环 10 内圆弧附近的磁场，环形磁铁 8 和 9 提供导体环外圆弧附近的磁场；而轴向支承则是由一对带锥面“接触”的环形永磁体 3 和 4 构成，磁铁 3 安装在转子上，充当动磁环，磁铁 4 安装在定子上，充当定磁环。在这种组合磁悬浮支承系统中，转子轴垂直布置，轴向永磁磁力轴承主要承受飞轮转子的自重，同时也能对径向起到一定的辅助支承作用，径向电动磁力轴承则主要承受由于转子的径向偏移运动所产生的动载荷。尽管这种支承方式承受变载荷的能力不高，但对那些仅承受静态载荷（如固定应用）的飞轮电池来说，这种支承方式的承载能力是足够的。而且由于它既没有采用主动磁

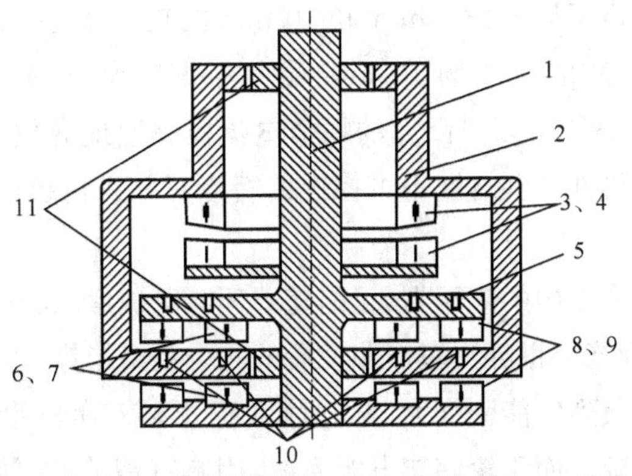

1—定子；2—复合材料转子；3、4—环形磁铁；5—线圈；
6、7、8、9—环形磁铁；10—导体环；11—保护轴承

图 4.3　飞轮转子的被动磁悬浮支承系统

力轴承，又没有采用超导磁力轴承，因而完全消除了电磁轴承结构和控制的复杂性和超导磁力轴承的液态氮或氦的制备系统，而且结构简单，费用低廉，可靠性高，且能十分有效地降低飞轮电池的费用，是一种值得研究和提倡的支承方式。

4.2.3 飞轮电池的应用前景

飞轮储能技术在新能源中的应用有：太阳能和风能作为清洁的可再生能源，越来越受到世界各国的重视。以风能为例，中国风能储量很大、且分布面广，仅陆地上的风能储量就有约2.53亿kW。近几年来，中国的并网风电迅速发展，截至2011年3月中旬，我国风电累计装机容量达4 450万kW，风电建设的规模居全球之首。这也意味着中国已进入可再生能源大国行列。中国风力等新能源发电行业的发展前景十分广阔，预计未来很长一段时间都将保持高速发展。

在我国风电建设规模高居世界第一的同时，风电并网问题却始终制约着我国风电的发展。我国风电装机容量中仍然有近三成没有并网。这是由于风能随机性和间歇性的特点，造成风电机组的频繁波动，从而风电场的可靠性也差，风电比重过大，会使电网的调频、调峰压力加大，因此，风电场大规模的并网接入给电力系统的运行带来一些新问题。光伏发电、风力发电等绿色新能源自身所固有的随机性、间歇性、不可控性的特点，使得可再生能源电厂不可能像其他传统电源一样制定和实施准确的发电计划，这给电网的运行调度带来巨大压力。同时，可再生能源的大规模接入所带来的局部电网无功电压和频率问题、电能质量问题等也不容忽视，这会给电网调峰和系统安全运行带来显著影响。研究表明，如果风电装机占装机总量的比例在10%以内，依靠传统电网技术以及增加水电、燃气机组等手段基本可以保证电网安全；但如果所占比例达到20%甚至更高，电网的调峰能力和安全运行将面临巨大挑战。

储能技术在很大程度上解决了新能源发电的随机性、波动性问题，可以实现新能源发电的平滑输出，能有效调节新能源发电引起的电网电压、频率及相位的变化，使大规模风电及太阳能发电方便、可靠地并入传统电网。高速飞轮储能系统可以在瞬间释放出巨大电力以稳定电网波动，实现对电网的调峰功能，从而替代水力、燃气发电厂，为电网运营商创造更可靠的供电系统。由此可见，飞轮储能技术能够提高电网对可再生能源的接纳能力。

中国国家电网公司规定了风电场1 min和10 min的功率变化率，该变化率与风电场的装机容量有关，如小于30 MW的风电场10 min最大变化量为20 MW，1 min最大变化量为6 MW。由于飞轮储能电源系统可以以巨大的峰值电流极高速地充放电，将其用于克服光伏发电和风力发电所固有的随机性、间歇性、不可控性的特点对并入传统电网所带来的弊端是完全可行的。

飞轮储能技术在电动汽车中的应用有：目前随着环境保护意识的提高以及全球能源的供需矛盾，研发环保型汽车成为当今世界汽车产业发展的一个重要趋势。汽车制造行业纷纷把目光转向电动汽车的研制。能找到储能密度大、充电时间短、循环寿命长的新型储能电源系统，是电动汽车与汽油车比拼的关键。而飞轮储能电源系统，因具有清洁、高效、充放电快速、可无限制地充放电、不污染环境等特点而受到汽车行业的广泛重视。预计今后飞轮电池将会是电动汽车行业的研究热点。

飞轮储能电源系统非常适合应用于混合电动汽车。车辆在正常行使或刹车制动时，飞轮储能电源系统充电；在车辆加速或爬坡时，飞轮储能电源系统放电，给车辆提供动力，保证车辆运行在一种平稳、最优的状态下，可减少燃料消耗，并可以减少发动机的维护，延长发动机的寿命。众所周知，在城区运行的各种车辆需要频繁的刹车制动、再启动。而刹车制动的能量，却以机械磨擦的形式转化为热能消耗掉。研究证明，此能量约占车辆使用能量的 30%。如果能再利用这部分能量，则会产生巨大的经济效益。

飞轮储能电源系统除了在电动汽车中的应用外，还可用于电车、载重汽车、铁路交通等许多领域。

飞轮储能技术在 UPS 供电系统中的应用有：磁悬浮式飞轮储能 UPS 引起了人们越来越多的关注。这种技术抛弃了传统 UPS 利用铅酸蓄电池进行储能的方式。在现代数据中心迅速增长的业务需求，日益增加的运营成本，有限的机房空间和更高的能量密度，已经成为云计算时代下数据中心及其电源管理系统建设面临的最大挑战。

IDC 的统计数据显示，电力能源成本已经成为困扰数据中心运营者的头号难题。其中，UPS、空调等周边设备的耗电量大大高于主机电量。另外，酸铅蓄电池并非绿色环保的产品。因此，配备一套智能绿色 UPS 供电系统成为数据中心节能环保的重中之重。传统电源系统中的蓄电池需要空调制冷，而且 24 h 连续运转，耗能巨大。磁悬浮式飞轮储能 UPS 系统则无需空调，大大节省了运营成本；而且，其占用的空间也大幅减小；维护成本低，无需更换电池；寿命长达 20 年。

在传统 UPS 供电系统中，当电力发生中断时，蓄电池会支撑系统正常运转，与此同时，柴油发动机开始启动，以保证数据中心主机正常工作、空调连续运转。蓄电池型 UPS 在此过程中提供了“分钟级”的电力供电。而飞轮储能型 UPS 受制于机械储能，仅仅能够提供 30 s 到 1 min 的电力供电，这也是飞轮 UPS 被诟病的主要原因。然而，专家指出，如今，市电电源的可靠性达到 99.9%，有些重要的负载都采用双路市电供电，市电的可靠性可以说已经达到了 99.99%。万一市电中断，后备电源的可靠性也可以达到 99.9%，从市电到后备电源的切换，在技术上只需要 10 s 的时间，这是一个公开的标准。目前，欧洲已经将这个时间定为 8 s。可以断定，飞轮储能型 UPS 能提供 30 s 的电力完全能够满足从市电到后备电源的可靠切换的要求。

4.3 飞轮储能的控制技术

4.3.1 飞轮能量的转换方法

飞轮电池中的电动机/发电机是一个集成部件，主要充当能量转换的角色，简称能量转换器，充电时充当电动机，将风能的机械能中的电能转变为飞轮电池的机械能储存起来；而放电时充当发电机，将飞轮电池的机械能转换为电能向外输出。

飞轮电池用作高速电机，应该兼有高效率的电动机和发电机的特性。通常要求尽可能同时具有以下特点：较大的转矩和输出功率；较长的稳定使用寿命；空载损耗极低；能量转换效率高；能适应大范围的速度变化。对于飞轮电池，目前主要有五种可供选择的电机，即感应电机、开关磁阻电机、“写极”电机、永磁无刷电机和永磁同步电机。几种可用的电机相关性能数据对比见表4.1。

表4.1　几种可用的电机相关性能数据对比

电机类别	永磁同步电机	交流感应电机	开关磁阻电机
峰值效率(%)	95～97	91～94	90
负载效率(%)	90～95	93～94	＞15 000
最高转速(r/min)	＞30 000	900～15 000	1.5～4
控制器相对成本	1	1～1.5	2.0～2.5
电机牢固性	良好	优	优

与传统的直流电机相比,感应电机有许多优点:高效率、高能量密度、低廉的价格、高可靠性和维护方便。但感应电机的缺点是:转速不能太高、转子转差损耗大、极数少的感应电机用铜及铁量大,增加了电机的重量。

开关磁阻电机采用双凸极结构。定子采用集中绕组,转子无励磁。因此,转子不用维护,结构坚固,易于实现零电流、零电压关断,适用于宽范围调速运行。其缺点是振动和噪声较大,与永磁电机比较,效率和功率密度较低。

永磁无刷直流电机是将直流电机转子上的励磁绕组换成永久磁铁,由固态逆变器和轴位置检测器组成电子换向器。位置传感器用来检测转子在运动过程中的位置,并将位置信号转换为电信号,保证各相绕组的正确换向。永磁无刷直流电机在工作时,直接将方波电流输入电机的定子中,控制永磁无刷直流电机运转。它的最大优点是去掉了传统的直流电机中的换向器和电刷,因此,消除了由于电机电刷换向引起的一系列问题。它的另一个优点是由于矩形波电流和矩形波磁场的相互作用,在电流和反电势同时达到峰值时,能产生很大的电磁转矩,提高了负载密度和功率密度。

永磁同步电机实际上就是永磁交流同步电机,它是将永久磁铁取代他励同步电机的转子励磁绕组,将磁铁插入转子内部,形成可同步旋转的磁极。转子上不再用励磁绕组、集电环和电刷等来为转子输入励磁电流,输入定子的是三相正弦波电流。该电机具有较高的能量密度和效率,体积小、功耗低、响应快。

“写极”电机实际上是一种变极电机,在外转子的内表面铺设了一层永磁材料,这层材料一般是一种高各向异性的陶瓷铁氧体,厚度在15～50 mm不等。除在定子上布置有主绕组外,在励磁极周围还布置有集中励磁线圈。当电机旋转时,这种磁性材料能够被励磁线圈磁化(或者“被写”)为任意期待的磁极型式。因此,这种电机的磁极数和位置可以连续变化,可在小电流情况下实现快速启动,在不同的转速下实现常频率输出,这种特征非常适用于风力发电。

针对飞轮转子特定的结构,不可能在其上制造出凸极,因而排除了使用开关磁阻电机的可能。又由于感应电机一般只能在中低转速下才能可靠地运行,也排除了使用感应电机的可能。永磁无刷直流电机的工作磁场是步进式旋转磁场,很容易产生转矩脉动,同时伴有较大噪声。永磁交流同步电机的工作磁场是均匀旋转磁场,转矩脉动量很小,运行噪声也很小,而且它既具有交流电机的结构简单、运行可靠、维护方便等优点,又具有直流电机的运行效率高、无励磁损耗以及调节控制方便、调速范围宽、易于实现双向功率转换等诸多优点，非常适合于飞轮电池中作为能量转换器使用。因此，一般选用永磁同步电机作为飞轮电池的驱动电机是比较理想的。

为了降低噪声，可采用如图 4.4 所示的永磁同步电机外转子构形。在这种构形中，转子上的永磁体采用加硼稀土永磁材料，并采用 Halbach 阵列的偶极子布置方式，以形成均匀旋转磁场；而定子上的绕组线圈采用利兹(Litz)导线(也称为漆包绞线)，尽量减少铜耗。这种结构采用了定子轴线与转子轴线重合，从而可以做到循环冷却液体完全位于真空容器外面，以利于真空容器的密封。

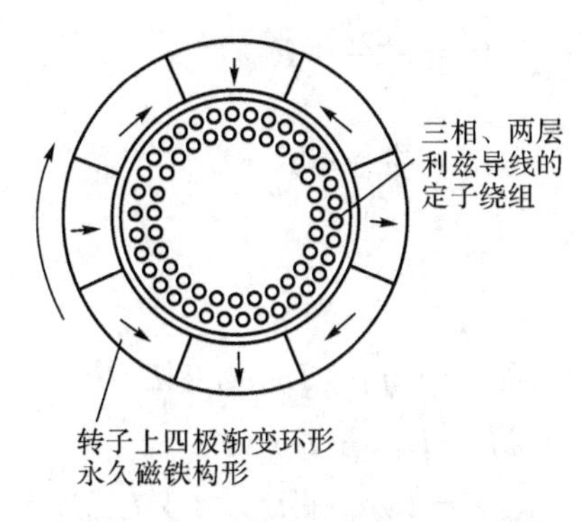

图 4.4　永磁同步电机外转子构形

Halbach 阵列实际上是用多块小磁体构成的环形渐变磁体，以便在环形体内缘或外缘附近产生极强的磁隙。它最早是由劳伦斯伯克利实验室的物理科学家 Halbach 提出，并以此来命名的。Halbach 已经制定了各种电磁系统构形，如双极、四极和六极等，而且可以根据多体环形渐变磁体电磁场的计算理论，很容易地计算空气隙中任意一点的磁场，计算公式为：

$$H \approx 1.57M\left[\frac{1}{r_1}-\frac{1}{r_2}\right]r_0$$

式中：M——永久磁铁的磁化强度；

r_2——Halbach 阵列的外径；

r_1——Halbach 陈列的内径；

r_0——场点到轴心的距离。

知道磁场后，就可以计算电机的各种参数。

根据 Halbach 阵列设计的能量转换器，由于无需安装任何铁芯或扼铁，因此，就不存在端部负载或不平衡力矩作用在转子或它的悬浮物上，外部漏磁通可以忽略，定子内无磁滞损耗和涡流损耗，而且转子和定子的气隙无需作为关键尺寸来控制。通过使用利兹导线作为定子绕组，飞轮电池将具有较低的怠速损耗和较高的效率。

4.3.2　永磁同步电机

分析正弦波电流控制的调速永磁同步电机最常用的方法就是建立数学模型，它不仅可用于分析正弦波永磁同步电机的稳态运行性能，也可用于分析电机的瞬态性能。

为建立正弦波永磁同步电机的数学模型，可以忽略电机铁芯的饱和；不计电机中的涡流和磁滞损耗；电机的电流为对称的三相正弦波电流。

由此可以得到以下的电压、磁铁、电磁转矩和机械运动方程(式中各量为瞬态值)。

电压方程：

$$U_d = \frac{\mathrm{d}\varphi_d}{\mathrm{d}t} - \omega\varphi_q + R_1 i_d \tag{4.4}$$

$$U_q = \frac{\mathrm{d}\varphi_q}{\mathrm{d}t} - \omega\varphi_d + R_1 i_q \tag{4.5}$$

$$0 = \frac{\mathrm{d}\varphi_{2d}}{\mathrm{d}t} + R_{2d} i_{2d} \tag{4.6}$$

$$0 = \frac{\mathrm{d}\varphi_{2q}}{\mathrm{d}t} + R_{2q} i_{2q} \tag{4.7}$$

磁链方程：

$$\psi_d = L_d i_d + L_{md} i_{2d} + L_{md} i_f \tag{4.8}$$

$$\psi_q = L_q i_q + L_{mq} i_{2q} \tag{4.9}$$

$$\psi_{2d} = L_{2d} i_d + L_{md} i_{2d} + L_{md} i_f \tag{4.10}$$

$$\psi_{2q} = L_{2q} i_q + L_{mq} i_{2q} + L_{mq} i_{2q} \tag{4.11}$$

电磁转矩方程：

$$T_{em} = P(\psi_d i_q - \psi_q i_d) \tag{4.12}$$

机械运动方程：

$$J\frac{\mathrm{d}\Omega}{\mathrm{d}t} = T_{em} - T_L - R_\Omega \Omega \tag{4.13}$$

式中：U——电压；

i——电流；

ψ——磁链；

d、q、$2d$、$2q$——定子的 d、q 轴下标分量；

L_{md}、L_{mq}——定子、转子间的 d、q 轴互感；$L_d = L_{md} + L_1$，$L_q = L_{mq} + L_1$

L_{2d}、L_{2q}——定子、转子间的 d、q 轴电感；$L_{2d} = L_{md} + L_2$，$L_{2q} = L_{mq} + L_2$

L_1、L_2——定子、转子的电感；

i_f——永磁体的等效励磁电流(A)，当不考虑温度对永磁体性能的影响时，其值为一常数，$i_f = \psi_f / L_{md}$；

ψ_f——永磁体产生的磁链；

J——转动惯量(包括转子转动惯量和负载机械折算过来的转动惯量；

R_Ω——负载转矩；

T_L——阻力系数。

电机的 d、q 轴中各量与三相系统中实际各量间的联系可通过坐标变换实现。如从电机三

相实际电流 i_U、i_V、i_W 到 d、q 内坐标系的电流 i_d、i_q，采用功率不变约束的坐标变换(复指数变换)时有：

$$\begin{bmatrix} i_d \\ i_q \\ i_0 \end{bmatrix} = \sqrt{\frac{2}{3}} \begin{bmatrix} \cos\theta & \cos\left(\theta - \frac{2\pi}{3}\right) & \cos\left(\theta + \frac{2\pi}{3}\right) \\ -\sin\theta & -\sin\left(\theta - \frac{2\pi}{3}\right) & -\sin\left(\theta + \frac{2\pi}{3}\right) \\ \sqrt{\frac{1}{2}} & \sqrt{\frac{1}{2}} & \sqrt{\frac{1}{2}} \end{bmatrix} \begin{bmatrix} i_U \\ i_V \\ i_W \end{bmatrix} \tag{4.14}$$

式中：θ——电机转子的位置信号，即电机转子磁极轴线(直轴)与定子绕组轴线的夹角(电角度)。

i_0——零轴电流，对三相对称系统，变换后的零轴电流 $i_0 = 0$。

对于绝大多数正弦波调速永磁同步电机，转子上不存在阻尼绕组，因而电机电压、磁铁和电磁转矩方程可以简化。

4.3.3 永磁同步电机的控制方法

1) 永磁同步电机的控制方式

通过检测到的定子电压和电流，借助电机转矩和磁链的数学模型计算得到电机的转矩和定子磁链，实现对电机瞬时磁链和转矩的直接控制。该控制策略将电机和变换器作为一个整体，在静止两相坐标系进行控制，省去了坐标旋转变换环节，控制系统结构简单，特别是提高了系统的动态响应速度。其中电机的定子磁链模型为：

$$\psi_{I\alpha} = \int (u_{I\alpha} - R_I i_{I\alpha})\mathrm{d}t$$

$$\psi_{I\beta} = \int (u_{I\beta} - R_I i_{I\beta})\mathrm{d}t$$

转矩模型：

$$T_\alpha = P_u (i_{I\beta}\psi_{I\alpha} - i_{I\alpha}\psi_{I\beta})$$

在连接转矩控制系统时，根据计算得到的转矩、磁链与给定值的误差进行滞环控制，选取适当的电压空间矢量及其作用时间，不足之处在于低速性能不佳，调速范围不够宽，转矩波动较大，其原因在于低速时电机端电压较低，造成定子磁链模型的误差增大，因此这种控制策略仍需进一步完善。

2) 飞轮电池的控制方案

飞轮电池的充电过程就是电机的升速过程。在充电过程中要求系统有尽可能快的速度，对应于这一要求，电机升速可以采用两种变频控制方式：恒转矩控制和恒功率控制。恒转矩控制是以系统能承受的最大转矩为加速转矩，并保持系统的加速转矩不变；恒功率控制是以系统能承受的最大功率为加速功率，并保持系统的加速功率不变。

设飞轮转子最大转速与最小转速之比为 5∶1，则飞轮电池总储能的 96%能够得到利用。

电机的角速度由 $\omega/5$ 加速到 ω，按照恒转矩控制方式，电机最大功率与加速时间分别为：

$$P_{\max} = T\omega \tag{4.15}$$

$$t_L = \frac{J\omega - J\dfrac{\omega}{5}}{T} = \frac{4J\omega}{5T} \tag{4.16}$$

按照恒功率控制方式，电机功率与加速时间分别为：

$$P_2 = T\frac{\omega}{5} \tag{4.17}$$

$$t_2 = \frac{\Delta E}{P} = \frac{J\dfrac{\omega^2}{2} - J\dfrac{(\omega/5)^2}{2}}{T\dfrac{\omega}{5}} = \frac{12J\omega}{5T} \tag{4.18}$$

式中：T——电机电磁转矩；

J——飞轮转轴总转动惯量。

比较式(4.15)～式(4.18)可知，恒功率控制所需的储能时间 t_2 为恒转矩控制时间 t_L 的 3 倍，而所需要的电机功率为恒转矩控制的 1/2。根据上述分析，飞轮电池的基速取飞轮额定转速的 1/5，当飞轮从零转速开始启动直至加速到基速（$\omega_{\max}/5$）时，采用恒转矩控制方式调速；在 $\omega_{\max}/5$ 至 $\omega_{\max}$ 之间的升速时，采用幅功率控制方式。

4.4　飞轮储能的特性

新设计的磁轴承，对其进行运动稳定性分析将是非常必要的，尤其对电动磁力轴承更是如此。电动磁力轴承并不参与静态载荷的支承，它主要是用来当转子由于外界或自身的原因产生径向偏移时仍能确保转子在预定中心附近稳定回转。当转子中心偏移预定位置时，转子除受到沿偏移方向相反的回复力外，还受到与偏移方向垂直的切向力的作用，这种切向力将使转子在自转的同时还要产生公转。因此，在分析转子的运动时，再也不能只将转子的中心停留在 Y 轴上，而应考虑更一般的情况。现将转子的偏移方向设定为任意方向，但径向偏距仍然是 r。下面分析的目的就是要找出转子在什么条件下能确保始终在预定中心附近稳定回转。

1) 转子稳定运转条件的建立

当转子的质心与其几何中心重合，转子的受力构形图，如图 4.5 所示。当系统不稳定时要恢复稳定，一是降低导体环回路的电阻 R；二是增加导体环回路的电感 L；最后就是提高转子自转的角速度 ω。因此，随着转子的自转速度的增大，阻尼系数的减小，系统将越来越稳定。

由于制造原因，转子中心与几何中心不可能完全重合，采用上述方法也同样能恢复稳定。

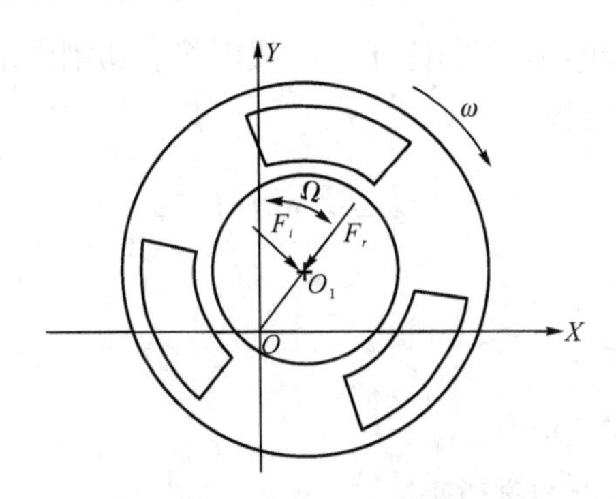

图 4.5　转子的受力构形图

以上分析是当转子的质心与其几何中心重合时的情况。在图 4.6 中,由于制造原因,转子中心与几何中心不可能完全重合,因此,为了说明更一般的问题,现在假定它们两者之间存在偏距 e。

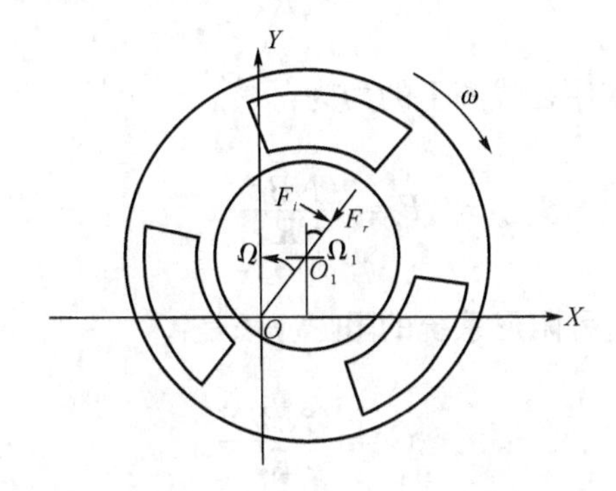

图 4.6　转子的质心与几何中心不重合时的构形

几何中心和质心重合与否都不影响系统的稳定性,因而对转子的动平衡没有什么特殊要求。

2) 阻尼系统的设计

要想让电动磁力轴承稳定运转,必须给系统提供适当的阻尼。阻尼系统的结构简图如图 4.7 所示,它的线圈安装在定子上,而永磁体安装在转子上。

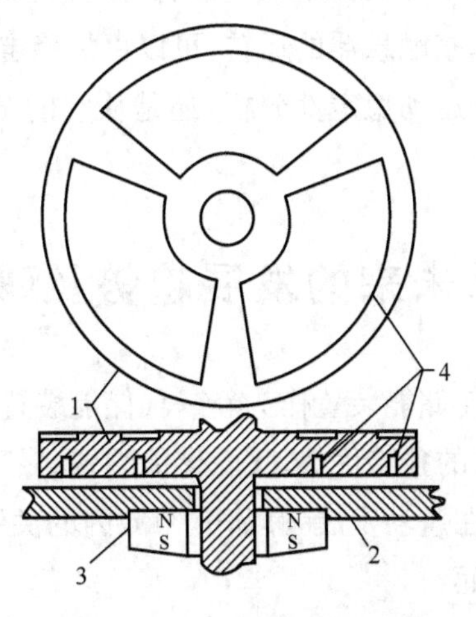

1—定子,2—转子,3—永磁体,4—线圈

图 4.7　阻尼系统的结构简图

在图 4.7 中，当转子作径向偏移时，定子上的线圈将会切割由永磁体产生的磁场的磁力线，从而在线圈上会产生感应电动势，

$$\varepsilon = -NBlv \tag{4.19}$$

式中：N——线圈的匝数；

l——线圈的有效长度；

v——转子的径向偏移速度；

B——线圈的内圆弧附近的磁通密度。

具有电阻 R' 的线圈所感应的电流是：

$$I = \frac{NBlv}{R'} \tag{4.20}$$

由洛伦兹力公式可得，作用在线圈上的力为：

$$F = \frac{(NBl)^2}{R'}v \tag{4.21}$$

从式(4.21)容易看出，这种阻尼系统的阻尼应该是：

$$C = \frac{(NBl)^2}{R'} \tag{4.22}$$

式(4.22)表明，线圈匝数对阻尼的影响十分显著。

电动磁力轴承的可行性和特性可以从以下几个方面来论述。首先，利用电磁学原理在理论上经过严密的数学推导证实这种轴承是可行的，即只要满足稳定运转条件，系统就能稳定运转；其次，电动磁力轴承要求的材料很容易获得，如两对沿轴向充磁的环形永磁体、普通的线状导线和非磁性材料圆盘(如复合材料圆盘)，电动磁力轴承的结构简单，而且电动磁力轴承的转子实际上是绕其质心回转，因而对动平衡的要求大为降低，从而降低了制造要求，也容易安装；除此之外，电磁力实现旋转物体的非接触悬浮的运转，可以更加稳定运转。由此可见，电动磁力轴承不论是从它的机理、磁力分析和运动稳定性分析，还是从它的结构、材料、制造等方面都表明是可行的。

4.5　飞轮储能技术未来的发展趋势及研究热点

在 21 世纪的数十年内，飞轮储能装置作为新一代储能装置，将逐步替代现有的传统储能技术，基于其他储能装置所不具备的独特优势，飞轮储能装置必然会获得广泛应用。在国内，关于飞轮储能技术的相关研究也正在蓬勃发展，其研究领域内的关键技术及其发展方向、研究热点在将来主要集中在以下几个方面：

(1) 飞轮转子是整个飞轮储能装置的核心，其制造材料的选择、结构设计，以及在制作生产过程中的相关工艺、装配工艺等几个方面都需要可靠的理论研究。这将有助于提高飞轮储能系

统的储能能力，进而提高整个飞轮储能系统的性能。目前，三维编织复合材料以其卓越的力学性能、整体性和可设计性等优势，使其在飞轮转子制造中得到使用。且随着三维编织技术的日益成熟，将三维编织技术与 RTM 工艺相结合制作的飞轮转子能大大改善飞轮转子整体力学性能，而且有助于提高飞轮的储能密度，目前正成为飞轮储能的重点研究方向之一。

(2) 因为无轴承电机具备体积小、能耗低、轴长短和临界速度高等主要优势，使其已成为取代传统飞轮储能支撑的必然趋势。此外，因无轴承电机与传统电机在结构设计以及控制系统方面存在很大区别；无轴承电机自身产生的悬浮力的磁场与电机原有磁场的相互关系错综复杂；且飞轮储能的电机自身是集电动/发电机于一体的双向电机，所以在对其控制上的要求很高，这是发展飞轮储能相关技术需要重点研究的。

(3) 在国内，目前对飞轮储能相关技术的研究尚集中在飞轮转子和轴承支撑系统方面，而在电力电子相关技术的控制方面所开展的研究和国外还存在较大差距，至今还未研究、开发出转换控制装置，且研究工作正在开展中。随着国内各高校研究所对电力电子技术与设备方面的研究突飞猛进，广大研究人员对飞轮储能中作为核心装置的转换控制器研究也开始表现出巨大兴趣，而且结合了目前在电机控制方面已经比较成熟、先进的控制思想、方法，他们所提出的控制方法也将会是今后研究、实践的热点之一。

(4) 因为飞轮储能系统为全数字控制系统，所以不存在模拟器件中不可避免的漂移和偏差特性，整体而言，全数字化集成电动/发电机伺服系统的整体可靠性要比模拟系统高得多，且数字系统通过开发相关软件来实现，这无形中大大增加了控制系统在实际使用和开发环节中的灵活性；除此之外，数字控制系统在速度、精度等方面也比模拟系统好得多，所以在飞轮储能系统中集成电动/发电机全数字化伺服系统也是飞轮储能发展的主要趋势之一。

(5) 一般来说，飞轮储能储存密度越高，则飞轮转速越快，此时必须通过可靠的飞轮储能辅助系统来确保整体安全，所以在飞轮储能中结构装置等方面应该更巧妙地进行设计，以保证人身及其他相关设施的安全。

飞轮储能技术作为一种新兴的储能方式，拥有传统化学电池、蓄水等储能方式无法比拟的众多优点，目前已被人们广泛认可，飞轮储能尤其适合在风光互补发电系统中结合使用以改善电能质量。但在实际中，飞轮储能相关技术的发展牵涉多个领域学科，比较复杂。随着科学技术、控制技术、网络技术及材料技术的发展，飞轮储能技术在未来各行业中将发挥重大作用。

5　风力发电及并网技术

随着社会的发展，工业化进程的不断推进，能源的消耗量也不断增大，传统的常规能源终有一天会枯竭。因此，开发利用可再生能源已变得尤为重要。风能无疑是可再生资源中最容易控制和最丰富的资源，所以对风能的研究和开发已经成了目前解决能源问题的关键之一。对于发电来说，风力发电无疑是解决能源紧张的一个重要方面。

要了解风力发电，我们就要先了解风机的类型，结构组成和基本参数。风力发电机是组成这个系统的重要部分。在风力发电的过程中，风力发电机组与太阳能发电及其他发电设备联合运行，这就涉及风力发电机组的并网运行，这是本章的主要内容。

风力发电的主要形式有两种：一是独立运行；二是风力并网发电。风力发电系统的构成主要包括：风力机、充电器、数字逆变器。而风力机由机头、转体、尾翼、叶片组成。叶片通常用来接收风力并通过机头将风能转化为电能；尾翼使叶片始终对着风向以获取最大的风能；转体能使机头灵活地转动以实现尾翼调整方向的功能；机头的转子是永磁体，定子绕组切割磁力线产生电能。由于风量不稳定，故风力发电机所输出的交流电须经过充电器整流，再对蓄电池充电，使风力发电机产生的电能转变为化学能。然后使用有保护电路的逆变电源，再将化学能转化为稳定的电压。

5.1　独立运行风力发电机及其发电系统

5.1.1　独立运行风力发电机

1) 直流发电机

在早期的风力发电系统中，风力发电装置主要采用小容量直流风力发电机，从结构上划分主要有永磁式和电励磁式两种类型。永磁式直流发电机依靠永久磁铁提供发电机正常运转所需的励磁磁通，其结构如图 5.1 所示；电励磁式直流发电机则依赖励磁线圈产生的励磁通进行运转，励磁绕组与电枢绕组在连接方式上有所不同，主要分为他励与并励（自励）两种，图 5.2 显示其不同结构。

在风力发电的过程中，风力机的转动将拖动直流发电机旋转，由法拉第电磁感应定律可知，直流发电机的电枢绕组会产生感应电势，若在电枢绕组的出线端（ab 端）接上负载，则会产生电流并流经负载，即在 a、b 端产生电能输出，这就实现了风能向电能的转换。

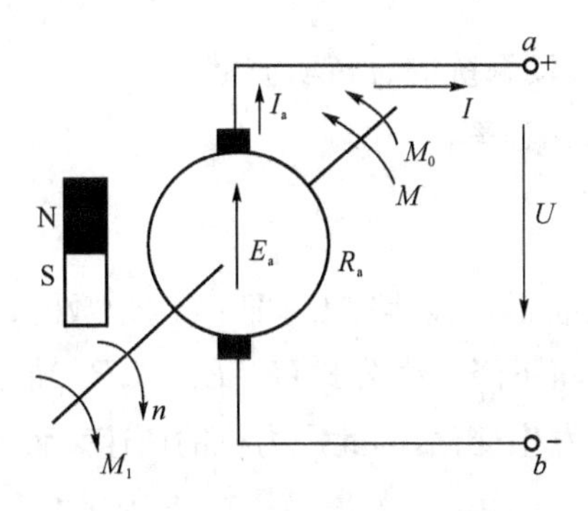

图 5.1 永磁式直流发电机

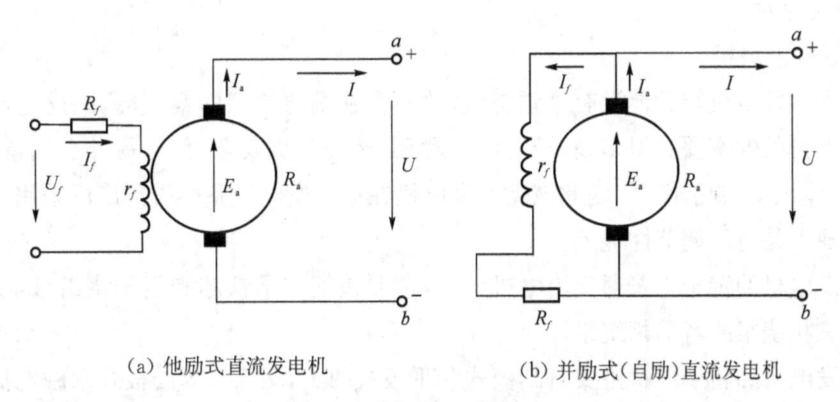

图 5.2 电励磁式直流发电机

由比奥—沙瓦定律，直流发电机的电枢绕组所产生的电流和电机的磁通共同作用会产生电磁力，并在此基础上产生电磁转矩 M 为：

$$M = C_M \phi I_a \tag{5.1}$$

式中：C_M ——电机的转矩系数；

M——电磁转矩；

ϕ——电机每极下的磁通量；

I_a ——电枢电流。

电磁转矩对风力机的拖动转矩为制动性质的，在转速恒定时，风力机的拖动转矩与发电机的电磁转矩平衡，即

$$M_1 = M + M_0 \tag{5.2}$$

式中：M_1 ——风力机的拖动转矩；

M_0 ——机械摩擦阻转矩。

当风速变化时，风力机的拖动转矩也会发生变化；此外，若发电机的负载发生变化，则转矩的平衡关系为：

$$M_1 = M + M_0 + J\frac{\mathrm{d}\Omega}{\mathrm{d}t} \tag{5.3}$$

式中：J——风力机、发电机及传动系统的总转动惯量；

Ω——发电机转轴的旋转角速率；

$J\dfrac{d\Omega}{dt}$——动态转矩。

由公式(5.2)可见，当所接负载不发生变化，即 M 为常数时，若风速增大，则发电机的转速也将增加；反之，发电机的转速将下降。由公式 $U=E_a-I_aR_a$ 知，发电机转速的变化，将最终导致感应电势及电枢两端的电压发生变化，为此风力机的调速装置应发挥作用，以调整转速，维持系统稳定的电力供应。

2）交流发电机

(1) 永磁式发电机

由于永磁式发电机转子上没有励磁绕组，故不存在励磁绕组的铜损耗，因此它比同容量的电励磁式发电机的效率要高得多；转子上没有滑环，运转时更安全可靠；另外在制造工艺上，电机的重量轻，体积小，制造简便，因此该类型发电机在小型发电设备中得到广泛采用。永磁式发电机的主要缺点是电压调节性能差。

永磁式发电机的定子与普通交流电机一致，主要包括定子铁芯和定子绕组，定子铁芯的槽内安放定子三相绕组或者单相绕组。

永磁式发电机的转子形状主要有凸极式和爪极式两类，图 5.3 为凸极式永磁电机转子的结构，图 5.4 为爪极式永磁电机转子的结构。

凸极式永磁电机的磁通走向如图 5.3 所示：N 极—气隙—定子齿槽—气隙—S 极，形成一个闭合的磁通回路。

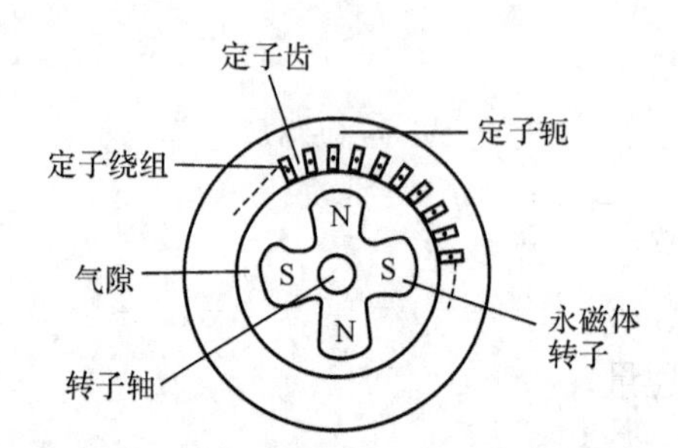

图 5.3　凸极式永磁电机转子的结构图

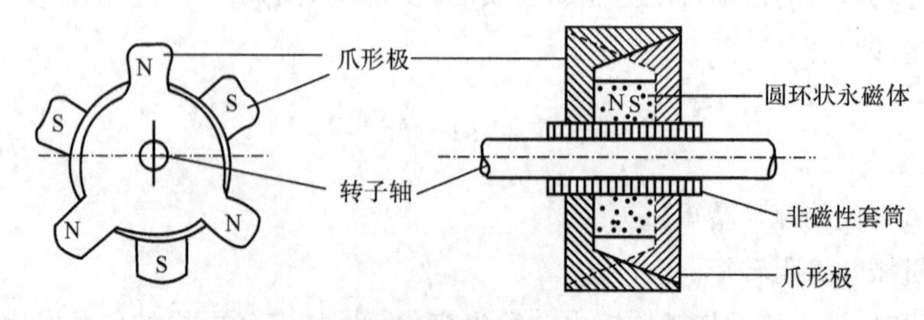

图 5.4　爪极式永磁电机转子的结构图

爪极式永磁电机的磁通走向为：N 极—左端爪极—气隙—定子—右端爪极—S 极。

所有左端爪极都为 N 极，而所有右端爪极都为 S 极，爪极与电机定子铁芯之间的气隙远小于左右两端爪极之间的气隙，故磁通线不会直接从 N 极爪进入 S 极爪(会导致短路)，左端爪极和右端爪极皆制造为一致的形状。

为使永磁电机在制造中能节约永磁材料且在运行中得到最大的运行效率，在运行过程中应设法使永磁材料的工作点尽可能接近最大磁能积处。

(2) 整流自励交流发电机

图 5.5 是硅整流自励交流发电机的运行电路图，此类型发电机的定子主要由定子铁芯和定子绕组构成。定子绕组分为三相，采取 Y 形方式连接，位于定子铁芯的圆槽内；发电机的转子则由转子铁芯和转子绕组(即励磁绕组)、滑环以及转子轴构成，转子铁芯可做成凸极式或者爪极式，在实际应用中多为爪形磁极。转子励磁绕组的两端与滑环相连接，由与滑环接触的电刷和硅整流器的直流输出端相连，从而得到直流励磁电流。

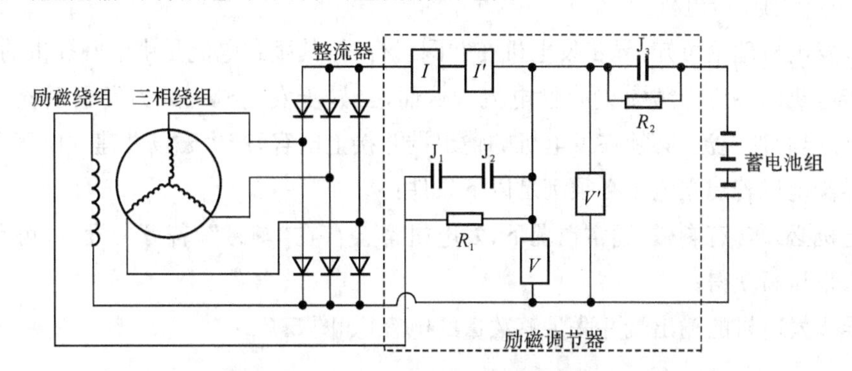

图 5.5　硅整流自励交流发电机及励磁调节器电路原理图

在独立运行的微型风力发电机组中，风力机的叶片构造大多采用固定桨距设计，当风力发生变化时，风力机的转速则相应发生变化，此时与风力机相连的发电机转速也将发生相应变化。从而导致发电机的输出电压发生波动，进而造成硅整流器的输出直流电压及发电机的励磁电流的变化和励磁磁场的变化，故又会导致发电机输出电压的波动。该连锁反应使得发电机的输出电压的波动幅度不断增加。如果发电机的输出电压波动不能被有效控制，则必然会对发电系统中的负载供电造成影响，不仅影响供电的质量，甚至会导致用电设备的损坏。此时，所采取的措施为：独立运行的风力发电系统都包含蓄电池组，虽然在一定程度上改善了电力质量，但电压波动也会导致蓄电池组的过充电，从而降低了蓄电池的使用寿命。

为了有效避免发电机输出端电压的波动，对硅整流交流发电机配置励磁调节器，如图 5.5 所示。励磁调节器在结构上由电流继电器、逆流继电器、电压继电器及其相关控制触点 J_1、J_2 和动合触点 J_3 及电阻 R_1、R_2 等器件组成。

励磁调节器的主要功能是使发电机在运行中能自动调节其励磁电流(励磁磁通)的大小，从而消除因风力变化所导致的发电机转速变化对发电机输出端电压的影响。

当发电机低速运行时，发电机输出电压低于额定值，则电压继电器 V 不动作，而其动断触点 J_1 闭合，此时硅整流器输出端电压直接加在励磁绕组上，发电机属于正常励磁状况；若当风力变大时，发电机的转速增大，发电机输出电压则高于额定值，此时动断触点 J_1 断开，使电阻 R_1 串入励磁回路，这导致励磁电流和磁通减小，发电机的输出电压也随之下降；当发电机的电压持续下降至额定值时，触点 J_1 重新闭合，发电机则又恢复到正常励磁状况。在电压继电器工作时，发电机输出电压与发电机的转速之间的关系如图 5.6 所示。

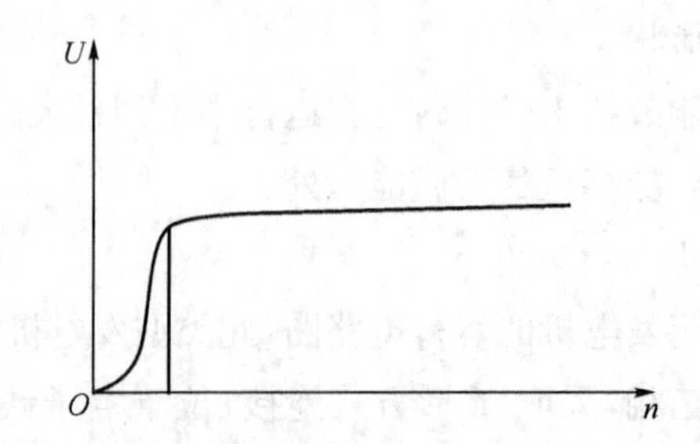

图 5.6　电压继电器工作时,发电机的输出电压与发电机转速之间的关系

(3) 电容自励异步电机

由异步发电机理论可知,异步发电机在并网运行时,其励磁电流是由电网提供的,该励磁电流对于异步电机的感应电势是电容性电流。从而,当异步发电机在风力发电系统中独立运行时,为获得此电容性电流,必须在发电机的输出端并接上电容,产生磁场并建立电压。

自励异步电机若建立电压必须满足以下条件:

①发电机必须含有剩磁,通常情况下,发电机都会存在"剩磁",若万一没有,可利用蓄电池充磁的方法来重新获得;

②在异步发电机的输出端并联足够数量的电容,如图 5.7。

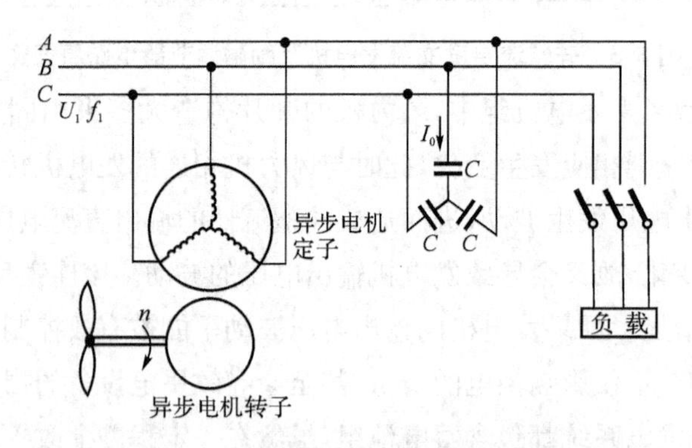

图 5.7　自励异步风力发电机接线图

由图 5.7 可知,在异步发电机的输出端所并接电容的容抗 $X_C=\frac{1}{\omega C}$,只有增大电容 C 的值,方可使容抗 X_C 减小,此时励磁电流 I_0 才能得到增大;而只有 I_0 增大到足够大时,方可得到稳定的输出电压。图 5.8 中的 a 点位置是由发电机的无载特性曲线与电容 C 共同确定的电容线交点来决定的。若建立了稳定电压的 a 点,应有式 5.4 的关系。

$$\frac{U_1}{I_0}=X_C=\frac{1}{\omega C}=\arctan\alpha \tag{5.4}$$

则 X_C 的大小(即电容 C 的大小)决定了电容线的斜率,若降低电容值,则容抗 X_C 增加,励磁电流 I_0 减小,图 5.8 中的电容线变陡,即角度增大,当电容线与无载特性曲线不相交时,就不能建立稳定电压。

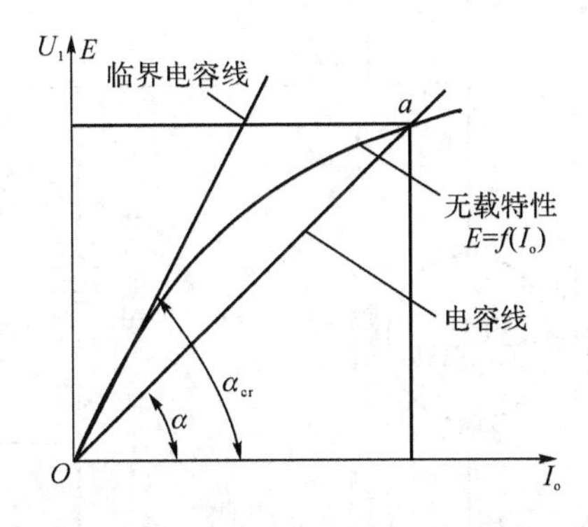

图 5.8　独立运行的自励异步发电机输出电压的建立

注意到发电机的无载特性曲线与其转速有关，若发电机的转速下降，则无载特性曲线也随之下降，这可能导致自励失败而不能建立输出电压。通常独立运行的异步发电机在带有负载运行的情况下，发电机的输出电压和频率都会随负载的变化而产生较大的变化，若想得到稳定的异步电机输出电压及频率，应采取有效的调节措施。

为使发电机输出电压频率不变，当发电机负载增大时，必须相应提高发电机转子的转速。因为当负载增大时，异步发电机的滑差绝对值 $|S|$ 也会增大（$S=\frac{n_S-n}{n_S}\times 100\%$，当异步电机作为发电机运行时，发电机的转速 n 会大于旋转磁场转速 n_S，故实际滑差 S 为负值），又由于发电机的频率 $f_1=\frac{pn_S}{60}$（p 为发电机的极对数），所以为使频率 f_1 保持不变，则 n_S 应保持不变，因此，当发电机负载增加时，必须增大发电机转子的转速。

而若使发电机的电压保持不变，当发电机负载增大时，必须相应加大发电机输出端所并接电容的数值。因为很多情况下负载是呈电感性质的，感性电流将抵消一部分容性电流，这会导致励磁电流减小（相当于使电容线的夹角 α 加大），使发电机的输出端电压下降（严重时会使端电压消失），所以须加大并接电容的数值，以补偿负载增加时因感性电流的增加而导致的容性励磁电流的减少。

5.1.2　独立运行的风力发电系统

图 5.9 为某小型风力发电系统，风力机驱动直流发电机对蓄能装置进行充电，同时还向电阻性负载进行供电。图中 L 表示电阻性负载，J 为逆流继电器所控制的动断触点。当风力减小、风力机转速降低时，会导致直流发电机输出电压小于蓄电池电压，这种情况下发电机不能对蓄电池进行充电，相反，蓄电池还要向发电机反向送电。为了避免发生该情况，在发电机的电枢电路与蓄电池之间连接逆流继电器所控制的动断触点，当直流发电机输出电压低于蓄电池电压时，逆流继电器控制触点 J 断开，从而使蓄电池不能向发电机反向供电。

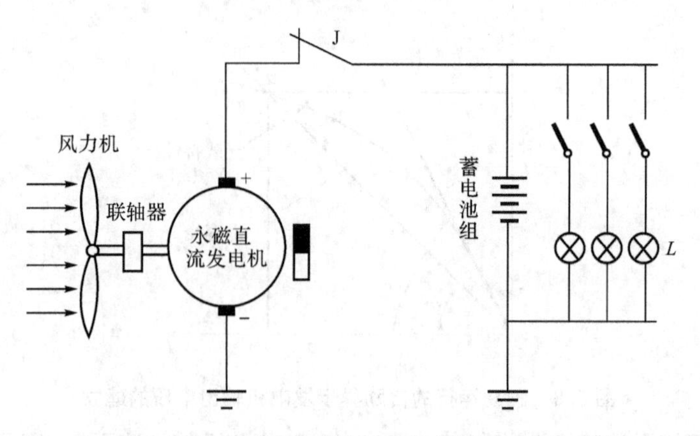

图 5.9　避免反相供电的独立运行直流风力发电系统

在独立运行的风力发电系统中，为确保在无风时能继续对负载持续供电，蓄电池发挥着重要作用。通常，蓄电池容量的确定与所运行的风力发电机额定数值（电压、功率等）、日负载（用电量）状况和风力发电系统所在地区的风况等因素有关；此外，还应按照 10 h 放电率电流值（蓄电池最佳充放电电流值）的规定计算蓄电池的充电电流值及放电电流值，以最大程度确保合理使用蓄电池、延长蓄电池使用寿命。

图 5.10 是带有逆变器的独立运行风力发电系统，由交流风力发电机经过硅整流器整流后对蓄电池进行充电。可在蓄电池正、负极直接连接直流负载。通过在蓄电池正、负极两端连接逆变器，根据连接负载不同，逆变器可以是单相逆变器，也可以为三相逆变器，逆变器输出的交流电的波形可根据负载的要求整流成正弦波波形或者其他波形，从而对交流负载进行能源供应。

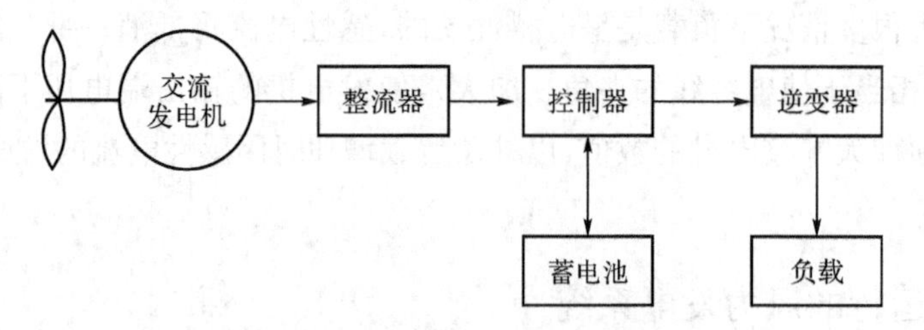

图 5.10　交流发电机对交流负载供电

5.2　并网运行风力发电机及其发电系统

5.2.1　并网运行风力发电机

1）同步发电机

常规并网发电系统普遍利用三相绕组的同步发电机，它在运行时既能输出有功功率，又能输出无功功率，且输出电压频率稳定，电能质量高，被电力系统广泛应用。同步发电机的极对数、转速及频率之间存有严格不变的固定关系，即

$$f_S = \frac{pn_S}{60} \tag{5.5}$$

式中：p——电机的极对数；

n_S——发电机转速(r/min)；

f_S——发电机产生的交流电频率(Hz)。

同步发电机在满足下述四个条件时，可通过标准同步并网法接入电网：

(1) 发电机输出电压与电网电压相等且电压波形相同。

(2) 发电机输出电压的相序与电网电压相序相同。

(3) 发电机输出频率 f_S 与电网的频率 f_1 相同。

(4) 并联合闸瞬间，发电机输出电压相角与电网并联时相角一致。

图 5.11 为风力机驱动的同步发电机和电网并联情况，图中 U_{AB}、U_{BC}、U_{CA} 为电网电压；U_{ABS}、U_{BCS}、U_{CAS} 为发电机输出电压；n_T 为风力机转速；n_S 为发电机转速。风力机的转轴与发电机的转轴之间通过升速齿轮和联轴器来连接。

通常，将任务满足上述四个理想并网条件的并网方式称为准同步并网方式。其优点为：在该并网条件下，风力发电系统并网的瞬间不会产生较大的冲击电流，也不会造成电网电压的瞬间下降，对发电机的定子绕组和其他机械部件也不会造成损坏。但在实际应用中，风力驱动的同步发电系统要准确实现上述四个条件是很难的。因为在实际并网操作过程中，电压、频率及相位往往都会存在偏差，故难免在并网时会产生一些冲击电流。

若同步发电机的转子未加励磁绕组，在限流电阻短路的情况下，由风力机拖动，待同步发电机的转子转速上升至同步转速附近(约 80%～90%的同步转速)时，便将发电机接入电网，然后再立即投入励磁，依靠发电机的定子与转子之间的电磁力作用，发电机便可自动接入同步运行，该方式称为自同步并网。因为同步发电机在投入电网时未加励磁，所以不存在准同步并网时所需要的对发电机输出电压和相角进行调整的过程，并且从根本上避免了发生非同步合闸的可能性。

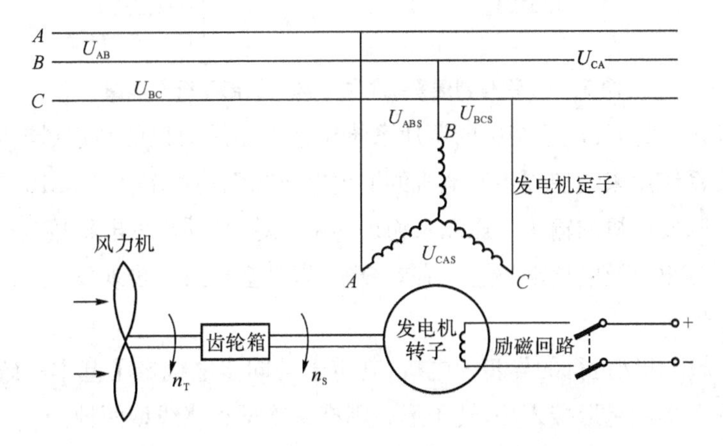

图 5.11 风力机驱动的同步发电机与电网连接

自同步并网的主要优点是避免了复杂的并网装置，并网过程操作简单，且并网迅速；其缺点主要是并网合闸后会产生冲击电流(通常冲击电流低于同步发电机的输出端三相突然短路时所产生的电流)，而且电网电压会出现短暂下降，电网电压降低程度和电压恢复时间的长短，与并入电网的发电机组容量和电网容量的比例相关，此外与风力发电系统所处的位置有关(风力资源)。

当同步发电机并网后开始正常运行，其“转矩－转速”特性曲线如图 5.12 所示，其中 n_S 为同步转速。从图 5.12 可以看出，发电机的电磁转矩对风力机而言呈现制动转矩特性，因此不管电磁转矩怎么变化，发电机的转速维持同步转速 n_S 不变，从而使发电机输出频率与电网频率保持一致，否则发电机会和电网解裂。这对风力机的调速装置有着非常高的要求。当风速变化时，发电机转速保持不变(等于同步转速)，这种风力发电系统的运行方式称为恒速恒频方式。同理，在变速恒频系统的运行方式(风力机和发电机的转速随风速变化虽呈变速运行，但在发电机的输出端仍能产生和电网频率相同的输出电压)下，风力机不需要调速机构。带有调速装置的同步风力发电系统的原理框图如图 5.13 所示。

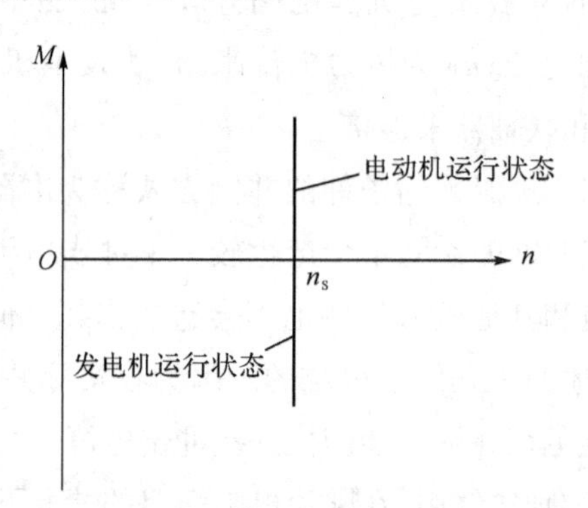

图 5.12　并网运行的同步电机的转矩—转速特性

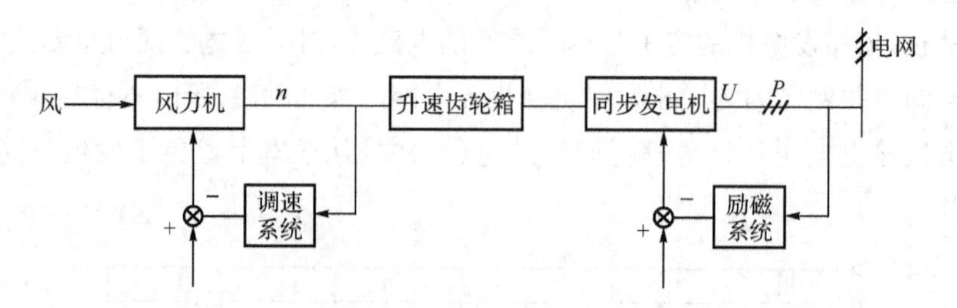

图 5.13　带有调速系统的同步风力发电系统原理图

如图 5.13 所示，风力发电系统中的调速系统用来控制风力机的转速(同步发电机转速)以及有功功率，励磁系统用来调控同步发电机的输出电压和无功功率。图 5.13 中的 n、U、P 分别表示风力机的转速、发电机的输出电压以及输出功率。总之，同步发电机接入电网后，必须对发电机的输出电压、频率以及输出功率进行有效控制，否则会导致失步现象。

2) 异步发电机

风力发电系统中并网运行的异步发电机，其定子与同步电机定子基本一致，通常定子绕组为三相，可使用三角形或星形接入法；转子形式则有鼠笼型和绕线型两种。

根据异步电机相关知识，当将异步发电机接入频率恒定的电网时，异步发电机拥有两种运行状态：当异步发电机的转速低于其同步转速时(即 $n<n_S$)，异步发电机此刻以电动机的方式运行，处于电动机运行状态，从电网吸收电能，其转轴输出机械功率；而当异步发电机由风力机

驱动，且转速高于同步转速时（即 $n>n_S$），异步发电机处于发电运行状态，此时异步发电机从风力机吸入机械能而向电网输出电能。异步发电机的不同运行状态可利用异步发电机的滑差率 S 来区别表示。异步电机的滑差率定义为：

$$S=\frac{n_S-n}{n_S}\times 100\% \tag{5.6}$$

由式(5.6)可知，当异步发电机接入电网并运行时，滑差率 S 为负值。异步电机的电磁转矩 M 和滑差率 S 之间的关系如图 5.14 所示，异步电机的 $M—S$ 特性也是异步电机的 $M—n$ 特性。

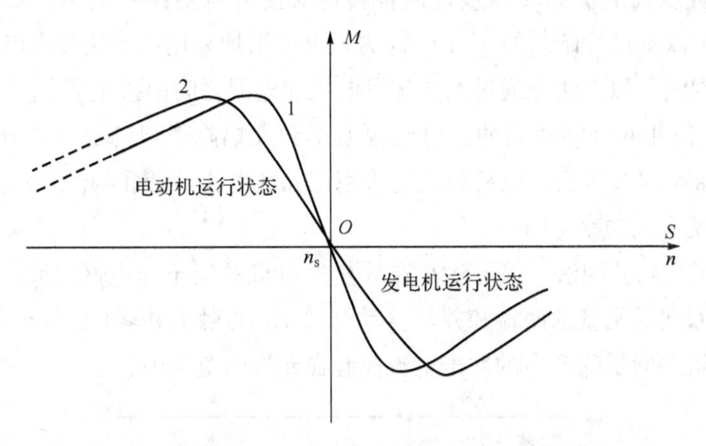

图 5.14　异步电机的"转矩—转速(滑差率)"特性曲线

图 5.15 是风力机驱动的异步发电机接入电网并联运行的原理图。通常风力机为低速运转的动力机械，而在风力机与异步发电机的转子之间通过配置增速齿轮来提高转速以达到异步发电机高速运转的转速需求。通常接入电网的异步发电机多为 4 极或 6 极电机，故异步发电机转速必须高于 1 500 r/min 或 1 000 r/min，这样方可确保异步发电机运行在发电状态，向电网输电。通常，电机极对数的确定与增速齿轮箱有密切关系，若选择较小的电机极对数，则增速的齿轮传动速比会增大，齿轮箱也会相应加大，但电机的尺寸则小些；反之，若选择较大的电机极对数，则传动速比会减小，齿轮箱相对也小些，但电机的尺寸则会增大。

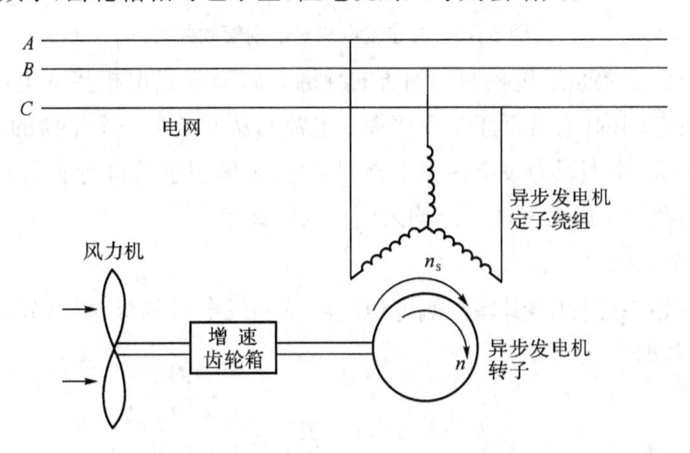

图 5.15　风力机驱动的异步发电机接入电网并联运行的原理图

异步发电机接入电网运行时,通过改变滑差率来调整负荷,其输出功率与异步发电机转速近似为线性关系,因此对机组的调速要求相对较低,不需要像同步发电机那样严格精确,一般只要转速与同步转速接近时就可接入电网。目前,国内外很多接入到电网运行的风力发电机组,大多采用异步发电机。只是异步发电机在并网瞬间会产生的较大冲击电流对异步发电机自身和电网均有较大影响,同时使电网电压瞬间降低。随着风力发电机组单机容量的不断扩大,这种影响也变的愈加严重。目前,风力发电系统中采用的异步发电机并网方法主要有:

(1) 直接并网法。该方法要求异步发电机在接入电网时发电机的相序和电网的相序一致,当风力机驱动的异步发电机的转速接近同步转速时便可自动接入电网。我国最早引进的 55 kW 风力发电机组以及自行研制的 50 kW 风力发电机组均采用该方法接入电网。

(2) 降压并网法。该方法是通过在异步发电机和电网之间串接电阻、电抗器或接入自耦变压器等手段,从而使并网合闸瞬间冲击电流幅值得到大幅降低,且减少电网电压下降的幅度。我国引进的 200 kW 异步风力发电机组就是采用该并网方式,并网时异步发电机的每一相绕组均与电网之间串接有大功率电阻。

(3) 通过晶闸管软并网法。该方法是在异步发电机的定子与电网之间的每一相均串接一只双向晶闸管。双向晶闸管的两端和并网自动开关 K_2 的触头并联(见图 5.16)。双向晶闸管可以将异步发电机并网瞬间产生的冲击电流控制在允许的范围内。

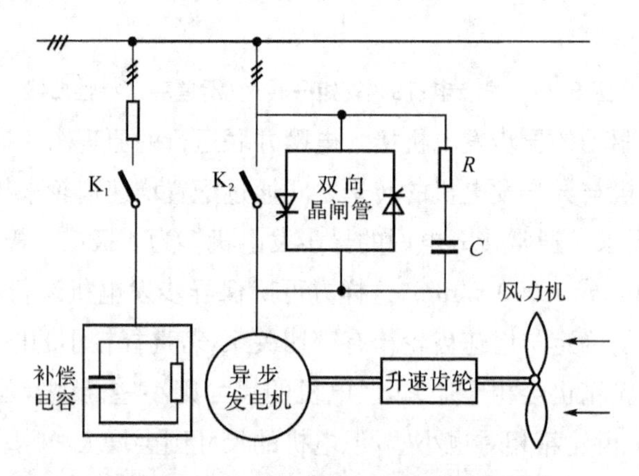

图 5.16　异步发电机经晶闸管软并网

这种软并网方法主要是通过控制晶闸管的导通角将异步发电机接入电网瞬间产生的冲击电流限制在规定的范围内(通常低于 1.5 倍额定电流),从而产生一个平滑的入网暂态过程。该方法目前在国内外大、中型风力发电机组中普遍采用,我国引进及自行研制的 250 kW、300 kW 和 600 kW 的并网型异步风力发电机组均采用该入网技术。

3) 双馈异步发电机

同步发电机在稳态运行中,其输出端电压的频率和发电机的极对数、发电机的转子转速存在严格固定的关系,即

$$f = \frac{pn}{60} \tag{5.7}$$

式中：f——发电机输出电压频率(Hz)；

p——发电机的极对数；

n——发电机旋转速度(r/min)。

显然，在发电机的转子呈变速运行时，同步发电机能产生恒频电能。通常，绕线转子异步电机转子上装有三相对称绕组，则在三相对称绕组中输入三相对称交流电时，在电机气隙内会产生旋转磁场，该旋转磁场的转速与所输入的交流电频率及电机的极对数有密切关系，即

$$n_2 = \frac{60 f_2}{p} \tag{5.8}$$

式中：n_2——异步电机绕线转子上的三相对称绕组的转速(r/min)；

f_2——异步电机的输入交流电频率(Hz)；

p——异步电机绕线转子的极对数。

从式(5.8)可知，若改变频率 f_2，则可改变 n_2；此外，若改变所输入的转子三相电流的相序，可使转子旋转磁场的转向发生变化。故，可以假设 n_1 为电网频率为 50 Hz($f_1=50$ Hz)时异步发电机的同步转速，而 n 为异步电机转子自身的转速。只要保持 $n \pm n_2 = n_1 = C$(C 为常数)，则异步电机的定子绕组的感应电势的频率将始终保持为 f_1 不变。

由异步发电机的滑差率 $S = \frac{n_1 - n}{n_1} \times 100\%$，得到异步电机转子三相绕组内所输入的三相电流频率为：

$$f_2 = \frac{p n_2}{60} = \frac{p(n_1 - n)}{60} = \frac{p n_1}{60} \times \frac{n_1 - n}{n_1} = f_1 S \tag{5.10}$$

式(5.10)说明在异步电机的转子以变化的转速旋转时，若在异步电机转子的三相对称绕组中输入滑差率(即 $f_1 S$)的电流，相应地在异步电机定子绕组中就能产生 50 Hz 的恒频电势。

由双馈异步电机转子转速的变化可知，双馈异步电机主要包含以下三种运行状态：

(1) 亚同步运行状态。此时，$n < n_1$，滑差率为 f_2 的电流所产生的旋转磁场转速 n_2 与异步电机转子的转速一致，存在 $n \pm n_2 = n_1$ 的关系。

(2) 超同步运行状态。此时 $n > n_1$，若改变异步电机输入转子绕组中频率为 f_2 的电流的相序，则所获得的旋转磁场转速 n_2 的旋转方向与转子的转向相反，故有 $n - n_2 = n_1$ 的关系。为了实现 n_2 转向反向，在从“亚同步运行状态”转为“超同步运行状态”时，异步电机转子的三相绕组需要能自己改变其相序；反之亦然。

(3) 同步运行状态。此时 $n = n_1$，滑差率 $f_2 = 0$，说明此时异步电机输入转子绕组的电流频率为 0(直流电流)，故状态与普通同步电机一样。

4) 低速交流发电机

通常在火力发电厂、核电厂中，因为高速旋转的汽轮机可直接拖动发电机，故应用较多的是高速交流发电机，其转速能达到 300 r/min 或 1 500 r/min。而在水力发电厂则多使用低速交流发电机，根据水流落差的不同，发电机转速可从几十转/分至数百转/分。

风力发电系统中的风力机的转速通常也比较低，中型至大型风力机转速大约为 10～40 r/

min。通过在风力机与交流发电机之间安装增速齿轮箱的方法,依靠齿轮箱提高转速,以此驱动高速交流发电机。否则,若由风力机直接驱动交流发电机,必须要使用低速交流发电机。

5)无刷双馈异步发电机

无刷双馈异步发电机主要由两台绕线式三相异步电机构成,一台作为主发电机,其定子的绕组与电网相连接;另一台作为励磁电机,定子绕组则通过变频器与电网相连。这两台异步发电机的转子为同轴连接,其转子绕组通过电路相互连接,所以在转子转轴上不存有滑环和电刷,其结构图如图 5.17 所示。

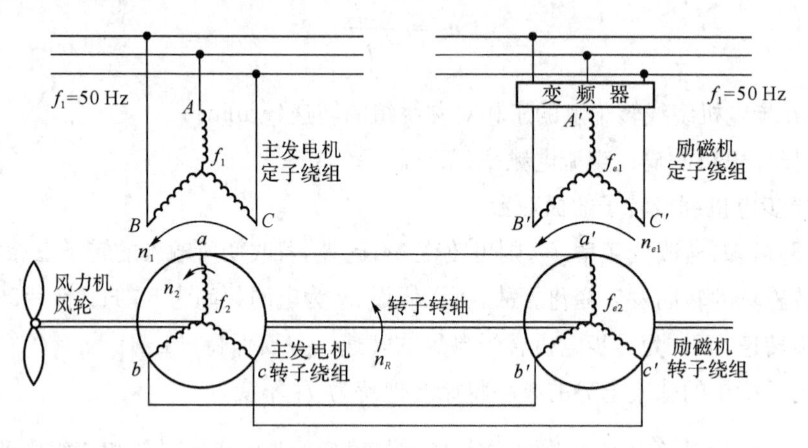

图 5.17 无刷双馈异步发电机结构原理图

若风力机经齿轮箱带动异步电机转子,将其转速升至为 n_R,则当风速发生变化时,n_R 也随之变化,即异步电机转为"变速运行"。

若主发电机的极对数为 p,励磁机的极对数为 p_e,则充当励磁机的异步发电机定子绕组经过变频器与电网相连,若励磁机的定子绕组为变频器所输入的电流频率 f_{e1},则励磁机的定子绕组所产生的旋转磁场 n_{e1} 为:

$$n_{e1}=\frac{60f_{e1}}{p_e} \tag{5.11}$$

此时在励磁机的转子绕组中获得通过感应所产生的频率为 f_{e2} 的电势、电流,若 n_R 与 n_{e1} 旋转方向相反,则

$$f_{e2}=\frac{p_e(n_R+n_{e1})}{60} \tag{5.12}$$

若 n_R 与 n_{e1} 转向相同,则

$$f_{e2}=\frac{p_e(n_R-n_{e1})}{60} \tag{5.13}$$

因为两台电机的转子绕组在电路上是互相连接的,故主发电机转子绕组中电流的频率 $f_2=f_{e2}$,即

$$f_2=f_{e2}=\frac{p_e(n_R\pm n_{e1})}{60} \tag{5.14}$$

主发电机的转子绕组中电流所产生的旋转磁场相对于主发电机的转子自身旋转速度 n_2 为 $n_2=\frac{60f_2}{p}$，将式 5.14 代入，则有：

$$n_2=\frac{p_e}{p}(n_R\pm n_{e1}) \tag{5.15}$$

此时，主发电机的转子旋转磁场相对于其定子转速 n_1 为：

$$n_1=n_R\pm n_2 \tag{5.16}$$

在式 5.16 中，当主发电机的转子旋转磁场的转速 n_2 与 n_R 的旋转方向相反，应使用“－”号；反之，若旋转方向一致，则取“＋”号。

这样，异步电机的定子绕组中感应电势的频率 f_1 应为：

$$f_1=\frac{pn_1}{60}=\frac{p(n_R\pm n_2)}{60} \tag{5.17}$$

将式(5.15)代入式(5.17)，整理后得：

$$f_1=\frac{(p\pm p_e)n_R}{60}\pm f_{e1} \tag{5.18}$$

由式 5.18 可知，当风力机以转速 n_R 作变速运行时，若改变由变频器所输入的励磁机的定子绕组的电流频率 f_{e1}，即可实现主发电机的定子绕组输出的电流频率为恒定值(即 $f_1=$ 50 Hz)的目标，即实现了变速恒频发电。

无刷双馈异步发电机由于没有滑环及电刷，因此运行中安全可靠。当风速较高时，不仅主发电机向电网输送电能，而且励磁机也可通过变频器向电源馈送电功率。无刷双馈异步电机的主要缺点是使用了两台异步电机，导致整个发电系统结构尺寸及质量增大。

6) 高压同步发电机

该类型发电机是在同步发电机的输出端将电压提升到 10～20 kV，有时高达 40 kV。这种高电压输出使得在不用升压变压器的前提下就可直接与电网相连，同时具备了发电机和升压变压器的功能。该发电机于 1998 年由 ABB 公司研制成功。这种发电机的定子绕组是利用坚固绝缘的圆形电缆线制成，且定子铁芯槽较深，可以绕更多电缆线以满足升压的需求。此外，该发电机的转子采用永磁材料，且为多极的，从而省略了电流励磁，进而不需要在电机转子上设置滑环。使用该型发电机，主要具有下述优点：

(1) 发电机可以与风力机直接相连，低速运转，而不用增速齿轮箱，从而避免了齿轮箱运转过程中产生的能耗。因为是发电机自身升压，则不需要额外的升压变压器，从而又进一步避免变压器运行过程中的损耗。另外，因为发电机转子上无滑环，则电机运转不会产生滑环的摩擦损耗。所以系统从多个方面使损耗得到较大程度降低，效率可调高大致 5%左右。应用在风力发电系统中的该类型高压发电机，又称为 Windformer。

(2) 增速齿轮箱的避免使用还降低了电机运行噪声和机械应力，进而减少了维护成本，提高了运行可靠性。其采用电缆线圈的特点提高了线匝之间的绝缘性,进一步保障了发电系统的可靠性。

(3) 高压发电机通过将输入端连接整流装置将输出电压转换为高压直流电输出,也可以将直流电通过逆变器转换为交流电压,接入到电网。在远距离输送电能时,可通过更高变比的升压变压器将输出电压接入到高压输电线路,再通过设置更高变比的升压变压器接入高压输电线路,如图 5.18 所示。

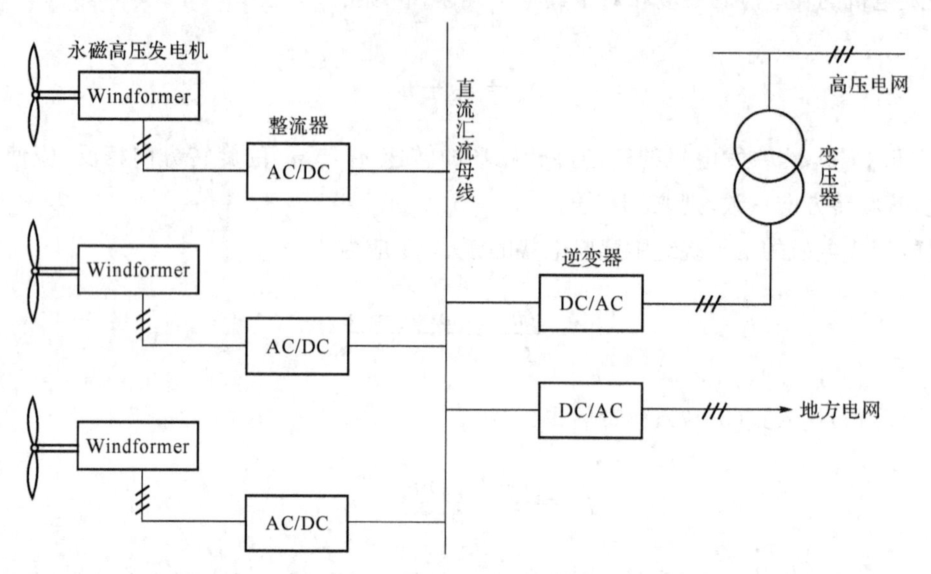

图 5.18 采用 Windformer 技术的风电厂发电机电气连接图

(4) 该高压发电机使用了永磁转子,故需要用大量的永磁材料,同时要求永磁材料具有较高的稳定性。

关于风力发电机的研制及改进工作一直在开展。2007 年初,有厂家开始生产额定功率为几兆瓦但风轮直径达到约 90 m 的风力发电机(如 Vestas V903.0 MW 风电机,Nordex N902.5 MW 风电机等等),甚至有些直径达 100 m(如 GE 3.6 MW 风电机)。这些大型风力发电机主要市场是欧洲。在欧洲,因为适合风电的地段日渐减少,所以需要尽可能安装发电能力尽量高的风力发电机。

还有一种是为海上风力发电设计的发电机,如 RE Power 公司设计的风力发电机风轮直径达 126 m,功率达 5 MW,目前已完成设计并制成原型机。

5.2.2 并网运行的风力发电系统

1) 风力机驱动下的双速异步发电机并网

实际接入电网与电网并联运行的风力发电机大多使用的是异步发电机。因为风速经常变化,带有很大的随机性,导致作为原动机的风力机不可能始终保持额定转速。通常,风力机在其全年运行时间的 60%~70%中都是在低于额定风速情况下运行,所以近年来在风力发电厂中开始广泛使用双速异步发电机,以充分利用低风速时的风能,确保全年的发电量生产。

双速异步发电机是具有两种不同的同步转速的电机:低同步转速电机和高同步转速电机。前面已经提到,异步电机的同步转速、定子绕组的极对数和所接入电网的工作频率存在下述关系：

$$n_S = \frac{60f}{p} \tag{5.19}$$

式中：n_S——异步电机同步转速(r/min)；

p——异步电机定子绕组的极对数；

f——电网的工作频率(我国电网频率为 50 Hz)。

从式 5.19 可知，接入电网的异步电机同步转速与电机定子绕组的极对数成反比。如一个 4 极的异步电机同步转速为 1 500 r/min，而 6 极的异步电机的同步转速为 1 000 r/min。所以，可以通过改变异步电机的定子绕组极对数的多少，从而获得不同的电机同步运转速度。具体方法有：

(1) 使用两台异步电机，其定子绕组极对数不一致，一台作为低速同步转速，另一台作为高速同步转速；

(2) 第二种方法是在一台发电机的定子上安装两套独立的、极对数不同的绕组，从而构成双绕组双速电机；

(3) 通过在一台发电机的定子上安装一套绕组，然后靠改变绕组的连接方式来获得电机不同的极对数，即单绕组双速电机。

双速异步发电机转子都为鼠笼式，从而能自动适应电机定子绕组的极对数变化。在低速运转时，双速异步发电机的效率比单速异步发电机高，且滑差损耗小；在低风速的时候，也能获得较多较好的发电效果。目前，国内外由定桨距失速叶片风力机驱动的双速异步发电机一般都采用 4/6 极变极，即同步转速为 1 500/1 000 r/min，则发电机在低速运转时获得低功率输出，高速运转时则对应于高功率输出。

前面介绍了异步发电机通常采用晶闸管软并网方法将发电系统接入电网，以此降低瞬间的冲击电流。双速异步发电机和单速异步发电机也是使用该方法来限制接入并网时产生的冲击电流。除此之外，在低速(低功率输出)和高速(高功率输出)绕组之间的相互切换过程中亦可限制瞬变电流。图 5.19 为双速异步发电机通过晶闸管软切法接入电网的主电路，其中双速异步发电机启动接入电网及低速绕组/高速绕组之间的切换控制皆由计算机控制。

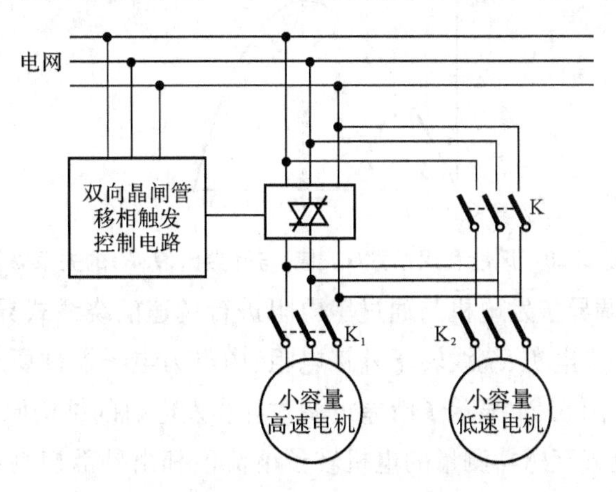

图 5.19　双速异步发电机主电路连接图

双速异步发电机接入电网的过程：

(1) 风力发电系统中风速传感器所测量的风速达到启动风速(3.0～4.0 m/s)，且持续5～10 min时，计算机控制系统发出信号启动风力机运转。此时发电机被切换在小容量低速绕组(如6极，1 000 r/min)运行状态，发电机转速接近同步转速时，根据预设的启动电流值，则通过晶闸管并入电网，此时异步发电机处于低功率发电状态。

(2) 当风力发电系统中的风速传感器在开始1 min内连续测量的平均风速远大于启动风速(7.5 m/s)，则风力机启动后，风力发电机被切换至高容量高速绕组(如4极，1 500 r/min)，接下来，当发电机转速达到同步转速时，根据预设的启动电流值，通过晶闸管并入电网，异步发电机则直接处于高功率发电状态。

2) 风力机驱动下的滑差可调绕线式异步发电机并网

在现代风力发电厂中，异步发电机是应用最多的入网发电机。异步发电机在以额定功率输出时，其滑差率数值保持恒定(介于2%～5%)。因为作为原动机的风力机从空气流动中吸收的风能与风速大小有着密切关系，故在设计风力发电机组时都是想方设法使得风力发电机在输出额定功率时，风力机的风能利用系数(C_P值)达到最高数值。而风速高于额定风速时，为确保发电机的输出功率仍不高于额定值，须通过调节风力机叶片桨距(变桨距风力机叶片桨距调节)或者依靠风力机叶片的失速效应(定桨距风轮叶片的失速控制)来对空气中风能的获取进行限制。通过这种动态调节，风力发电机在不同的风速下皆可保持同一稳定转速。根据风力机的特性，风力机的风能利用系数(C_P)和风力机运行时的叶尖速比(TSR)有密切关系(图5.20)。当风速发生变化而风力机的转速恒定时，风力机的C_P值将从最佳运行点偏离，从而降低发电机的运行效率；为了尽可能提高发电机的效率，有国外厂家研制了一种滑差可调的绕线式异步发电机，在一定风速范围内，该类型发电机会以变化的转速运行，且同时发电机保持额定输出功率，无需任何装置调节风力机的叶片桨距就能维持其额定输出功率，从而避免了风速反复变化时所产生的输出功率变化，改善了电能质量。此外，变桨距控制系统频繁操作的减少，有助于风电机组运行的可靠性，延长其使用寿命。

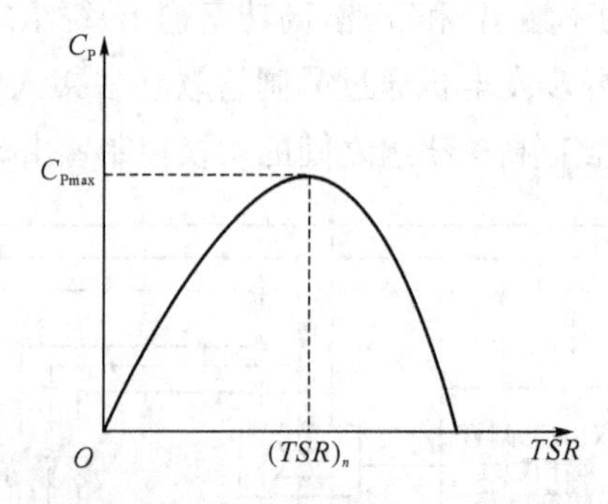

图5.20 风能利用系数(C_P值)与叶尖比(TSR)的关系曲线

在结构上，滑差可调异步发电机与通过串电阻进行调速的绕线式异步电动机类似，其整体包含了绕线式转子的异步电机、绕线转子外接电阻、由电力电子器件所组成的转子电流控制器及转速、功率控制单元，图5.21显示了滑差可调式异步发电机的结构原理。

在图5.21中，将电流互感器测量的电机转子电流值和由外部控制单元所给定的电流基准值进行比较后，再计算出转子回路的电阻值大小，然后再通过电力电子器件IGBT(绝缘栅极双极型晶体管)的导通和关闭来进行调整;IGBT 的导通与关闭则通过 PWM(脉冲宽度调制器)进行控制。这些电子器件所组成的控制单元成为转子电流控制器,主要用于控制电机转子电流的大小。转子电流控制器可对转子回路的电阻值进行调节,使其介于最小值(仅为转子绕组自身电阻)和最大值(转子绕组自身电阻和外接电阻之和)之间变化,最终使发电机的滑差率在0.6%～10%之间能连续变化,从而使转子电流为额定值,使发电机输出功率保持为额定值。

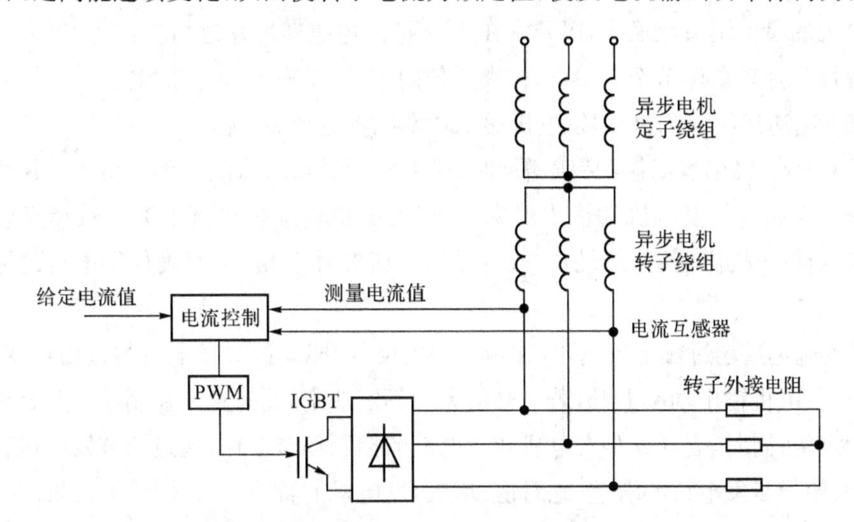

图 5.21　滑差可调式异步发电机的结构原理图

如果在风力发电系统中采用变桨距风力机,因为桨距调节存在一定的滞后时间,尤其是在一些惯量很大的风力机中,这种滞后现象更加突出。在风速变化频繁时,导致风力机桨距随之大幅频繁调节,进而导致发电机输出功率也产生较大幅度的波动。所以,为确保发电机输出功率的稳定性,不能仅仅依靠变桨距来对风力机的输出功率进行调节,需要利用配有转子电流控制器的滑差可调式异步电机和变桨距风力机之间的配合(如图 5.22 所示),来协同完成发电机输出功率的调节,从而使发电机产生稳定的输出功率。

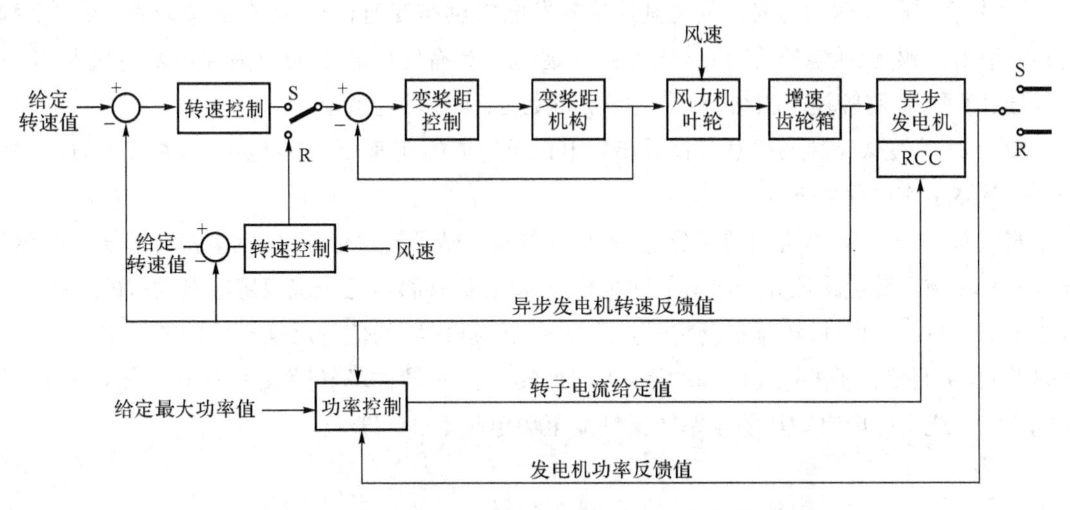

图 5.22　变桨距风力机—滑差可调异步发电机控制原理框图

"变桨距风力机—滑差可调式异步发电机"的启动及入网运行过程如下:

(1) 图 5.22 中,字母 S 表示发电机组启动入网前的控制方式(转速反馈控制)。一旦风速达到启动风速，风力机则开始启动，并且随着转速上升，风力机的叶片节距连续发生变化，这使发电机的转速迅速上升至设定转速(同步转速)，随之将发电机接入电网。

(2) 字母 R 表示发电机接入电网后的控制方式(功率控制)。在发电机接入电网后，因为发电机转速受电网频率的牵制，而转速的变化对发电机滑差率有密切影响，当风速较低时，发电机滑差率也较低；而当风速低于额定风速时，可通过转速控制环节、功率控制环节以及 RCC 控制环节将发电机的滑差调节至最小，滑差率在 1%(即发电机转速超过同步转速 1%)。此时，通过变桨距装置将叶片攻角调节至零，且保持在零值附近，以最有效地吸收风能。

(3) 当风速达到额定风速时，发电机输出功率也将达到额定值。

(4) 当风速高于额定风速且持续增加时，风力机所吸收的风能也不断增大。风力机轴上所输出的机械功率超过了发电机的输出功率，所以发电机转速也得到上升并反馈至转速控制环节。转速控制使变桨距机构开始动作，改变了风力机叶片攻角，从而确保发电机的输出功率保持额定值不变。

(5) 当风速远远超过额定风速，且在短时间内反复升降时，对发电机的输出功率控制为：当风速上升时，发电机输出功率上升，若上升值大于额定功率，此时功率控制单元开始调整电机转子电流的设定值；同时，启动异步发电机转子电流的控制环节动作，通过调节发电机转子回路的电阻值，从而使异步发电机的滑差(绝对值)增大，发电机的转速上升；因为风力机的变桨距离变化存在滞后效应，使得叶片的攻角还没有变化时，风速便已下降，导致发电机的输出功率也随之降低。此时，功率控制单元又开始改变电机转子电流的设定值，这将导致异步发电机的转子电流控制环节开始动作，通过调节转子的回路电阻值，使发电机的滑差(绝对值)降低，这将导致异步发电机的转速下降。

3) 变速风力机驱动的双馈异步发电机接入电网

目前，兆瓦级以上的大型风力发电机均采用风力机叶片桨距可调节及变速运行的方式接入电网，该方式可以优化风力发电机组中相关部件的机械负载并改善输入电网的电能质量。通常，风力机在进行变速运行时会使与其连接的发电机也作变速运行，因此必须使发电机在变速运转时输出恒频、恒压电能，方可接入电网。通过将具有绕线转子的双馈异步发电机和 IGBT 变频器、PWM 控制等技术相结合，可以实现该变速、恒频发电系统。

图 5.23 为变桨距风力机和双馈异步发电机所构成的变速、恒频发电系统，并接入电网的原理图。具体工作过程如下：

当风速下降时，风力机的转速降低，异步发电机的转子转速也降低，则电机转子绕组产生的电流和旋转磁场转速将比异步电机的同步转速 n_S 要低；而且，定子绕组感应电动势的频率 f 也低于 f_1(50 Hz)。此时，转速测量装置立即将该“转速降低”的信息反馈至控制转子电流频率的电路单元，从而使转子的电流频率增大，进而使转子的旋转磁场转速又回升至同步转速 n_S，最终电机定子绕组感应电动势的频率 f 又恢复至额定频率(50 Hz)。

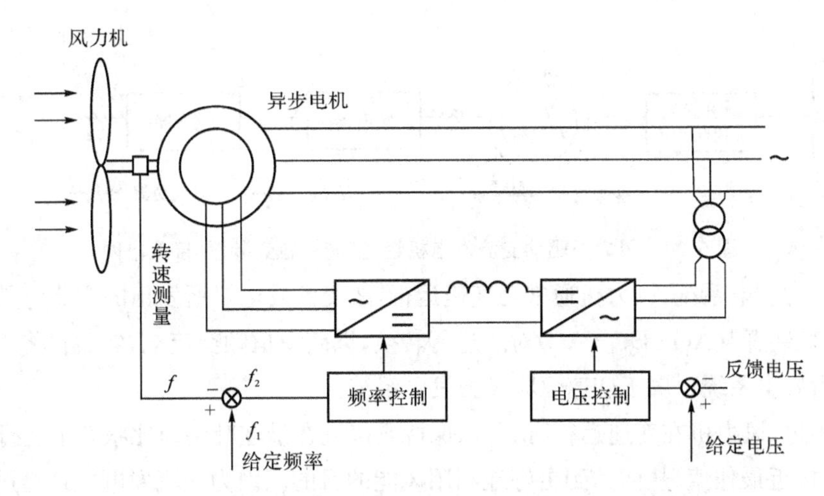

图 5.23 变速风力机—双馈异步发电机系统接入电网的原理图

而当风速增大时，风力机和异步电机转子的转速都开始升高，导致异步发电机定子绕组所产生的感应电动势频率比电机同步转速所对应的频率 f_1(50 Hz)要高，测速电路一旦捕获到该转速和频率升高的信息，便将之反馈至控制转子电流频率的电路单元，从而降低转子电流频率，并使转子旋转磁场的转速重新回到同步转速 n_S、使电机定子绕组的感应电动势频率也重新回到频率 f_1 (50 Hz)。而一旦处于超同步运行状态时，电机转子旋转磁场的转向应该与电机转子自身的旋转方向相反，此时要求电机转子绕组应该能自动对相序进行调整，从而使电机转子的旋转磁场旋转方向反向。

当异步电机的转子转速升至同步转速时，此时电机转子电流频率应该为零(转子电流为直流电流)，这与普通同步发电机转子励磁绕组内输入直流电的情况相同。在这种情况下，双馈异步发电机已经作为普通同步发电机使用了。

该变速、恒频风力发电系统能对异步发电机的滑差进行控制，使之处于恰当的数值范围内变化。并利用其进行风力机叶片桨距调节，从而减少风力机叶片桨距调节次数。不仅降低了风力发电系统的噪声，也降低了发电系统相关部件的机械应力，从而为研究、制造大型风力发电装置提供基础。此外，因为风力机是变速运行，其运行速度能在较大范围内达到最优化，一方面使风力机的 C_P 得以优化，提高整体系统效率；另一方面可使发电机输出较为平滑的电能，使电网质量得以改善。这些都是该型发电系统的优点。

该型变速、恒频发电系统内的变频器容量主要由发电机在变速运行时的最大滑差功率所决定，对常见发电机组，其最大滑差率为−25%～+35%，故变频器的最大容量为发电机额定容量的 1/4～1/3。

4) 变速风力机驱动交流发电机通过变频器接入电网

图 5.24 表明，风力机驱动交流(同步)发电机，并通过变频装置变频后接入电网。在该风力发电系统中，风力机可为水平轴变桨距控制的风力机，也可以是立轴的风力机。

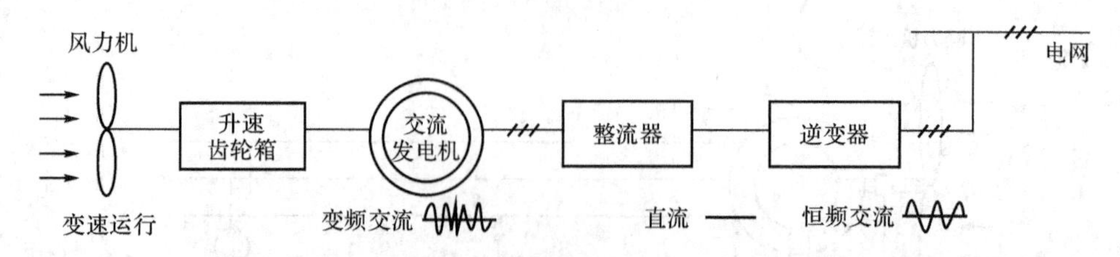

图 5.24　风力机驱动交流发电机经"整流—逆变装置"接入电网

该类型风力发电系统，风力机通常为变速运行，故交流发电机所发出的交流电是变频的，通过"整流—逆变装置"(AC－DC－AC)对之进行转换，以获得恒频交流电，然后再将之接入电网。故该类型风力发电系统也属于变速恒频风力发电系统。

前面介绍过，风力机在变速运行时，可以保持或接近在最佳叶尖速比状态下运行，使风力机的 C_P 达到或接近最佳值，从而达到更好地利用风能的目的。因为交流发电机是经过"整流一逆变装置"接入电网的，而发电机频率和电网频率相互间是独立的，所以一般不会出现同步发电机接入电网时因频率差异而产生的冲击电流问题，所以这是一种比较好的入网方式。

该系统主要缺点在于要先将交流发电机输出的全部交流电进行整流、逆变，然后再输进电网，所以要采用大功率、高反压的晶闸管，这不仅导致成本上升，而且在控制上也相对复杂得多。此外，非正弦波形逆变器在运行过程中会产生高频谐波电流并流入电网，这对电网电能质量会产生较大的影响。

5）风力机直接驱动低速交流发电机经变频器变频后接入电网

因为在风力发电系统中使用的是低速(多极)交流发电机，所以在风力机和低速交流发电机之间不再需要安装升速齿轮箱，如图 5.25。其低速交流发电机的转子的极数要远高于普通交流同步发电机的极数，所以该电机的转子外圆及定子内径尺寸都会大幅增加，为简化发电机的结构，降低发电机的体积和质量，大多采用永磁体励磁。

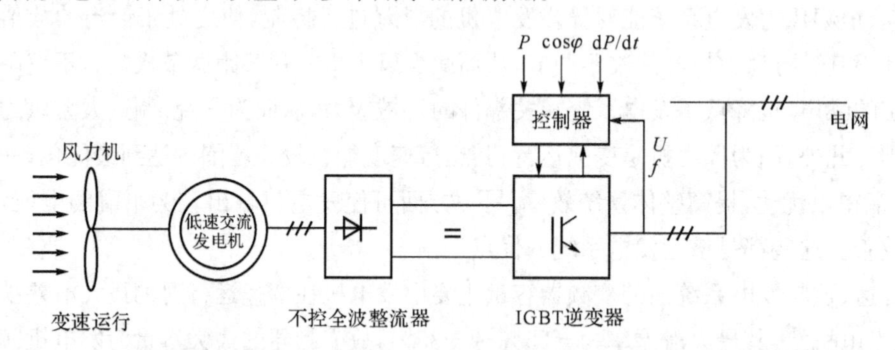

图 5.25　直接驱动型变速恒频风力发电系统(无齿轮箱)接入电网的原理图

直接驱动型风力发电系统(无齿轮箱)的主要优点为：因为不需要使用齿轮箱，使得机组水平轴长度大幅度降低，电能产生的机械传动路径也被大幅缩短，从而避免了齿轮箱运转过程中产生的损耗、噪声等问题，对于延长风力发电装置的寿命具有较大意义，而且大大节约了风力发电的投资成本。

5.3 风力发电机变流技术

在独立运行的小型风力发电系统中，由风轮机驱动的交流发电机，需配以适当的整流器，才能对蓄电池充电。

整流器一般可分为机械整流装置及电子整流装置两类，其特点是前者通过机械动作来完成从交流转变为直流的过程；后者是通过整流元件中电子单方向的运动来完成从交流到直流的整流过程。机械整流装置一般为旋转机械装置，故又称旋转整流装置；电子整流装置的元器件皆为静止的部件，故称为静止整流装置。风力发电系统中主要采用静止型电子整流装置。

5.3.1 变流整流器

电子整流装置又可分为不可控整流与可控整流两类。

不可控整流装置　不可控整流装置是由二极管组成，常见的整流电路型式有单相半波整流电路、单相全波（双半波）整流电路、单相桥式整流电路、三相半波整流电路（零式整流电路）及三相桥式整流电路。各种整流电路的线路图、输出电压（整流电压）波形、输出直流电压大小、输出直流电流大小、二极管承受的最大反压以及每支二极管流过的平均电流等如表所示。

表 5.1 中给出的输出直流电压 U_d 指在负载上得到的脉动直流电压的平均值，输出直流电流 I_d 指流经负载的直流电流平均值；U_2 指交流电源电压有效值，对三相交流电源则指相电压的有效值。根据表 5.1，可以合理选用不同整流电路下的二极管，实际上，为了安全起见要选择标明的反向电压值高些的二极管。

表 5.1　各种不可控整流电路比较（$U_2=\sqrt{2}\sin\omega t$）

整流电路类型	单相半波	单相全波	单相桥式	三相半波	三相桥式
输出直流电压 U_d	$0.45U_2$	$0.9U_2$	$0.9U_2$	$1.17U_2$	$2.34U_2$
输出直流电流 I_d	$0.45U_2/R$	$0.9U_2/R$	$0.9U_2/R$	$1.17U_2/R$	$2.34U_2/R$
二极管承受的最大电压	$1.41U_2$	$2.83U_2$	$1.41U_2$	$2.45U_2$	$2.45U_2$
二极管平均整流	I_d	$1/2I_d$	$1/2I_d$	$1/3I_d$	$1/3I_d$

可控整流装置　可控整流装置是由晶闸管（或称可控硅整流元件）组成。众所周知，可控硅整流器是由四层半导体（P_1、N_1、P_2、N_2）及三个结（J_1、J_2、J_3）组成的电子器件，它与外部接有三个电极，即阳极 A，阴极 C 和控制极 G，如图 5.26(a)所示。

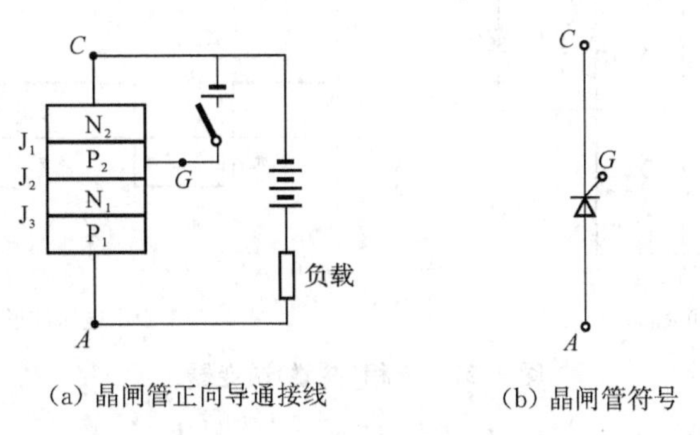

(a) 晶闸管正向导通接线　　(b) 晶闸管符号

图 5.26　晶闸管的相关符号

当可控硅整流器阳极接电源正极，阴极接电源负极，控制极接上对阴极为正的控制电压时（即正向连接时），则可控硅导通，与可控硅连接的外电路负载上将有电流通过，如图 5.26(a)所示。可控硅一旦导通，即使取消控制电压，可控硅仍将维持导通，因此控制电压经常采用触发脉冲的形式，也即可控硅导通后，控制电压就失去作用。要使可控硅关断，必须把正向阳极电压降低到一定数值，或者将可控硅断开，或者在可控硅的阳极与阴极之间施加反向电压。

根据可控硅的触发导通的特点可知，改变触发电压信号距离起点的角度 α（称为控制角或起燃角），就可控制可控硅导通的角度 θ（称为导通角）。在单相电路中以正弦曲线的起点作为计算 α 角的起点，在多相电路中以各相波形的交点作为计算 α 角的起点。由于可控硅的导通角变化，则与可控硅连接的外电路负载上的整流电压（直流电压）的大小也跟着改变，此即是可控整流。

常见的可控整流电路型式有单相全波可控整流电路，单相桥式可控整流电路，三相半波可控整流电路，三相桥式半控整流电路及三相桥式整流电路等。

5.3.2 变流逆变器

逆变器是将直流电变换为交流电的装置，其作用与整流器的作用恰好相反。现代大部分电气设备及电气用品都是采用交流电的，如电动机、电视机、电风扇、电冰箱及洗衣机等。在采用蓄电池蓄能的风力发电系统中，当由蓄电池向负荷（电气设备）供电时，就必须要用逆变器。

如同整流器一样，逆变器也可分为旋转型和静止型两类。旋转型逆变器是指由直流电动机驱动交流发电机，由交流发电机给出一定频率（50 Hz）及波形为正弦波的交流电。静止型逆变器则是使用晶闸管或晶体管组成逆变电路，没有旋转部件，运行平稳。静止型逆变器输出的波形一般为矩形波，需要时也可给出正弦波。在风力发电系统中多采用静止型逆变器。

三相逆变器　与晶闸管整流器的主电路形式相似，晶闸管（可控硅）逆变器的接线方式也很多，有单相、三相、零式、桥式等等。最常见的单相逆变器、单相桥式逆变器及三相逆变器的电路及电压波形如图 5.27～图 5.29 所示。

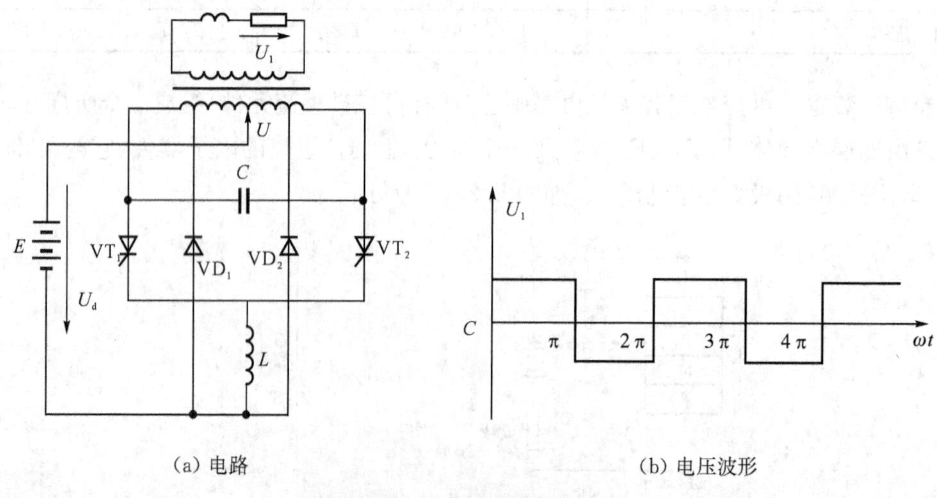

(a) 电路　　(b) 电压波形

图 5.27　单相（并联）逆变器

在图 5.27 的单相逆变电路中，接在主晶闸管 VT_1 及 VT_2 之间的电容器是用来对晶闸管进行强迫关断的。VD_1 及 VD_2 为反馈二极管，其作用是给负载的无功电流提供通路并将能量回馈给直流电源。电路中的电感起着延缓换向电容 C 放电的作用，这对换相时晶闸管的可靠关断是有利的。

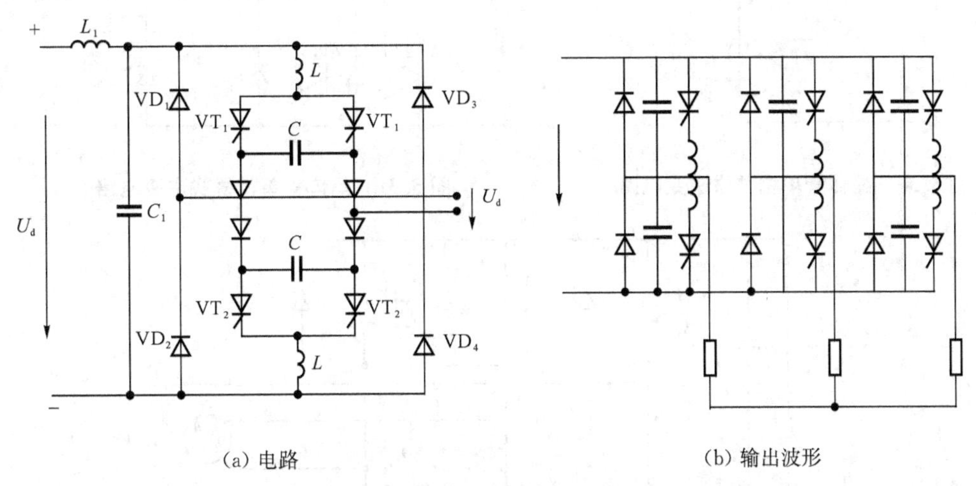

(a) 电路 (b) 输出波形

图 5.28 单相桥式逆变器

三相逆变器也有许多不同的接线形式，较常使用的是三相并联和三相串联逆变电路，它们都是由三个同样的逆变电路组合而成，见图 5.29(a)及(b)。只要按照定的个顺序触发 6 个可控硅(晶闸管)就可在负载上得到对称的三相电压。所谓串联逆变电路是指逆变器的换向电容与输出负载串联的接线方式。

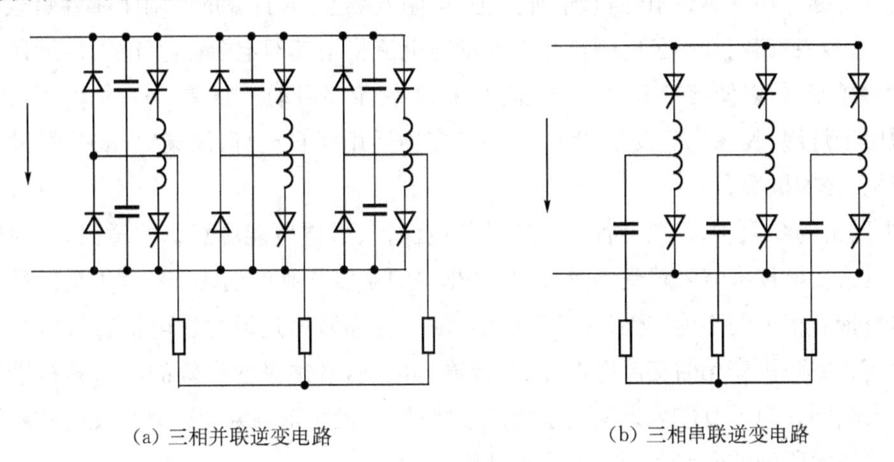

(a) 三相并联逆变电路 (b) 三相串联逆变电路

图 5.29 三相逆变器

三相桥式逆变器　晶体管同样也可以用作逆变器，在这种情况下，晶体管是作为开关元件使用的。由晶体管组成的逆变器具有与晶闸管组成的逆变器相同结构的电路。图 5.30 表示由晶体管组成的单相并联逆变电路，图 5.31 表示由晶体管组成的单相桥式逆变电路，图 5.32 表示由晶体管组成的三相桥式逆变电路。

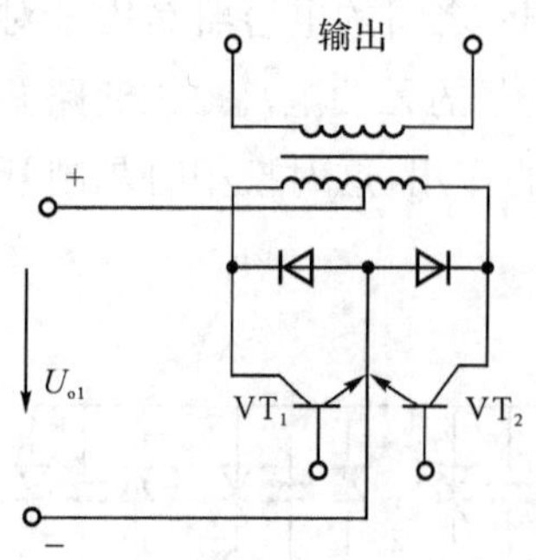
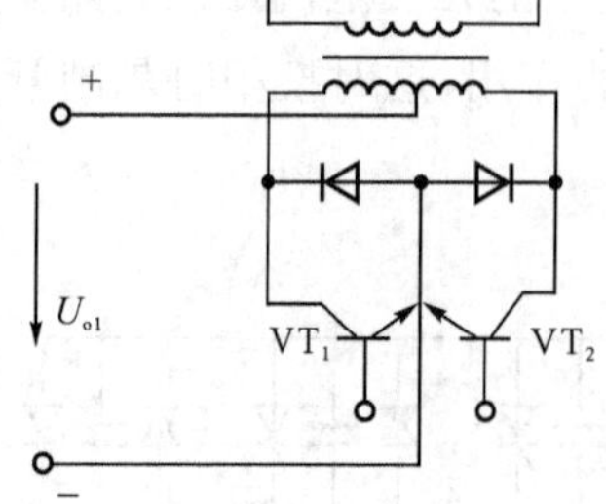

图 5.30　晶体管单相并联逆变电路

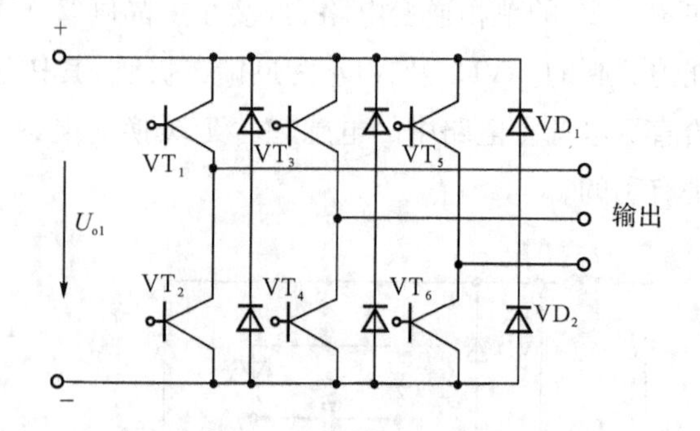

图 5.31　晶体管单相桥式逆变电路

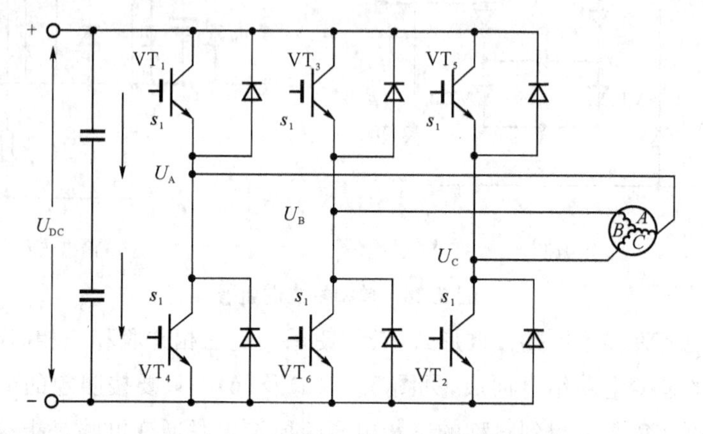

图 5.32　晶体管三相桥式逆变电路

逆变器的标称功率是以阻性负载(如灯泡、电阻发热丝)来计算的。对于感性负载(如风扇、洗衣机)和感容性负载(如彩色电视机),在启动时电流将是其额定标称电流的几倍,所以应选择功率较大的逆变器,以便使带有感性或感容性的负载能够启动。通常标称功率为 100 W 的逆变器只适用于灯泡、收录机等设备;200 W 的逆变器适用于日光灯、风扇等;400 W 的逆变器适用于电视机、洗衣机等。

在 21 世纪的今天,随着社会各个阶层对环境保护、可再生能源意识的增强,作为新能源技术之一的风力发电技术越来越受到重视,与之相关的众多产业也正处于蓬勃发展阶段。因为风力资源本身带有很大的不确定性(风速不稳定,随机性强),通过风力发电机直接获得的电能是电压幅度及频率随机变化的交流电,不能直接输入电网,必须采取有效的电力转换措施后才能将电能输入电网。为了改进风力发电系统的整体性能,近年来围绕变速风力发电技术及逆变器控制等相关技术所做的研究在国内外纷纷开展。

5.4　风力发电主要设备

2010 年,中国已经成为世界上最大的风力发电市场和风能设备制造中心。中国正逢发展风电的大好时机。按“十二五”规划,2015 年我国风力发电装机容量将达到 1 000 万 kW,2020 年将达到 3 000 万 kW。

5.4.1　风力发电机组

本章前几节已对各种类型的风力发电机做了较详细地阐述，在这里主要介绍实际风力发电场建设中对设备选型的一些要求，对风力发电机组的选项原则作重点介绍。

1) 风力发电机组的主要结构

(1) 水平轴风力发电机

①结构特点

水平轴风力发电机是目前在国内外广泛应用的一种风力发电机。其优点是风轮可以安装在离地面较高的地方，从而降低因地面扰动对风轮动态特性的负面影响。此类型风力发电系统的主要机械部件都包含在机舱中，如主轴、发电机、齿轮箱、液压系统及风向调向装置等。

水平轴风力发电机的启动风速低，且可自行启动运行；因为风轮离地面比较高，所以其发电量与高度之间成正比；风轮叶片角度可实现功率调节或失速调节直至顺桨。此外，此类型风轮叶片形状可以通过空气动力学进行最佳设计，从而获得最佳的风能利用效率。

但是水平轴风力发电系统的主要机械部件需要在高空中进行安装，因为其质量、体积较大给安装带来较大难度；与垂直轴风力机相比较，其风轮叶片形状的设计和制造较为复杂、造价较高，且需要额外配置风向调节装置。

②主轴、齿轮箱和发电机的相对位置安排

a. 紧凑型。该结构的发电机，风轮直接与齿轮箱的低速轴相连接，齿轮箱的高速轴输出端通过弹性连接轴与发电机连接，发电机和齿轮箱的外壳连接。此类型齿轮箱是专为水平轴风力发电系统设计的。因为结构紧凑，所以可大量节约制造材料，从而降低成本。风轮上和发电机上的力，都是经过齿轮箱壳体传递至风电系统主框架上的。结构主轴与发电机轴处于同一平面内。这种结构安排的主要缺点是当齿轮箱因损坏需要拆卸时，需将风轮和发电机一起拆卸，操作上非常麻烦。

b. 长轴布置型。此类型的发电机，风轮通过机舱主框架上固定的主轴与齿轮箱低速轴相连接。这时的主轴是独立的，并装配单独的轴承支承。其优点是风轮不是直接作用在齿轮箱的低速轴上，这样可减小齿轮箱低速轴所受到的复杂力矩，降低了维护成本。将刹车安装在高速轴上，可减少因低速轴刹车导致的齿轮箱损害。

c. 叶片数选择

理论上，叶片数减少可提高风轮转速并可以降低齿轮箱速比，有利于降低制造成本。但若风力发电系统采用 1～2 个叶片，不仅会导致其动态特性大大降低，造成强烈振动；而且，在转速较高时，会产生很大的噪声。为避免破坏风力发电系统的结构，在结构安排上必须增加一些额外措施，如跷跷板机构等。

(2) 垂直轴风力发电机

垂直轴风力发电机是使风轮叶片垂直于地面的轴旋转式风力发电机。其常见类型有达里厄型(Darrieus)和 H 型(可变几何式)。

垂直轴风力发电机运行时，旋转轴带动叶片做圆周运动，当叶片运动到后半周时，叶片不仅不产生升力反而产生阻力，导致该类型风轮的风能利用效率低于水平轴风力发电机的风能利用效率。但是,垂直轴风力发电机的质量轻,易安装,而且大部件(齿轮箱、发电机)等都安装在地面,便于对设备进行维护和检修。但是,该类型发电机无法自启动,且运行过程中受地面气流影响较大。

(3) 其他型式

其他类型风力发电机,如风道式、龙卷风式、热力式等,目前仍处于开发阶段,还未能真正在大型风力发电厂中应用,故这里不再作详细说明。

2) 风力发电机的主要部件

(1) 风轮叶片

风力发电系统中最重要的部件之一是风轮叶片。通常叶片使用非金属材料(如玻璃钢、木材等)制造。风力发电系统中风轮叶片与汽轮机叶片不同(后者需要安装在密封壳体中),风轮叶片往往运行在自然条件较为恶劣的场合,要承受高温、风沙、雷电、严寒等各种恶劣环境的侵蚀。对水平轴而言,因为叶片处于高空,所以在旋转过程中,在设计叶片外形时要充分考虑地球重力变化和因地形变化所引起的气流扰动等影响因素。因为叶片表面的受力变化十分复杂,当风速一旦达到风力发电机组所设计的额定风速时,在风轮上就要采取相关措施以确保风力发电机的输出功率低于设定值。常用的功率调节方式有变桨距调节和失速调节。

①变桨距方式调节功率

变桨距风力机的整个叶片围绕叶片中心轴进行旋转,从而使叶片攻角在一定范围(0°～90°)内变化,这样设计可便于调节发电机的输出功率,使其低于设计容许值。在特殊情况下需要紧急停机(如机组出现故障),此时应先使叶片顺桨,使发电机组所承受的力降到最小,保证发电机组整体运行安全、可靠。

变桨距的叶片形状宽、体积小、重量轻,且整个机头的重量也比失速机组轻,这样设计不需要很大的刹车阻力,且启动性能好,即使在空气密度较低地区也能达到额定功率,在达到额定风速后,发电机输出功率可维持相对稳定,从而使电能质量得到较大改善。因为增加了一套变桨距机构,从而使系统发生故障的几率大大增加,而且导致在处理变距结构中叶片轴承的故障时难度加大。在高原空气密度低的地区,比较适合运用变桨距发电机组,因为它可以有效避免当失速机安装角确定后可能在夏季发电低冬季又超发的问题。除此之外,变桨距机组在超过额定风速的地区运行时可大大提高发电量。

②定桨距(带叶尖刹车)方式调节功率

严格来讲,定桨距应该属于固定桨距失速调节方式,也就是在安装发电机组时必须要结合具体风力资源情况,来确定一个桨距角度(通常为－4°～＋4°),然后在此基础上依照该角度安装叶片。一旦风轮开始运行后,通常叶片的角度就不再需要改变。若是在运行过程中觉得发电量明显降低或升高,则可通过改变叶片角度的方式进行调整。

通常,在定桨距风力机上都配有叶片刹车系统,在特殊情况下需要风力发电机停机时,可将叶尖刹车打开,则风轮在叶尖(气动)刹车系统的作用下转速开始降低,当低到一定程度时,便通过机械刹车方式将风轮彻底刹住,保持在静止状态。在一些极个别的风力发电机中没有叶尖刹车系统,而是采用价格较昂贵的低速刹车系统来确保发电机组的整体安全。定桨距失速风力发电机的总体优点是其轮毂和叶根等部件无结构运动环节,也不需要在控制系统中设置一套控制程序来判断控制变桨距的过程，从而使风轮失速过程中功率波动幅度变小。不过这种结构也存在不少问题，如叶片设计、制造过程中，因为“定桨距挡叶片”比较宽大，机组动态载荷增加，导致风机在空气密度变化比较大的地区和在不同季节中的输出功率变化幅度很大。

从上面分析可以看出，这两种功率调节方式都有各自的优缺点，分别适用于不同的地区。在建设风力发电场时，需要充分考虑不同机组的特点以及当地风力资源分布的具体情况，以确保所安装的风力发电机组可达到最佳发电效果。

（2）齿轮箱

风力发电系统中的齿轮箱是风轮与发电机二者之间的纽带，从而使风力发电机在低风速的情况下同样能稳定发电。齿轮箱风轮的转速应该较大，且齿轮箱的增速比应较小，这样可使发电效率更高。不过在实际应用中，因风轮叶片数目会受到结构限制（不能太少），综合考虑，多使用三叶片，这样可确保整体结构的稳定性。图 5. 33 为目前现有的几种主要风电机组齿轮箱结构：

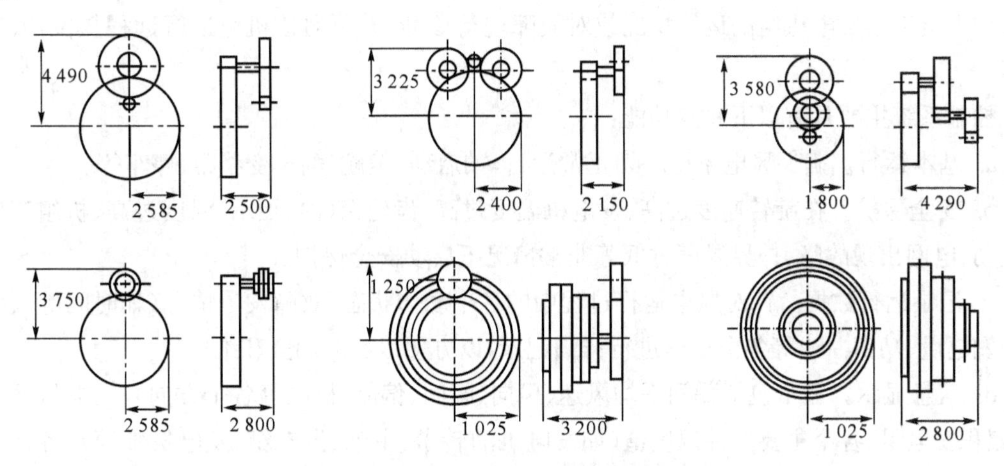

图 5. 33　现有的几种主要齿轮箱结构

①二级斜齿。二级斜齿是风力发电机组中经常使用的齿轮箱结构，它结构简单，通用性较强，与经过专门设计的齿轮箱相比，价格低廉。在此结构中，轴与轴之间存在距离，且与发电机轴不是同一根轴。

②斜齿加行星轮结构。因为斜齿增速轴需要平移一定距离，故发电系统机舱会变宽。而另一种结构是行星轮结构，它结构紧凑，比相同变比的斜齿价格要低很多，而效率却要更高一些。在变距机组中需要考虑液压轴（用于控制变距）的穿过，所以需要在二级行星轮基础上增加一级斜齿以用于增速，使变距轴从行星轮中心穿过。

（3）发电机

在建设风电场时，发电机主要有异步发电机、同步发电机、双馈异步发电机和低速永磁发电机等几种常见类型，其工作原理在前述内容中已作分析。在选择具体型号风力发电机组时，需要考虑以下几个原则：

①首先需要考虑使用高效率、高性能的发电机，而且要尽可能采用结构简单、可靠性高的发电机；

②其次应充分考虑发电机的质量、性能、品牌、价格等因素，还要考虑到发电机组在日后使

用过程中因损坏而出现的维修等费用因素。

(4) 电容补偿装置

如果使用了异步发电机并将之接入电网，则需要进行无功补偿。若无功补偿全部由电网提供，则无疑会降低风力发电场的运行效率。所以在绝大部分风力发电机组中采用电容补偿的方法来进行无功补偿。通常，用于无功补偿的电容器组由若干个数十千法的电容器构成，并将之分为几个等级，在发电过程中会根据风电机组的实际容量大小来确定每级补偿多少。通常，每级补偿的切入和切出均要根据发电机功率大小来进行增减，以便使功率因数尽可能接近 1。

(5) 控制系统

①风力发电控制系统的主要功能和要求

风力发电控制系统的主要功能和要求是为了确保发电机组整体安全、可靠的运行。控制系统通过对风力发电系统各部分进行测试，根据所获得的状态和数据，来判断整体系统的运行状况。与此同时，将测试数据进行显示并远程传输至后台监控中心，发电数据可被有效存储，以帮助维护人员观察发电机组的运行情况或对故障进行诊断，并可对该机组进行远程复位，或启停机组。

控制系统主要具有以下几点功能：

a. 基本运行。确保风电系统一切正常运行，如启动、偏航、刹车变桨距、停车等。

b. 安全保护。在旋转速度过高、发电机温度过高、齿轮箱(油、轴承)温度过高、机组产生剧烈振动、电网出现故障、外界温度过低等非常情况下启动安全保护。

c. 记录运行数据。针对风电运行过程中的各个动作状态、故障发生情况(如时间等)、各时刻的发电量、功率曲线等各个过程进行详细记录，以方便以后的调查和维护。

d. 信息显示。显示包括瞬间平均风速、风向(瞬间、偏航、机舱等各个方向)、发电机平均功率、累积发电量、各个主要部件温度值(如发电机的转子、主轴、齿轮箱、发电机轴等)、各种运行状态值(如双速异步发电机、发电机的运行状态，刹车的状态、油压、通风状况和机组状态等)、还有功率因数、电网实时电压、输出电流、风轮转速和发电机转速等各种参数，另外对风力发电环境参数，如外界温度、湿度等参数也进行显示。

e. 有效控制。如启动/停止机组、泵油控制和远程控制等。

考虑到控制系统实际所运行的环境(风力发电机组多运行在环境比较恶劣的无人值守地区)，所以必须要求计算机(或 PLC)工作性能稳定、可靠，抗干扰能力强。为日常维护需求，控制软件还必须操作方便、界面友好、简洁明了，易于理解和查找。

②远程传输控制系统

远程传输控制系统主要是依靠稳定、高质量的通信设备，将风力发电机组和远方后台主控制室(可以是地球上任何一个地方)之间进行数据交换。后台监控界面与风力发电机组的实时信息显示完全一致，并可在后台完成对风力发电机组的相关控制。远程传输控制系统可以控制风力发电场中多台发电机组，并使远控画面与主控画面完全一致(相同)。为保证安全可靠通信，通信系统应加装防雷击系统。除了基本通信、控制功能，系统还应具有文件输出、打印、报表生成、统计等功能。

3) 风力发电机组选型中的注意事项

(1) 对质量认证体系的要求

在建立风力发电场时,选择风力发电机组型号的一个最重要方面就是质量认证。这是确保风力发电场中机组正常运行和力求最低维护成本的保障体系。其风力发电各个部件的生产厂家都必须具有 ISO 9000 系列的质量保证体系的认证。

通常,风力发电机认证体系主要含三个等级:

①A 级:基于 ISO 9001 标准,要求包括负载、强度和使用寿命等在内的所有部件的测试文件必须齐备,绝对禁止使用非标准部件。

②B 级:基于 ISO 9002 标准,在部件安全和维护方面的要求与 A 级相同,在不影响风力发电机组整体基本安全的前提下,可以适当采用非标准部件。

③C 级:仅限于试验和示范样机,一般只认证安全性,而不对风力发电机组的质量和发电量进行认证。

(2) 风力发电机组在特殊运行条件下的要求

①低温要求。在我国西北地区,冬季气温较低,而在一些风力发电场还存在短时的极低气温(可达−40 ℃,甚至更低),因为一般设计的风力发电机组的最低运行气温是高于−20 ℃(个别低温型的风力发电机组最低运行温度可达−30 ℃),所以发电机组若长时间运行在低温环境下,将对其部件(如叶片等)产生较大的损伤,严重时甚至影响发电。虽然叶片厂家推出了由耐低温材料生产的叶片,但因制造叶片的复合材料在低温时机械特性会产生较大变化(如变脆),这样极易导致在机组正常振动的情况下叶片出现裂纹,乃至断裂。对于风力发电机组其他部件(如齿轮箱、传感器、发电机等)而言,也同样需要采取一定措施应对风力发电机组在极其低温条件下运行。如针对齿轮箱,可以采取对齿轮箱加温的方式,以防止齿轮油因为气温过低而变稠,导致齿轮和轴承因缺乏润滑油而损坏。总的说来,在我国西北地区冬季寒冷天气,可采取下述措施以确保风力发电机组的正常工作:齿轮箱油加热、机舱内部加热、包括风速计在内的各种传感器加热、控制柜加热,而风机叶片应尽可能采用耐低温材料制作,此外还应尽量使用具有低温特性的齿轮润滑油。

②对电网的要求。我国风力发电场多处于大型输电网的末端,接到 35 kV 或 110 kV 电力线路。若电网三相电压不平衡或者电压过低都会对风力发电机组的正常运行产生较大影响。通常,要求电网的三相电压不平衡误差不超过 5%,而电压上、下限范围一般为−15%~+10%,否则发电机组在运行一段时间后将停止运行。

5.4.2 升压变压器、配电线路及变电所要求

风力发电机组发出的电力在输入电力系统时,为减少电力线上的损耗,同样需要将电压进行逐级升压后输出。目前国际市场上的风力发电机组输出电压大部分是 0.69 kV 或 0.4 kV,所以必须要对风力发电机组配置升压变压器,以将输出电压升至 10 kV 或 35 kV 后再接入电网,升压变压器的容量则根据风力发电机组容量进行配置。升压变压器的安装可采用一台风力发电机组配备一台变压器的方法(简称“一机一变”),亦可采用两台或两台以上机组配备一台变压器的方法(“两机一变”或“多机一变”)。前者使用较多,而后者若风力发电机组之间距离较

远,则使用的 0.69 kV 或 0.4 kV 低压电缆太长,导致电能损耗增加,同时也使变压器保护及电源控制过程更加困难。

通常,各箱式变电所间的接线采用分组连接方式,每组箱式变电所由 3～8 台变压器组成(具体每组箱式变电所的变压器数目根据其布置的地形、箱式变电所引出的电力电缆载流量、架空导线以及相关技术和经济等因素确定)。

风力发电场的配电线路多采用直埋电力电缆铺设或架空导线方法。虽然架空导线方法投资成本低,但因为风力发电场内的风力发电机组多按梅花型布置,故架空导线在风电场内条型或格型的结构布置不利于风力发电相关设备的运输与维护,所以多采用直埋电力电缆铺设方法。

21 世纪对环境保护已经有了新的要求,作为新能源主要技术之一的风力发电技术也得到了较大的推广和发展,在符合建立风力发电场的地区加大风力发电场的建设(包括规模和单机容量),可以廉价的方式获得电力,从而降低传统电力站的建设和电力产生成本。

通常,风力发电场专用变电所的规模以及输出电压等级都是根据风力发电场的规划和分期建设容量、发电机组实地布置等因素进行综合比较之后确定的。

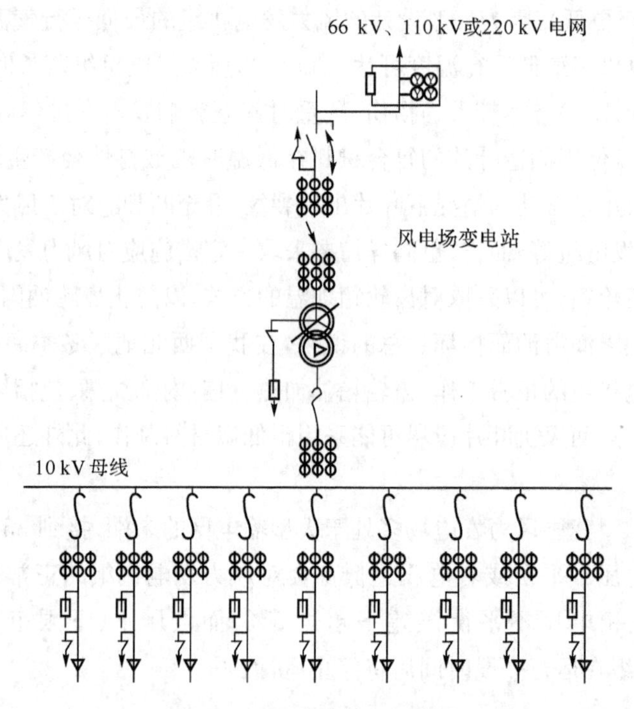

图 5.34　风电场接入示意图

图 5.34 为风力发电场接入电网示意图,变电所的相关设计与传统变电所设计基本一致,不同之处仅在选定输出电压升压变压器时,若风力发电场中配置的用电设备选用电力电缆,因为所产生的电容电流(补充电容电流)较大,则需要选用折线变压器(接地变压器)。

6 太阳能发电原理及储能控制

储能电池是太阳能光伏发电入网系统中必不可少的组成部分，因为太阳能光伏发电受天气等自然条件变化的影响非常大，整体上具有不可控性的特征。在现有的光伏发电系统中，其普遍做法是在太阳能发电入网系统中增加蓄电池组作为附属储能装置，在光伏发电不起作用的时候，便由电池继续维持稳定供电。目前，太阳能光伏发电机组已由千瓦级发展到兆瓦级，这同时也对储能系统的大型化发展提出新的要求。因为受实际地理位置的限制，光伏发电系统中的储能系统必须要具备安全可靠、价格低廉、使用寿命长等特点，另外还要具备应对恶劣自然天气的能力。

太阳能光伏发电系统主要有离网发电系统、并网发电系统和分布式发电系统三种类型。

(1) 离网光伏发电系统主要包含太阳能电池组件、储能电池以及相关控制器等，若输出电力为 220 V 或 110 V 交流电，还需要在系统中额外配置逆变器。

(2) 并网光伏发电系统则是将太阳能组件所产生的直流电通过入网逆变器转换为符合电网要求的交流电之后，再输入到公共电网。并网光伏发电系统有两种结构：一种为集中式大型入网电站（通常都为国家级电站），其主要特点是将所获得的电能直接输入电网，由电网进行统一调度，为用户进行供电；另一种为分散式小型入网发电系统，典型的是光伏/建筑于一体的发电系统，该系统具有发电规模小，投资成本低，占地面积小，建设快等众多优点，是目前入网型光伏发电的主要方式。

(3) 分布式光伏发电系统又称为分散式光伏发电或分布式光伏供能，主要是在电力用户使用现场配置较小型的光伏发电电力供应系统，以满足特定用户的需求，该方式支持现有的配电网。除了光伏发电系统中基本设备之外，分布式光伏发电系统中还包含直流配电柜、入网逆变器、交流配电柜等设备。除此之外，还包含完善的电力供应系统监控装置和环境监测装置。光伏发电系统中的太阳能电池组件将太阳能转换为电能，再经过直流汇流箱后集中输入直流配电柜，通过入网逆变器转换成交流电再供应给用户自身负载，多余电力或电力不足时则通过电网来对之调节。

6.1 太阳能光伏电池及电池方阵

6.1.1 太阳能电池及其分类

太阳能电池是利用"光生伏打效应"（液体和固体物质通过吸收光能而产生电动势现象）将光能转换为电能的一种器件，又被称之为光伏器件。"光生伏打效应"在半导体材料中表现尤其突出，而且能量转换效率比较高。目前，太阳能电池的制作原材料几乎是清一色的半导体材料，所以在很多时候，人们常将太阳能电池又称之为半导体太阳能电池。

半导体的电阻率与导体、绝缘体均不同。半导体材料的电阻率受其他杂质含量影响极大。如硅材料中只要含有亿分之一的硼材料，其电阻率就会急剧下降至原先的1%；而掺杂在半导体材料中的杂质类型不同，其导电特性也不同。另外，半导体材料的电阻率受光和热等外界环境的影响也非常大，当外界温度升高或有光照射半导体材料时，半导体材料的电阻率也将迅速下降。对于一些特殊的半导体，其电阻率的变化和电场、磁场也有密切的关系。

半导体材料有很多种类，其划分方法也比较多，若从其化学成分来分，分元素半导体与化合物半导体；若以半导体中是否含有其他杂质来分，可分为本征半导体与杂质半导体；如从半导体的导电类型来分，可分为N型半导体与P型半导体。目前在电子信息产业及光伏产业中已经得到广泛应用的半导体材料主要有锗、硅、硒、砷化镓、磷化镓、锑化铟等，其中半导体材料锗、硅的相关制造技术、生产工艺最为成熟，其应用也最为广泛。

利用半导体材料制造太阳能电池，其电池种类划分也有很多种方法，这里仅从电池结构和制造材料两个角度进行划分：

(1) 按电池结构进行分类，主要包含以下三种：

①同质结太阳能电池。由同一种半导体材料构造成一个或多个PN结的太阳能电池称为同质结太阳能电池，如硅太阳能电池、砷化稼太阳能电池等。

②异质结太阳能电池。利用两种不同宽度的半导体材料，在它们相连接的界面上构造成一个异质PN结，这种太阳能电池称为异质结太阳能电池。如硫化亚铜/硫化锡太阳能电池等。

③肖特基结太阳能电池。因为在一定条件下，金属半导体之间相互接触可产生整流接触的肖特基效应。因此，利用金属盒半导体相互接触并组成一个“肖特基势垒”的太阳能电池称为肖特基结太阳能电池，也叫MS太阳能电池。目前，这种电池已经发展成“金属－氧化物－半导体”太阳能电池，也就是MOS太阳能电池。如铝/硅肖特基结太阳能电池和铂/硅肖特基结太阳能电池等均属于此结构。

(2) 按太阳能电池的制造材料分类，主要可分为以下三类：

①硅太阳能电池。这种是以硅半导体作为基体材料制造的太阳能电池。如单晶硅太阳能电池、多晶硅太阳能电池等就属于该类型。通常，利用纯度不是太高的硅材料即可制作多晶硅太阳能电池。多晶硅材料又包含很多种，如带状硅、铸造硅、薄膜多晶硅等。利用这些材料制造的太阳能电池有薄膜型和片状型两种。

②硫化镉太阳能电池。这种太阳能电池以硫化镉单晶、多晶硅作为基体材料。有硫化亚铜/ 硫化镉太阳能电池、铜铟硒/硫化镉太阳能电池等。

③砷化镓太阳能电池。这种类型的光伏电池是以砷化镓作为基体材料。如，异质结砷化镓太阳能电池和同质结砷化镓太阳能电池等都属于这种类型。

通常，从光伏电池的结构来进行太阳能电池类型的划分具有较明确的物理意义，故被包括我国在内的世界各国作为光伏电池命名的主要依据。

6.1.2 太阳能电池的工作原理及其特性

1) 太阳能电池的工作原理

太阳辐射作为一种新能源，必须依赖某种能量转换装置方可转化为人类经常使用的电能。

太阳能电池在这种能量转换中承担主要作用，将光能转换成电能。这里以单晶硅半导体材料为例介绍这种“光能—电能”的转换原理（过程）。

首先了解几个相关概念：

①能带。能带是物理学固体量子理论中描述晶体电子状态的物理概念。对于单原子，电子仅能在其周围的一些特定轨道上作旋转运动，且不同轨道上的电子所拥有的能量不同（能量级）。晶体是由大量规则排列的原子所组成，这些原子具有相同的能量级。因为原子之间会相互作用，所以在晶体中形成一个能量上略有差异的能量级，称之为能带。通常，原子外层环绕的电子处于较高的能带，而内层环绕的电子则处于较低的能带。在能带中的电子其典型特征是已不再围绕各自的原子核做闭合旋转轨道运动，此时它被晶体中各原子所共同拥有，在整个晶体中运动。

②载流子。导体和半导体中的导电效应（电流效应）都是由于带电粒子在电场的影响下做定向运动而形成电流。这里的带电粒子就称之为载流子。对于导体，其载流子就是自由电子；而对于半导体，其载流子包含两种：带负电的电子和带正电的空穴。这两种载流子，数目较多的，称为多数载流子；数目较少的，称为少数载流子。

③空穴。空穴是半导体中一种带正电的载流子。晶体中，如果能带全部被电子占据，称之为满带或价带；若能带没有被电子占满，则称之为空带或导带；在导带与价带之间若存在空隙，则称之为能隙或禁带。在外界作用下（热、光等），半导体价带中的电子会从一个能量级跃迁到另一个能量级，则该电子的离开便在其价带中留下一个空位，称之为空穴（带正电，且电量与电子相等）。如果有其他电子在移动过程中将此空穴填上，则可视为该空穴朝电子反方向作运动。因此，如果半导体材料处于外界电场作用下，那么半导体中的电流同时来自于电子和空穴的作用。

④施主。为了产生大量的电子，将某种杂质掺入到纯净的半导体（本征半导体）中，则这种杂质被称作施主杂质，简称施主。对硅半导体材料而言，若掺入磷、砷、锑等元素，则会产生大量电子，此时这些杂质所起的作用就是“施主”。

⑤受主。为了产生大量的空穴，将某种杂质掺入到纯净的半导体中，则这种杂质被称为受主杂质，简称受主。对硅半导体材料而言，如掺入硼、镓、铝等元素，则会产生大量空穴，此时这些杂质所起的作用就是“受主”。

⑥PN 结。基于一种半导体晶片，若通过某些制造工艺，使半导体上一部分呈 P 型特征（空穴导电），另一部分呈 N 型特征（电子导电），则 P 型与 N 型之间的界面邻近区域就称为 PN 结。PN 结具有单向导电性，这是制造晶体二极管、三极管的基本依据，是许多半导体类型器件的核心。PN 结的种类很多，若从制造材料分，有同质结和异质结；而按照被掺入的杂质来分，有突变结和缓变结等。

前面已经介绍过，太阳能电池是利用“光生伏打效应”将光能转换为电能的一种器件，又被称之为光伏器件。通俗来讲，当光照射到物体上时，物体中的电荷分布会产生变化，并因此而产生电动势和电流。当光线照射在半导体中的 PN 结时，因温度上升，导致在 PN 结的两侧出现电压差，并产生电流。

单晶硅中的原子按照一定规律进行排列，在硅原子的最外层包含 4 个电子（带负电）（见图 6.1）。每个硅原子的外层电子都有其固定的位置，并且都受硅原子核的约束。这些电子若处于外界能量的激发下(太阳光辐射),就会脱离硅原子核的约束而成为可自由移动的电子,这些电子在脱离的同时,会在它原来的位置产生空穴(带正电)。一般来说,电子和空穴是成对产生的,且在单晶硅中可被视为可运动的电荷。在纯净的硅晶体中,自由电子和空穴的数目总是相等的,故其导电性较弱。而如果在纯净的硅晶体中掺入少量能够俘获电子的硼、镓等杂质元素,便形成了 P 型半导体(空穴型半导体,空穴占多数);反之,若在纯净的硅晶体中掺入少量能够释放电子的砷或锑等杂质元素,那么便形成了 N 型半导体(电子型的半导体,电子占多数)。此时,若将这个 P 型半导体和 N 型半导体结合在一起,两种类型半导体中的电子和空穴会因浓度差而做扩散运动,在其交界面处形成 PN 结,并在 PN 结的两侧形成内建电场(势垒电场)。因为此处的电阻尤其高,故也称之为阻挡层。当太阳光照射在 PN 结上时,半导体内的硅原子因为获得了光能而释放出电子(电子一空穴成对产生),在势垒电场作用下,电子向 N 型半导体侧移动,而空穴向 P 型半导体侧移动,这使 N 型半导体侧有过剩的电子,而 P 型半导体侧有过剩的空穴。这样便会在 PN 结的附近形成一个和势垒电场相反的电场(图 6.2),此电场会对势跌电场作进一步削弱,而其余部分使 P 型半导体带正电,N 型半导体带负电,这样便会在 P 型半导体和 N 型半导体之间的薄层处形成电动势(即光生伏打电动势)。若此时 P 型和 N 型半导体与外电路连接,便会有电流(电能)产生,这就是单晶硅太阳能电池发电的基本原理。单个 PN 结形成的电流较弱,若将几十个、数百个太阳能电池个体进行串联、并联,形成太阳能电池组件,此时整个组件在太阳光的照射下,便可获得相当可观的输出功率(电能)。

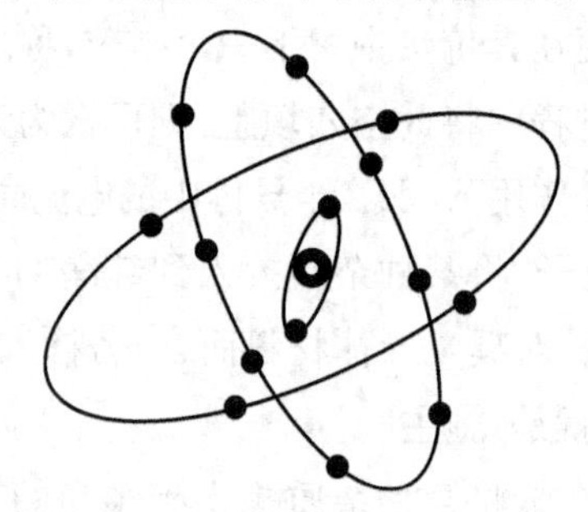

图 6.1　硅原子结构示意图

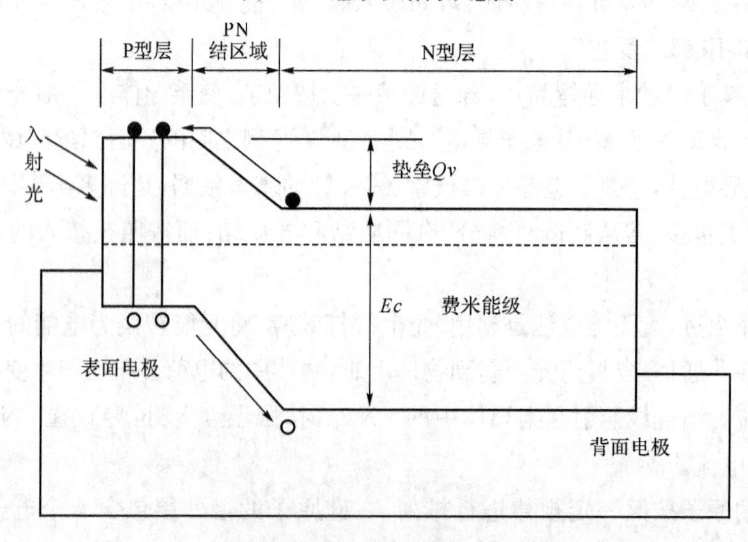

图 6.2　太阳能电池的能级图

2）太阳能电池的基本特性

通常太阳能电池被制成 P^+/N 型结构或 N^+/P 型结构，分别如图 6.3(a)和(b)所示。其中，P^+ 和 N^+ 表示太阳能电池属于正面光照层半导体材料的导电类型；N 和 P 则表示太阳能电池属于背面衬底半导体材料的导电类型。

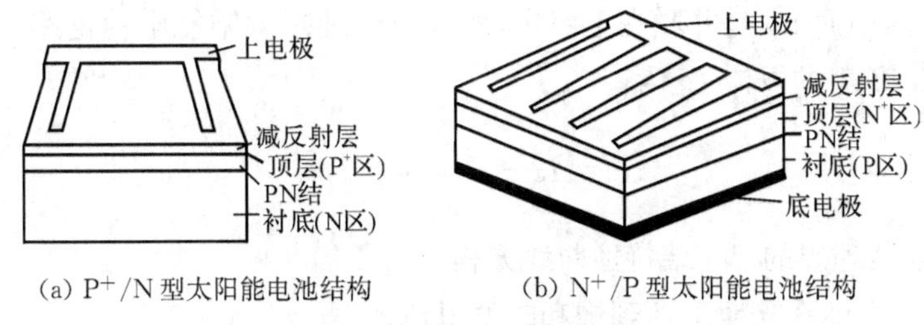

(a) P^+/N 型太阳能电池结构　(b) N^+/P 型太阳能电池结构

图 6.3　太阳能电池构型图

太阳能电池的电极性和制造电池的半导体材料特性有密切关系。通常，太阳能电池输出的电压极性是当太阳光照射半导体材料时，P 型半导体侧的电极为正极性，N 型半导体侧的电极为负极性。当太阳能电池与外接电路相连接时，太阳能电池工作在正向状态。而当太阳能电池作为电源联合其他电源使用时，若外电源的正极和太阳能电池 P 极相连，外电源负极和太阳能电池 N 极相连，则外电源向太阳能电池提供正向偏压；反之，若连接方式相反，则外电源此时向太阳能电池提供反向偏压。

图 6.4 中(a)和(b)为太阳能电池的电路及等效电路，其中，R_L 为太阳能电池的外接负载。将太阳能电池暴露于标准光源下照射，若用内阻小于 1 Ω 的电流表直接和太阳能电池的两极相连，此时所测电流为太阳能电池的短路电流 I_{sc}。正常情况下，若 $R_L=0$，则此时电路中电流为太阳能电池的短路电流 I_{sc}。I_{sc} 值和太阳能电池面积有关，通常面积越大，则 I_{sc} 值越大。1 cm^2 太阳能电池形成的 I_{sc} 值大约为 16～30 mA。对于同一块太阳能电池，其 I_{sc} 值和电池板上的光辐射强度成正比；当太阳能电池板所处的环境温度升高时，I_{sc} 值略增加。通常，外界温度每上升 1 ℃，I_{sc} 值大约增加 78 μA。

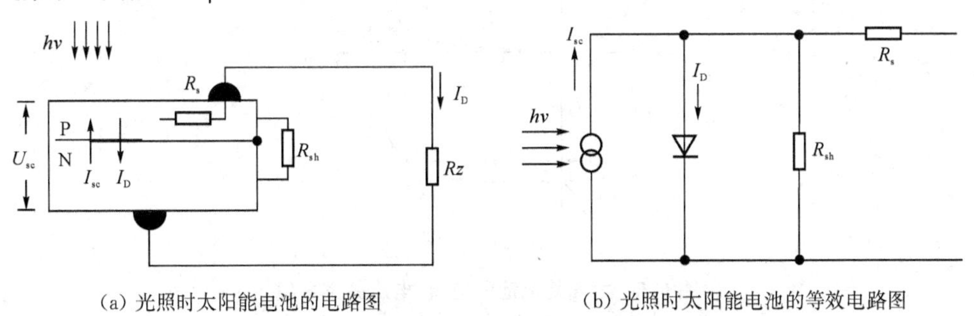

(a) 光照时太阳能电池的电路图　(b) 光照时太阳能电池的等效电路图

图 6.4　太阳能电池的电路及等效电路图

当负载电阻 $R_L\to\infty$ 时，所测太阳能电池电压为开路电压 U_{oc}。其测量方法为，将太阳能电池暴露于 100 mV/cm^2 的光源下照射，电池两端处于开路状态，此时太阳能电池的输出电压为其开路电压，利用高内阻的直流毫伏表可以对其值进行测量。此开路电压和太阳光辐射强度有关，而与太阳能电池面积无关。在 100 mV/cm^2 的太阳光辐射强度照射下，通常单晶硅太阳能电池的开路电压大约为 450～600 mV，而最高时可达到 690 mV；相应地，太阳光辐射强度发生变化，则太阳能电池的开路电压也发生变化，且和光线强度的对数成正比；当电池所处的环境温度升高时，U_{oc}值将下降(温度每上升 1 ℃，U_{oc}值约下降 2～3 mV)。

I_D 的方向与 I_{sc}相反，为通过 PN 结的总扩散电流。R_s 为串联等效电阻，由太阳能电池的材料体电阻、电极导体电阻、表面电阻和电极与硅表面之间接触电阻联合组成。R_{sh}为旁漏电阻，主要是因为硅片边缘不清洁而产生。对于理想的太阳能电池，R_s 是很小的，而 R_{sh}值很大。由于 R_s 是串联在电路中而 R_{sh}是并联在电路中，所以对于理想太阳能电池电路，二者均可忽略不计。此时，经过 R_L 负载的电流 I_L 为：

$$I_L = I_{sc} - I_o(e^{\frac{qV}{AKT}} - 1)$$

这是太阳能电池理想的 PN 结特性曲线方程。

式中：I_o——太阳能电池在光照下达到饱和时的电流；

q——电子电荷；

K——玻尔兹曼常数；

A——二极管曲线因数。

当 $I_L=0$ 时，太阳能电池输出的开路电压 U_{oc}为：

$$U_{oc} = \frac{AKT}{q}\ln\left(\frac{I_{sc}}{I_o}+1\right)$$

由上述两式可以获得太阳能电池的“伏－安”特性曲线，如图 6.5 所示。图中，曲线 a 为二极管的“伏－安”特性曲线，这也是在没有光线照射情况下太阳能电池的“伏－安”特性曲线；而曲线 b 是当有光线照射情况下太阳能电池的伏－安特性曲线。可以看出该曲线从无光照时的第一象限向有光照时的第四象限进行了移位，通过坐标变换，可获得太阳能电池常用的光照“伏－安”特性曲线，如图 6.6 所示。

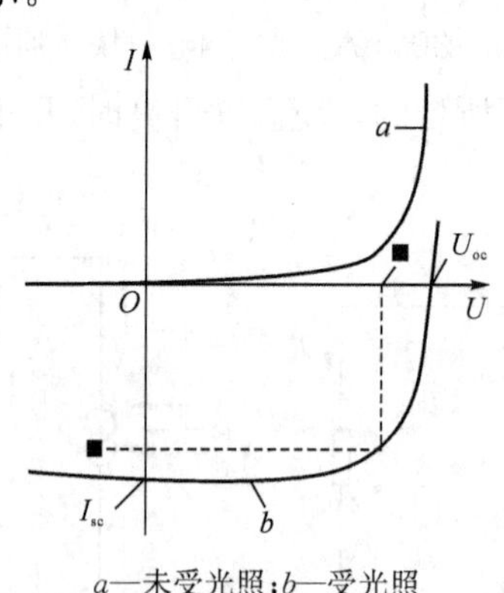

a—未受光照；b—受光照

图 6.5　太阳能电池的电流-电压关系曲线

I_{mp}为太阳能电池回路最佳负载电流；U_{mp}为太阳能电池回路最佳负载电压。在此条件下，太阳能电池达到最大输出功率。在“伏－安”坐标系中，与该点相对应的负载称为最佳负载。通常也利用“填充因数(FF)”这个重要参数对太阳能电池输出特性进行评价。填充因数和太阳能电池的开路电压、短路电流与负载电压、负载电流之间存在下述关系：

$$FF = \frac{U_{mp}I_{mp}}{U_{oc}I_{sc}}$$

太阳能电池的光电转换效率(η),是太阳能电池的最大输出功率和照射在太阳能电池上的入射功率的比值,主要和太阳能电池的结构、PN结特性、半导体材料特性、太阳能电池工作温度以及电池工作环境等因素有关。研究表明,单晶硅材料所制成的太阳能电池转换效率可达25.12%。但在实际应用中,单晶硅太阳能电池的转换效率只能达到12%~15%,即使是高效单晶硅太阳能电池,其转换效率也只有18%~20%。

在太阳光的光谱中,不同波长的光包含的能量和光子数目均不相同,所以太阳能电池实际所接收的光子数目也不同,利用"光谱响应"参数可进一步了解太阳能电池特性。太阳光线照射太阳能电池,光线中某种波长的光使太阳能电池产生光电流,其大小和该波长的光子数成正比,这种特性称为太阳能电池的光谱响应(也称光谱灵敏度)。太阳能电池的光谱响应,具体和太阳能电池的制造结构、材料、PN结特性以及表面光学特性、工作环境温度等多种因素有关。图6.7为常见的几种半导体材料制造的太阳能电池光谱响应曲线。

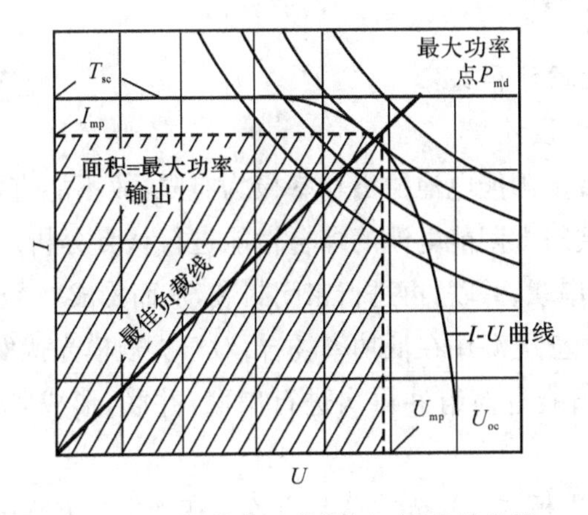

图6.6 太阳能电池的"伏一安"特性曲线

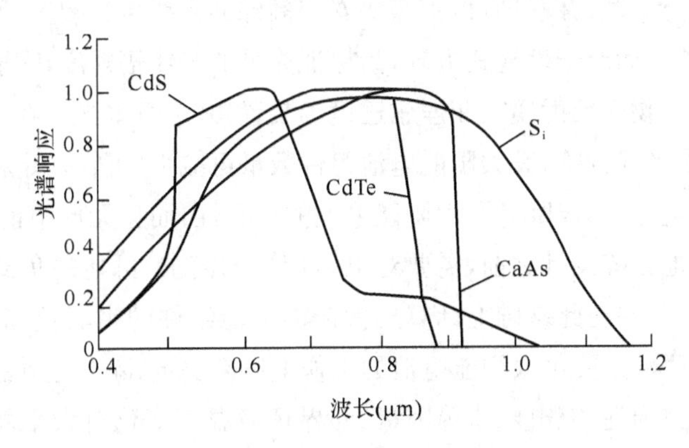

图6.7 不同材料制作的太阳能电池光谱响应曲线

3) 太阳能电池的制造

目前,光伏发电中的太阳能电池多使用单晶硅和多晶硅两种材料制造,其制造工艺已非常成熟,实际使用中电池性能稳定、可靠,且能量转换效率比较高,在国内外已经形成规模化生产。以单晶硅太阳能电池结构为例,可认为是面积非常大的半导体PN结。太阳能电池表面为受光面,镀有铝银材料制成的栅状电极;太阳能电池的背面为镍锡层制成的底电极。电池上、下电极都通过焊接银丝作为电极引线。为了最大程度的吸收太阳能,减少半导体材料表面对照射光的反射，通常会在太阳能电池表面镀一层二氧化硅或其他材料，形成抗反射膜。

在光伏发电系统，不能单纯依靠单片太阳能电池，而是需要将大量单片太阳能电池进行串联、并联，并用透明外壳将之密封（降低环境造成的损耗，延长电池使用寿命），形成太阳能电池组件。在大型光伏发电场中，再将若干个这样的太阳能电池组件进行串联、并联，从而形成具有一定输出功率规模的太阳能电池方阵。

不可否认，不同厂家在生产太阳能电池的过程中存在制造工艺上的差别，但总的来说大同小异。为降低太阳能电池制造成本，包括中国在内的世界各国的太阳能电池生产厂家以及科研单位都在研究新材料、新工艺、新技术。如在电池的表面进行选择性腐蚀以进一步降低电池表面反射率；利用丝网印刷化学镀镍或银浆烧结方法制造太阳能电池的上、下电极等等。这些新技术以及在将来所研制的新方法都会不断地在太阳能电池制造中得到应用。

6.1.3 太阳能电池阵列

1）太阳能电池方阵的设计和安装

（1）太阳能电池方阵的设计

前面介绍过，因为单片太阳能电池输出功率极为有限，故不能直接形成有效电源使用。在实际光伏发电系统中，需要对太阳能电池的综合性能进行认真分析，并在此基础上将几片或几十片单片太阳能电池进行串联、并联，再进行密闭封装，从而构成一个可单独使用的最小太阳能电池组件，该组件可作为独立电源用在低功率场合；对于大规模光伏发电，若要获得大功率电力输出，则还需要将若干太阳能电池组件再次进行串联、并联，形成阵列，从而构成太阳能电池方阵。

太阳能电池方阵包含平板式和聚光式两类方阵。在平板式方阵中，将一定数量的太阳能电池组件根据电极性进行串联、并联即可，不需要安装额外的光线聚集装置，所以多见于固定场合的安装，结构比较简单。而对于聚光式方阵，为保证充足的光线辐射度，需要安装额外的光线搜集器（如平面反射镜、抛物面反射镜或菲涅尔透镜等装置）来进行聚光。在相同输出功率的光伏发电系统中，若采用聚光式方阵，其太阳能电池组件数量可减少（可在一定程度上节约成本），但需要安装太阳跟踪装置，这不仅降低了太阳能电池的可靠性，而且无形中也加大了控制难度。

在进行太阳能电池方阵设计之前，需要对电力用户的需求、可能的负载用电量以及现有的技术条件进行科学分析，并在此基础上计算出太阳能电池组件的串联数和并联数。一般来说，太阳能电池组件的串联数主要由太阳能电池的工作电压来决定，除此之外还需要考虑到光伏发电系统中蓄电池的线路损耗、充电电压等因素，外界环境温度变化对太阳能电池的性能影响也比较大，在设计太阳能电池组件串联数时也需要认真考虑。确定好太阳能电池组件的串联数之后，便可根据所规划的光伏发电场所在地的太阳能总辐射量来确定太阳能电池组件的并联数大小。通常，太阳能电池方阵的电力输出功率和电池组件的串联有关，而电池组件的并联数则是为了获取所需要的电流。

（2）太阳能电池方阵的安装

通常先将支架固定在水泥基础上，然后将平板式地面太阳能电池方阵安装在支架上。不管是方阵支架、固定支架的水泥基础，还是与控制器相连接的电缆沟等附件的建设，都要严格按照设计规范进行，国家对光伏发电场中太阳能电池方阵支架主要有下述基本要求：

①太阳能电池方阵支架的设计和制造应尽可能的使用料最省，坚固耐用且安装方便。

②应根据光伏电站实际规划地区的情况和电力用户具体需求，将太阳能电池方阵支架设计成地面安装型或者屋顶安装型。通常在西部太阳能资源非常丰富的地区，光伏电站中电池支架多设计为地面安装型。

③采用能承受十级风力的钢材或者铝合金材料建设太阳能电池方阵的支架。

④支架的金属表面应做技术处理(如镀锌、镀铝或涂漆)，以防止支架长久使用后生锈腐蚀。另外，支架中所有用到的机械构件和连接件、支架、螺母等，也应该作防生锈处理，最好能使用不锈钢材料。

⑤太阳能电池方阵支架在设计和建设时，应灵活多变，既要充分结合当地纬度太阳光照度，也要方便在将来使用过程中能根据季节的变化对太阳能电池方阵的向日倾角和方位角结构进行手动/自动调整，目的便是能最大限度地接受太阳能辐射，从而增加太阳能电池方阵的输出电量。

众所周知，太阳能电池方阵的输出电量和电池方阵所接收的太阳辐射能量成正比关系。为了使电池方阵能最大限度地接收太阳辐射能，应设法使方阵的安装方位和倾角可调，以使太阳能电池方阵始终能够以最佳角度面向太阳(方阵表面始终与太阳光线垂直，太阳光线的入射角度为 0)。除此之外，任何太阳光线的入射角度都会对电池方阵接收太阳辐射能造成损耗。对于固定安装的太阳能电池板而言，其损耗可高达 8%。在实际应用中，可以使用光伏发电系统所在地的维度作为太阳能电池板方位角 ϕ 。并且在一年当中对方位角进行两次调整。其常规做法是 $\phi_{春分}$ =光伏发电场纬度$-11°45'$；$\phi_{秋分}$ =光伏发电场纬度$+11°45'$。通过这种方式，可将太阳能电池面板接收损耗控制在 2%以内。至于电池方阵斜面角度的选择，在设计时为减小设计误差，应该将气象台获得的水平面上的太阳辐射强度转换成电池方阵斜面上的相应值。具体转换算法是将电池方阵斜面所接收的太阳辐射能当做光伏发电场地处纬度、倾角和太阳赤纬的函数。具体操作为：从气象台获得电池方阵所在地的平均太阳能总辐射量，计算 ϕ 值(注意电池板方位角每年调整两次)，然后将其与所计算的电池方阵在水平放置时的太阳能总辐射量相比，一般太阳能总辐射量增益能达到 6.5%左右。

2) 太阳能电池方阵的使用和维护

太阳能电池方阵具有一定的使用寿命，在日常使用中，必须注意对其恰当操作并确保正常的常规维护。在选址光伏发电场时，应避免在太阳能电池方阵周围有高建筑、树木等遮挡阳光之物。总体而言，我国地处北纬地区，太阳能电池方阵的电池面应朝南放置，同时与太阳光线垂直。在安装和使用太阳能电池方阵时，务必要仔细、认真，严禁碰撞、敲击，以防止损坏太阳能电池密封玻璃，从而缩短太阳能电池的使用寿命。光伏发电场必须建有一定的保护措施，以便在大风、暴雨、冰雹等恶劣天气情况下，防止太阳能电池损坏。

在使用过程中，应经常对太阳能电池方阵的采光面进行清洁，始终保持太阳能电池能高效的发挥能量转换作用。不过在清洁过程中同样应避免使用硬物擦拭或使用带有腐蚀性的溶剂进行刷洗。在安装太阳能电池方阵的时候，必须要注意其输出端正、负极之分，切忌接反。光伏发电场中与电池方阵所匹配的蓄电池，同样需要正确的接线和常规维护。若太阳能电池方阵中带有向日追踪装置，也需要定期对其进行保养维护，以确保其正常工作。

太阳能电池方阵相关的光电参数，应不定期按照相关方法进行检测，以确保电池方阵不间断地正常供电。对可用手动方式进行角度调整的太阳能电池方阵，应根据季节变化来调整方阵支架的向日倾角和方位角，以使之始终能充分接收太阳辐射能。

6.2 光伏发电

6.2.1 太阳能光伏发电的原理与组成

常见的光伏发电系统是指利用太阳能电池有效吸收太阳光辐射能，并将之转变成电能的直接发电方式，这是当今光伏发电的主要方式，人们所说的太阳光发电实际就是指太阳能光伏发电。

因为光伏发电系统的原理是依靠光生伏打效应，所以那些利用太阳能电池将太阳能转换成电能的系统也称之为太阳能电池发电系统。其组成如图 6.8 所示，主要包括太阳能电池方阵、蓄电池组、相关控制器以及直流—交流逆变器等装置。

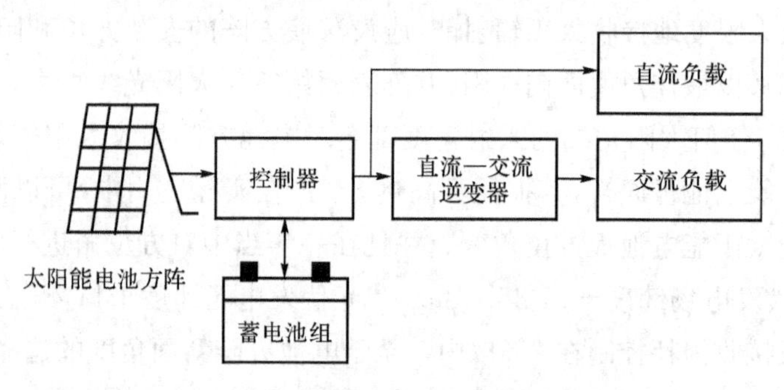

图 6.8 太阳能光伏发电系统的组成图

1) 太阳能电池方阵

单片太阳能电池是光电转换的最基本单元，其尺寸通常为 4～100 cm^2，工作电压为 0.45～0.50 V，工作电流则为 20～25 mA/cm^2，所以单片太阳能电池因能力有限，通常不能作为独立电源使用。若将多片太阳能电池进行串、并联并给予密闭封装，则成为太阳能电池组件。单个组件的输出功率能达到几瓦甚至几十瓦、百余瓦，可以在某些应用场合下作为独立电源使用。若想获得更高的输出功率(如光伏发电场)，则需要进一步对大量太阳能电池组件再进行串联、并联，这样就构成了太阳能电池方阵，如图 6.9 所示。

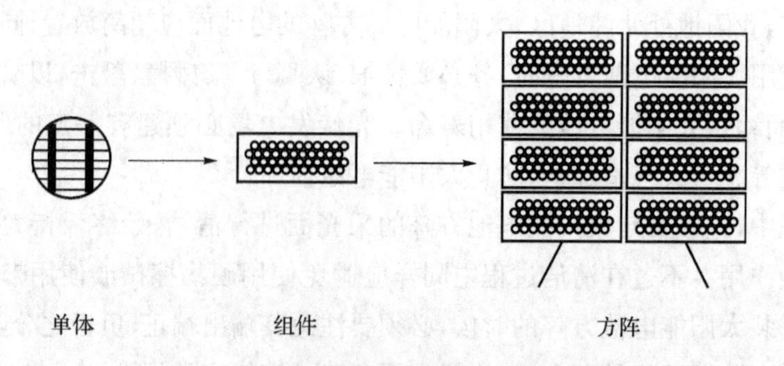

图 6.9 太阳能电池的单体、组件和方阵

（1）硅太阳能电池

目前应用最多的太阳能电池是硅太阳能电池。晶体硅太阳能电池通常由一个晶体硅片（P型硅）构成，在晶体硅上表面紧密排列着金属栅线，在晶体硅下表面是金属层。硅片表面扩散层是N区，则在P区和N区之间的连接处即为PN结。在PN结处会形成一个电场。实际应用中，太阳能电池的顶部会有一层用于降低阳光辐射的反射膜。当含有一定能量的光粒（具体能量大小由光波长决定）被晶体硅所吸收后，便会在PN结处形成一对对的正、负电荷（空穴和电子，成对出现），因为在PN结处的正、负电荷会呈两侧分开，则产生了一个外电流场，电流是从晶体硅片的底端电极经过负载再流至硅片的顶端电极，从而构成一个闭合回路。

若在太阳能电池的上、下两表面电极之间连接有负载，则所形成的电流会流经负载，故对太阳能电池而言就产生了工作电流，且工作电流的大小和太阳能电池所吸收的光子数成正比。因为光子的能量由光的波长所决定，且低于基能能量的光子不足以产生自由电子，而一个高于基能能量的光子也仅仅能产生一个自由电子，而多余的能量会导致太阳能电池温度变高，并最终导致太阳能电池的光电转换效率下降。

市场上现有的硅太阳能电池，多为单晶硅、多晶硅和非晶硅太阳能电池。单晶硅太阳能电池使用的单晶硅半导体材料的品质和半导体工业中使用的材料一致，所以光电转换效率较高，但同时也导致制造成本增大。多晶硅太阳能电池晶体内原子方向呈无规则性，导致晶体内PN结电场不能全部将正、负电荷分离，所以“电荷对”在晶体之间的边界上很有可能因为这种不规则性而出现损失，从而最终导致多晶硅太阳能电池的光电转换效率通常低于单晶硅太阳能电池。但因其制造工艺简单、成本低廉，故也拥有较大市场。非晶硅太阳能电池则属于薄膜电池，制造成本最低，光电转换效率也相对较低，而稳定性也不如前面两种太阳能电池，所以很少用于光伏发电系统，而更多地则是用于弱光性电源（如电子表、计算器等）。

（2）太阳能电池组件

太阳能电池组件中含有一定数量的单片太阳能电池，它们之间由导线进行连接。单个太阳能电池组件所含太阳能电池片的标准数量为36片或40片（10 cm×10 cm），则一个太阳能电池组件的输出电压能达到16 V，可以为单个蓄电池（额定电压为12 V）进行有效充电。太阳能电池组件通常被密封在玻璃面中，具有一定的防风、防雹、防雨能力，目前已经得到广泛使用。当组件不能满足使用要求时，再将多个组件进行串联、并联，构成太阳能电池方阵，以获得更高的输出电压、电流。

太阳能电池组件的密封方式主要有：①双面玻璃密封。在这种方式下，太阳能电池组件正反两面均使用玻璃板进行密封，太阳能电池被嵌在一层聚合物中。该方式制造工艺简单，但最大的问题是制造成本高，因为若要使玻璃板和太阳能电池接线盒相连接，必须要在玻璃板上打孔，以经过玻璃板边沿，而打孔成本很高。②玻璃合金层叠密封。该方式使太阳能电池组件的上表面仍密封于玻璃板中，不过背面则不需密封，而是一层合金薄片。其主要功能便是防止电池潮湿、变脏。因为太阳能电池仅被镶嵌在一层聚合物中，所以太阳能电池和接线盒之间可直接用导线相连。

太阳能电池组件的“伏一安”电气特性曲线如图6.10所示，显示了在特定太阳辐照下的太阳能电池组件中所传送的电流 I_m 和电压 U_m 二者之间关系。

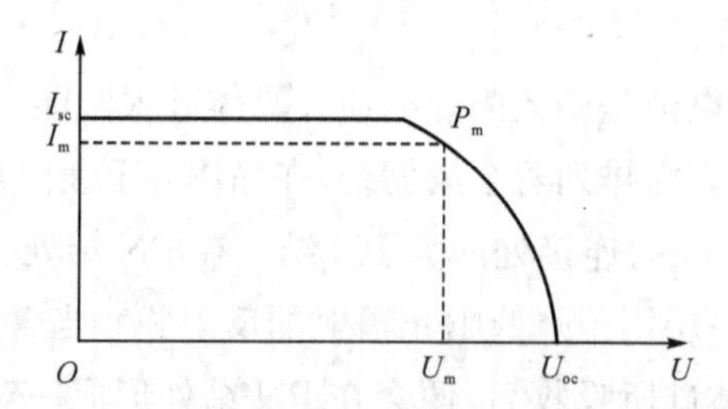

图 6.10 太阳能电池的"伏一安"特性曲线

I—电流；I_{sc}—短路电流；I_m—最大工作电流；U—电压；U_{oc}—开路电压；
U_m—最大工作电压；P_m—最大功率

太阳能电池组件的输出功率为流经该组件的电流与电压之乘积，即 $P=U\times I$。若太阳能电池组件发生短路，即电压 $U=0$，此时流经的电流称为短路电流 I_{sc}；而太阳能电池组件电路处于开路状态，即电流 $I=0$，此时电池组件的电压称为开路电压 U_{oc}。

当太阳能电池组件中输出电压从 0 开始增大时，电池组件的输出功率也从 0 开始增加，待电压达到一定数值时，输出功率可达到最大值。若电池组件回路中的负载电阻值也继续增加，则电池输入功率将从最高值逐渐减小直至为 0，即输出电压达到开路电压值 U_{oc}。这里，电池组件输出功率值达到最大值(最大功率 P_m)时的值称为最大功率点；该点所对应的输出电压值称为最大功率点电压 U_m(最大工作电压)；而该点所对应的电流值则称为最大功率点电流 I_n(最大工作电流)。

当太阳能电池的温度持续上升时，电池组件的开路电压开始减小，且降低幅度与温度成正比，温度大约每升高 1 ℃，每片电池输出电压减小 5 V，这相当于在最大功率点的典型温度系数为−0.4%/℃(即太阳能电池温度每升高 1 ℃，电池最大功率减小 0.4%)。

因为太阳能电池组件的输出功率主要由太阳辐射度、太阳能电池温度等决定，因此对太阳能电池组件的测试必须在 STC(标准条件)下进行，该测量条件被"欧洲委员会"定义为 101 号标准，即"光谱辐照度为 1 000 W/m^2、光谱为 AM 1.5、电池温度为 25 ℃"。在 101 号标准下，太阳能电池组件的最大输出功率被称为峰值功率(单位：W)。但在实际中，太阳能电池组件峰值功率的测量常常利用太阳模拟器进行，然后再将测量结果与国际认证机构的标准化太阳能电池进行对比。

实际应用中，在户外环境下对太阳能电池组件的峰值功率的测量是非常困难的，因为太阳能电池组件实际所接收的太阳光光谱和现场大气条件以及太阳位置有着密切的关系。而且在测量过程中，太阳能电池自身的温度也处于不断变化之中，所以综合考虑，其在户外条件下的测量误差会达到 10%甚至更高。

为了解决在野外对太阳能电池组件可靠性测试经历时间较长的问题，目前已有一种新型的测试方法，即加速使用寿命测试方法，它能以较低的测试费用最大限度的模拟太阳能电池的实际工作条件，从而在较短的时间内便可测出太阳能电池的可靠性。

在有些情况下，多个串联在一起的太阳能电池组件中的一个或少量几个被遮住而无法像其他组件那样正常接收光辐射，此时这些被遮蔽的太阳能电池组件会被当作负载消耗(热斑效应)正常太阳能电池组件产生的电能。被遮蔽的太阳能电池组件会发热，不仅会对太阳能电池造成很大的损坏，而且会大量消耗有光照太阳能电池所产生的部分/所有能量，从而降低系统的光电转换效率。为防止热斑效应产生，在太阳能电池组件的正、负电极之间需要并联一个旁路二极管，从而在某种程度上避免被遮挡的太阳能电池组件消耗光照组件所产生的能量。

太阳能电池组件中的连接盒主要是用来保护电池和外界的交界面以及将各电池组件内部连接的导线或其他相关系统元件。通常一个连接盒中包含 1 个导线接线盒和 1 只(或 2 只)旁路二极管。

在实际应用中，有时需要太阳能电池组件峰值功率低于标准组件(36～55 W)，即更小的太阳能电池组件。为了实现该目的，可以将太阳能电池组件设计成电池片数量与标准电池组件相同，但面积要更小的形式。如要得到输出功率为 20W、电压为 16 V 的太阳能电池组件，可以用 36 片，面积为 5 cm×5 cm 的太阳能电池片进行封装。在海洋中应用的太阳能电池组件必须采用特殊制造工艺，以防止海水和海风的侵蚀。在这种太阳能电池组件中，其背面有一块金属板，主要用来抵抗海啸冲击和海鸟的袭击。

2) 其他主要光伏发电组件

(1) 防反充二极管。又称为阻塞二极管，主要是用来避免太阳能电池方阵在恶劣天气、夜晚不发电或者出现短路情况时蓄电池会通过太阳能电池方阵放电的现象。通常，防反充二极管仅起单向导通作用，能承受大电流，并使反向饱和电流比较小，常常串联在太阳能电池方阵的电路中。

(2) 蓄电池。主要用于存储太阳能电池方阵所产生的电能，并随时向电力负载提供电力。光伏发电系统中所使用的蓄电池必须满足一定要求：要求自放电率低，深放电能力强，充电效率高，使用寿命长，且维护成本低或者免维护等。在国内光伏发电系统中主要使用铅酸蓄电池。一般 200 A·h 以上的铅酸蓄电池，多采用固定式或免维护型；而 200 A·h 以下的铅酸蓄电池，多采用小型密封免维护型。

(3) 充放电控制器。充放电控制器在光伏发电系统中能自动防止蓄电池过充电或过放电，同时还具备简单的测量功能。如果蓄电池长期处于过充电或过放电状态，会对蓄电池的性能和使用寿命造成极大影响，所以利用充放电控制器对之加以控制。按照充放电控制器开关器件在电路中的位置，将充放电控制器分为串联型和分流型两种；而若按照控制方式的不同，则可分为开关控制(包括单路和多路开关)型与脉宽调制(PWM)控制(包括最大功率跟踪控制)型两种。至于所使用的开关器件，可以是继电器也可以是 MOS 晶体管。但对于脉宽调制控制器，则只能用 MOS 晶体管作为开关器件。

(4) 逆变器。逆变器在光伏发电系统中起到非常重要的作用，不可缺少。众所周知，太阳能电池和蓄电池所产生的是直流电，不能直接应用于交流负载，故要先通过逆变器将直流电转换为交流电。根据运行方式不同，逆变器可分为独立运行逆变器和入网型逆变器。独立运行逆变器主要用于起到独立电源作用的光伏发电系统中为独立负载进行供电；而入网型逆变器则主要应用在较大规模光伏发电场，通过它可将获得的电能输入到电网进行远程传输。若按照逆变器输出波型不同，又可将逆变器分为方波逆变器和正弦波逆变器。其中方波逆变器的结构比较简单，制造成本低，其主要缺点为谐波分量大，只能用于输出功率在几百瓦以下或者对谐波要求不高的光伏发电系统；相比而言，正弦波逆变器虽制造成本较高，但可以应用于各种电力负载，目前，已成为光伏发电系统中逆变器的主要应用趋势。

6.2.2 光伏发电系统的主要分类

光伏发电系统(即太阳能电池应用系统)主要由太阳能电池方阵、"直流一交流"逆变装置、贮能装置、控制装置及相关连接装置等组成,有独立运行系统和入网运行系统两类,分别如图 6.11(a)和(b)所示。

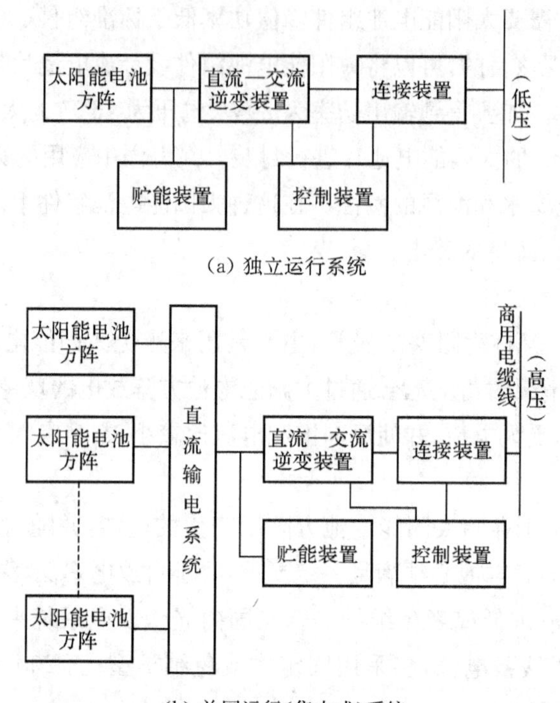

图 6.11 光伏发电系统的构成图

独立运行光伏发电系统常见于便携式设备、偏远地区独立建筑、设备的电源之中,其典型特征是不与电力系统有任何关系,属于典型的独立系统,向远离电网地区的建筑、设备等进行供电。按照光伏发电系统的用途和电力负载使用环境的不同,独立运行的光伏发电系统构成也有很多种划分。图 6.12 对独立运行的光伏发电系统按照构造进行了分类,包括:

(1) 带有专用负载的光伏发电系统

该系统仅仅是根据其负载的要求进行设计的,所以输出功率直接为直流或任意频率的交流,比较实用。该系统使用变频调速技术,如负载为电机的情况下,可变频启动同时抑制冲击电流,另外该设计可使变频器制造小型化。

(2) 带有一般负载的光伏发电系统

该系统主要面向对象为在某个范围内负载不确定的供电系统,常见负载为家用电器,多以工频运行。若是直流负载,则可将光伏发电系统中的逆变器进行省略。在实际应用中,往往会同时含有交流、直流负载。此外,光伏发电系统中需要配置蓄电池储能设备,这样可在夜晚光伏发电不起作用时继续使用白天存储在蓄电池中的电能,也可供阴雨天使用。除此之外,这种面向一般负载的光伏发电系统还可分为就地负载系统与分离负载系统,前者主要面向独立家庭或某些设备,属于"即发即用"型的独立供电系统;后者则需要配置一些小规模配电线路,这样不仅可以对本地用户进行供电，而且对较远地区的负载也能进行电力供应。为了便于管理，可以在该系统中设置一个集中型的光电场。若在建设集中型光电场时在土地使用上存在困难，可以通过沿配电线路分散建设多个“单元光伏发电场”的方法加以解决。

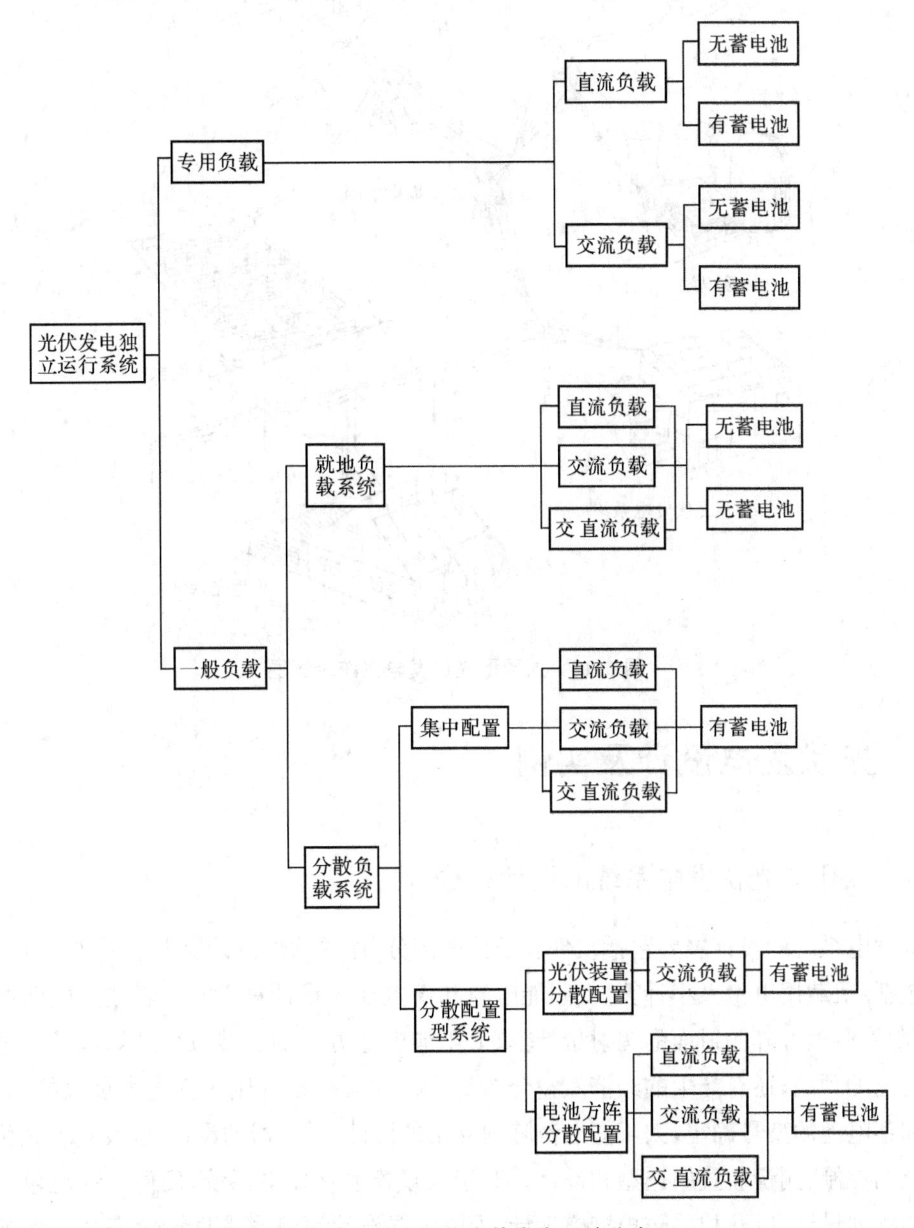

图 6.12 独立运行光伏发电系统分类

图 6.11(b)中所展示的入网型光伏发电系统是在前面介绍的独立运行光伏发电系统的基础上构造的，可接入电网从而为整个电力系统提供电力。图 6.13 是一个简单的入网型光伏发电系统接入电网示意图。从中可看出，光伏发电入网系统可分为集中型光伏电站入网和屋顶型光伏系统入网两类。前者的发电输出功率容量通常可达到兆瓦级以上，而后者输出功率多介于千瓦级和百千瓦级之间。光伏发电系统具有较强的模块式构造特点，比较适合该入网型光伏发电场应用。

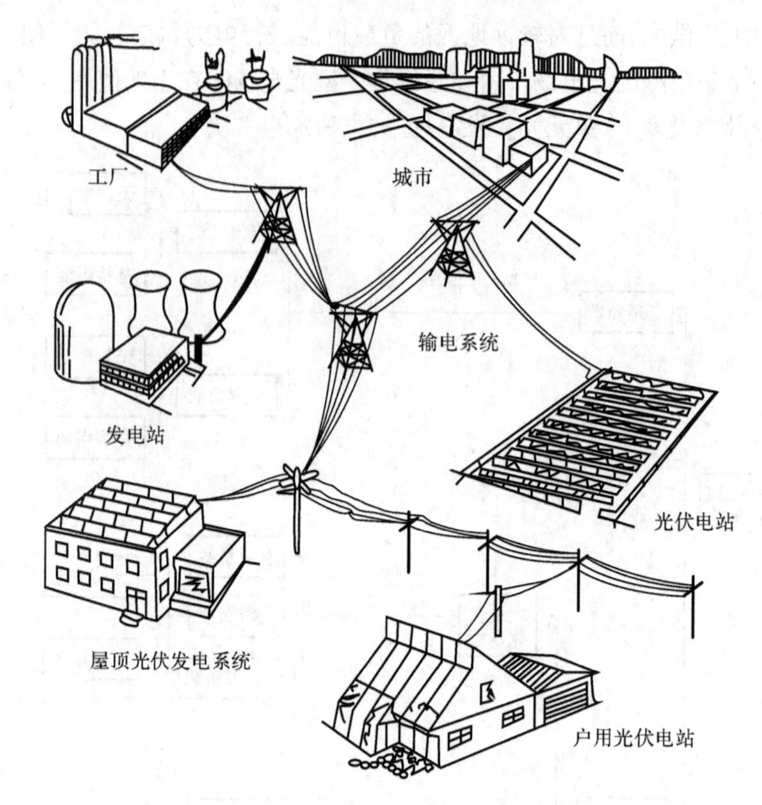

图 6.13　入网型光伏发电系统示意图

6.3　光伏发电设计及实例

6.3.1　太阳能光伏发电系统的设计方法

光伏发电系统的设计主要包括软件和硬件两部分，通常软件设计要先于硬件设计。软件设计具体包括：负载用电量大小计算、太阳能电池和蓄电池用量计算以及二者之间的匹配和优化分析、太阳能电池方阵照射面的辐射量计算、太阳能电池方阵的安装倾角计算以及发电系统整体运行情况的预测，还有产生的经济效益分析等等。而硬件设计则包括电力负载的选型、太阳能电池和蓄电池的型号确定，太阳能电池阵列支架的设计、逆变器的设计，以及整个光伏发电系统所涉及的控制、测量装置的选型和设计。对于大规模光伏发电系统，硬件设计还包括光伏电池方阵的排列设计，以及相关防护措施设计、配电装置设计和相关辅助设施、备用电源的设计与选型。通常由计算机完成发电系统软件设计中的复杂太阳辐射量计算、安装倾角计算以及系统优化的相关分析，在要求较低的场合，这些工作也可采用估算的方法进行确定。

在确保满足负载电力供应的前提下，应使光伏发电系统中的太阳能电池组件功率与蓄电池容量最低，以降低初期建设成本。光伏发电系统的每一步预先设计和规划都需要经过科学的研究与论证，以防止不恰当的设计导致光伏发电场的建设成本额外大幅增长。一般来说，在确定建设一个独立太阳能光伏发电系统之后，通常按照“计算负荷，计算蓄电池容量，计算太阳能电池方阵容量，确定控制器和逆变器型号，是否考虑混合发电”等步骤进行系统设计。

在上述设计步骤中需要包括光伏发电场地理位置(地点、经度、纬度和海拔等)、气象资料(月太阳能总辐射、直接辐射、散射辐射量,年平均气温、最高和最低气温,全年阴雨天数、恶劣天气发生概率)等数据,对气象数据而言,通常以过去数年内的数据作参考。针对某些地区数据可能不全的情况,可采取光伏发电场邻近地区(城市)的相关数据作为参考,在参考过程中要注意把握好误差。这样做的目的都是为了最大限度地降低可能对光伏发电系统的性能和造价造成的误分析。

1）负载计算

负载计算是进行独立光伏发电系统设计时要考虑的关键因素之一。不管是对直流负载还是交流负载,都要尽可能列出所有负载的名称、额定工作电压、功率大小以及日使用量等指标,注意功率因数在交流功率的计算中可不予考虑;列出负载后,再对负载进行分类、分组(按照工作电压进行划分),并分析每一组负载总的功率大小。然后就要选定系统工作电压(通常选用最大功率负载所要求的电压作为工作电压),需要计算整个系统在该工作电压条件下的平均安培小时(A·h)数(即计算出所有负载的日平均耗电量之和)。注意以交流负载为主的系统,直流系统电压需要考虑与所选用的逆变器输入电压相匹配。

一般独立运行型太阳能光伏发电系统的交流负载工作在 220 V,而直流负载工作在 12 V 的倍数(12 V、24 V 或 48 V 等),在实际应用中,负载的相关要求往往无法完全确定。如,对家用电器而言,虽然从电器铭牌上获知其相关功率要求,但对其运行规律则无法明确预测,若预测量过高则会导致光伏发电系统的整体设计容量以及建设成本上升。在光伏发电系统的严谨设计中,应尽最大可能地掌握独立型光伏发电系统的负载特性,这对系统的整体设计具有非常大的帮助。

2）蓄电池容量的确定

光伏发电系统中蓄电池的容量应设计为最佳值,以使建设成本最优。蓄电池的确定须结合太阳能电池方阵发电量、用电负荷以及逆变器效率等多种因素进行综合考虑。蓄电池容量的计算方法有很多种,可通过式(6.1)进行计算。

$$C = \frac{DFP_0}{ULK_a} \tag{6.1}$$

式中:C——蓄电池容量(kW·h);

D——负载无日照期间最长用电时数(h);

F——蓄电池的放电效率修正系数(通常取 1.05);

P_0——平均负荷容量(kW);

L——蓄电池日常维修保养率(经常取 0.8);

U——蓄电池放电深度(常取 0.8);

K_a——含逆变器等在内的交流回路损耗率(常取 0.7～0.8)。

正常情况下,按照上述参数,式(6.1)可简写为:

$$C = 3.75DP_0 \tag{6.2}$$

式(6.2)即根据平均负荷大小和负载连续无日照时最长用电时间计算出的蓄电池容量简要公式。

3) 太阳能电池功率的确定及方阵设置

(1) 确定日平均峰值日照时数 T_m

太阳能电池倾斜方阵上的历年"月平均太阳总辐射量"((mW·h)/cm²)除以"标准日太阳辐照度",所得结果即为平均峰值日照时数 T_m。

$$T_m = \frac{I_t(\text{mW}\cdot\text{h})/\text{cm}^2}{100\ \text{mW}/\text{cm}^2} \tag{6.3}$$

(2) 确定方阵最佳电流

太阳能电池方阵所输出的最小电流为:

$$I_{min} = \frac{Q}{T_m\eta_1\eta_2\eta_3} \tag{6.4}$$

式中:Q——负载每天总耗电量;

η_1——蓄电池的充电效率;

η_2——电池方阵表面因脏污或老化而引起的修正系数(常取 0.9~0.95);

η_3——电池方阵组合损失和对最大功率点的偏离修正系数(常取 0.9~0.95)。

根据上述结果可计算出每月最小峰值时数 T_{min},则太阳能电池方阵所输出的最大电流计算公式如式(6.5)所示,通常,太阳能电池方阵的最佳电流值在 I_{min} 与 I_{max} 值之间。

$$I_{max} = \frac{Q}{T_{max}\eta_1\eta_2\eta_3} \tag{6.5}$$

而太阳能电池方阵所输出的有功功率由式(6.6)计算得出:

$$Q_{出} = INI_t\eta_1\eta_2\eta_3/100(\text{mW}/\text{cm}^2) \tag{6.6}$$

式(6.6)中,N 表示当月的天数,而各个月份的负载所消耗的功率为:

$$Q_{负} = NQ \tag{6.7}$$

将式(6.6)和式(6.7)相减,若 $\Delta Q = Q_{出} - Q_{负}$ 结果大于零,意味着该月份太阳能电池方阵的发电量高于实际用电量,剩余电量用于蓄电池充电;反之,若结果小于 0,则意味着发电量低于耗电量,此时需要对蓄电池中所存储的电能进行额外补充,此时蓄电池处于亏电状态。若蓄电池全年荷电状态小于原先设定的放电深度(≤5),则应增加太阳能电池方阵的输出电流;反之,若荷电状态一直高于蓄电池放电深度的允许值,则可相应减小太阳能电池方阵的输出电流。除此之外,也可以通过增加/减少蓄电池容量、改变太阳能电池方阵倾角等方法来加以调整,以获得最佳太阳能电池方阵电流 I。

(3) 确定方阵工作电压

应设法使太阳能电池方阵的输出工作电压足够大,这样方可保证蓄电池在全年均能处于有效充电状态。所以太阳能电池方阵在全年中任何季节的工作电压都要满足：

$$U = U_f + U_d + U_t \tag{6.8}$$

式中：U_f——蓄电池浮充电压值；

U_d——因阻塞二极管和输电线路直流损耗导致的压降；

U——因太阳能电池温度上升而引起的压降。

通常，太阳能电池生产厂商在销售的太阳能电池组件上标出的工作电压值和最大输出功率值(W_m)都是使太阳能电池处于标准状态下进行测试的结果。通常，太阳能电池的工作电压随太阳能电池的温度上升而呈明显下降趋势，其温度变化和工作电压变化之间的关系可用式6.9表示，其压降U_t为：

$$U_t = \alpha(T_{max} - 25)U_\alpha \tag{6.9}$$

式中：α——太阳能电池温度系数(若电池由单晶硅和多晶硅制造，$\alpha=0.005$；若由非晶硅电池制造，$\alpha=0.003$)；

T_{max}——太阳能电池的最高工作温度；

U_α——太阳能电池的标称工作电压。

(4) 确定太阳能电池方阵的输出功率

太阳能电池方阵最佳输出功率为$F=I_{最佳}U_{最佳}$，由此可以计算出蓄电池容量、太阳能电池方阵输出电流、输出电压以及输出功率大小，结合所选定的具体蓄电池型号及相关电池组件性能参数，就可以对太阳能电池的组件型号和规格做出选择。并在此基础上确定太阳能电池方阵所需组件的串联数和并联数。

在太阳能电池组件的串联回路中，若单个或部分组件被遮光，则这些被遮蔽的组件会形成反向电压。此时它们受其他串联组件的驱动，电流会通过这些被遮蔽组件，从而使之发热，这会对太阳能电池造成一定损坏，严重时甚至导致永久性损坏，从而降低了太阳能电池的使用寿命。前面介绍过，可以采用旁路一个二极管的方式来解决这个问题。

若要按一定连接方式将太阳能电池组件串联、并联形成方阵，要求所使用的全部组件的"伏一安"特性曲线必须拥有良好的一致性，从而避免太阳能电池方阵的组合效率较低的情况，通常要求太阳能电池组件的组合效率要高于95%。

对于方阵设置的方位角和倾角，设计者和使用者也应有个基本了解。我国位于北纬地区，太阳能电池方阵的地理位置应按照正南向设置，一般来说，只要在正南±20°之内，太阳能电池方阵的输出功率差距不会很大。对于小型光伏发电系统而言，则通常采用当地纬度的整数倍方式进行电池方阵的倾角设置。若考虑在冬季期间提高发电量，则太阳能电池方阵的倾角可适当高于光伏发电场所在地理位置的角度，通常可取$\phi = 5° \sim 15°$。

6.3.2 太阳能光伏电池板入射能量的计算

前面已经介绍过，在规划光伏发电站时，需要对它的地理位置和气象数据进行分析，对于当地无法获得较全面气象数据的情况，可采用邻近城市的气象数据或类似该地区的气象数据作为参考，从而对光伏发电场的建设作出合理评估。

通常，从气象部门获得的数据只有该地区水平向上的太阳辐射量，这需要规划人员将之换算成倾斜面上的辐射量。其换算方法如下：

太阳光线射向太阳能电池方阵面的能量，主要包括直接辐射、散射辐射和地面反射三个部分。如果假设水平面的全天太阳能总辐射量为 I_H（由太阳直接辐射量 I_{HO} 和水平面散射量 HIS 共同组成），当太阳能电池板与地平面之间倾斜角为 θ 时，则太阳光线射向太阳能电池板倾斜面的太阳总辐射为 I_t，且可以通过式(6.10)进行计算。

$$I_t \approx I_{HO}[\cos\theta + \sin\theta \coth\theta \cos(\varphi - \phi)] + I_{HO}\frac{1+\cos\theta}{2} + \rho I_H \frac{1-\cos\theta}{2} \tag{6.10}$$

式(6.10)等式右边第一项是直射分量，第二项为散射分量，第三项为地面反射分量。ρ 为地面反射率，不同的地表对光线的反射率如表 6.1 所示。在实际计算中，ρ 取平均值 0.2，而在冰雪覆盖区域取 0.7。式 6.10 中关于太阳光照射的各种角度之间的关系则如图 6.14 所示。

表 6.1　不同性质地表的地面反射率

地表状态	地面反射率	地表状态	地面反射率
沙漠	0.24～0.28	湿砂地	0.9
干裸地	0.10～20	干草地	0.15～25
湿裸地	0.8	湿草地	0.14～26
干黑土	0.14	新雪	0.81
湿黑土	0.8	残雪	0.46～0.70
干砂地	0.18	冰面	0.69

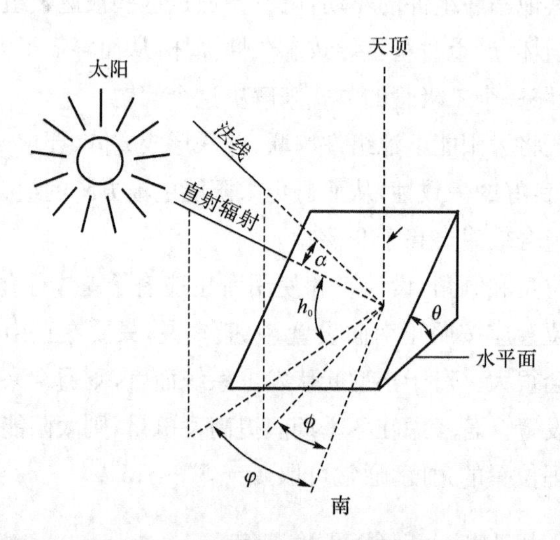

图 6.14　有关日射的各种角度关系

图 6.14 中的 h_0 表示太阳高度；θ 表示太阳能电池板的倾斜角；α 表示太阳光线朝电池板法线的入射角；φ 表示太阳方位角；而 ϕ 表示太阳能电池板的方位角。

6.4 太阳能光伏发电储能技术

6.4.1 充、放电控制

为了最大限度地发挥光伏发电系统中的蓄电池性能，延长其使用寿命，须采用一定的技术及装置对蓄电池的充、放电条件及过程加以控制。蓄电池充、放电控制装置是太阳能光伏发电系统中必不可少的。好的充、放电控制器能有效地防止蓄电池产生过充电和深度放电现象，并且使蓄电池的工作状态达到最佳。但在实际应用中，对光伏发电系统中充、放电的控制往往要困难得多，这主要和光伏发电系统中太阳能的输入带有很大随机性有关。在光伏发电系统中，直流控制系统作为一个整体往往包含了充、放电控制，发电系统控制和负载控制三部分，称之为直流控制柜。

1) 充电控制

在太阳能光伏发电系统中，对蓄电池充电的控制主要由控制电压或电流来实现。对蓄电池进行充电通常有三种方式：恒电流充电、恒电压充电和恒功率充电，这三种方式都具有不同的电压和电流充电特性。

在光伏发电系统中，常使用充电控制器来实现充电条件的控制，并在充电过程中进行充电保护。其常用充电控制器包括完全匹配系统、部分并联调节器、并联调节器、串联调节器、脉冲宽度调制(PWM)开关、齐纳二极管(硅稳压管)调节器、次级方阵开关调节器，以及脉冲充电电路等。通常，考虑到成本、精度等因素，在不同类型的光伏发电系统中选用不同的充电控制器。所使用的开关器件，可以是继电器，也可以是 MOS 晶体管。但在使用 PWM 调制型控制器中往往因为包含系统最大功率的跟踪功能，所以只能使用 MOS 晶体管。另外，对蓄电池充电过程的控制经常是通过对蓄电池端电压的控制来实现的，故光伏发电系统中的充电控制器在有些场合又被称为电压调节器。常见的充电控制系统有：

(1) 完全匹配系统

如图 6.15 所示，通过在系统中串联二极管(常用硅 PN 结或肖特基二极管)的方式阻止蓄电池在太阳处于低辐射期间向太阳能电池方阵进行放电。

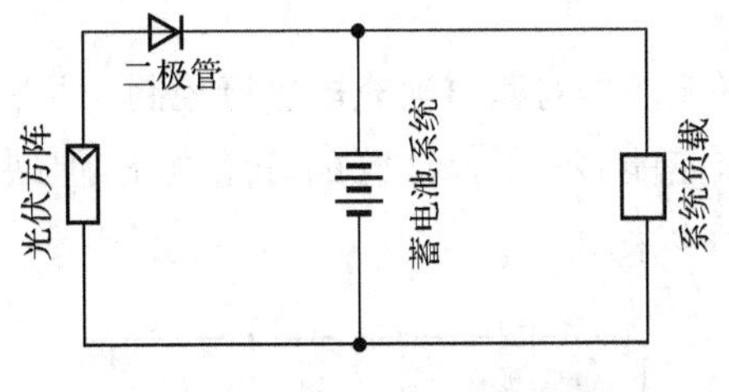

图 6.15 完全匹配系统电路

在太阳辐射期间，蓄电池处于充电状态，此时蓄电池呈累加接收电荷。太阳能电池方阵工作时的伏安特性曲线如图 6.16 所示，从图中可以看出，随着电流的减小，工作点从 a 点向 b 点移动。所以要预先设置好 a 点和 b 点之间的工作电压范围，这样可使太阳能电池方阵和蓄电池之间达到最佳匹配状态。

该充电控制系统存在的主要弊端为:若太阳辐射不断发生变化,则太阳能电池方阵的工作曲线是不能明确的。所以只能当太阳辐照度非常高时,蓄电池才能被充满电;而在太阳辐照度低时,太阳能电池方阵的工作效率将大大降低。

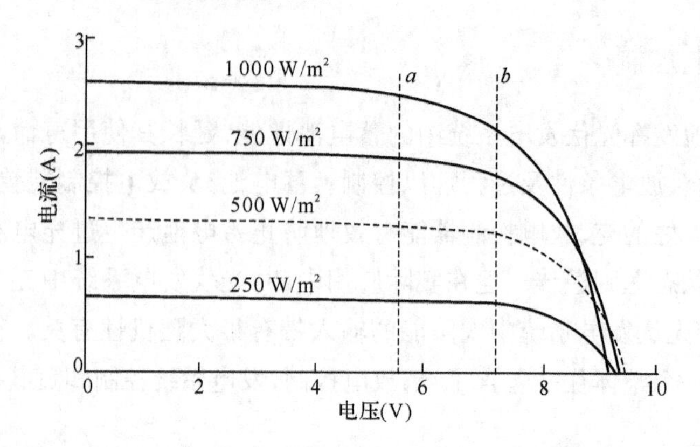

图 6.16　在太阳能电池方阵供给下的蓄电池伏—安特性曲线

(2) 并联调节器

并联调节器是现有的光伏发电系统中应用最为普遍的充电调节器,通常使用一台并联调节器即可使蓄电池充电电流保持恒定,如图 6.17 所示。

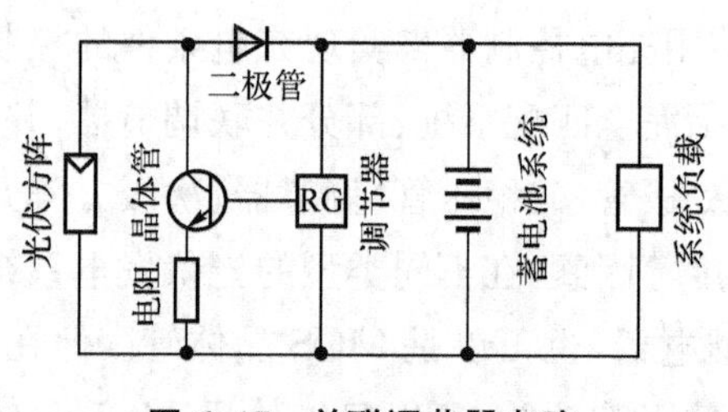

图 6.17　并联调节器电路

并联调节器根据工作电压、电流和温度来对蓄电池的充电进行调节。通过并联电阻将晶体管和蓄电池并联电路相连,以达到过充电保护的目的。常见做法是,利用固定的电压门限值实现晶体管开关的接通/关闭,以实现调节的目的。

经过并联分流的电能常用于一些辅助负载的电力供应,从而避免浪费,使太阳能电池方阵获得的电能得到充分利用。

(3) 部分并联调节器

图 6.18 是使用部分并联调节器对蓄电池充电进行控制。并联调节器可以降低太阳能电池方阵的输出电压,其主要优点是能够降低晶体管的开路电压,但缺点是在电路中增加了额外的线路,该方式在实际应用中很少采用。

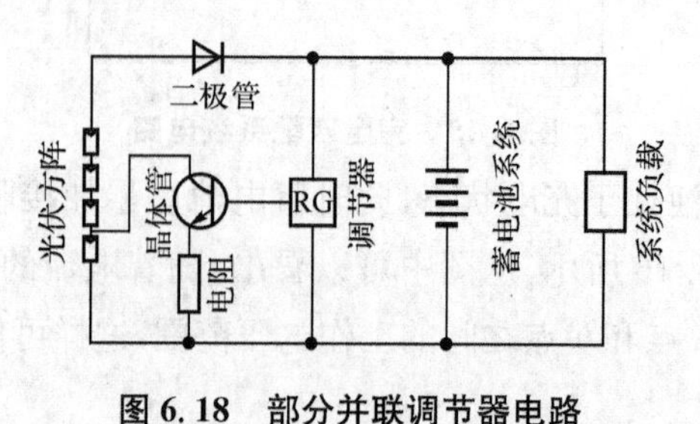

图 6.18　部分并联调节器电路

(4) 串联调节器

与并联调节器不同，串联调节器要使蓄电池两端的输出电压保持恒定，且蓄电池输出电流随串联晶体管调节器的变化而变化，其电路如图 6.19 所示。这种类型的晶体管调节器通常是一种两阶段调节器，使用串联晶体管代替了串联二极管。

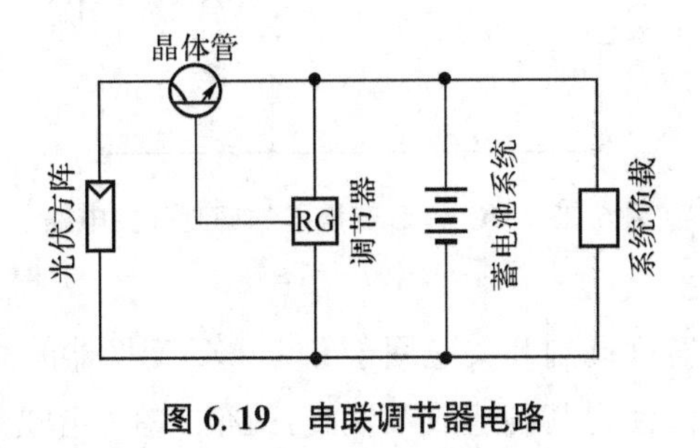

图 6.19 串联调节器电路

(5) 齐纳二极管调节器

该调节器结构比较简单，主要是使用了一个齐纳二极管电压稳定器(如图 6.20 所示)，其主要缺陷在于与二极管连接的串联电阻会消耗掉相当一部分功率，故未能得到广泛应用。

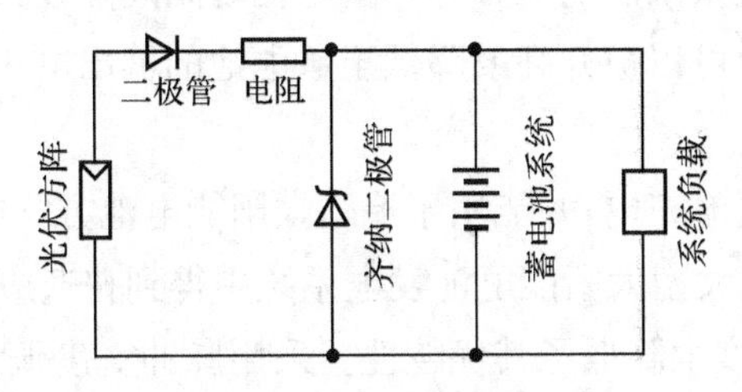

图 6.20 齐纳二极管调节器电路

(6) 次级方阵开关调节器

次级方阵开关调节器电路如图 6.21 所示。当蓄电池输出电压达到预先设定的确定数值时，太阳能电池方阵的几行或所有组件将自动断开。图 6.22 是蓄电池输出电压和电流之间的关系曲线。次级方阵开关调节器的主要弊端就是开关安排极其复杂，所以该类型调节器多应用于较大规模的光伏发电系统中，以提供一个准锥形充电电流。

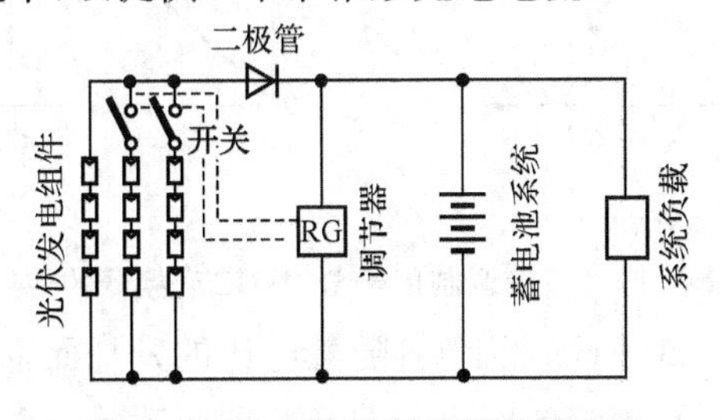

图 6.21 次级方阵开关调节器电路

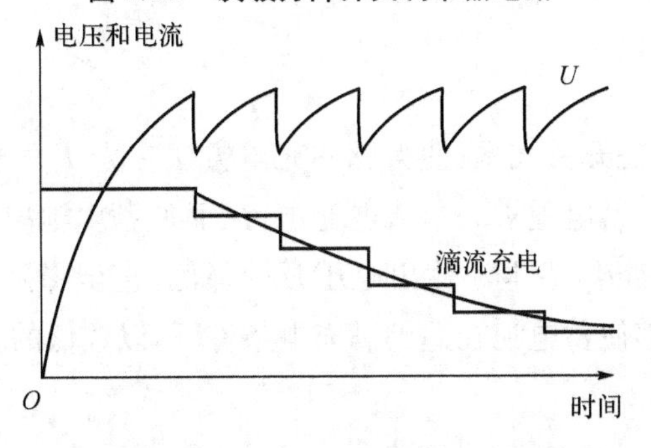

图 6.22 次级方阵开关调节器的充电特性

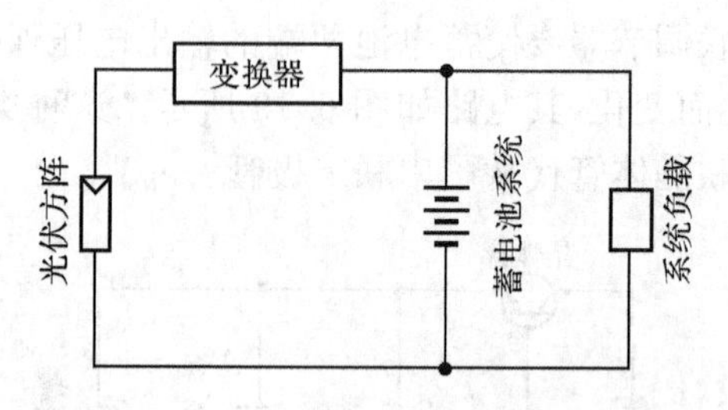

图 6.23 DC-DC 变换器的调制开关电路

(7) 脉冲宽度调制开关

图 6.23 显示了将脉冲宽度调制开关应用于 DC-DC 变换器的充电控制电路中。由于这种调制开关在制造上的复杂性,使得其制造成本较高,故很少在小型光伏发电系统中应用,在大规模光伏发电系统中使用较多。其主要优点如下:

①太阳能电池方阵输出电压至 DC-DC 变换器,其电压能够随着变换器的升高或降低而进行改变。这尤其适合于那些太阳能电池方阵与蓄电池之间间隔较大的地方。通常,太阳能电池方阵的电压在一个中心点上可以被升高或降低至蓄电池的输出电压值,这样可以使电缆中的功率损失得以降低。

②可以很好的控制蓄电池充电,并能用于追踪太阳能电池方阵的最大功率点值。

DC-DC 变换器虽然在大型太阳能电池发电系统中得到普遍应用,但是它们的效率比较低(90%~95%),这在某种程度上降低了其优越性。采用脉冲宽度调制 DC-DC 变换器的输出,其蓄电池在充电过程中的变化如图 6.24 所示。

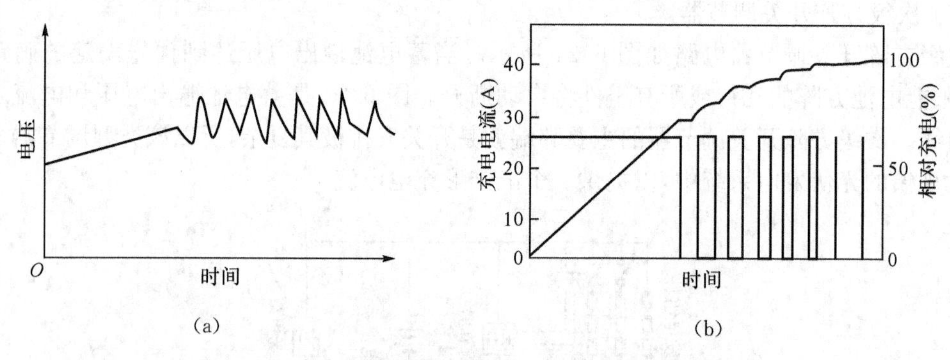

图 6.24 脉冲宽度调制用于 DC-DC 变换器的使用特性

电流脉冲宽度(100 Hz~20 kHz 范围)将随着电压的升高而降低,直至所有平均电流值降低到电流充电量级为止。目前,因为使用了固态开关器而不是继电器,所以该方法得到了普通使用。

(8) 脉冲充电

因为采用了低成本固态开关技术,使得脉冲充电方法在光伏发电系统中得到广泛使用,其充电电路如图 6.25 所示。蓄电池被一恒流电充电,从而使蓄电池电压升至一个较高的门限值(见图 6.26),此时调节器断开,蓄电池输出电压开始降低,直至降到另一个门限值。通过预设这两个门限值的大小,能够使蓄电池在达到满充电条件下,以较低的输入电流在高电压下运行。

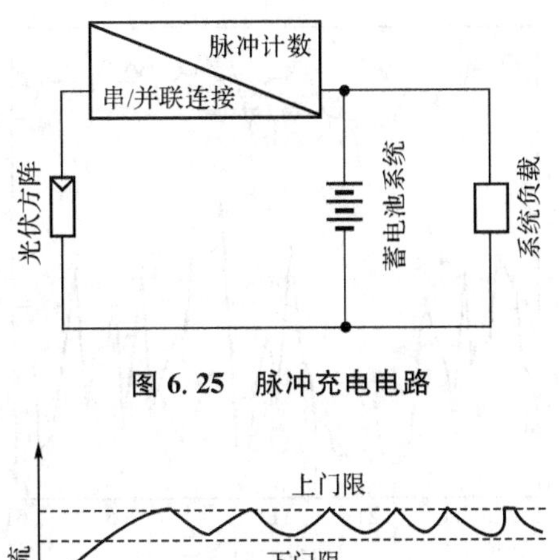

图 6.25 脉冲充电电路

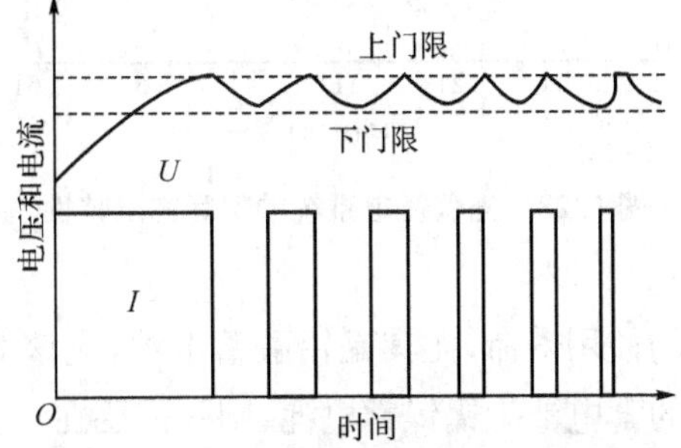

图 6.26 脉冲充电调节器的充电特性

因为典型的滞后为每单元太阳能电池 50 mV,则当蓄电池达到满充电条件时,对应一个铅酸蓄电池循环大约在 2.45～2.50 V 之间。为了使光伏发电系统工作在更好的运行条件下,这些门限值至少在每月达到一次,但每周不应该超过一次。

可以在使用脉冲充电电路时接入一个限压器,以防止继电器的过度通断。尤其当蓄电池输出电压远远超过其设计极限值时,会导致这种现象长时间存在。在图 6.27 中所展示的各种充电曲线中,除了完全匹配的系统外,蓄电池工作点都被限制在曲线的 a、b 区间内,此时的通电电流接近短路电流值 I_{SC}。

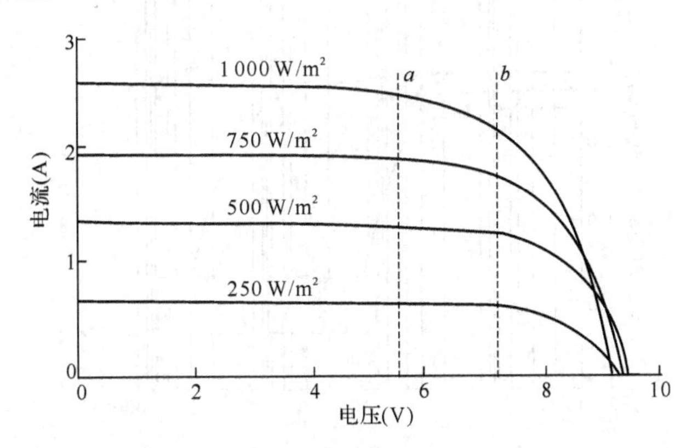

图 6.27 由太阳能电池方阵所提供的蓄电池电流随其电压变化关系曲线

假设某光伏发电系统运行于连续高辐射的太阳光之下,若被一个不断变化的云层遮挡,则会导致蓄电池的实际充电曲线变化非常大(如图 6.28 所示)。在低云量覆盖状态下的光伏发电系统,其日辐射曲线可被认为是正弦曲线。

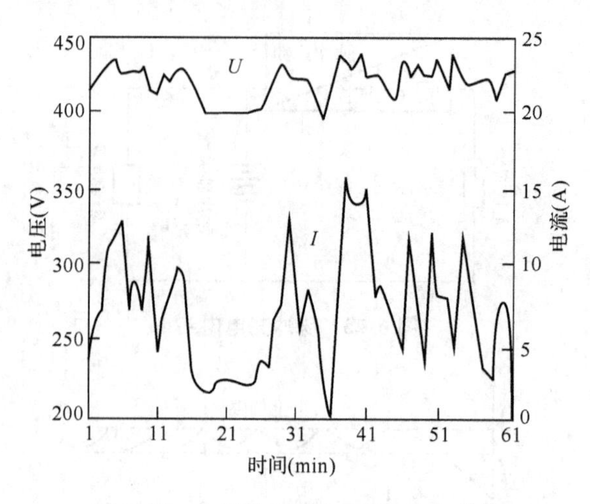

图 6.28　光伏发电系统的实际充电特性

2）放电保护

为尽可能的延长蓄电池的使用寿命，尤其是铅酸蓄电池，应该对其采用一种完全放电的保护方法。若光伏发电系统中的蓄电池为镉镍蓄电池，则只需要在一个较小范围内使用放电保护即可。为使蓄电池整体寿命尽可能长，必须采取某些保护措施防止单个电池失效，并使光伏发电系统始终处于稳定供电状态。理想情况下，应对蓄电池的充电状态进行精确测量，从而确保蓄电池在放电条件下得以正确使用。但在实际应用中，很难对铅酸蓄电池和镉镍蓄电池充电状态下的特性进行精确测量。

(1) 限定放电容量到 C_{100}

典型铅酸蓄电池在不同负载电流下放电时的放电特性如图 6.29 所示。蓄电池容量随放电率的降低而增加。蓄电池初始电压值与最终放电电压值的大小都取决于放电电流值。

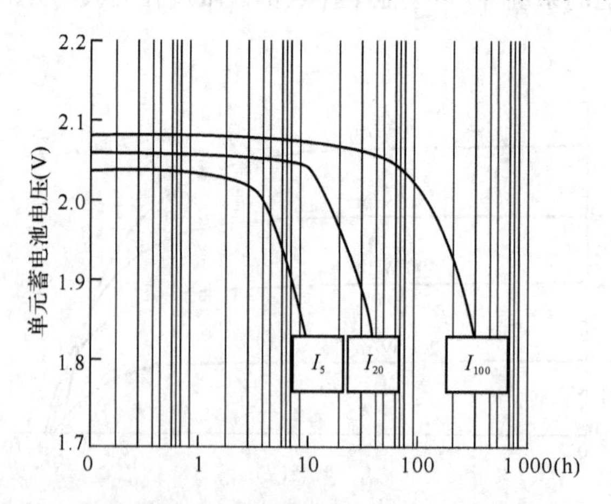

图 6.29　各种放电率下的蓄电池容量(标称容量为 100 A·h)

在光伏发电系统中，蓄电池通常能连续运行很多天，其负载电流能达到 100 h 电流即 I_{100}。通过设置，此时最终放电电压为 U_{100}，从而达到保护蓄电池的目的。

在某些光伏发电系统中，有些负载电流往往变化比较大，要求放电容量必须低于 C_{100} 的安时容量，否则蓄电池就会因完全放电而使其使用寿命大幅降低。如图 6.30(a)所示，在放电率低于 I_{100} 的情况下，有可能是蓄电池彻底放电。而图 6.30(b)说明，通过设置放电容量 C_{100}，可以避免这种不利情况发生。

对于小型光伏发电系统中所使用的蓄电池，在其 C_{100} 额定值下是可以完全放电的。此时，蓄电池电解液的密度约为 1.03 kg/L，这个数值非常低，甚至会导致铅溶解，从而对蓄电池造成彻底损坏。故，必须严格控制蓄电池的 C_{100} 值，一旦蓄电池的电解液密度接近 1.10 kg/L，就必须使蓄电池停止继续放电。

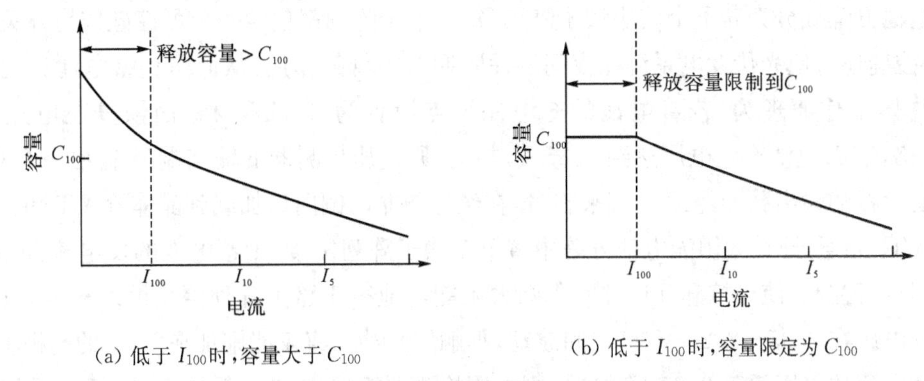

(a) 低于 I_{100}时，容量大于 C_{100}

(b) 低于 I_{100}时，容量限定为 C_{100}

图 6.30 设置放电容量到 C_{100}

(2) 自动放电保护

这种方法通常在小型光伏发电系统中使用最多，也是最简单、成本最低的保护措施。它是使用某个预设的电压值从蓄电池上断开负载，同时，将这种情况通过发光二极管闪烁或蜂鸣器鸣叫进行报警。

此外，可以采用调节器对若干负载输出进行控制，用户可以连续地使用一些主要负载(如照明负载)，而对于那些非主要负载，将被控制断开。在使用这种方法时，设计人员首先要对负载进行分类，确定哪些负载具有优先被供电权。

通常，在一些自动放电保护系统中，须明确对负载进行重新连接的依据，从而使系统能够适应某些应用。如针对那些重视蓄电池使用寿命而对用电负载不是特别关注的应用场合，可以将负载持续断开，直至在充电调节状态下蓄电池的输出电压升至另一个高电压为止，该电压可以使蓄电池的电荷量达到最佳。

在有些光伏发电系统中，负载的供电是非常关键的，当蓄电池重新存贮少量电荷后，有可能会出现重新连接的情况。此时，应当使用某种指示装置告诉用户当前蓄电池正处于低充电状态，这样可使负载的耗电量整体保持在最小值。

常见光伏发电系统主要包括太阳能电池组件、蓄电池组和电力负载三部分，对蓄电池的充、放电控制相对比较简单，在国内外市场中有较多的成熟产品销售。而对于较大规模的光伏发电站，对蓄电池控制的充、放电控制还应该包括系统控制和负载控制等功能，这需要根据电力用户的具体要求进行特殊设计。下面介绍几种特殊功能的电压调节器。

3) 具有特殊功能的电压调节器

(1) 无触点电压调节器

太阳能电池发电系统中经常使用继电器作为电压调节器的主电路开关，这种方式成本低廉、控制简便，并且具有良好的隔离作用，但是继电器的触头使用寿命极其有限，且要求其开关速度不能过快，这在光伏发电系统中的一些特殊应用场合(如高压系统、大电流系统)就非常容易出现问题，此时需要使用无触点低功率开关器件来实现主电路的开关功能。随着电力电子技术的发展，目前已有很多种无触点大功率开关(如大功率晶体管、VMOS管、可控硅GTO等)可供选择，这里针对一种使用可控硅作为蓄电池充电回路开关的器件来介绍其工作原理，它可以对电压进行有效调节。

图6.31中介绍了一种使用可控硅作为开关器件的串联型增量控制电压调节器，系统中的太阳能电池方阵被分为若干个较小型子阵列，每一个子阵列都包含一个可控硅作为开关控制器件，该可控硅还可使光伏发电系统在夜间发挥阻塞二极管的作用，从而防止蓄电池出现反电流情况。具体工作原理为：若蓄电池的充电保护点设置为2.35 V/格，而恢复充电点设置为2.25 V/格，若蓄电池充电电压达到2.35 V/格时，则电压检测器的输出端A输出一个高电平，待脉冲发生器的输出脉冲经过B端来临时，在经过与非门倒向后加载到晶体管VT_4的基极上，从而使VT_4导通，导致太阳能电池方阵中将第1路子阵列短接，则蓄电池的反电流开始对第1路子阵列进行控制，使可控硅TH_1断开，则太阳能电池第1路子阵列停止继续充电。这时，若蓄电池的电压在2.35～2.25 V/格之间波动，则触发脉冲一直仅能施加在VT_4的基极上。

若蓄电池的电压低于2.25 V/格时，则电压检测器输出端A为低电平，在经过反相之后施加在与晶体管VT_4基极相连的与非门上，此时当脉冲发生器输出端脉冲来临时，则晶体管VT_4导通并触发可控硅TH_1并使之导通，从而使太阳能电池方阵中的第1路子阵列恢复充电。

通常，太阳能电池方阵中的各个子阵列的控制都是独立的，且可设置为同一数值，但在实际中因为调节器控制电压点的设置可能不一致，故导致与各个子阵列相连接的可控硅动作前后顺序不一致。

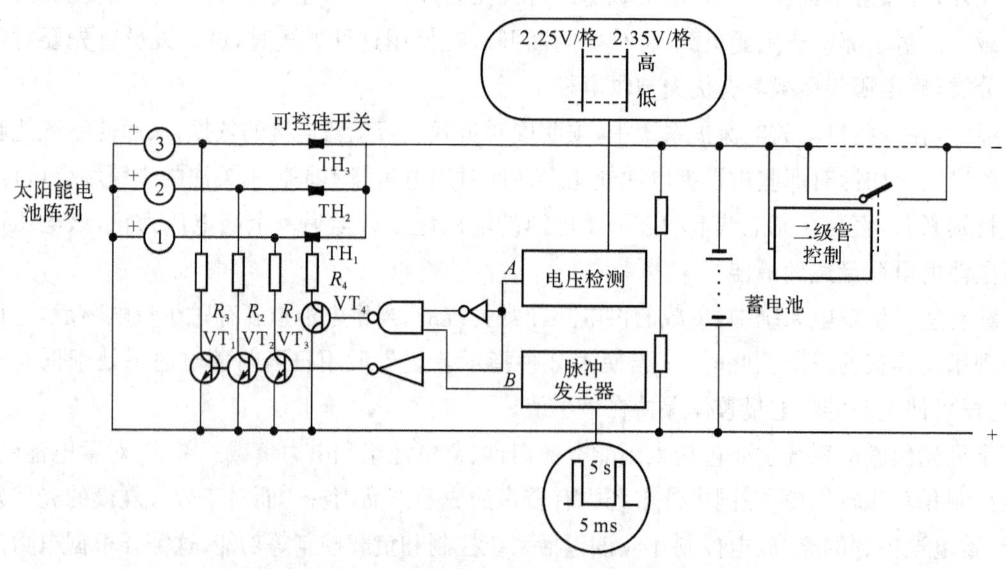

图6.31 无触点电压调节器的电路原理示意图

(2) 无压降电压调节器

无压降电压调节器利用继电器控制主充电回路的蓄电池充电，属于功耗最低的充电控制器之一，适用于低电压、大电流的供电系统。若在较大电流系统中使用前面所介绍的电压调节器，因为蓄电池充电主回路都采用了阻塞二极管，所以在充电过程中不仅会额外增加功耗(阻塞二极管消耗)而且会产生大量的热量。例如，对于图6.32中使用的电压调节器，若充电电流为

30 A,则阻塞二极管所消耗的功耗为 20 W(30×0.7≈20 W)。如此高的热量,对于充电控制器而言需要专门配置相当面积的散热器方可使阻塞二极管正常工作。

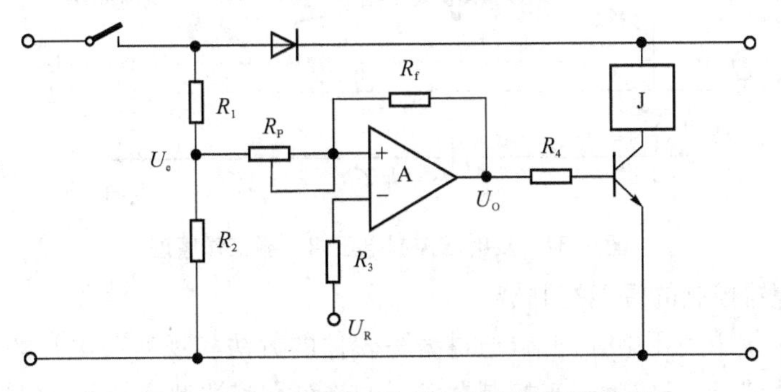

图 6.32 回滞可调的开关控制电压调节器原理图

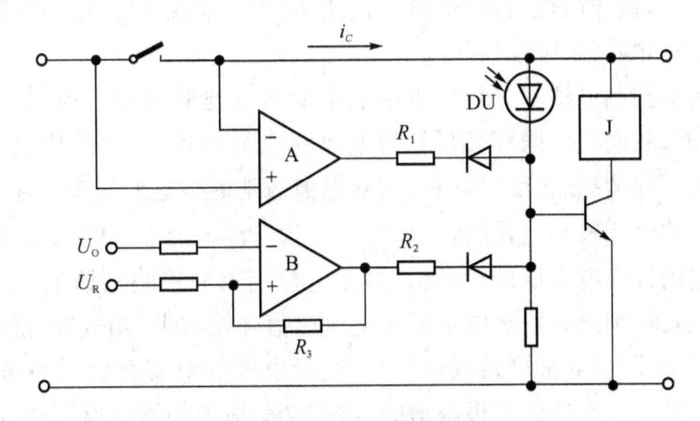

图 6.33 无压降电压调节器原理图

无压降电压调节器的原理如图 6.33 所示,主要是在图 6.32 的电路基础上增加了光敏探测和放大器。光敏探测用于启动充电,而反电流检测功能则类似阻塞二极管,一旦电路中有反电流则立即产生信号控制继电器将充电回路断开。图 6.33 中的放大器 A 作为反电流检测比较器,放大器 B 则作为过电压检测比较器使用,采用继电器常开触头作为充电回路的控制开关。当比较器 A 和 B 同时输出高电平时,继电器闭合,给蓄电池充电。与图 6.32 不同之处在于,图 6.33选用了继电器常开触头作为充电控制开关,这导致比较器 B 的检测端电压和其输入端参考电压相反。除了过电压和反电流能对继电器进行控制之外,当太阳光线辐射度比较高的时候,通过光电管 DU 也能使继电器闭合,给蓄电池充电。

(3) 双电压控制电压调节器

若蓄电池为铅酸蓄电池,则根据其充电原理,采用双电压控制电压调节器对充电过程进行控制,可自动完成两个电压控制点的调节。图 6.34 为该调节器的工作原理图,在一开始对蓄电池充电时,电压调节器的调节电压点位为 2.45 V/格,在最初充电阶段,蓄电池需要尽快达到该电压值以防蓄电池内电解液产生层化效应,此时充电效率最高。之后,为避免蓄电池内电解液气化,必须将充电电压立即降低。所以在充电过程中,若达到充电电压保护点 2.45 V/格时,则降至改为浮充电压保护点 2.35 V/格。从而使蓄电池在整个充电过程中始终维持在最高效率状态,且蓄电池不会因为过电压而导致电池内电解液出现气化损失现象。

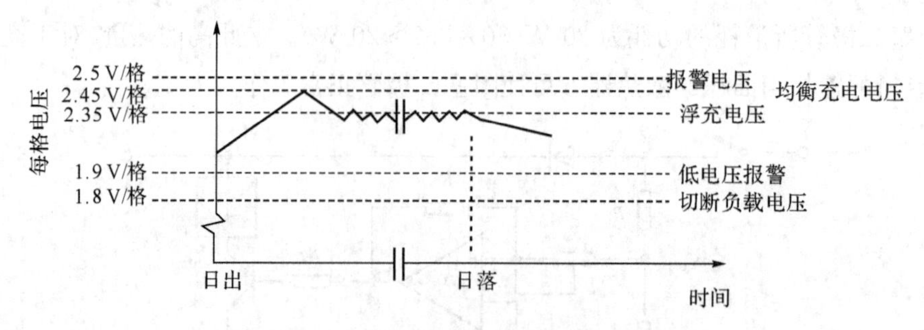

图 6.34 双电压控制电压调节器工作原理

(4) 由微处理器控制的智能控制器

在光伏发电系统中使用微处理器,通过编写软件的方法实现对蓄电池的充、放电过程的控制具有非常大的优势,已经成为未来控制器发展的趋势。该类型控制器不仅性价比和控制精度高,而且运行方式灵活,操作简便。图 6.35 为使用 MCS51 微处理器作为控制检测核心器件在 2 kW 光伏发电系统充电控制中的使用。

图 6.35 使用增量控制方法对光伏发电系统中的蓄电池充电进行控制,确保蓄电池的充电电压保持在合理程度,从而最大限度地延长蓄电池的使用寿命。将 2 kW 光伏电池方阵分为 8 路子方阵,若太阳辐射强度高、日照时数长,则蓄电池通常能被近似充满。在该光伏发电系统使用中,若在白天负载的电流较小且比较恒定,则在光伏电池电流上升时,蓄电池的电压也开始上升;在蓄电池电压达到其充电电压的最高值时,充电控制器能检测到该电压值并将 8 路子方阵光伏电池中的一路切断,则此时对蓄电池的充电电压值开始减少,相应地,蓄电池电压也开始从极限电压值降低。若太阳辐射强度持续比较高,光伏电池的电流开始增加,则蓄电池又开始逐渐被充满,待蓄电池电压再次达到其极限值时,该值又会被控制器所检测到,从而再切断一路光伏电池子方阵,导致充电电流再次下降。按照该方法,能始终使蓄电池电压处于浮充状态,从而达到保护蓄电池的目的。反之,若太阳辐射强度降低,则对蓄电池的充电电流减小,导致蓄电池电压降低,此时由控制器启动之前被切断的某路光伏电池子方阵投入对蓄电池的充电,最终使蓄电池达到最佳充电效果。

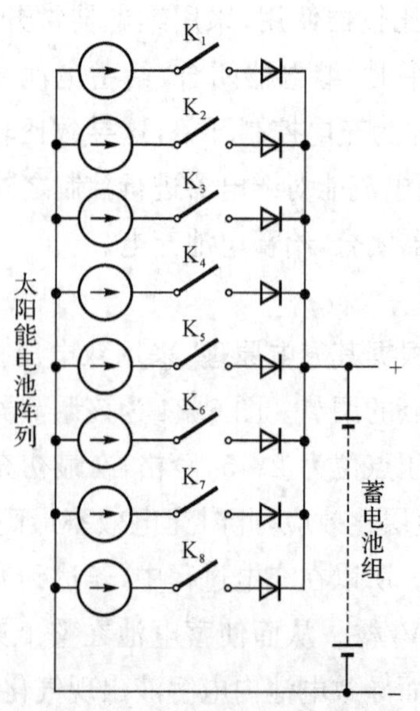

图 6.35 2 kW 光伏发电系统充电控制

图 6.36 为光伏电池在一定太阳辐射强度和一定温度下的光伏特性曲线(即为光伏电池外负载“伏安”特性曲线)。

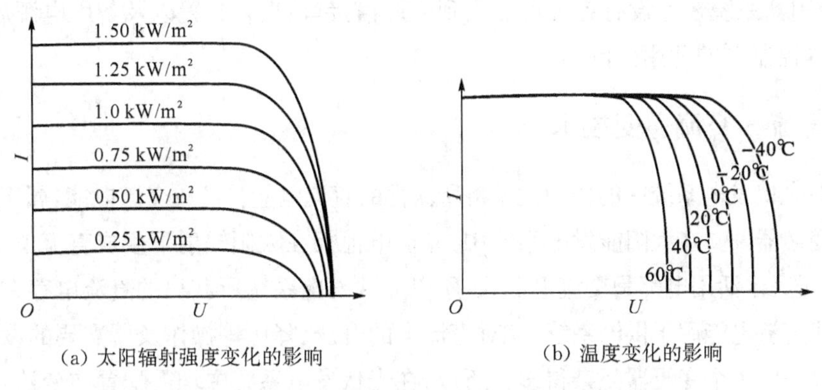

图 6.36 不同太阳辐射强度和温度下的光伏特性曲线

在实际光伏发电场,因为光伏电池方阵受太阳辐射强度的影响(如天空云层、大气透明度以及光线入射角度的变化等),导致光伏电池板的温度也随之变化,所以自然条件下的伏安特性曲线需尽量在极短的时间内完成,这样才能降低太阳辐射强度及环境温度变化所带来的影响。依靠传统电路很难实现这种操作,依赖嵌入式微处理器及其相关器件,使得系统能在极短的时间内完成包括光伏电池、蓄电池等在内的各种数据的采集及处理,并及时对相关控制单位进行控制。图 6.37 即为一种采用 MCS-51 微处理器的控制器硬件框图。

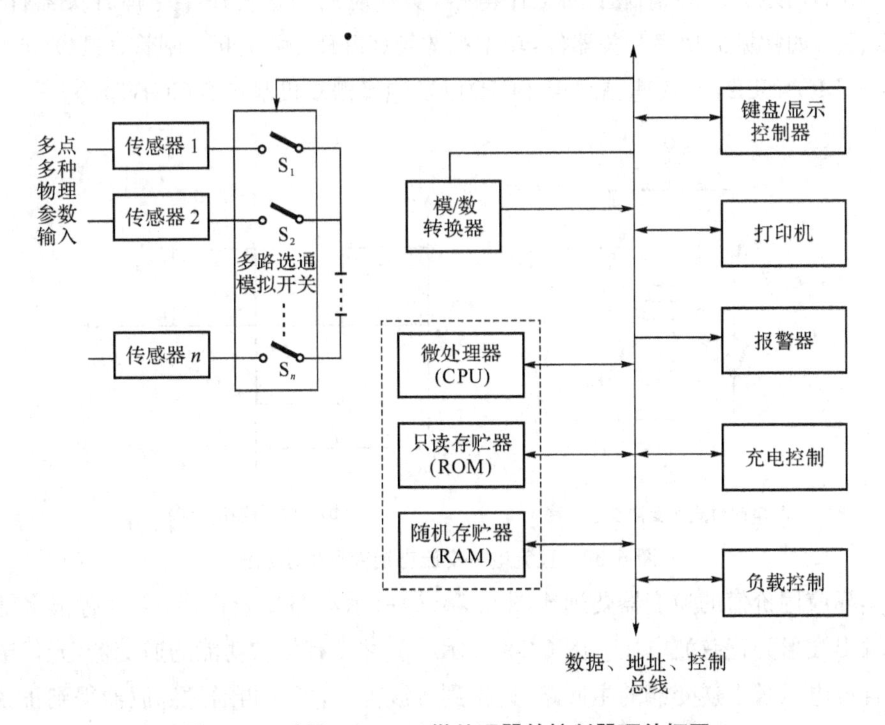

图 6.37 采用 MCS-51 微处理器的控制器硬件框图

该系统实用性较强,除了负载一般配电控制功能之外,还可对负载进行定时开/关等操作;通过系统所配置的相关传感器电路,实现对充、放电电流、蓄电池电压、电池温度、环境温度、太阳辐射强度等各种工作参数、环境参数的有效测量，并根据这些参数做出相应动作。在硬件上，采取了对核心器件隔离、屏蔽等措施，从而使该控制系统具有一定的抗干扰能力。除了上述基本功能，该控制器系统还预设有各种可能用到的通信接口、报警装置以及备用电源启动接口等，以尽量拓宽本控制器的适用范围。

6.4.2 直流—交流逆变技术

逆变器在光伏发电系统中的作用就是将所获得的直流电能转换成交流电能，属于整流装置中的一种逆向变换器件。在太阳能发电系统中，光伏电池板在太阳辐射下生成直流电，因为电网以及工业生产、居民生活用电都是交流电形式，所以光伏发电系统所获得的直流电存在较大的使用局限性。即使直流电能用于供电系统，其对直流电的升压、降压等操作及所需要的设备也要比交流系统中仅仅需要一个变压器复杂得多。所以，在光伏发电系统中均需配置逆变器，它不仅具备“直流一交流”转换的功能，通常还具有自动稳频、稳压功能，从而确保光伏发电系统的电能质量。

1）逆变器的工作原理及电路构成

逆变器在种类、工作原理上差别比较大，但其最基本的逆变过程大体是一致的。图 6.38(a)为单相桥式逆变器，字符 E 为光伏发电系统所输入的直流电压，字符 R 表示逆变器的纯电阻性负载。K_1、K_3 闭合时，负载 R 的左端电压为正极，而当 K_1、K_3 断开，K_2、K_4 闭合时，负载 R 的右端电压为正极。若将开关 K_1、K_3 和 K_2、K_4 分别以某个频率 f 交替打开/闭合，则负载 R 上可以得到一个方波电压 U_r（频率也为 f），如图 6.38(b)所示。

图 6.38(a)所示为理想情况下的工作电路，实际应用中常使用半导体开关器件作为开关 K_1、K_2、K_3、K_4，如常见的功率开关器件：功率晶体管(GTR)、可关断晶闸管(GTO)、功率场效应管(POWER MONSFET)、快速晶闸管(SCR)以及绝缘栅双极晶体管(IGBT)等。

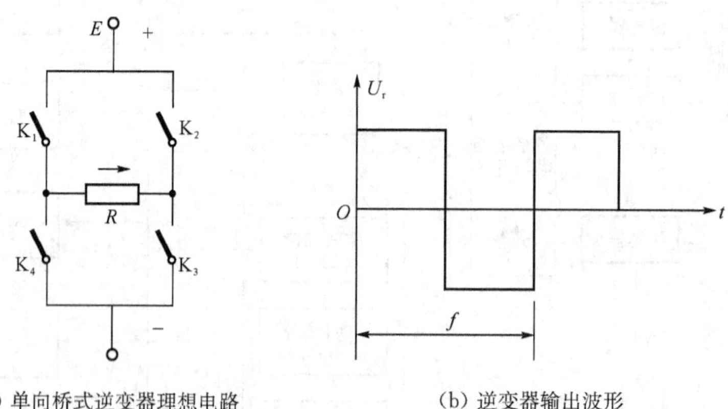

图 6.38 直流电—交流电逆变原理示意图

具有实际应用价值的逆变器要远比图 6.38(a)所示电路复杂得多，会含有很多辅助电路，且逆变器输出波形为正弦波电压。图 6.39 显示了一种带有保护功能的逆变器，光伏电池阵列/蓄电池将直流电压送入逆变器的主回路，先得到方波电压，然后再通过滤波器得到正弦电压，最后在对电力负载供电之前还需要经过变压器升压。逆变器的主回路中的功率开关管工作过程是由光伏发电系统通过对驱动回路控制而实现的。逆变器整体电路的各个部分的工作状态、参数由相应的传感器检测电路转换成电信号再由系统对之进行比较、分析。所处理的结果再反馈至系统控制单元，以便对逆变器的各回路的工作状况进行调整、控制。

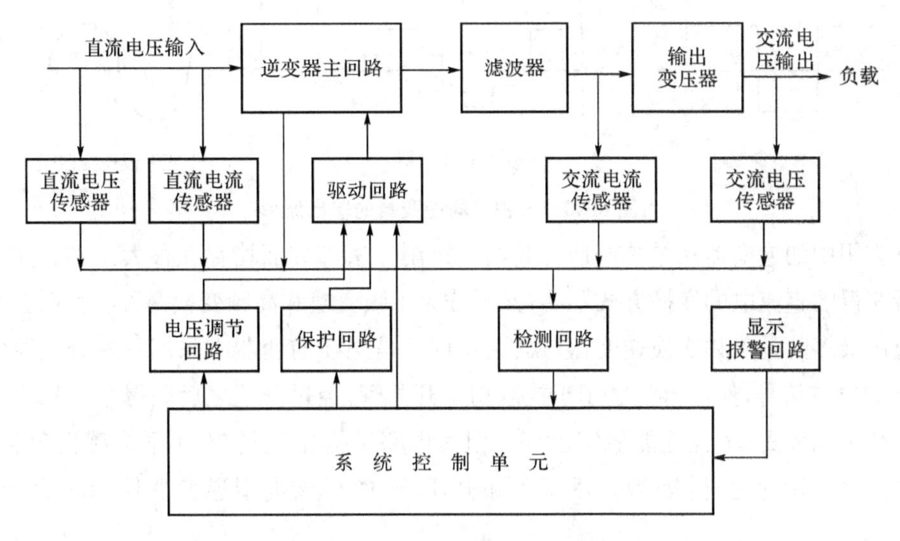

图 6.39　实际逆变器的电路原理

2) 应用于光伏发电系统的逆变器的分类及其特点

逆变器的分类方法很多，可根据逆变器输出交流电压相数多少分为单相逆变器和三相逆变器；根据逆变器中所使用半导体器件的类型不同分为晶体管逆变器、可关断晶闸管逆变器和晶闸管逆变器等。这里主要以逆变器的输出电压波形进行分类，并对之进行适当解释。

(1) 输出为方波的逆变器

顾名思义，方波逆变器的输出电压波形为方波，如图 6.40(a)所示，该类型逆变器使用了很少的功率开关管，其功率通常介于几十瓦到几百瓦之间。该类型逆变器主要包括下述优点：成本低廉，制造简单且维修方便；但其缺点是，因为方波电压中含大量高次谐波，会导致用电器产生附加损耗(尤其在负载含变压器等器件的情况下)，从而成为较大的干扰源，对其他电器、通信设施产生较大干扰。另外，方波逆变器的调压范围较窄，保护功能欠缺且噪音非常大。

(2) 输出为阶梯波的逆变器

图 6.40(b)为该类型逆变器的输出电压波形(阶梯波)。不同电路结构的阶梯波逆变器所输出的电压波形阶梯数也存在很大差异。该类型逆变器的主要优点为：波形比方波逆变器的波形有明显改善，且高次谐波含量得到了很大程度的降低，当输出波形的阶梯超过 17 个以上时，则可近似认为波形为准正弦波。若在提供给电力负载使用之前不使用变压器升压，则系统整机效率很高。但是因为该类型逆变器使用了较多的功率开关管以实现阶梯波的线性叠加，而有些电路还要求多组直流电源输入，从而影响光伏电池方阵发电和系统中蓄电池组充电之间的平衡。除此之外，该类型逆变器所输出的阶梯波电压仍然会对其他电器、通信设施产生高频干扰。

(3) 输出为正弦波的逆变器

正弦波逆变器的输出波形为正弦波(图 6.40(c))。该类型逆变器的综合技术性能较好、具有完善的功能，失真率低，具有良好的输出波形，且不易对其他电器、通信设施造成干扰。但该类型逆变器在构造上线路非常复杂，从而导致制造成本增加并给日常维护带来较大的困难。

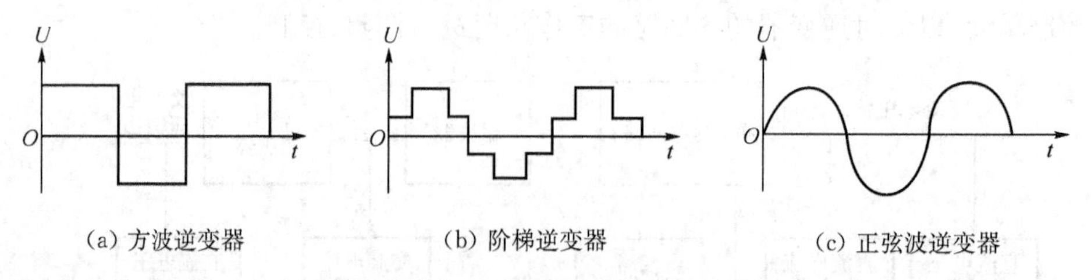

(a) 方波逆变器　　(b) 阶梯逆变器　　(c) 正弦波逆变器

图 6.40　三种不同逆变器的输出波形

实际应用中的逆变器在结构制造及其相关控制方法等方面均存在很大区别。如果按照逆变器对所获得的直流电的变换方式不同,又可分为工频变换和高频变换两种。目前在光伏发电系统中应用最多的是工频变换逆变器。其主要特征是先在逆变器中采用一些分立器件使其产生 50 Hz 的方波信号,然后再将之用于控制功率开关管,经过升压之后获得 220 V 交流电。这种逆变器结构比较简单,且性能稳定、可靠,但其电路结构比较复杂,不适合感性负载(如电冰箱、电风扇等)。除此之外,因为采用了工频升压器,使得该类型逆变器体积较大,制造成本上升。

随着制造成本的大幅降低和制造技术的成熟,高频变换逆变器开始得到广泛应用。高频变换逆变器的工作方式大致为:先将低压直流电通过变换频率变为低压交流电,然后再通过脉冲变压器将该低压交流电进行升压,之后再进行整流,从而得到高压直流电。因为在这个转换过程中采用了 PWM 相关技术,从而使获得的直流电压稳定、可靠,可直接用于驱动交流节能灯、白炽灯等感性负载。若是在高压直流电的基础上再次进行正弦变换可获得 220 V、50 Hz 的正弦波交流电。因为在逆变器中采用了高频变换技术(多为 20～200 kHz),所以该类型逆变器在体积和重量上都大大降低;又因为采用了二次调宽、二次稳压技术,使得逆变器的输出电压非常稳定,带负载能力也非常强。总体而言,该逆变器性价比高,已经在光伏发电系统及其他可再生能源发电系统中得到广泛应用。

还有一种逆变器是谐振逆变器,这种逆变电源是在“直流－直流”变换中使用了零电压或零电流开关技术,从而大幅降低了开关损耗,使得即使在开关频率高于 1 MHz 时,使逆变器的整体效率也不会明显降低。实际应用中表明,在工作频率一致的情况下,谐振逆变器在转换过程中产生的损耗要比其他类型的逆变器低 30%～40%。目前,谐振逆变器的工作频率可以达到 500 kHz～1 MHz。表 6.2 将这三种新型逆变器的性能作了比较:

表 6.2　逆变电源性能的比较

性　能	工频变换型	高频变换型	谐振变换型
效率	≤85	≤90%	≤95%
负载能力	感性负载能力差	任何负载均可	任何负载均可
稳压精度	220 V±20 V	220 V±5 V	220 V±5 V
重量和体积	笨重,体积大	重量轻,体积小	重量轻,体积小
可靠性	高	高	高
成本	高	低	低

目前,关于逆变器的研究正朝着模块化发展,通过将具有不同功能的模块加以组合,从而得

到不同的输出电压、波形的转换系统。模块化方法调试简单、配制灵活，因而在高效逆变器的设计制造中得到广泛应用，如图 6.41 所示。

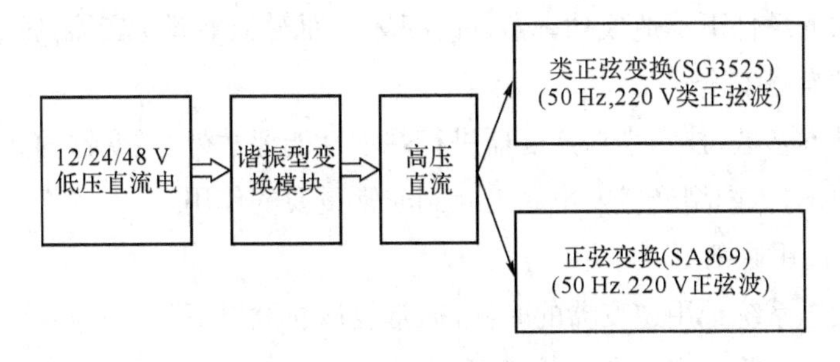

图 6.41　模块化结构示意图

为了大幅度降低光伏发电的电能使用成本，必须使光伏发电系统中占核心的逆变器制造成本大幅降低，且要求其性能高效、稳定、可靠、损耗低。逆变器所产生的损耗常常包含两种：导通损耗和开关损耗。前者产生的原因是因为元器件都具有一定的导通电阻，所以在电流流过时会产生损耗；后者是因为在器件开通和关断的过程中，器件本身会产生较大的损耗。开关损耗又可进一步划分为开通损耗、关断损耗和电容放电损耗等。若要降低这些损耗，需要对功率开关管实施零电压或零电流转换(即谐振型逆变器)。

3) 逆变器的主要技术性能及选用

(1) 逆变器的主要技术参数

通常用来表征逆变器性能的参数很多，与光伏发电系统中所使用的逆变器相关的技术参数主要包括额定输出容量、输出电压稳定度、整机效率以及启动和保护功能等。

①额定输出容量

额定输出容量主要是用来表征逆变器为电力负载提供电力的能力。若光伏发电系统中逆变器的额定输出容量比较高，则意味着系统可以同时带动更多的电力负载。通常，在逆变器的负载为非纯阻特性(即输出功率低于 1)时，逆变器的带负载能力将低于所设定的额定输出容量值。

②输出电压稳定度

逆变器输出电压稳定度用来表示逆变器输出电压的稳压能力，光伏发电系统中的逆变器输入直流电压，其在允许波动范围内，逆变器输出电压会产生偏差值(又称为电压调整率)。一般对于性能较好的逆变器，其电压调整率低于 3%。

③整机效率

逆变器整机效率对光伏发电系统的有效发电量、发电成本起到至关重要的作用。逆变器的整体效率值用来表示其自身功率损耗的大小。通常，对容量较大的逆变器还包含满负荷效率值和低负荷效率值两种。正常情况下，功率低于 1 kW 的逆变器其整机效率约在 80%～85%；而 1 kW 级的逆变器的整机效率约为 85%～90%；而 10 kW 级的逆变器整机效率约为 90%～95%；100 kW 级的逆变器整机效率应该高于 95%。

④保护功能

过电压、过电流及短路保护是确保逆变器安全运行的重要措施。一般，功能完善的正弦波逆变器应该具有欠压保护、缺相保护及越限报警等保护措施。

⑤启动性能

逆变器的使用应该确保在额定负载下能可靠启动。对于高性能的逆变器必须要求其在连续多次满负荷启动的条件下不造成功率器件的损坏。而对于小型逆变器，通常采取软启动或限流启动的方式保护自身安全。

除了用上述基本参数、技术来对逆变器进行基本性能评估外，逆变器的波形失真度、噪声大小等参数对于大功率、入网型光伏发电站也起到非常重要的作用。

(2) 逆变器的选用原则

在独立光伏发电系统选用逆变器的时候，通常应该注意以下几个原则：

①确保足够的额定输出容量和过载能力

逆变器首先要考虑有足够的额定容量，以满足在系统最大负荷下电力设备对功率的要求。若系统中仅为单一设备，用电设备为纯阻性负载或功率因数高于 0.9 时，选取逆变器的额定容量为电力设备容量的 1.1～1.15 倍；当逆变器包含多个负载时，对逆变器容量的选取需要确保几个电力负载同时具有稳定性能(即负载系统的"同时数")。

②较高的电压稳定性能

为确保电力供应的稳定性，在独立光伏发电系统中均配置了蓄电池。当标称电压为 12 V 的蓄电池处于浮充电状态时，其端电压可达到 13.5 V，在短时间内过充电状态可达到 15 V。蓄电池带负电荷放电结束时其端电压可下降至 10.5 V 甚至更低。则蓄电池输出端电压的动荡幅度可达其标称电压的 30%左右。所以为确保光伏发电系统输出高效、稳定的电力，必须使逆变器具有良好的调压性能。

③在各种负载下应具有较高的效率

光伏发电系统中所使用的逆变器必须具有较高的整机效率。对于 10 kW 级的通用型逆变器，其实际效率仅能达到 70%～80%，若将其用在光伏发电系统，将产生 20%～30%的电能损失。而对于专门用于光伏发电系统的逆变器，在设计及制造过程中应尤其注意降低自身的功率损耗，从而提高整机效率。通常对光伏发电中逆变器的整机效率要求 kW 级以下逆变器的额定负荷效率为 80%～85%，低负荷效率为 65%～75%；而 10 kW 级逆变器的额定负荷效率为 85%～90%，低负荷效率为 70%～80%。

④具有良好的过流保护与短路保护功能

光伏发电系统在正常运行中，因负载故障、人员误操作及外界干扰等原因会导致供电系统出现过流或短路故障。而光伏发电系统中的逆变器对外电路的过流及短路比较敏感，因此在选用逆变器时，必须要求逆变器具有良好的过流及短路保护功能，只有这样才能提高光伏发电系统的可靠性。

⑤便于维护

逆变器在运行较长时间后，往往会因为元器件的失效而出现故障。这就要求生产厂家需具有良好的售后。除此之外，为了便于日常对其维护，还要求厂家在逆变器的生产工艺、结构及元器件选型、制造方面具有良好的可维护性。元器件要容易拆装，更换，使得在逆变器出现故障后能迅速恢复正常。

4) 光伏发电站逆变器的操作使用与维护检修

(1) 操作

对光伏发电系统中的逆变器,必须要严格按照逆变器使用维护说明书进行安装、调试。在安装过程中,应认真检查各线路是否符合要求、各部件及端子是否有松动现象以及相关绝缘线和接地是否符合规范。在日常操作中,必须严格按照逆变器维护说明书的要求进行操作,在开机前务必要确认输入电压是否正常,在运行过程中要注意逆变器的启动、关机顺序是否正确,各个仪表的指示是否处于正常值。

通常,逆变器含有断路、过流、过压、过热等自我保护功能,发生这些问题时,可自动进行自我保护,一般不需要人工对逆变器的相关设置进行调整(通常在出厂时已设置好)。在逆变器机柜内有高电压,为确保安全,不得随意打开机柜;一旦室温高于 30 ℃,应采取一定散热降温措施以防止设备出现故障,从而延长设备使用寿命。

(2) 维护

在逆变器的日常使用中,需要定期检查逆变器的所有接线是否牢固,同时要认真检查风扇、逆变器输入/输出端子、功率模块等器件,以确保其工作正常。逆变器出现报警并停机,应由专业人员进行维修,待查明原因并将之修复后方可重新开机。

所有接触光伏发电系统的操作人员都必须经过专业培训,使其能对系统运行期间所出现的一般故障进行判断并维修。若发生较大、不清故障或依靠个人无法解决的故障,需要做好详细记录并由设备制造厂家进行处理、解决。

6.5 光伏发电配电系统

光伏发电站交流配电系统主要用于对系统所产生的电力进行接收和分配。主要由控制装置(断路器、隔离开关等器件),保护装置(熔断器、避雷器和继电器等),测量装置(包括电压和电流互感器、伏特表、安培表、功率计、功率因数表等装置),及相关母线和载流导体等装置和器件构成。关于光伏发电系统的配电系统分类有很多种,若按照配电设施所处位置不同,光伏发电交流配电系统可分为户内配电系统和户外配电系统两种;而按照输出电压的等级,则可分为高压配电系统与低压配电系统两类;若从配电系统的结构组成形式划分,又可分为装配式配电系统与低压配电系统两种。

对于中、小型光伏发电站,通常采用低压交流进行供电即可满足用户的基本用电需要。所以在这些光伏发电站中多使用低压配电系统作为连接逆变器和交流负载的一种可接收并可分配电能的电力设备。

1) 光伏发电站配电系统的主要工作原理

为保障光伏发电站的电力供应可靠性,在光伏发电系统中经常采取柴油发电机组作为后备电源的方法以降低系统中蓄电池的容量和建设成本。当蓄电池处于亏电且此时太阳能电池方阵因种种原因无法对之补充充电时,使用后备电源可以给蓄电池充电,以防止蓄电池组因长期亏电而导致损失的事件发生;同时,后备电源所获得的电力可通过配电系统直接为电力负载进行供电，从而确保供电系统的正常运行。除此之外，后备电源可作为应急电源，当包括逆变器等在内的部件出现故障而导致光伏发电系统无法正常供电时，通过配电系统直接为用户供电。所以光伏发电系统中的配电系统不仅需要将逆变器的输出电力供应给负载，而且还应承担起在某些特殊情况下将后备电源的电力输出直接提供给用户的任务。

光伏发电中的配电系统一般根据用户的要求进行设计。通常，独立光伏发电站的电力供应保障率不容易达到百分之百，而且为确保电力系统中可能存在的某些特殊负载的电力需求，要求配电系统至少包含两路输出，这样可防止蓄电池电量不足的情况下，通过切断普通负载的方式来确保对系统关键负载的持续电力供应。在某些电力系统中，为了满足不同需求，交流配电系统的输出还可以是三路或者四路，且不同用户对电力使用的要求也不相同，有的用户因需要远程送电而要将电压进行升压；有的用户如银行、电信等单位则要求电力具有稳定性和持续性，需要设置专门输电线路等，这就要求在设计光伏发电站的配电系统时，就要综合考虑电力需求。

2）配电系统的基本要求

通常要求光伏发电系统中的配电系统动作要准确、可靠。在系统发生故障的时候，能够采取一定措施迅速、准确地切断造成故障的电流，从而避免事故进一步扩大。另外，要求系统中各元器件、装置之间具有很好的绝缘性，并且相互之间的性能匹配性要好。最后，要求尽可能地降低制造成本和自身损耗，且对配电系统的操作、日常维护方便。具体技术要求如下：

（1）设备和技术要成熟、可靠

所选用的设备、技术必须符合相关国家技术标准，为确保产品的可靠性，必须在控制回路中采用成熟可靠的电子线路。

（2）充分考虑光伏发电站所在地的自然环境条件

通常要求低压电气设备必须在海拔 2 000 m 以下使用，而我国较大规模的光伏发电场都建立在西部地区（如西藏光伏电站都位于海拔 4 500 m 以上），导致设备运行环境远超过该要求。因为在海拔较高地区，气压低、温差大、相对湿度大且空气密度比较低。此时，电气设备的外绝缘强度有了很大程度的降低。所以，在高海拔地区建立光伏发电站的配电系统，需充分考虑自然环境可能对电气设备的种种不利影响。对此，国家规定在在海拔高度在 1 000 m 和3 500 m 的地区使用电气设备，其外部绝缘的冲击和工频试验电压 U_0 应在国家常规标准下再乘以一定系数（即 $U=1.667\,U_0$），从而确保设备的使用安全性。

（3）对配电系统的结构要求

在设计光伏发电站的配电系统时，尤其是在海拔较高的低气压西部地区，需要在设计容量时留有一定的空间余地，以防止系统工作时温升，从而影响系统的可靠性。配电柜应该设计为可开启式，从而便于对配电系统的维护和维修，配电柜面板上配有相应仪表盘用来指示配电系统的当前工作状态。

（4）配电柜应具备一定的保护功能

实际光伏发电系统运行过程可能会出现多种故障，相应地，配电柜设计中应包含应对多种线路故障的保护功能。当系统输出电流发生短路或过载等故障时，配电系统中相应的断路器会自动跳闸，以断开输出。若故障严重程度比较高会导致熔断器烧断，所以在维修时应首先查明原因再排除故障；当系统的输入电压降至额定电压的70％～35％时，系统中用来控制输入的开关会自动跳闸，以断开电力输送；严重情况下，如输入电压低于额定电压的35％时，断路器开关甚至不能闭合送电；若配电系统使用逆变器，则配电系统必须含有蓄电池变压保护功能。这样在蓄电池放电到一定程度时，出于对蓄电池的保护，可由控制器发出切信号切断负载。

7 风能和光能互补发电

能源是21世纪世界各国国民经济发展和人民生活必不可少的重要基础。在传统能源中，煤炭、天然气、石油等化石燃料在相当长的一段时间内极大地推动了人类社会的发展。但不可否认，在使用这些化石燃料的过程中也给人类生存的环境带来了严重的污染问题，破坏了生态系统。目前，世界各国不仅均已认识到能源对人类社会发展的重要性，而且对于使用传统能源对生态环境的严重破坏也开始有了清醒的认识。包括很多发展中国家在内的世界各国纷纷开始了不同程度的可再生、无污染新能源开发利用的研究，并根据各国国情，对已经恶化的生态环境进行治理和缓解。风光互补发电系统是基于风能和太阳能资源的互补性而产生的发电系统，是一种具有很高性价比的新能源发电系统，目前已经得到了较为普遍的应用，应用前景良好。

7.1 风力发电并入电网的主要技术要求

1) *对风电场接入的电压等级及电网加强的要求*

在风力发电的过程中，对风电场接入电网的电压等级及送出线路使用的导线型号并无明确的技术要求，只要能够满足风电功率的全额输出及在各种运行方式下电网安全稳定即可。这里以西北地区的风电场接入电网为例加以说明。

对西北地区主要风力发电场接入系统的研究表明，必须通过建设高一级电压电网，以提高局部电网甚至全网的电力输出的安全稳定水平，“十二五”末，当西北千万千瓦风力发电场建成后，因风电电力无法完全依靠西北电网自身接纳，最终需通过750 kV电压等级的线路送出，在更大的范围内接纳。对于接入西北电网的风力发电场，应以220 kV或330 kV电压等级的线路汇集，并通过750 kV输电线路输出。

2) *对风电场有功功率控制的要求*

对风力发电场的有功功率提出下述要求：

在以下特定情况，风力发电场应根据电网调度部门的相关控制指令实现其输出有功功率的有效控制。

(1) 若电网出现故障或以某种特殊方式进行运行，则需要降低风力发电场的有功功率，这样可防止输电设备出现过载。

(2) 若电网频率过高，当常规调频电厂的调频能力不足时，则需要降低风力发电场的有功功率，严重情况下甚至要停止整个风力发电场的运行。

(3) 若其他电网出现紧急情况，则电网调度部门可依据实际情况对风力发电场的输出有功功率进行调整。

(4) 风力发电场应对输出功率的变化率进行有效限制，可以参考相关规定要求执行。

(5) 若发生紧急事故，电网调度部门具备临时将风电场解列的权限，直至事故处理完毕后再重新恢复风力发电场的入网。

必须依靠有功功率控制系统对上述风力发电场的有功功率进行有效、灵活地控制，实现风力发电场最大输出功率及功率变化率不超过电网调度部门所设的给定值。

3) 对风电场无功功率及电压控制的要求

对风力发电场的无功功率提出下述要求：

(1) 在风力发电场处于任何运行状态时，必须根据风力发电机组的运行特征、电网结构等对风力发电场无功功率进行调节，必须满足风力发电场入网点电压调节的要求；从而使风力发电场在系统发生故障的情况下仍然能够调节电压并最终恢复至正常水平。

(2) 风力发电场中的无功补偿装置可采用分组投切的电容器或电抗器，在有些特殊场合可使用可连续调节的静止无功补偿器或更先进的无功补偿装置。需要根据风力发电机组的整体运行特性以及电网结构来调整风力发电场的无功功率的调节速度。

(3) 必须使机端电压在额定电压范围内(90%～110%)，风力发电机组都应能正常运行。

(4) 当风力发电场的入网电压低于 110 kV 时，风力发电场的入网点电压的正、负偏差绝对值之和低于额定电压的 10%。

(5) 风力发电场的入网电压高于 220 kV 时，风力发电场并网点电压正常允许偏差值范围为额定电压的－3%～＋7%。

(6) 风力发电场参与系统的电压调节方式含调节风力发电场的无功功率和调整风力发电场中心变电站主变压器。应设法使风力发电场无功功率能在一定容量范围内进行自动调节，从而使风力发电场的入网点电压能限制在所设定的电压允许偏差范围内。

(7) 风力发电场变电站中的主变压器采用有载调压变压器，可根据电网调度部门的指令采用手动或自动控制方法对分接头进行切换。

西北地区大规模风力发电项目的开发，对电网电压的有效控制提出了很高要求。因风力发电自身的局限性(风电间歇性)，从而给电网实际运行方式带来更多的情况，风电的波动导致电网电压的波动范围更大、更快，为确保风力发电场输出的电压在正常范围内，需使用各种新技术以确保系统的无功电压。

最新的研究表明，千万千瓦的风力发电站投入运行后，电网侧(750 kV 电压等级)需安装可控高抗与线路串联补偿装置方可满足系统运行方式的要求；而在风电场侧，则需要风电场具有更大的无功控制范围，这样才能确保风电场输出正常运行电压，但同时对风电场提出了更高的无功电压范围控制要求：无论风电场运行在任何方式下，风电场升压变高压侧(并网点)须确保整个风电场的功率因数在±0.97 范围内可快速连续调节。此外，需要进一步加强风力发电场接入电网的相关研究。

4) 对风电场低电压穿越(KVRT)的技术要求

当电网出现某种故障并引起风力发电场入网点电压下降时，在一定的电压跌落范围内，风力发电场必须要能确保不间断地连续入网运行。风力发电场必须具备在电压下跌至额定电压的 20%时能够继续维持并网运行 625 ms 的低压穿越能力；通常，风力发电场电压在发生下跌后的 3 s 内能恢复至额定电压的 90%时，风力发电场方能保持并网运行。

5）风电场所能承受的电压及频率波动范围

当风电场的并网电压低于 110 kV 时，风力发电场入网点电压的正、负偏差绝对值之和低于额定电压的 10%。当风力发电场的入网电压高于 220 kV 时，风力发电场正常运行的入网点电压所允许的偏差为额定电压的 3%～7%。

6）对风电场电能质量指标的要求

评价风力发电场电能质量的主要指标有电压偏差、电压变动、谐波和闪变。风力发电场接入电网应使并网点的电压偏差低于规定的限值。风力发电场在公共连接点所引起的电压波动以及风力发电场所在的公共连接点的闪变干扰允许值均应符合 GB 12326－2008 的要求。其中风力发电场所引起的长时间闪变值(Plt)和短时间闪变值(Pst)应根据风力发电场装机容量与公共连接点上的干扰源总容量二者之比或按照与电力公司所协商的方法进行分配。

风力发电机组的闪变测试应该联合多台风力发电机组的闪变测试并进行叠加计算，根据 IEC 61400—21 相关要求进行。当风力发电场采用装配有电力电子变换器的风力发电机组时，需对风力发电场的输入系统谐波电流进行适当限制。风力发电场所在的公共连接点的谐波注入电流应符合 GB/T 14549 要求，其中风力发电场向电网输入的谐波电流允许值应按风力发电场装机容量与公共连接点上的具有谐波源发/供电设备总容量之比或按照与电力公司所协商的方法进行分配。

7）风力发电场的测试要求

当风力发电场容量超过 30 MW 时，必须提供相关测试报告。而累计新增装机容量超过 30 MW，则需要重新提交测试报告。具备相应资质的单位或部门方可对风力发电场进行测试，在测试前必须先将测试方案上报所接入电网的相关调度管理部门进行备案。通常，风力发电场应当在入网调试运行之后的 6 个月内向所接入的电网调度部门提供有关风电场运行特性的测试报告，之后方可投入商业化运行。

测试内容应按照国家或相关行业标准对风力发电机组进行测试，主要包括以下内容：有功/无功控制能力、低电压穿越能力(KVRT)、电压变动、闪变、谐波等。

8）通信自动化

风力发电场与电网调度部门之间的通信和数据传输方式需按照电网调度部门的相关要求进行，主要包括提供通信设施及相关安全自动装置，还包括信号传输方式以及数据传输实时性等方面的要求。

通常，风力发电场向电网调度部门输出的信号应包括：单机风电机组运行状态参数、风力发电场高压侧母线电压参数，以及每条电力输出线的有功功率、无功功率、电流和高压断路器的位置信息等。待风力发电功率预测系统投入运行后，风力发电场需要依靠相关设施提供发电场内的风力数据(主要为风力发电场内测风塔所测风力数据)。

在风力发电场变电站中安装相关记录装置，用于记录风力发电站所发生的故障情况。该记录装置应包含一定数量的数据传输通道，并将之与电网调度部门的数据传输通道相连接。

7.2 光伏发电并入电网相关技术分析

7.2.1 接入系统分析

1) 光伏电站接入后电网潮流和无功电压分析

以青海海西光伏发电项目接入系统为例，评估光伏电站入网运行后对局部电网电压、潮流、暂态特性和电能质量所产生的影响。

茶卡光伏电站接入点海西乌兰 110 kV 母线后电压先升高再降低，最大变化幅度约为 0.1%；而对乌兰电网 330 kV 母线电压几乎未造成影响，所以茶卡光伏电站接入电网后对电网电压的影响总体而言是非常低的，符合电网电压波动的范围要求，且各节点电压不会超过电压偏差范围。此外，因茶卡光伏电站输出的电能可以承担一部分乌兰电网的负荷，所以随着光伏电站输出电力的增加，乌兰电网 330 kV 母线的发电量将逐渐降低。与此同时，明珠-乌兰和龙羊峡-乌兰线路的有功功率也呈逐渐下降趋势，所以茶卡光伏电站对局部电网的潮流具有一定的优化作用。

对光伏电站接入电网后潮流和无功电压进行以下分析：

(1) 在两种负荷方式运行下，各光伏电站接入电网后对局部电网电压影响很低，在电网接入点的电压变化幅度都低于 1%pu。因为光伏电站接入点均为 110 kV、35 kV 等低电压等级，所以光伏电力输出可就地接纳，这样非常有利于优化电网潮流。

(2) 在两种负荷运行情况下，若数个所规划的光伏电站同时接入电网，对电网电压的影响也很低，且对电网潮流也有一定的优化作用。

(3) 海西电网部分电力线路有可能会造成母线电压下降幅度过大，可以通过调整高压、低压电抗或容性无功补偿的方法将母线电压控制在适当的范围内。

2) 光伏电站接入系统分析

2015 年规划建设的格尔木光伏电站有 3 个，总容量 610 MW(大勒滩 300 MW，河东农场 300 MW，格尔木南出口 10 MW)，格尔木南出口光伏电站因容量较低，可通过 35 kV 线路接入光明变电站；其余两个光伏电站因容量较大，需要分别通过 330 kV 电力线路接入 750 kV 格尔木变电站。整体而言，在正常情况下格尔木市光伏电站接入电网降低了 330 kV 和 750 kV 乌兰—格尔木线的负载率，同时使格尔木系统电压上升，因为所导致的电压偏差较小，所以光伏电站可不需要额外安装相关容性无功补偿装置。所规划的光伏电站接入电网后，不会导致格尔木电力系统发生静态安全稳定问题。

光伏发电 35 kV 接入能力主要受装机容量和变电站负荷水平的限制，正常情况下 35 kV 侧接入的光伏发电安装容量应低于 25 MW。在潮流限制条件下，格尔木变电站 330 kV 的承受能力主要受格尔木电站主变容量的限制。到 2015 年，格尔木电站主变容量将达到 2 100 MV·A。大规模光伏电站若通过 330 kV 线路接入电网后，电网母线电压也随之升高，此时需要投入电抗器以降低格尔木电网的电压；之后，随着光伏电站输出电压的进一步增大，格尔木变电站的潮流将发生转向，从“受电系统”变为“送电系统”，则格尔木主变电站以及乌兰—格尔木线中的负载率开始上升，在电抗器逐渐退出后仍需要投入电容器以维持格尔木电力系统的电压水平。因此，格尔木 330 kV 侧光伏电站安装容量应低于 3 600 MW。

必须先行考虑所规划的光伏电站接入电网后对电网潮流和无功电压的影响，并提出相应的无功补偿方案，以满足光伏电站接入电网后电压偏差的补偿要求，同时还需要考虑电压变动等因素。为解决所规划的格尔木光伏电站接入电网时给电网电压带来的扰动，可从下述几个方面进行考虑：

(1) 对原有的光伏电站无功补偿方案进行适当调整，主要是加大无功补偿的容量，但是仅仅采用这种方法不能从根本上解决电网电压偏差问题；

(2) 在进一步加大光伏电站补偿容量的同时，光伏电站接入比较集中的 750 kV 格尔木线路之前，在乌兰变电站预先安装自动投切式无功补偿装置，能大大降低光伏电站输出电压变化所导致的电压波动；

(3) 在增加光伏电站补偿容量的基础上，在 750 kV 格尔木变电站和乌兰变电站安装 SVC，从而能明显地改善电网电压波动；

(4) 如果大型光伏电站以电压源方式并网，但电网不采取其他无功补偿措施，将不能满足电网电压要求，还需要在 750 kV 格尔木变电站和乌兰变电站安装自动投切式补偿装置或 SVC。

待 2015 年格尔木所规划的光伏电站全部接入电网后，仅仅通过在光伏电站内采取无功补偿措施，不论是自动投切式，还是 SVC，都不能彻底解决大规模潮流变化所导致的电网电压波动，届时还需要在电网的关键接入节点——750 kV 格尔木变电站和乌兰变电站安装自动调节的无功补偿装置。

7.2.2 以青海电网为例分析光伏电站入网后的暂态稳定性

主要考虑以下几种故障形式：青海网内 330 kV 主要线路发生三相短路故障；大机组跳闸；光伏电站因故障突然退出运行对青海电网暂态稳定性的影响。

根据《国家电网公司光伏电站接入电网技术规定》，在光伏电站接入电网后，公共连接点的电压偏差应符合 GB/T 12325 的要求。大型(通常接入电压高于 66 kV 电网)和中型(通常接入电压为 10～35 kV 电网)光伏电站应承受一定的电压异常，从而避免当电网电压异常时导致电网电源的损坏。若光伏电站不具备低压耐受能力，光伏电站输出则按照过电流保护和低压保护原则进行动作响应。当逆变器电流超过额定电流的 150%时瞬时切除；光伏电站接入点电压低于额定电压的 85%时进行低压保护，且在时间超过 0.2 s 时进行切除。

主要依据下述几个原则判断系统是否稳定：

(1) 当系统在受到较大扰动后，各发电机之间的最大相对功角均低于 180°，且相对功角表现为减幅震荡并且逐步衰减消失，此时可判定功角稳定；

(2) 当系统受到较大扰动后，系统中枢点电压高于 80%U_n 且持续时间小于 1 s，电压表现为减幅震荡直至衰减消失，此时可判定电压稳定；

(3) 频率稳定：当系统处于低频率时，一般不会导致低频率减负荷装置产生动作，但在出现事故情况下可能会产生。通常系统的最低频率不会低于低频减负装置的最低频率值；当系统处于高频率时，其最高频率值应低于电网中发电机组高频率保护最低频率的设定值(通常低于

51 Hz)。

通常主要考虑以下几种故障类型下的暂态稳定分析：

(1) 光伏发电站接入电网前后，330 kV 线路的三相短路故障；

(2) 光伏发电站接入电网前后，电网内大机组跳闸故障；

(3) 光伏发电场内的某个光伏电站突然退出运行故障。

光伏电站接入系统后对电网暂态稳定性的影响主要有以下几个方面：

(1) 若 330 kV 电网发生三相短路故障，故障产生的位置不同对光伏电站的影响也不同。若采取普通保护方法，光伏电站在故障出现后处于自身保护的需要进行入网切断；而若采取快速保护方法，一些光伏发电站可避免故障并继续维持入网运行。在青海地区电网中，大部分 330 kV 线路发生三相短路故障时，尕海南、德令哈西口以及茶卡光伏电站都会因自我保护的需求而退出电网运行，而河东农场与格尔木光伏发电站则可稳定运行。通常，即使出现故障时所有光伏发电站都因自我保护而退出运行状态，也不会对系统频率、传输线功率以及节点电压产生较大的影响。在实际发生 330 kV 线路三相短路故障时没有对青海电网的稳定性产生实质性的影响。在 2010 年 200 MW 光伏电站接入电网后没有对青海电网的暂态稳定性造成较大影响。

(2) 若光伏发电站都拥有低电压穿越能力，则不管在产生线路故障后所采取的是普通保护措施还是快速保护措施，光伏发电站均可在故障期间继续维持电力输出和入网运行，所以更加有利于系统的安全稳定运行。

(3) 若电网内发生大机组跳闸时，不管光伏发电站是否处于满发状态，电网机组功角和电压均可自行恢复稳定，且光伏电站自身可继续维持稳定入网运行。

(4) 光伏发电场中任何一个光伏发电站因故而退出运行后，都不会对电网的稳性产生不利影响。

光伏发电站接入电网后对电能质量的影响主要集中在电压偏差、电压变动、谐波分析等方面。采用较为恰当的无功补偿装置，光伏发电站入网运行所引起的电压偏差必须满足国标要求；若光伏发电站接入电网后引起的电压波动值超过了标准所设定的允许值，则应采取步长更小的无功补偿装置；另外，在使用逆变器时，各光伏发电站在接入公共连接点时所产生的谐波电流均要求符合国标；使用逆变器时，光伏发电站在入网运行后在各个入网点产生的各次谐波电压中，若含有两次和七次谐波电压，则需要在光伏发电站中安装滤波装置；最后，因为谐波计算的结果与逆变器参数、电网运行方式有着密切关系，所以最好能在光伏发电站投入运行初期先进行电能测试，从而恰当评估光伏发电站对电网电能质量的影响程度，再决定是否有必要安装相关滤波装置。

7.3 以青海风光发电为例分析其接入承载能力

7.3.1 大规模光伏、风电并网对电网的影响

(1) 负荷峰谷。因为光伏、风电并网发电系统均不具备调峰和调频能力，这会导致对电网

的早峰、晚峰负荷形成较大冲击。此外，因为风光发电系统中风力、阳光及负荷均具有周期性，所以光伏、风电入网所增加的发电能力并不能有效地减少电力系统所拥有的发电机组。电网需要为光伏、风电发电系统建设相应的旋转备用机组以解决早峰、晚峰的调峰问题。

(2) 气象条件变化。当某个地区的风光发电场达到一定规模时，此时受地理气候影响更大。若气候出现大幅度变化，电网将为风光入网发电系统提供充足的区域性备用机组和无功补偿装置，以对系统频率和电压进行有效的控制和调整。此时，电网将不得不以牺牲经济运行方式为代价来确保电网的稳定、安全运行。

(3) 远距离光伏电能输送。当光伏发电入网并进行远距离输送，需要尽可能获得较为经济的电力。因为光伏并网发电没有配置旋转惯量、调速器以及励磁系统，从而会给交流电网的稳定性带来新问题。对于大规模的光伏发电入网系统，若采用高压交直流送电方式，将会使其相邻的交流系统不稳定，并带来经济问题(一般用于光伏入网发电的专门输电线路的使用效率较低；此外，用于借道或兼顾输送光伏电力的输电线路，因负荷率低下，经济性较差)。无论采用高压交流还是直流输送电力，光伏发电站都必须装配自动无功调压装置。目前，还没有用于光伏发电中电网稳定性计算的数学模型，所以对电网安全稳定运行究竟有多大的影响还尚未有定论。

(4) 降耗问题。风光发电的一个重要优势就是替代传统矿物燃料。但由于风光入网发电需要额外增加发电厂发电机的旋转备用设备，因此，风光入网发电的实际降耗比率应该需要去除这些旋转备用机组所消耗的能量。风光入网发电的降耗效率应该包含因为风光入网发电在提供电力时导致“发电机组利用小时数”下降而产生的效率损失。因为电力系统是一个系统整体，风光入网发电向电网输送电力必然会对其他电商利益产生影响，政府需要统筹兼顾。除此之外，电网还需要确保在安全、稳定和经济运行前提下的系统稳定。故，在整个电力系统中风光入网发电量所近似的理论降耗标煤量前应乘以一个系数(低于 1)，且还需要等比例的减去旋转备用发电机组的厂用电损耗。

风光入网发电过程中，恰当的开展新能源规划是非常有必要的，包括新能源长期发展的规模以及发展速度，并且要兼顾局部地区乃至全国国民经济的发展，以自然资源和其他经济资源为条件，预算出用户对用电量的需求，从而对国民经济的发展起到指导和帮助作用。

7.3.2 以青海地区电网为例分析局部电网对风光发电接入承载能力的影响

在众多可再生能源中，风光发电已经成为世界各国竞相发展的可再生能源发电方式之一，入网型风光发电站也越来越受到各国政府、公司的重视。但是，与常规能源发电方式不同，风光发电场的建设究竟会给电网带来多大的影响；国内各个地区所规划建设的风光发电场究竟是否能稳定、可靠的接入电网；电网规划是否要根据风光发电场的建设作出相应调整等问题，都是当前迫切需要解决的，从而保障电网与风光发电之间能够协调发展。

1) 光伏电站出力特性及其与负荷相关性分析

青海地区位于青藏高原东北部，地处东经 89°35′～103°04′，北纬 31°39′～39°19′之间。东西长约 1 200 km，南北宽 800 km，全省面积约 72 万平方公里，是连接西藏、新疆与内地的纽带。青海全省地貌复杂多样，五分之四以上的地区为高原，青海东部多山，海拔较低，而西部为高原和盆地，全省平均海拔高度在 3 000 m 以上。

青海地区全年太阳辐射强度大，光照时间长，平均年总辐射量可达 5 800～7 400 MJ/m^2，其中直接辐射量占 60%以上，在我国仅次于西藏地区。青海省的太阳辐射空间分布特征为西北地区多，东南地区少；其中，光照资源最丰富的地区位于柴达木盆地、唐古拉山地区南部，这里年太阳总辐射量超过 6 800 MJ/m^2；太阳能资源较为丰富的地区主要分布在海北的门源、东部农业区、黄南州等地区。在省会西宁市以及海东地区，年平均太阳总辐射量低于 6 200 MJ/m^2。

青海格尔木地区位于青藏高原腹地，在柴达木盆地中南部，平均海拔为 2 780 m，这里大气层比较薄且清洁、光照透明度好、日照时间比较长，年日照小时数在 3 000 h 以上，年平均太阳总辐射量在 6 618.3～7 356.9 MJ/m^2 之间，太阳辐射资源在空间分布上呈由西向东逐渐递减趋势，其中各地太阳总辐射量普遍超过 6 800 MJ/m^2，而最高能达 7 356 MJ/m^2。在格尔木市，每天日照平均时间能接近 8.5 h，年平均太阳总辐射量为 6 600～7 100 MJ/m^2，是柴达木盆地中太阳能资源比较丰富的地区之一。图 7.1 为大唐格尔木光伏电站。

因为青海和北京有 2 小时的时差，在沿海地区每天下午 5～7 时为居民用电高峰期，位于青海的光伏电网可在某种程度上缓解沿海地区的用电压力。

(a) 路标

(b) 光伏发电场，远处为高压输电线路

图 7.1 大唐格尔木光伏电站

根据太阳辐照度数据、温度数据以及太阳位置模型和光伏电池模型，可计算光伏电站的电力输出。图 7.2 为某 250 MW 装机光伏发电站在晴天时的输出特性曲线。在天气晴朗时，输出时间集中在 8:30～16:30，光伏电站处理形状接近正弦半波，在中午时分达到最高；在多云天气中因为受云层影响，辐照度数据变化比较大，从而使光伏电站输出在短时间内波动比较大。

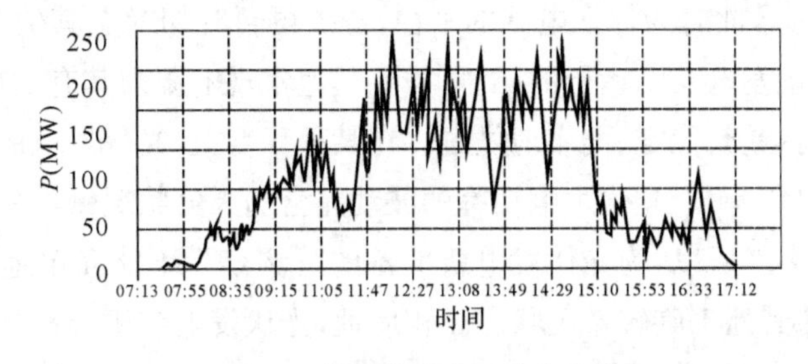

图 7.2 典型晴天全天输出曲线

通常在太阳辐照度高于 120 W/m^2 时，光伏发电站才开始输出电力，故光伏发电站每天输出时间集中在 8:30～16:30；在冬季，输出时间还要更短，而在夏季输出时间相对较长，此时最大电力输出时间为中午 14:00 左右。

通常，光伏发电输出与负荷变化之间的相关性总体不强，在有些月份，光伏发电站的输出与负荷变化相反，从而使电网内等效负荷的峰谷差变大。在我国南方地区，光伏发电站的电力输出通常在6月份最大，但是用电负荷却是在7月达到高峰；在冬季，不管是用电负荷还是光伏发电站电类输出都比较小，此时具有一定的相关性。在我国中部地区，光伏发电站电力输出在6月份最大，但电力负荷在夏季和冬季都较大，电力输出和负荷变化主要取决于发电站和用户的位置，还有各地区的经济发展情况。

在实际应用中，光伏发电站的电力输出和日负荷变化之间的关系取决于光伏发电站日电力输出与用户日用电的具体变化。

综上所述，青海地区太阳能资源是非常丰富的，年平均太阳总辐射量可达5 800～7 400 MJ/m^2，每年日照小时数超过3 000 h，是建设光伏发电站的理想场所，目前已经在格尔木地区建立大规模光伏发电站。该地区在夏季水平面总辐射强度最高，且直射辐射无明显的季节性变化，空气透明度高。

光伏发电站在实际应用中具有间歇性、随机性和周期性等不利特点。在夜间光伏发电站输出为零，在全年时刻统计中，结果低于峰值输出10%的情况占很大比例；如果不考虑夜间情况，统计结果则表明光伏发电站的输出具有很广的范围（占峰值输出40%～90%的情况都在10%以上）；光伏发电日输出最大值主要集中在中午12:00～15:00之间，在此时间段内电力输出超过150 MW（约占总电力输出的75%）的累计概率将超过60%，这主要是因为在此时间段内当地太阳辐射最强。在格尔木地区，全年几乎都是以晴天为主，光伏发电站利用率相比而言非常高。因为电网负荷的固有特性，同时光伏发电电力输出受太阳辐射直接影响，所以光伏发电站的输出和青海电力负荷的日变化之间的相关性比较弱。

2) 区域电网的调峰能力及光伏承载能力分析

光伏发电站在实际应用中具有间歇性、随机性和周期性等自身局限性，目前还尚未对光伏发电能力进行准确预测。光伏发电电力的接入，仅能依据《可再生能源法》的要求，在接入电网后由电力公司全额收购。光伏发电系统仅仅在白天才能发电，每天日出后，随着太阳辐射的增强（中午时分达到高峰），光伏发电站的电力输出也开始逐渐增加，并在中午时分达到最大输出值。一旦光伏发电站对电网有电力输出，则需要调整电网中其他电源输出，从而使光伏发电用来进行主要供电；在特殊情况下，当白天有大面积云层时，光伏发电站的电力输出将迅速下降（最高能迅速降低70%），此时为保证电网的平稳，必须再暂时切换至其他电源进行补充电力供应。这样就导致在光伏发电入网运行的同时，需要其他常规电源为其有功功率输出提供补偿调节，以保证电网对负荷持续、稳定、可靠地供电。在某种程度上，光伏发电的存在，相当于在电网中增加了一组“不确定负荷”。光伏发电功率的波动完全随天气状况做随机变化，而且要比电网正常的负荷变化高得多。所以，为光伏发电所准备的可调容量不能简单地依靠临时性的启、停机来完成，而是必须使其处于旋转备用状态。相应地，光伏发电装机容量越大，则旋转备用容量也就越大。

《青海电网“十二五”规划设计》中明确青海电网电源主要为水电和火电（2010年青海电网水电装机占82.3%，火电装机占17.7%），虽然水电机组具有较大范围的调节能力，但光伏发电作为负荷接入电网必然会加大电力系统等效峰谷差，此时电网需要电源能在更大范围内调节输出，从而使调峰变得更为困难。

除了具有丰富的太阳能资源，青海省的水资源也非常丰富，预计到 2015 年全省发电量在 1 000 MW 以上的水电站有公伯峡、积石峡、龙羊峡、李家峡、拉西瓦和羊曲电站等，可以利用这些较大型水电站进行调峰。

青海电网第二产业占电力使用的比例一直在 80%～92.8%之间，工业生产用电占青海电力负荷的比重很大，而第三产业及居民生活用电负荷所占比重则相对要低得多。据多年统计，青海电网全年中最高负荷在 11 月和 12 月，而最小负荷在 5 月和 6 月，年平均日负荷率约为 0.9。由于青海工业负荷比重过高导致青海电网日负荷无法呈现规律性（双峰特性不显著），在 8：00、12：00 和 21：00 三个时间段，青海电网存在三个峰值负荷时段（大小无明显差异）；通常在 5：00 左右处于用电低谷。

因为光伏发电输出几乎完全受天气状况决定，因此在光伏接入电网的相关研究中，通常将光伏发电站的输出视为负的负荷。若在应用中能够对光伏发电输出功率进行有效预测，则可根据二者叠加后的负荷（或称等效负荷）决定其他电源在电网中的调度曲线。所以对光伏发电站接入电网后所获得的等效负荷特性进行有效分析尤为重要，它能有效解决电网调峰问题。光伏发电接入电网后可能使等效负荷的峰谷差加大，也可能使其变小。而且，光伏发电站的装机容量越大，所造成的影响也越大。峰谷差变大后使得负荷在较大范围内也随之变化，从而使系统调峰变得更加困难。

青海电力系统的有限调峰能力是制约青海光伏接入电网能力的主要因素，主要包括：

（1）负荷的峰谷特性。通常，电力系统的负荷是随机波动的，对于一个较大型电力系统，其负荷的变化又会呈现出某种特定的规律，在每天的峰荷曲线中一般都有用电负荷最大值和最小值（即峰荷和谷荷），负荷的峰谷之间差值越大，对电力系统的不利影响也越大。经过多年发展，通过电力系统对用电负荷进行预测的相关技术已经非常成熟，目前用电负荷是可以被预测但是却不可控制的变量，对其预测精度也很高（误差通常控制在 5%内），从而使电力系统可以对常规电力使用做出合理地预先安排，以确保电网安全、稳定、可靠地运行。

（2）发电厂的调节能力。电力系统的发电和用电必须同步完成方可确保电力系统的稳定运行，但目前只能通过即时调整发电厂的输出来适应用电负荷的变化。当用电负荷增加时，增加发电厂的电力输出；当用电负荷降低时，同时降低发电厂的电力输出，其目的是使电力产生与电力供应之间保持平衡。但发电厂针对用电负荷的调节有一个允许的范围（上限不可超过额定输出，下限不可低于发电厂的安全运行极限）。火电厂的调节能力较差，而水电厂的调节能力较强，其安全下限很低，且发电机组启/停调节的速度也很快。

光伏发电带有很大的波动性和间歇性。光伏电站的发电输出几乎完全取决于太阳辐照强度，其大致规律为：中午阳光辐射最强时电力输出也最大，在早晨和傍晚时很小，而到了夜晚则电力输出为 0。在实际运行中，白天若有云的遮挡就会使光伏电站的电力输出急剧下降，而在云层漂移后光伏电站的电力输出又得到迅速提高。目前国内还没有非常完善的光伏发电功率预测系统，从而使得光伏发电站的输出功率成为一个无法预测、无法控制的变量。若在未来数年内研制出可靠的光伏功率预测系统，将之应用于电力系统，从而能很好地解决光伏发电站输出存在较大波动性的问题。

此外，即使能够依靠功率预测系统对光伏发电量进行有效预测，但还是无法改变其输出具有波动性的特性。光伏发电站的输出增加，使得电网电源中那些常规发电厂所承担的电力负荷降低，相应地，常规发电厂需要进行其电力输出；反之，若光伏发电站电力输出降低，则常规发电厂需增加输出以承担更高的电力负荷。这样对常规发电厂而言，光伏发电站的输出更像一个"负的负荷"。

综上所述，所有光伏发电系统的规划都存在一定的不确定因素。就青海省光伏接入系统而言，其不确定性主要集中在下述三个方面：

(1) 电源方面。常规发电厂在青海电力系统中起到电力供应和功率平衡的双重作用，若电源的建设(尤其是调节负荷能力较强的水力发电厂)没有达到预期规划目标，则会导致整个电力系统的负荷调节能力大大下降，最终也会对光伏发电的能力产生较大的影响。

(2) 负荷方面。电力负荷是电能的最终消费者，电力系统所产生的电能需要通过负荷进行消耗，若没有对用电负荷进行可靠预测，则包括常规电厂和光伏电场在内的电力生产厂家所发出的电能就会因缺乏足够的使用市场而浪费掉(即"供大于求")，同时也将大大影响电力系统的光伏接入能力。

(3) 电网方面。电网是将电厂所发出的电能以尽可能低的损耗传输给电力用户。电网的建设及规划必须同时兼顾常规电厂和包括光伏电场在内的新能源电厂的需求，否则极易造成"瓶颈"，如若青海海西地区 750 kV 网架建设延迟，则海西地区的百万千瓦光伏发电站所产生的电力就会出现无法输出的问题。

3) 光伏发电的开发时序

目前，在我国西北地区有建设大规模风光发电计划，这需要对整个电网进行平衡，规划在 2015 年西北地区风电装机容量将达到 16 260 MW，风电的接入使西北电网(包括新疆)的最大峰谷差率达到 41.5%；光伏发电接入电网达 3 200 MW，使等效峰谷差率最大可增加 7%。2010 年，整个西北地区除可以接入规划的风电装机，尚有剩余调峰容量用于平衡光伏发电的输出电压波动。

到 2015 年，因有大规模风电接入电网，很可能导致西北电网出现调峰能力不足的问题，调峰容量缺口预计达到 1 756～2 156 MW。若要再考虑接入波动性较强的光伏发电，应充分考虑到尽量不再加大电网的调峰难度。

综上所述，考虑到光伏发电对青海电网和整个西北电网可能造成的不利影响，2015 年青海全省光伏发电容量应低于 1 010 MW，这样方可使光伏发电接入电网后不会加大青海电网年最大峰谷差率。

西北电网(含新疆)仍需要依靠提高水电/火电电源的调节能力，进一步加大风电/光伏发电的接纳范围，开展风力发电场/光伏发电站的功率预测，加强对风光电场的整体控制，以提高整个电力系统的调峰能力。

常规电源装机容量及其电力输出特性是用来确定电网调峰能力的重要边界条件，若电力负荷水平和常规电源装机容量达不到预测值，则会对电网的接入能力造成重大影响。西北地区的整体风电场建设规划也对青海电网的光伏发电接入能力造成重大影响。各地区及分年度光伏发电开发时序如表 7.1 所示。

表 7.1 各地区分年度光伏发电开发时序

年份		2011	2012	2013	2014	2015
格尔木南出口	汇集站电压(kV)	35		110		
	总安装容量(MW)	15	25	110	200	200
格尔木东出口	汇集站电压(kV)	110				330
	总安装容量(MW)	105	125	150	250	450
锡铁山	汇集站电压(kV)	110				
	总安装容量(MW)	25	60	80	100	120
乌　兰	汇集站电压(kV)	35	110			
	总安装容量(MW)	30	60	80	100	120
德令哈	汇集站电压(kV)	35	110			
	总安装容量(MW)	25	60	80	100	120
总容量(MV)		200	330	500	750	1 010

7.4 电网对风光发电的适应性

7.4.1 风光发电入网运行要求

1) 大规模光伏发电对电网的影响

如前所述，光伏发电具有较强的间歇性与波动性，故大规模光伏发电站的入网运行必然会对整个电力系统的输出电压、系统稳定性、短路电流水平、调峰调频以及电能质量等多种参数产生不同程度的影响。

(1) 对电网电压的影响。我国地形分布比较特殊，太阳能资源比较丰富地区（西部地区）与用电负荷较大地区（如华东）距离较远，导致大规模光伏发电场无法实现就地入网，往往需要通过电力输电网络远距离传输到用电负荷中心。通常，在光伏发电输出电力比较高的时候，大量光伏输出电力在进行远距离传输时可能会使电力传输线路压降过大，从而使局部电网的电压稳定性受到较大影响，降低了稳定裕度。

(2) 对电网短路电流水平的影响。目前国内在光伏发电站入网中使用的逆变器多是电流源控制模式。该控制模式易造成光伏电站附近母线节点处的短路容量，在光伏发电站发电和不发电时相差非常大，光伏发电站对邻近节点短路电流有较大贡献且所提供的短路电流中主要为有功分量，其大小主要取决于发生电网短路故障前的有功功率和在故障期间逆变器交流侧的母线电压。

(3) 对电网稳定性的影响。当电网中光伏发电的穿透功率（光伏穿透功率 $=\frac{光伏电站峰值出力}{系统最大负荷}\times 100\%$）较大时，光伏发电在接入电网时会对电网原有潮流分布、线路传输功率以及各系统的惯量造成较大影响。故大规模光伏发电场在接入电网后，会导致电网的稳定性暂时发生变化。

(4) 对电网中电能质量的影响。因为光伏发电输出的电力间歇性和波动性较强，这会导致入网光伏发电站的输出功率随之发生波动，从而进一步引起电网中电压的波动和闪变等质量问题。此外，光伏发电站中大量使用的电力电子变频装置也容易使电网产生谐波问题。

(5) 对电网调度及电网备用容量的影响。因为地区用电负荷特性经常和光伏发电输出电力特性不一致，所以大规模光伏发电站接入电网后会增加电网调度的难度，此时需要电网中包含更多的备用电源和调峰调频容量，这样难免会进一步降低电力使用的经济性，并导致电网运行中产生额外的费用。

2) 电气化铁路的发展与光伏发电的相互影响

电气化铁路中广泛使用的整流式电力机车是一种不对称电力负荷，具有非线性、冲击性与短时集中负荷的特征，考虑到电力机车需要远距离运行，所以对越区电力供应能力要求比较高，具有明显的谐波、负序特性，电力机车在运行中，其牵引供电系统将会向电力系统输入谐波电流和负序电流分量。

对于电力系统中的发电机，若三相电流不平衡会导致发电机输出电力下降，从而造成附加振动和电力损耗，并且产生额外的热量(导致发电机组局部高温)和能量损耗，最终会使机组转子部件的金属材料强度和线圈绝缘强度大大降低。

负序电压不利于异步电动机的运行，通常非常小的负序电压加在异步电动机上，都会产生较大的负序电流和负序逆转电磁转矩，从而对异步电动机的整体运行效率和安全可靠性产生重大影响。

由于负序电流会导致三相电流的不对称，若电力变压器的三相电流中有一相电流最大，则不能充分发挥变压器的额定输出功率(即变压器的容量利用率下降)。当负序电流流过输电线路时，负序功率本身并不做功，而仅仅是造成电能损失，这无形中加大了电网损耗，降低了输电线路的输送能力。另外，负序电流还会对继电保护自动启动装置造成干扰，使之频繁误动。所以为消除负序电流对继电保护的不利影响，还需要进一步增加继电保护装置的复杂性，从而使其可靠性大大降低。

通常电力谐波对电力系统的影响主要体现在两个方面：第一，若谐波电流过大，流入电气设备，会使电力负荷过热，且很有可能在一定条件下产生谐振现象；第二，因为通常都是利用电压波形对设备进行控制，所使用的仪表计量等误差会引起控制误差，从而影响其准确性。

在谐波频率下，电力系统中各元件对地和元件相互之间均存在分布电容，从而在电力系统中形成了一个非常复杂的网络，该网络主要由电容、电抗和电阻构成。除了该网络，再算上电力系统中原本就存在的补偿电容器、电磁式电压互感器和变压器等非线性磁性元件，它们之间的相互作用会在电力系统的局部区域存在较严重的谐波谐振(或对谐波比较敏感的点)，因此电力机车负荷注入电力系统的谐波可能会产生谐振和谐波放大。电力机车的平均牵引负荷虽然较低，但是冲击负荷比较大，且具有显著的时段集中特性和地域集中特性(如早晚时段和节假日客流高峰期的牵引负荷会显著集中)，在某些薄弱地区甚至会危及电网安全运行。

目前，降低机车牵引负荷影响的主要措施有：

(1) 各牵引变电站中牵引变压器使用换相连接方式，并使用三相、两相平衡变压器；

(2) 在普通电力机车牵引绕组中设置晶闸管投切三次谐振电容补偿电路；

(3) 在牵引变电站的供电臂上设置投切三次振谐电容补偿电路；

(4) 尽量使铁路调度部门中牵引变电站两供电臂上的负荷均匀分布；

(5) 在牵引变电站中安装静止无功补偿器(SVC)等相关补偿装置。

目前，普通电气化铁路中牵引变电站通常接入 110 kV 电力系统，对于高铁牵引站，所接入的电压等级更高(220 kV 和 330 kV 电力系统)。接入的电力系统电压等级越高，则短路容量越大，这样电力系统负荷和谐波的承受能力就越强，而牵引供电系统中的电能损失反而越小，电力供应更安全、可靠，其缺点是会造成建设成本大大增加。而电气化铁路牵引通常采用两路独立电源(可互为备用)进行供电，在运行线路发生故障导致停运时，能立即自动切换到另一路电路继续运行。

针对国内现有技术，电气化铁路向电网输入的谐波和负序分量要远远高于光伏发电站向电网输入的量。在电气化铁路比较集中的地区，电网电能质量问题都不容忽视，电能质量超标的情况时有发生。

因为光伏发电站多使用大功率逆变器进行入网，高速铁路中牵引负荷在电力系统中所产生的谐波和负序电流会对逆变器的功率控制产生严重干扰，进而导致逆变器的输出功率出现一定损失，严重时甚至导致控制失败，从而使光伏发电站不能正常入网运行。

电气化铁路接入电网之前，需要对引起的谐波和负序分量问题进行认真研究和充分考虑，以避免电气化铁路对光伏发电站的正常运行造成不利影响；与此同时，要求光伏发电站自身也要具备充分的抗谐波电压不平衡能力，从而避免电气化铁路接入电网使风电场出现停机的事件发生。

前面已经提到，光伏发电站接入电网后会向电网注入一定的谐波电流，所以在其接入电网前，就必须积极开展与电网电能质量相关的专题研究，只有确定电能质量合格的情况下或已有了合理的整治措施方可允许光伏发电站接入电网。且在接入电网后，须进行试运行，在此期间须对电能质量进行测试，待测试合格后方能正式投入运行。这些措施可确保光伏发电站接入电网后不会导致电网电能质量超标，从而避免产生不利影响。

经过暂态稳定性分析，并结合青海地区现有的光伏发电站入网情况，表明光伏发电站接入电网不会对青海电网的稳定性造成较大影响，且对电气化铁路需要的可靠电力供应也未产生直接影响。

3) 大规模光伏发电站的并网技术要求

与发达国家相比，我国现有电网结构相对比较薄弱，而许多正在建设或规划中的光伏发电站都位于电网比较薄弱的地区或电网末端，这无形增加了光伏发电站入网的技术难度；除此之外，光伏发电本身所具有的间歇性和波动性问题，使光伏发电的入网对局部地区电网造成很多不利的影响。为此，国家电力公司于 2009 年 7 月颁布并实施《国家电网公司光伏电站接入电网技术规定》，对接入电网的光伏发电站的技术指标提出了更高的要求，这样方可确保大规模光伏发电站在接入电网后使电网和光伏发电站本身都能安全、可靠、稳定地运行。

7.4.2　风光发电建设成本分析

不能简单的照搬常规电厂建设时的投资利益分析方法来分析风光发电，而是除了要从风光电站自身建设分析之外，还要从电力入网和电力系统运行等综合角度分析风光发电的整体经济效益。

1）光伏发电站投资收益分析

在2008年，光伏发电入网系统的成本大约为每千瓦时4万元，到2009年，受金融危机影响，光伏发电入网系统的建设成本得到大幅降低，每千瓦时制造成本曾一度跌至两万元。目前，总体而言，在国内建设的光伏发电项目的造价参差不齐，每千瓦时的成本从2万元到4万元不等。光伏发电相关组件的投资大约占整个光伏发电入网系统投资成本的54.5%左右。表7.2列举了光伏发电入网系统的大致投资成本。

表7.2 并网光伏发电系统投资成本构成

项目	投资(万元)	比例(%)
光伏组件	1.50	54.5
并网逆变器	0.25	9.1
配件	0.5	18.2
其他费用	0.5	18.2
合计	2.75	100

在理论上，光伏发电站的年发电量可以根据光伏发电站的装机容量和光伏组件太阳能年有效利用小时数的乘积得出，输入电网的电量要充分考虑到太阳能光伏发电系统的综合效率。太阳能光伏发电系统的效率包含：太阳能电池及相关设备的老化率、交直流低压系统损耗率、逆变器使用效率、变压器和电网实际应用损耗率。太阳能光伏发电系统因太阳能电池老化等因素的影响使其在运行期间的发电效率逐年衰减(年衰减率可达0.90%)；除此之外，太阳能电池受尘埃、输电线路损耗及逆变器等相关电气设备老化等因素影响，使光伏发电系统的效率进一步降低，通常地面大型光伏发电站的损耗和老化综合率为80%；建设在屋顶的光伏发电损耗和老化综合效率可以取81.5%。如此，预计到2015年青海省光伏规划安装容量可达1 010 MW，若按照年等效发电利用小时数为1 500 h计算，则预计年发电量可达1 210 GW·h。

风光发电可大大降低火力发电厂的煤炭使用量，减少二氧化碳排放，这不仅对改善生态环境、缓解大气温室效应起到重要作用，而且大大节约了发电成本。因为风光发电场的建设，使得全国2010年标准煤用量减少8.14万吨，而预计2015年规划的光伏发电站建设并投入使用后，全国每年可减少41.11万吨标准煤使用量。据相关统计，国内光伏发电电力的平均环境效益是0.081元/(kW·h)，按此标准，预期到2015年所产生的环境效益为9 817万元。

太阳能光伏发电系统的生产过程中会消耗相当的能量，如工业硅提纯、单晶硅硅棒/多晶硅硅锭生产等几个生产过程需要非常高的能耗。所以在评估光伏发电建设成本及对环境的影响程度时，必须综合考虑光伏发电系统相关组件在制造和安装过程中所消耗的能量。光伏发电系统的能量回收期主要取决于两个方面：一是太阳能光伏组件在生产制造、运输安装和运行中所消耗能量的具体数据，该数据的大小主要取决于生产制造的技术工艺水平和使用管理能力；第二是光伏发电系统的发电量确切数据，该数据主要取决于光伏电池系统与蓄电池系统整体配置、安装位置、运行方式以及所在地的太阳能辐射资源情况，除此之外还和整个光伏发电系统运行过程中的维护有关。

表 7.3 是 2007 年荷兰能源研究中心和荷兰 Utrecht 大学所统计的最新多晶硅太阳能光伏发电入网系统的生产制造能耗数据，这在某种程度上反映了 2005—2006 年欧美国家光伏制造业的整体水平。在多晶硅光伏发电入网系统的生产过程中所产生的能耗为 29 371 MJ/kW，这包括了整个生产制造过程中所消耗的所有能源，折合成电耗约为 2 525(kW · h)/kW。

从太阳能光伏发电入网系统的生产过程中所消耗的能量来看，单晶硅太阳能电池系统的能耗最高，达到了 3 308(kW · h)/kW，为多晶硅太阳能电池系统制造能耗的 131%；而薄膜太阳能电池系统的制造能耗最低，为 1 995(kW · h)/kW，比多晶硅太阳能电池系统的制造能耗低 21%。

表 7.3 多晶硅太阳能光伏发电入网系统的制造生产能耗

项目	能源消耗量	
	按电耗计((kW · h)/kW)	按一次能源消耗量计((kW · h)/kW)
组件	2 205	25 606
框架	91	1 061
配套部件	229	2 660
总计	2 525	29 327

从太阳能光伏电池生产制造中的各个环节来看，高纯多晶硅材料、硅锭和硅片所需要的能耗最高。在单晶硅电池系统的生产中，这三个制造环节所消耗的能量占总能耗将近 80%；在多晶硅光伏电池组件生产过程中，这三个制造工艺所消耗的能量也要占到总能耗的近 72.5%。

在制造光伏电池所需的总能耗中，生产原料高纯多晶硅和 SiC 的能耗所占比例最大，占总能耗的 80%，高纯多晶硅占总能耗的 62%，SiC 占总能耗的 18%，生产能耗仅占 12%。

目前，关于太阳能光伏发电系统能量回收期的研究主要有两类，一类是太阳能光伏发电系统的环境影响评价研究，通过研究产业的发展现状和基础数据，开展环境影响评价，能量回收期是环境影响评价的重要指标之一；另外一类是专门的能量回收期研究，采用已有文献的产业基础数据，开展多个城市和地区的能量回收期研究分析。

目前，太阳能光伏发电入网系统的能量回收期大约为 1.5～6.9 年，这远远低于太阳能光伏发电系统的寿命期(30 年)。随着科学技术水平的提高和光伏产业的发展，未来单晶硅和多晶硅太阳能光伏发电系统的能量回收期都有望降至 1 年以下。根据国际能源机构对 26 个 OECD (经济合作发展组织)国家 41 个城市的研究，采用最佳倾角安装的多晶硅太阳能光伏发电系统能量回收期为 1.6～3.3 年，其中回收期最短的在澳大利亚的珀斯市，最长的在英国爱丁堡市；垂直安装在立面墙上的太阳能光伏发电系统能量回收期为 2.7～4.7 年，其中最短的在澳大利亚的珀斯市，最长的在比利时的布鲁塞尔市。

在国内，有研究表明，使用最佳倾角安装的多晶硅太阳能光伏发电系统的能量回收期为 1.57～3.76 年，最短的在拉萨市，最长的在重庆市和成都市；垂直安装在立面墙的太阳能光伏发电系统的能量回收期为 2.5～6.92 年，最短的在拉萨，最长的在重庆。而在青海地区，预计 2015 年全省太阳能光电平均利用小时数可达 1 500 小时，则青海地区太阳能光伏发电系统的能量回收期为 2.3 年，远低于其寿命期 25～30 年。

目前对光伏发电的相关补贴政策大致可分为安装补贴和电价补贴两种方式，2012 年我国新出台的金太阳工程和建筑光电补贴政策主要是针对光伏发电系统的安装补贴，而电价补贴主要包含特许权招标和国家审批电价。

2009 年 3 月，财政部联合住房和城乡建设部出台了《太阳能光电建筑应用财政补助资金管理暂行办法》，正式提出支持光伏发电建筑应用系统的开发，予以提供 20 元/W 的投资补贴；2009 年 7 月，财政部、科技部和国家能源局联合颁布了《关于实施金太阳示范工程的通知》，计划在 2～3 年内，采取财政补助的方式支持不低于 500 MW 的光伏发电项目的开发，且光伏发电入网项目原则上给予 50%补助，而在偏远无电地区的独立光伏发电系统建设则按照 70%补助。

2008 年 8 月，国家发改委核准了上海崇明岛前卫村屋顶太阳能光伏系统和内蒙古鄂尔多斯荒漠示范电站的电价为 4 元/(kW·h)。2009 年 6 月 23 日，我国第一个光伏发电特许权项目——甘肃敦煌 10 MW 光伏并网发电项目上网电价确定为 1.092 8 元/(kW·h)。该电价将作为近期国内光伏发电项目的标杆电价进行推广。

表 7.4 显示了我国光伏发电系统成本对入网电价的影响，可以看出入网电价是随着光伏发电系统年有效利用小时数的增加而呈下降趋势。

表 7.4 太阳能光伏发电系统成本对入网电价的影响

太阳能光伏系统造价(万元/kW)	入网电价(万元/(kW·h))	太阳能光伏系统造价(万元/kW)	入网电价(元/(kW·h))
1.1	0.90	2.9	2.37
1.4	1.15	3.2	2.62
1.7	1.39	3.5	2.87
2	1.64	3.8	3.11
2.3	1.88	4.1	3.36

SEMI 中国光伏顾问委员会所策划起草的《中国光伏发展路线初探》详尽分析了太阳能光伏发电技术及成本。2012 年，中国光伏发电成本在太阳能资源较为丰富的地区达到每千万时 1 元。随着科技进步和光伏产业的发展，光伏发电的入网电价有待进一步降低，从而在太阳能辐射资料比较丰富的地区，初步形成与常规能源发电电价竞争的实力。

2) *提高光伏发电经济效益的主要措施*

大规模光伏发电入网需要整个电力系统的调度运行方式必须做出相应调整方可确保整个电力系统安全、经济地运行。要提高光伏发电的经济效益，一方面要充分使用光伏发电所产生的每一度电量，不限制光伏发电电量入网；另一方面，需要适当减少因光伏发电所产生的系统额外运行成本，进一步提高常规能源的用电负荷率。因为光伏发电具有间歇性电源的反调节特性，从而大大增加了电网平衡的调峰难度，进而增加了电力调度的难度，最终给电网安全运行带来非常大的安全隐患。在现代电力系统的调度运行方式下，为确保电力系统的安全可靠运行，在某些特殊情况下，电力系统将必须限制间歇性电源的电力输出，所以若要充分发挥光伏发电系统的作用，提高包括光伏发电在内的整个电力系统整体经济效益，必须要恰当预测光伏功率，优化电网调度，从而尽可能地降低电力系统备用成本。

电力公司应当根据本省电网和太阳能辐射资源的分布特点，开发出适应于本地区的光伏功率预测系统，并逐步建立光伏电力调度支撑系统、控制信息管理系统以及入网参数数据库系统等，从而使光伏发电站的调度运行信息能达到甚至超过常规电厂水平。与常规电厂不同之处在于，光伏发电必须具备远程控制能力，这样在电力系统运行出现困难时，光伏发电系统可参与系统调度。

我国现有9亿多人口生活在农村，在21世纪的今天甚至还有5%左右居民还未能用上电。而这些无电地区往往位于风能和太阳能资源比较丰富的地区。故，风光互补发电系统在这些地区的建设具有非常重大的意义，可有效地解决居民用电问题，从而有利于加速这些地区的经济建设。此外，利用风光互补系统开发储量丰富的可再生能源，可为广大边远地区的农村人口提供廉价的电力服务，从而促进贫困地区的可持续发展。

直至今天，我国已经建成并投入使用了千余个风光独立供电系统，用于为农村提供基本照明和生活用电，但还尚未形成生产性负载。使用风光发电系统为村落集中供电在经济上是可持续运行的，这涉及供电系统的所有权、管理机制、电费标准、生产性负载的管理等多方面问题。该模式对中国在内的所有发展中国家都有深远意义。目前，风光互补发电系统在国内已经在下述几个方面得到较为广泛地应用：

(1) 道路照明：主要包括机动车行道路照明工程，城市、村庄、小区道路照明等。目前已经被开发并投入使用的新能源照明工程有：风光互补 LED 智能化路灯、风光互补 LED 小区道路照明工程、风光互补 LED 景观照明工程等等。

(2) 航标应用：在我国很多地区的航标已经广泛应用了太阳能发电，尤其是灯塔桩。在太阳能发电不理想的天气状况下，会存在较为丰富的风能资源，所以航标电力供应可以风力发电为主，光伏发电为辅的风光互补发电系统代替传统的单纯性太阳能发电系统。风光互补发电系统具有环保、无污染、免维护、安装使用方便等特点，符合航标能源应用要求。而在太阳能能源满足供应的情况下，不启动风光互补发电系统。风光互补发电系统在航标上的应用具备了季节性和气候性的特点。

(3) 监控电源：应用风光互补发电系统为道路监控摄像机提供电源，不仅节能，而且不需要铺设线缆，减少了被盗了可能。针对恶劣天气情况，如连续灰霾天气，日照少，风力达不到起风风力，会出现不能连续供电现象，可以利用原有的市电线路，在太阳能和风能不足时，自动对蓄电池充电，确保系统可以正常工作。

要解决长期、稳定、可靠地电力供电问题，在现有条件下只能依赖当地的自然资源。而太阳能和风能作为取之不尽的可再生资源，在某些地区非常丰富，所以应充分利用。此外，太阳能和风能在时间上和地域上具有很强的互补性，风光互补发电系统是可靠性、经济性较好的独立电源系统，除了接入电网供电亦可独立使用，尤其是用于山区、海岛的通信基站供电。在一些重要场合，必要时可配置柴油发电机，在太阳能与风能发电都不理想的情况下使用。这样可以减少系统中太阳电池方阵与风机的容量，从而降低系统成本，同时增加系统的可靠性。

7.5 飞轮储能技术在风光互补发电中的应用研究

7.5.1 飞轮储能技术国内外研究状况

(1) 国外飞轮储能技术的发展现状

国外对风光互补发电系统的研究主要有两个方面:一方面是功率匹配的方法,即在不同辐射和风速下对光伏阵列的功率和风机的功率大于负载功率的情况进行优化控制;另一方面是能量匹配的方法,即在不同辐射和风速下对应的光伏阵列的发电量和风机的发电量之和大于等于负载的耗电量,进行优化控制。

德国、美国等世界众多发达国家对飞轮储能技术的开发和应用比较多,但将之实际应用于电力系统中不多。目前,日本已成功制造出世界上容量最大的变频调速飞轮蓄能发电系统(其容量为26.5 MV·A,电压1 100 V,转速510 690 r/min,转动惯量710 kg·m^2)。在美国,马里兰大学也已研究制造出用于电力调峰的24 kW·h的电磁悬浮飞轮系统,其飞轮自重172.8 kg,工作转速范围11 610～46 345 rpm,系统输出恒压110～240 V,全程效率为81%。有经济分析表明,将飞轮储能系统应用于电力系统中,在运行3年时间后便可收回全部投资成本。目前,飞轮储能技术在美国发展得已经比较成熟,已经制造出在实验室中运行的飞轮装置,在空转时的能量损耗仅每小时0.1%。在法国的国家科研中心、德国的物理高技术研究所、意大利的SISE均在开展高温超导磁悬浮轴承的飞轮储能系统研究。

其中,Bescon Power公司生产的飞轮电池系列产品主要用以满足迅速增长的、可靠的、分布式电源需求。如果建立为通信应用提供后备电源的商业应用基础,估计每年至少拥有10 000套飞轮系统的需求量。这些主要是以为电信/电缆设备提供备用电力供应的飞轮储能系统为主。通常,在配件选型上,飞轮采用高强度复合材料轮缘,高速、长寿命、无需维护、低损耗永磁偏置主动/被动磁轴承,直流永磁无刷高效率、低损耗电动/发电机等,利用正弦波脉宽调制以实现驱动电压、电流一体化控制的双向换流器,真空密封,埋入地下,其运行状况可以通过互联网进行远程监控。

Active Power公司主要生产作为不间断电源(UPS)的飞轮电池系统,以取代传统的铅-酸电池,在某种程度上可满足当今对电力品质的高要求。其公司产品的应用对象主要是广大工业用户,如当今比较先进的数据中心、工业设备和广播电视系统等。目前,公司拥有29项发明专利,其主要产品有Cat UPS系列和Cleansource DC系列。Active Power公司的飞轮制造选用材料为4340锻铁,其飞轮转子与电动/发电机、磁轴承整合成一体。用磁铁卸去80%的重量以延长飞轮轴承的寿命和减小损耗。飞轮的工作转速在7 000～7 700 r/min。工作维持时间为几十秒到几分钟。目前Active Power公司的系列飞轮产品已经形成商业化。

(2) 国内飞轮储能技术的发展现状

目前,国内从事与飞轮研究相关的单位主要有清华大学工程物理系飞轮储能实验室、华北电力大学、北京飞轮储能柔性研究所(由中科院电工所、天津核工业理化工程研究院等组成)、北京航空航天大学、南京航空航天大学、中国科技大学、中科院力学所、东南大学、合肥工业大学等，主要集中在小容量系列，其中，北航针对航天领域研制的"姿控/储能两用磁悬浮飞轮"已获得2007年国家技术发明一等奖。华北电力大学和中国科学院电工研究所、河北省电力局合作，已经开始就电力系统调峰用飞轮储能系统的课题进行研究，预计能够取得可喜的成果。

其中，清华大学工程物理系储能飞轮实验室于1997年设计出第一套复合材料飞轮系统，转子重8 kg，直径23 cm，于1998年成功运转到48 000 r/min，线速度580 m/s，并实现充放电。2003年完成500 W·h飞轮储能不间断电源原理样机，飞轮转速42 000 r/min，复合材料飞轮转子边缘线速度达到650 m/s。2008年6月，对复合材料环向缠绕的高储能密度飞轮转子进行强度试验，达到实验极限转速54 300 r/min，轮缘线速度796 m/s，储能密度48(W·h)/kg。

中国科学院电工研究所制作了一台混合超导磁悬浮轴承(SMB)飞轮样机，转轴采用轴向型SMB、永磁轴承和电磁悬浮轴承共同支撑悬浮，最高转速达到9 600 r/min；其中SMB定子由七块直径30 mm、高度13 mm的YB-CO超导块拼成，而对应转子由一直径75 mm的永磁圆环和直径20 mm的永磁圆柱体组成。

虽然国内外对风光发电的研究卓有成效，但就"风光发电的储能"的方式而言，主要采用的是蓄电池储能。蓄电池储能有三个主要缺陷：一是蓄电池会造成环境污染，二是蓄电池不能快速充放电，三是不能较好地解决储能与控制系统的匹配问题。

7.5.2 飞轮储能技术应用于风光互补发电的可行性

飞轮储能技术是一种新兴的电能存储技术，是近年来出现的有很大发展前景的储能技术。它将输入的电能通过电动机转化为飞轮转动的动能进行储存，当外界需要电能的时候，又通过发电机将飞轮的动能转化为电能，输出到外部负载。这里所研究的风光互补并网发电系统，其最大特点是在化学电池储能的基础上增加了飞轮储能环节，这样就能使利用风能和太阳能所发的电量保持更加稳定的输出，甚至在无风、无光的情况下依然可向电网输电，从而保证电网的平衡和电网安全。

由于风能、光能的不确定性和随机变动性，大规模的风光发电站并网会对电力系统造成谐波、电压波动和闪变、频率波动、功率波动等影响，在一定程度上限制了风电、光电的发展，所以可考虑用飞轮储能系统来改善风电的质量。飞轮储能系统与其他储能系统相比，具有储能密度高、不依赖于外界环境和效率高等优点。随着新型复合材料和高温超导磁悬浮轴承技术的发展，飞轮储能系统得到了迅速发展。将飞轮储能系统应用于风光互补发电站改善风电质量，在技术上是可行的。

图7.3显示了将飞轮储能技术应用于风光互补发电站的示意图。主要是由飞轮储能系统、整流器、逆变器、风力发电机和机电双向能量变换器组成，该系统能通过飞轮储能系统的加速储能、能量保持和减速发电控制来维持直流侧电压的稳定。

飞轮储能系统的工作过程为：飞轮储能(充电)时，电能通过电力转换器变换后驱动电机运行带动飞轮加速转动，从而飞轮以动能的形式把多余的电能储存在高速旋转的飞轮体中；飞轮释能(放电)时高速旋转，带动电机发电，把机械能转化成电能。由此，飞轮储能系统可实现电能的输入、储存和输出过程。

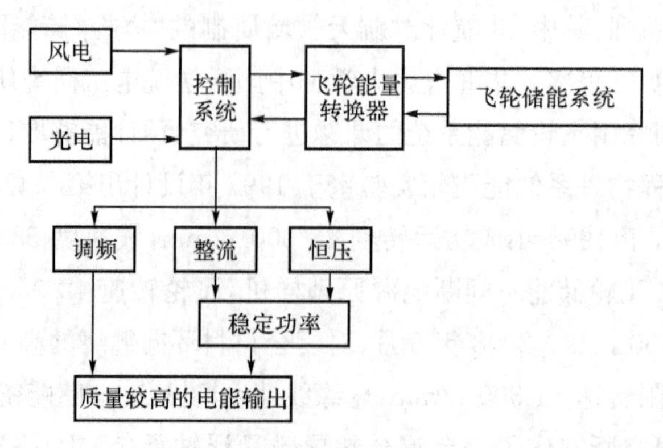

图 7.3 飞轮储能技术应用于风光互补发电站的示意图

在实际中，从外部输入的电能通过电力电子装置驱动电动机旋转，电动机带动飞轮旋转，飞轮将电能储存为机械能；当外部负载需要电能时，飞轮带动发电机旋转，将机械能转换为电能，并通过电力电子装置对输出电能进行频率、电压的变换，以满足负载的需求。

实际的飞轮储能系统的基本结构主要由以下 5 个部分组成：

(1) 飞轮转子，一般采用高强度复合纤维材料组成；

(2) 轴承，用来支承高速旋转的飞轮转子；

(3) 电动/发电机，一般采用直流永磁无刷电动/发电互逆式双向电机；

(4) 电力转换器，这是将输入交流电转化为直流电供给电机，将输出电能进行调频、整流后供给负载的部件；

(5) 真空室，为了减小损耗，同时防止高速旋转的飞轮发生事故，飞轮系统必须放置于真空密封保护套筒内。另外在飞轮储能装置中还必须加入监测系统，监测飞轮的位置、振动和转速、真空度、电机运行参数等。

考虑到飞轮储能具有效率高、建设周期短、寿命长、高储能量等优点，加之其充电快捷，充放电次数无限，对环境无污染。所以，将之应用于风光互补发电站对改善电能质量具有很好的优越性。

在风光互补发电中，风、光发电系统并网运行的关键问题是使风力发电机的输出电能保持频率和电压恒定。将飞轮储能系统并联于风光发电系统的直流侧，利用飞轮吸收或发出有功和无功功率，能够有效地改善输出电能的质量，解决风力发电机的输出功率与负载吸收功率相匹配的问题。

另外，与已有的其他蓄能系统如化学电池等相比，新的高速飞轮蓄能装置的蓄能容量更大，运行环境更宽松，可在 −20～40 ℃之间的环境温度下工作，可重复深度放电，并且可循环使用几百万次。且具有占地小、重量轻、蓄能效率高、维护费用低、易于电力系统连接等优点。所以将飞轮储能系统应用于风光互补发电站中，在技术上是可行的，对改善风力发电的电能质量具有极大的意义。

7.5.3 风光互补发电理化互补储能系统

1) 风光互补发电理化互补储能系统的组成

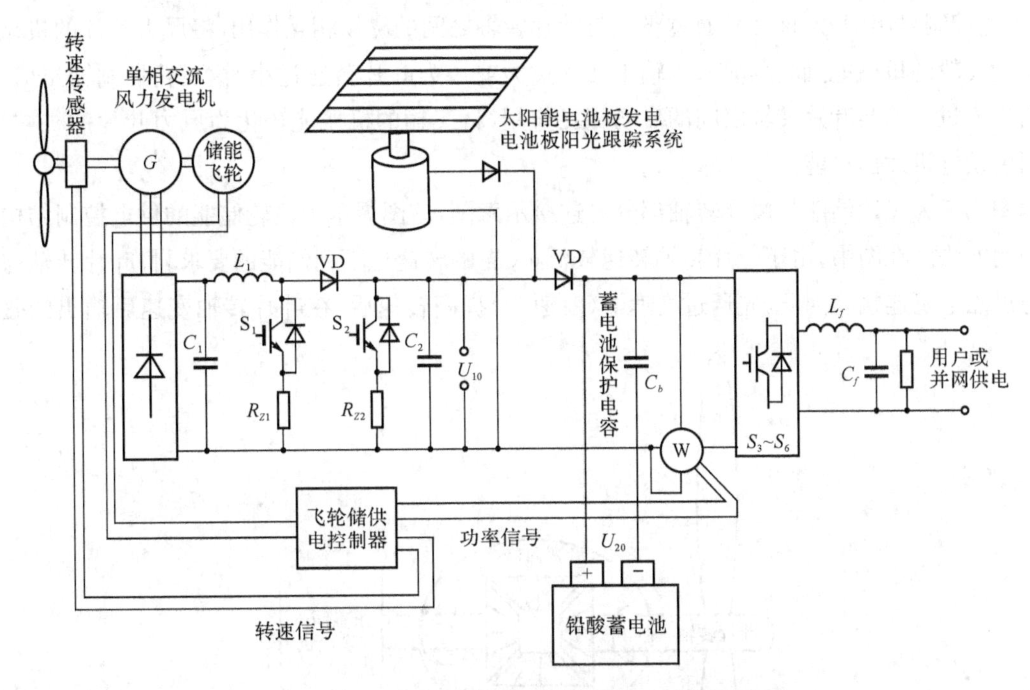

图 7.4 风光互补发电理化互补储能系统的原理图

图 7.4 显示了将飞轮存储系统应用于风光互补发电系统的实际原理图。主要由风力发电机组、太阳能光伏电池组、控制器、蓄电池、飞轮储能器、逆变器、交流直流负载等部分组成。该系统是集风能、太阳能、蓄电池及飞轮储能器等多种能源发电技术及系统智能控制技术为一体的复合可再生能源发电系统。

(1) 风力发电部分是利用风力机将风能转化为机械能，通过风力发电机将机械能转化为电能，再通过控制器对蓄电池充电，经过逆变器对负载供电。

(2) 光伏发电部分利用太阳能电池板的光伏效应将光能转化为电能，然后对蓄电池充电，通过逆变器将直流电转换为交流电对负载进行供电。

(3) 逆变系统由几台逆变器组成，把蓄电池中的直流电变成标准的 220 V 交流电，保证交流电负载设备的正常使用。同时还具有自动稳压功能，可改善风光互补发电系统的供电质量。

(4) 控制部分根据日照强度、风力大小及负载的变化，不断对蓄电池组的工作状态进行切换和调节：一方面把调整后的电能直接送往直流或交流负载；另一方面把多余的电能送往蓄电池组存储。发电量不能满足负载需要时，控制器把蓄电池的电能送往负载，保证了整个系统工作的连续性和稳定性。

(5) 蓄电池部分由多块蓄电池组成，在系统中同时起到能量调节和平衡负载两大作用。它将风力发电系统和光伏发电系统输出的电能转化为化学能储存起来，以备供电不足时使用。

(6) 飞轮储电系统，一是当风光供电过大时，将风光发电的电能转化为飞轮的机械能储存起来，并在没有风光电能时，通过飞轮机械能转化为电能供电；二是分解蓄电池容量，保护蓄电池，并能减少蓄电池组，减少蓄电池数量，保护环境，延长蓄电池寿命。

2）飞轮储、供电控制要求

控制信号来源于输出功率或风力叶片转速传感器，当输出功率过大或风力叶片转速过高时，飞轮控制输出信号，该信号通过飞轮与叶片转轴之间的磁场相互作用，将风力叶片的机械能转化为飞轮的机械能，储存起来；当输出功率过大或风力叶片转速过小时，飞轮控制输出信号，该信号通过飞轮与叶片转轴之间的磁场相互作用，将飞输的机械能转化为风力叶片的机械能，进而由发电机发出电能。

图 7.5 为飞轮储能与风叶转轴部分的连接示意图，该图展示了飞轮储能的供电控制结构及其控制方法。在图中，由于叶片转轴转速较低，飞轮的转速达不到储能的要求，将叶片转轴与飞轮通过磁电机连接。因此，先通过变速器（变速箱）提高转速后，在叶片转轴变速后输出的磁

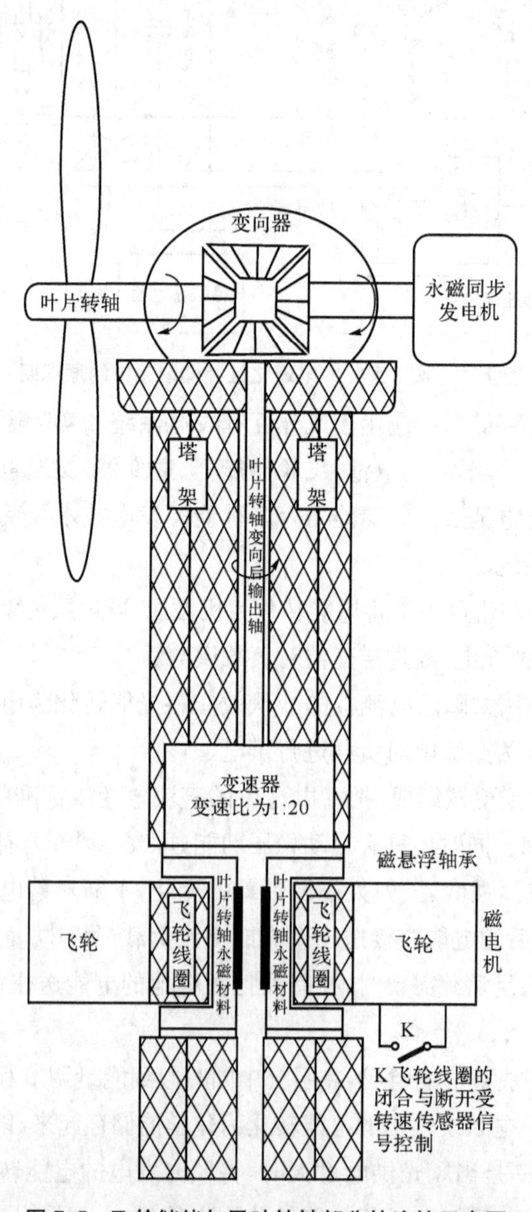

图 7.5　飞轮储能与风叶转轴部分的连接示意图

电机内轴上安装永磁材料，由于磁电机内轴上的永磁材料转动，形成的变化磁场切割飞轮上的外线圈，当飞轮上的外线圈闭合，磁电机内线圈转动时，切割外线圈电流磁场，形成作用力；当叶片转轴大于额定转速时，飞轮加速，相当于飞轮充电；当叶片转轴小于额定转速时，飞轮减速，相当于飞轮放电。

7.5.4 “5 kW 风光互补发电机系统”设计实例

1) 设计要求

对于 5 kW 的风光互补发电机系统，如果蓄电池完全不供电，且 4 小时没有风光电能补充，飞轮的机械能 80%转化为电能。为保证飞轮储能系统连续 4 小时对电网正常供电，则飞轮储存的动能为：

$$E_k = (5 \times 4 \times 3\ 600)/80\%\ \mathrm{J} = 9.0 \times 10^7 \mathrm{J} \tag{7.1}$$

如果采用圆筒形飞轮储能，根据刚体的转动惯量和刚体的转动动能的计算方法，飞轮的转动惯量和转动动能分别为：

$$I_Z = \int R^2 \mathrm{d}m = \frac{m}{2}(R_1^2 + R_2^2) \tag{7.2}$$

$$E'_k = \sum_i \frac{1}{2} m_i v_i^2 = \sum_i \frac{1}{2} m_i (R_i \omega)^2 = \frac{1}{2}(\sum_i m_i R_i^2)\omega^2 = \frac{1}{2} I_Z \omega^2 \tag{7.3}$$

将式(7.2)代入式(7.3)式，得到：

$$E'_k = \frac{1}{2} \times \frac{m}{2}(R_1^2 + R_2^2)\omega^2 \tag{7.4}$$

只有当 $E'_k \geqslant E_k = 9.0 \times 10^7$ J 时，才能满足飞轮连续对电网供电 4 小时的要求。

在图 7.4 所示的飞轮储能与风叶转轴部分的连接示意图中，其机械部分描述得比较清楚，其控制逻辑电路的功能要求如下：

(1) 初始状态(安装完后第一次发电)，只有当 W 大于额定值 2 倍，并且转速 n 大于额定转速 50%时，飞轮电池控制逻辑电路输出信号才能使飞轮线圈的控制开关 K 闭合。闭合后，飞轮开始加速储能。

(2) 运行状态，飞轮电池控制开关一直保持闭合。

(3) 只有当飞轮转速降至额定转速的 25%时，飞轮线圈的控制开关 K 才能断开，这时，系统停止对外供电。

(4) 只有当 W 大于额定值 2 倍，并且转速 n 大于额定转速 50%时，飞轮电池控制逻辑电路输出信号才能使飞轮线圈的控制开关 K 再次闭合。

2) 磁电式能量转换器设计

飞轮储能系统的核心是机械能和电能之间的转换，故能量转换环节很重要，它决定着储能系统的整体转换效率和飞轮系统的运行。电力电子能量转换器对输入和输出的能量进行调整，从频率和相位角度进行协调。综合而言，借助于能量转换装置，飞轮储能系统实现了从电能转换到机械能，再从机械能转换为电能的能量转换。

(1) 电能转换为机械能。这是对“飞轮储能系统”输入能量的环节，通过使用电力电子转换器对充电电流调整，从而将电网交流电转换为直流电，以驱动电动/发电机，增加飞轮转速，同时确保飞轮系统整体平稳、安全、可靠地运转。此时，电机速度提高，可采用两种变频控制方式：恒转矩控制和恒功率控制。

(2) 以动能形式存储电能。在此过程中，飞轮高速旋转实现对动能的有效储存。当飞轮达到一定转速后便转入低压模式，此时由电力电子装置提供低压，从而使飞轮储存能量的机械损耗在最小的情况下维持飞轮的转速。

(3) 机械能转化为电能。这是飞轮储能系统对外输出能量环节，电力电子转换器将输出的电能转换为与电网频率和相位一致的交流电，再输入电网。根据电网具体运行情况，此时高速旋转的飞轮通过高速发电机将飞轮的动能转换成电能。在此过程中电机的输出电压与频率随飞轮转速的变化而不断变化。在运行一段时间之后，飞轮转速开始下降，这会导致输出电压降低。为确保输入电网电压的平稳，此时需要通过升压电路将电压提升。在利用飞轮储存能量时，要求系统有较快的反应速度及尽可能快的储能速度；此外，在维持能量时，需要保持系统的稳定运行及最小损耗；而在飞轮释放能量时，需要能满足负载的频率和电压的要求。从“储能”到“维持”再到“输出”等几个环节需要协调一致、连续运行，从而实现电能的高效存储。

飞轮储能系统的能量输入和输出是通过飞轮电机实现的。因飞轮转子在运行过程中的转速极高，故飞轮电机是实实在在的“高速电机”，其最高频率可达 3～15 kHz，这就要求必须采用“无定子铁芯”的电机，以消除可能会造成整体效率降低的电机损耗。有设计在飞轮转子上采用了 Halbach 永磁体排列方法形成均匀而磁密颇高的两极磁场，这对于提高定子上无铁芯电机的效率是有益的，尤其适用于形状细长的电机。可以把永磁体置于飞轮转子中心处，以免永磁体所受应力过大；电机绕组置于真空障壁之外，便于散热。

在放电过程中，随着能量的输出，飞轮转子的转速和电机电压、频率必然要逐渐下降，这显然不符合用电设备的要求，所以飞轮电池输出的电能必须经过“AC - DC”，或“AC - DC - AC”等转换才行。近年来，大功率高效电子固体组件转换器的发展为此提供了有利条件。这样的转换器同样也可用于飞轮电池的充电过程，以适应充电过程中飞轮转速和电机反电势逐渐升高的状态。

总的来说，飞轮储能技术是一种环保的电能存储技术。将之应用于风光互补发电站中，可将风机过多的机械能转化为飞轮的机械能；当风力过小时，又可将飞轮的机械能转化为驱动电机发电的机械能，进而提高风能的发电效率和风力发电运行的稳定性。而研究和设计一种能实现能量转换的转换器，是本项目研究的关键技术，其转化模式如图 7.6 所示。

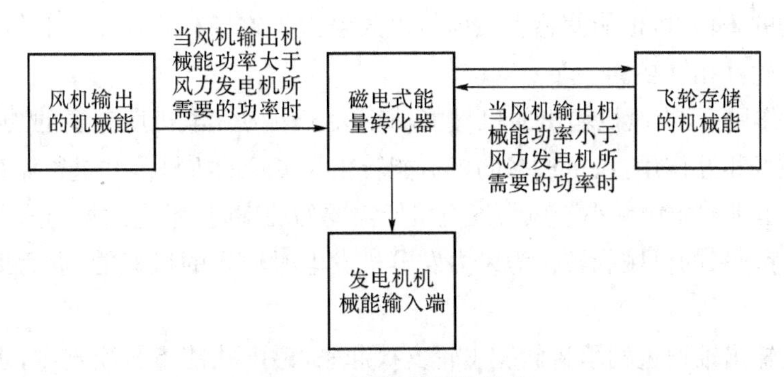

图 7.6 能量的转换模式

(1) 在风力作用下,当风机输出的机械能功率大于风力发电机所需要的功率时,风机过多的机械能转化为飞轮的机械能并进行储存。

(2) 风机输出机械能功率小于风力发电机所需要的功率时,飞轮储存起来的机械能转化为风力发电机发电时输入的机械能,进而提高风力发电机的发电功率。

风机的风轴与飞轮系统是不能实现硬连接的,如果是硬连接,当风力突然增大或突然减小时,都会对风机或飞轮系统产生硬性机械性损伤,因此,必须采用软连接。磁电式能量转化器的作用就是要实现风机的风轴与飞轮系统软连接。

磁电式能量转化器的效率决定了风光互补发电系统的效率和稳定性。磁电式能量转换器的系统结构如图 7.7 所示。

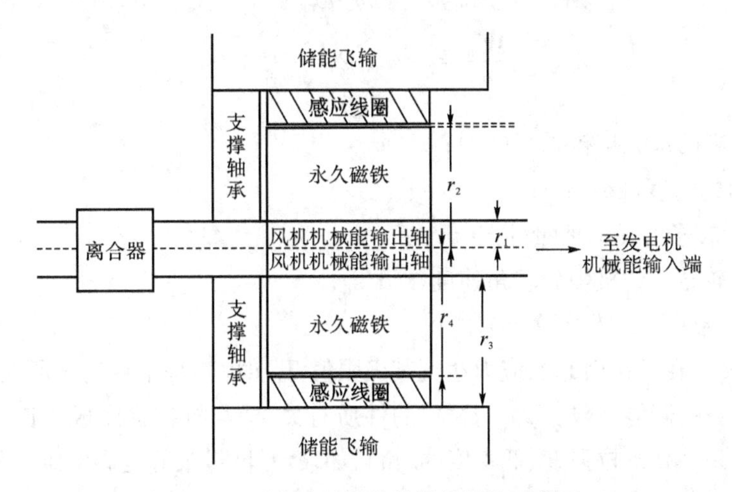

图 7.7 磁电式能量转换器的结构示意图

在图 7.7 中,r_1 是风机机械能输出轴半径,也是永久磁铁的内半径,r_2 是永久磁铁的外半径,r_3 是感应线圈绕组的内半径,r_4 是感应线圈绕组的外半径,也是储能飞轮内半径。离合器主要是在叶片转速小于飞轮转速时,使风机机械能输出轴与发电机机械能输入轴分离,在叶片转速大于飞轮转速时,使风机机械能输出轴与发电机机械能输入轴闭合。

永久磁铁固定在风机机械能输出轴半径上,并随风机机械能输出轴同步转动,当永久磁铁随风机机械能输出轴同步转动时,形成旋转磁场,旋转磁场切割与固定在储能飞轮内半径上的感应线圈的绕组,在线圈的绕组周围产生感生磁场;该感生磁场与永久磁铁的磁场相互作用,便可以实现风机的机械能、储能飞轮的机械能、发电机机械能输入轴的机械能互相转换。当线圈组切割永久磁铁的磁场时，也能使感生磁场与永久磁铁的磁场相互作用，同样可以实现风机的机械能与储能飞轮互相转换。

(1) 在风力作用下，当风机输出的机械能功率大于风力发电机所需要的功率时，感生磁场与永久磁铁的磁场相互作用，风机过多的机械能转化为飞轮的机械能并进行储存。

(2) 风机输出机械能功率小于风力发电机所需要的功率时，感生磁场与永久磁铁的磁场相互作用，飞轮储存起来的机械能转化为风力发电机发电时输入的机械能，进而提高风力发电机的发电功率。

风机机械能输出轴通过轴承将储能飞轮支撑起来，磁电式能量转换器中，永久磁铁与感应线圈绕组逢隙的大小，决定了磁电式能量转换器的效率。

3) 飞轮转子设计

在实际应用中，要求飞轮转子的旋转速度必须尽可能高，这样方可充分显示飞轮储能系统的优点。但随着转速的提高，其离心力必然会在飞轮转子的内部引起巨大的应力。为了使飞轮安全、可靠地工作，在设计飞轮储能系统时必须对飞轮转子的尺寸进行计算并仔细选择飞轮所用的材料。

经计算，对于薄壁圆筒形飞轮转子而言：

$$T_m = \rho r^2 w_m^2$$
$$J = mr^2$$
$$W_m = J w_m^2 / 2 = m r^2 w_m^2 / 2$$
$$U_m = \frac{W_m}{m} = r^2 w_m^2 / 2 = \frac{T_m}{2\rho}$$

式中：T_m ——材料的最大抗拉强度(Pa)；

ρ ——材料的密度(kg/m^3)；

J ——飞轮转子的转动惯量($kg \cdot m^2$)；

w_m ——飞轮转子的极限旋转角速度(rad/s)；

r ——飞轮转子的旋转半径(m)。

U_m 为飞轮转子在转速引起的应力达到其极限值 T_m 时，其每千克转子所储存的能量，即单位质量的飞轮转子的储能极限。U_m 与材料的性质有关，即与抗拉强度成正比，与密度成反比，所以飞轮转子应采用高抗拉强度、低密度的材料，如玻璃纤维，最好是碳纤维。从表 7.5 可以看出用优质钢材制成的飞轮转子，其最大储能密度只有 47(W · h)/kg，而碳纤维制成的飞轮转子，其最大储能密度可达 500(W · h)/kg 以上。据国外有关文献报道，不久的将来可能有抗拉强度为 10 GPa 的碳纤维面世，则 U_m 可以达到近 800 J/kg 。

表 7.5　工业用材料的物理参数

材　料	T_m (GPa)	ρ (kg/m^3)	U_m ((W · h)/kg)
E 玻璃纤维	3.5	2 540	190
S 玻璃纤维	4.8	2 520	265
碳纤维	7.0	1 780	545
优质钢	2.7	8 000	47

在进行“小型风光互补发电机”改装时，需要根据图 7.5 中飞轮的质量，计算出飞轮安装的平衡点。根据计算，更换并加工叶片转轴，使之加长，便于安装叶片线圈和飞轮。在设计飞轮控制器时，飞轮控制器输入信号由转速传感器和功率传感器输入，飞轮控制器输出信号控制飞轮线圈电源的控制开关 K，K 由可控硅构成。

其中在进行飞轮加工时须采用圆筒形飞轮。要保证飞轮储能 $E'_k \geqslant 9.0\times10^7$ J，假定飞轮质量 m=1 200 kg，圆筒内径 R_1=0.15 m，风叶转轴额定转速为 200 r/min，变速比为 1∶20，风叶转轴转速经变速器变速，输出 n =4 000 r/min。考虑到转速差率，在风叶转轴额定转速为 200 r/min 时，在飞轮转速 n =4 000 r/min±20%以内，以飞轮转速为 n =4 000 r/min，相当于用 ω =4 000×3.14/60=209.3 rad/s 来计算，根据式(7.4)，得：

$$R_2=\sqrt{\frac{4E'_k}{m\omega^2}-R_1^2}=\sqrt{\frac{4\times9.0\times10^7}{1\ 200\times209.3^2}-0.25^2}=2.61(\mathrm{m}) \tag{7.5}$$

根据式(7.5)可以得出，采用圆筒形飞轮时，只要质量 m=1 200 kg，圆筒内径 R_1=0.15 m，在风叶转轴额定转速为 200 r/min，$R_2\geqslant$2.61 m 时，就能满足储能 $E'_k \geqslant E_k$ =9.0×10^7 J 的要求。

将飞轮储能技术应用于风光互补发电系统，本设计预期能达到以下要求：

(1) 当风光互补发电功率 P 介于额定功率±10%之间，并且风力引起的叶片转轴转速介于额定转速 10%时，这时主要依靠蓄电池储、供电能，保障风光互补发电功率 P 稳定。

(2) 当风光互补发电功率 P 大于额定功率 10%，并且风力引起叶片转轴转速大于额定转速 10%时，这时主要依靠飞轮储存电能，同时，蓄电池也进行储电，以保障风光互补发电功率 P 稳定。

(3) 当风光互补发电功率 P 小于额定功率时，主要由飞轮供电，同时，蓄电池也供电，以保障风光互补发电功率 P 稳定。

将飞轮储能技术应用于风电互补发电系统，实现并网供电，减少蓄电池储能对环境污染，使风光互补发电能提供更优质的电源，更容易实现入网；并能对该系统进行远程监控，提高风光互补发电理化互补储能控制系统的控制范围和性能，达到或超过风光互补发电并网的国家标准。

7.6 适用于风光互补电场的 CAN 网络数据采集转换卡的设计

CAN 总线所采用的“非破坏总线仲裁”技术，尤其适合风光互补电场各发电站的数据传输。当多个数据采集节点同时向 CAN 总线发送信息出现冲突时，优先级较低的节点会主动地退出(停止发送数据)，而最高优先级的节点可不受影响地继续传输数据。在风光互补发电场中各个发电站通过 CAN 总线建立数据采集节点，考虑到其分散性特点，需要设计一种能适应 CAN 网络的高效数据采集转换卡，以实现数据能快速、高效、安全地从 CAN 网络进入计算机，并根据需要作进一步处理。

7.6.1 CAN 网络数据采集转换卡的硬件结构

通过使用 PCI 总线接口芯片 PCI9052 以及 CAN 总线控制器 SJA1000 等主要器件，并结合相应驱动软件设计了一种“通用型 CAN - PCI 数据采集转换卡”，其硬件结构如图 7.8 所示。

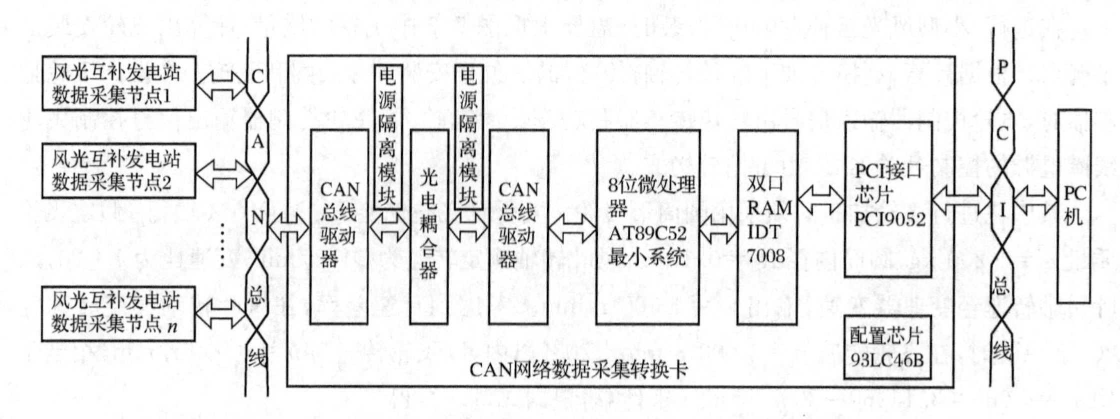

图 7.8　CAN 网络数据采集转换卡的结构示意图

该型 CAN 网络数据采集转换卡本质上是用来实现 PCI 总线与 CAN 总线之间相互通信的装置，通过 PCI 总线接口芯片 PCI9052 并结合配置芯片 93LC46B(用于初始化 PCI 配置寄存器)实现与 PCI 总线的连接。PCI9052 与 8 位微处理器 AT89C52 之间的数据传输借助于双口 RAM 实现。该数据采集转换卡中的微处理器主要用于对 CAN 总线控制器的控制，以实现 CAN 数据包的双向传送。CAN 总线驱动器则是用于提供 CAN 总线控制器与物理总线之间的接口，并实现对 CAN 总线进行差动发送和接收。图 7.8 中的电源隔离模块主要用于加强该数据采集转换卡的抗干扰能力，以提高整个系统的稳定性和可靠性。

7.6.2　CAN 网络数据采集转换卡的主要硬件设计

1) PCI 总线控制器 PCI9052 相关硬件电路设计

PCI9052 是一种具有 160 个引脚的低功耗 CMOS 芯片，是为了针对 PCI 总线功能扩展而推出的高性能 PCI 总线目标(从)模式的接口芯片，该芯片支持在 PCI 总线上的突发数据传输率可达到 132 Mbps。该芯片内部包含一个 FIFO 缓冲区，使之可用于"低速率、窄总线"的本地总线与 32 位宽、33MHz 的 PCI 总线之间速率匹配(缓冲)。PCI9052 主要由串行 E^2PROM 控制器、FIFO 缓冲器、配置寄存器及本地仲裁、本地主控制器等部分构成。

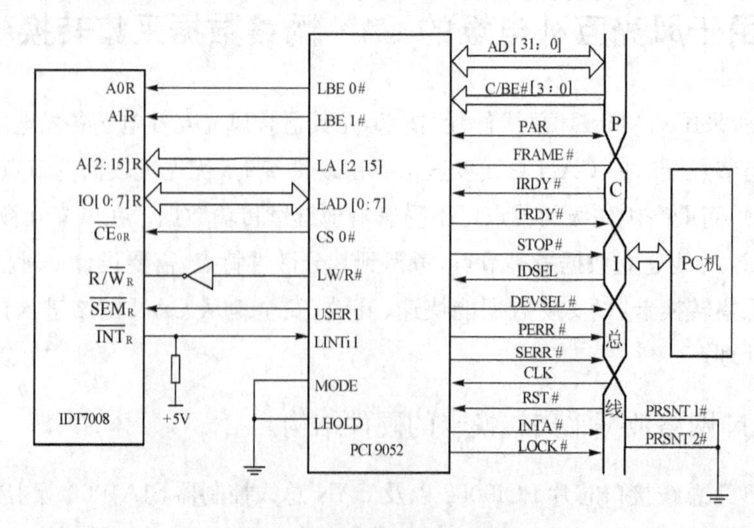

图 7.9　PCI 总线接口电路设计

图 7.9 显示了 PCI9052 与 PCI 总线及双口 RAM 芯片 IDT7008 之间的硬件连线。因为 PC 机主板是依靠 PCI 总线插槽上的信号线 PRSNT1＃和 PRSNT2＃的状态来判断该 PCI 插槽中是否有 PCI 适配卡，通过将两个引脚接地设置该插槽为 7.5 W 适配卡。

高速 64K×8 位双口 SRAM 芯片 IDT7008 具有真正双端口功能，并且两个端口皆具备独立的控制、地址和 I/O 引脚。IDT7008 允许以“自主、异步”的读/写方式对其任何存储单元进行操作。利用 PCI9052 的局部总线接口功能，可以很方便地实现与 IDT7008 的接口设计(见图 7.9)。

因为 IDT7008 的数据总线和地址总线均为独立专门总线，故设置 PCI9052 的工作模式为非复用工作模式(MODE 引脚接地)；又因为 CAN 网络数据采集转换卡局部总线宽度设计为 8 位，故仅使用 PCI9052 数据总线 LAD[31：0]中的低 8 位 LAD[7：0]与 IDT7008 的数据总线 IO[7：0]相连，总线中其他引脚通过外接下拉电阻处于闲置状态；因为 IDT7008 具有 64K 字节存储单元，则将 PCI9052 的低 16 位地址总线 LA[15：0]与 IDT7008 的 A[15：0]相连；PCI9052 的片选端 CS0 则直接与 IDT7008 的$\overline{CE}_{0R}$相连；因为 PCI9052 的读写控制信号 LW/R＃与 IDT7008 的读写信号 $R/\overline{W}_R$ 电平极性相反，故二者之间的连线串接了一个“非”逻辑门。在本 CAN 网络数据采集转换卡中，PC 机采用中断和信号灯方式来防止 IDT7008 的共享冲突，故将 PCI9052 的 USER1 引脚与 IDT7008 的$\overline{SEM}_R$ 引脚相连以用来确定 PC 机对 IDT7008 的具体操作对象(存储单元/信号灯标志)；因为该 CAN 网络数据采集转换卡中将中断控制/状态寄存器设置为低电平中断触发，所以在 PCI9052 的中断输入引脚 LINTi1 与 IDT7008 中断输出引脚$\overline{INT}_R$ 的连接线中外接一个上拉电阻使其初始状态无效。

2) 微处理器相关硬件电路设计

在微处理器 AT89C52 与 IDT7008 的接线中，因为微处理器的数据总线和地址总线为复用总线，而 IDT7008 的数据总线和地址总线相互独立，故需要用到锁存器进行地址锁存。其接线图如图 7.10 所示。

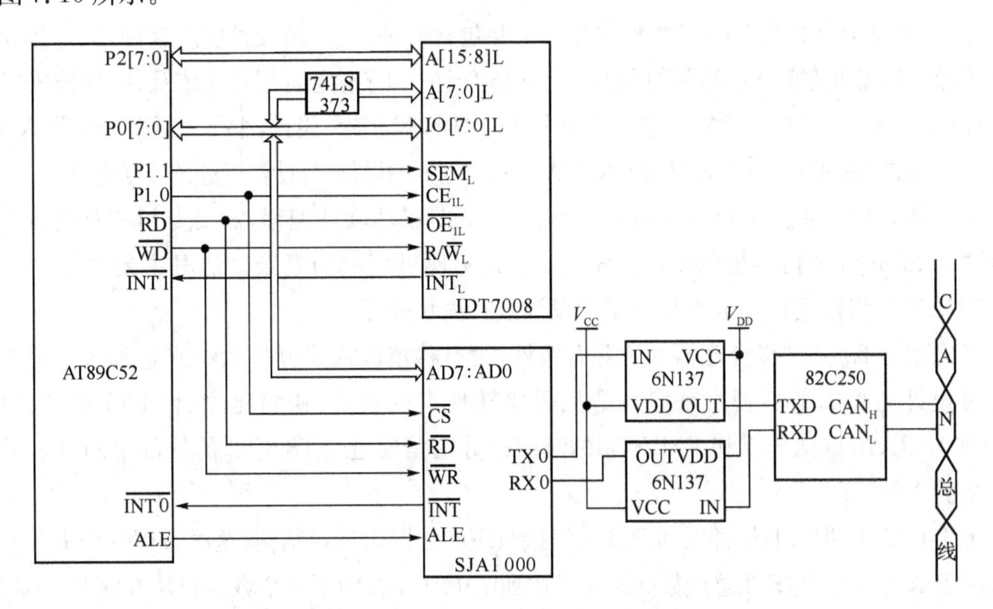

图 7.10　微处理器与 IDT7008 硬件电路及 CAN 网络接口电路的接线图

AT89C52 的 P2 口作为高 8 位地址访问端与 IDT7008 的高 8 位地址端 A[15：8]直接相连；P0 与 IDT7008 的数据端口 IO[7：0]直接相连；同时，P0 端作为低 8 位地址总线通过 73LS373 锁存器与 IDT7008 的低 8 位地址端 A[7：0]相连。AT89C52 的 P1.0 引脚与 IDT7008 的片选端引脚 CE_{1L} 相连；因为 AT89C52 对 IDT7008 的防共享冲突是通过使用中断和信号灯方式，故将 AT89C52 的 P1.1 与 IDT7008 的$\overline{SEM}_L$ 相连来明确 PC 机对 IDT7008 的具体操作对象是存储单元还是信号灯标志；AT89C52 的$\overline{INT1}$与 IDT7008 的中断输出引脚 $\overline{INT}_L$ 相连，用于对 IDT7008 中断请求的接收；另外，分别将 AT89C52 的$\overline{RD}$和$\overline{WR}$与 IDT7008 的$\overline{OE}_L$ 引脚和 R/$\overline{W}_L$ 引脚相连，以实现对数据输入、输出的操作。

图 7.10 显示了一种利用 AT89C52 及 CAN 总线控制器 SJA1000 实现的 CAN 网络节点接口电路设计。节点电路中 SJA1000 的初始化及数据的发送、接收均由 AT89C52 控制。AT89C52 的 P0 端与 SJA1000 的 AD 数据端口直接相连；SJA1000 的片选引脚$\overline{CS}$受 AT89C52 的 P1.0 控制；通过将 AT89C52 的$\overline{RD}$、$\overline{WR}$、ALE 引脚分别与 SJA1000 的$\overline{RD}$、$\overline{WR}$、ALE 直接相连来实现微处理器对 SJA1000 的读写控制；另将 AT89C52 的$\overline{INT0}$与 SJA1000 的$\overline{INT}$相连，设置 AT89C52 以中断方式响应 SJA1000，从而提高 CAN 网络数据采集转换卡的工作效率。

图 7.10 中的光电耦合器 6N137 是为了针对风光互补发电场中 CAN 网络工作环境的恶劣性，通过 6N137 与 82C250(CAN 总线收发器)相连可以提高 CAN 网络数据采集转换卡的抗干扰能力。除此之外，在 82C250 与 CAN 总线相连的 CAN_H、CAN_L 引脚与地之间分别并接一个 30 pF 的电容，可进一步滤除 CAN 总线上的高频干扰，并使数据采集转换卡具有一定的防电磁辐射功能。而为避免 CAN 网络数据采集转换卡可能受风光互补发电场中的浪涌电流的损害，可将 82C250 的 CAN_H、CAN_L 引脚与 CAN 总线的连线中分别串联一个 5 Ω 的电阻，可以保护 82C250 免受过流损害。

7.6.3　CAN 网络数据采集转换卡的软件设计

CAN 网络数据采集转换卡的软件部分主要包含两种，一种是设备应用软件，其作用是用于计算机操作系统和转换卡之间的数据通信，完成转换卡中电子信号与操作系统及其应用软件之间的"互相识别"；另一种是 CAN 网络数据采集转换卡本身的驱动软件设计，主要包括微处理器 AT89C52 对 SJA1000 的相关通信操作、对双口 RAM 器件 IDT7008 的操作(与计算机进行数据交换)。

第一部分软件涉及 WDM(Win32 Driver Model)驱动软件编程，需要专门的驱动软件开发工具(如 NuMega 公司推出的 DriverStudio)，其实现过程较为复杂。这里主要对第二部分软件，即 CAN 网络数据转换卡本身的驱动设计进行简单介绍。

考虑到 AT89C52 微处理器的资源有限性，没有移植嵌入式操作系统来管理系统运行。这里通过设计简单的监控程序来完成数据采集转换卡的自检、初始化、配置 I/O 端口、初始化 SJA1000；SJA1000 的请求和 IDT7008 的响应则分别是通过 AT89C52 的外部中断 0 和外部中断 1 来操作的。

由于 CAN 数据接收缓冲区和 PCI 总线接收缓冲区皆为环形结构，这里采用一个 PCI 总线数据报占用 16 字节。当 PCI 总线数据缓冲区达到 7FFFH 时，则下一个数据报从 0000H 地址存放；对于 CAN 数据报，如果存储缓冲区存至 FFF0H，则下一个数据包从 8000H 地址开始存放。

1) AT89C52 对 SJA1000 的中断响应处理

AT89C52 的外部中断 0 引脚与 SJA1000 的 $\overline{\mathrm{INT}}$ 引脚相连，其中断响应方式为低电平触发。外部中断 0 的中断响应服务程序流程图如图 7.11 所示，主要包括 CAN 数据报的接收、处理，并将接收到的 CAN 数据报通过 IDT7008 读至计算机。

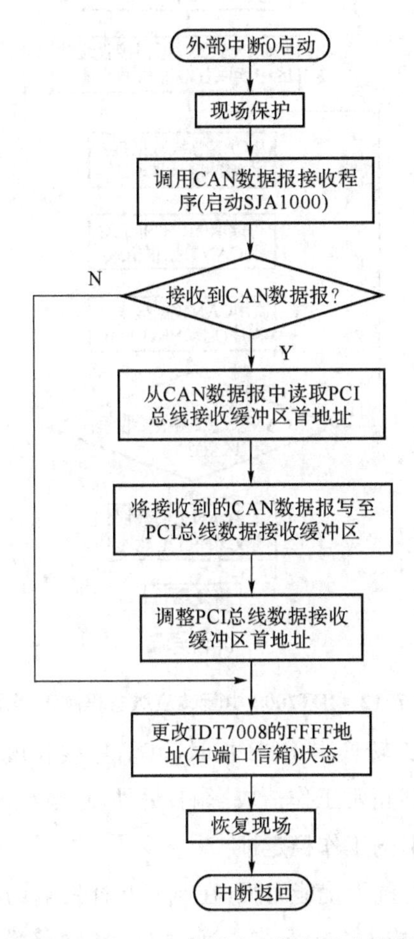

图 7.11 SJA1000 中断响应服务程序流程图

2) AT89C52 对 IDT7008 的中断响应处理

AT89C52 的外部中断 1 引脚与 IDT7008 的 $\overline{\mathrm{INT}}_{\mathrm{L}}$ 引脚相连，其中断响应方式也为低电平触发。在中断响应服务程序中，AT89C52 从 IDT7008 读取计算机需要向 CAN 网络发送的数据，先将之打包成 CAN 报文数据报格式，再启动 SJA1000 进行发送，其过程如图 7.12 所示。

IDT7008 具有 8 个信号灯，分别用来管理 8K 字节的存储空间。这里采用“信号灯防冲突”的方式来解决“共享冲突”问题，在 AT89C51 对 IDT7008 读/写数据之前，先将 IDT7008 需要操作的存储空间所对应的信号设置为 0，然后再查询该信号灯状态，为 1，表示 PC 机正对相应地存储空间进行操作，AT89C52 等待；若状态为 0，表示 AT89C52 可以对相应 8K 字节存储空间进行读/写。

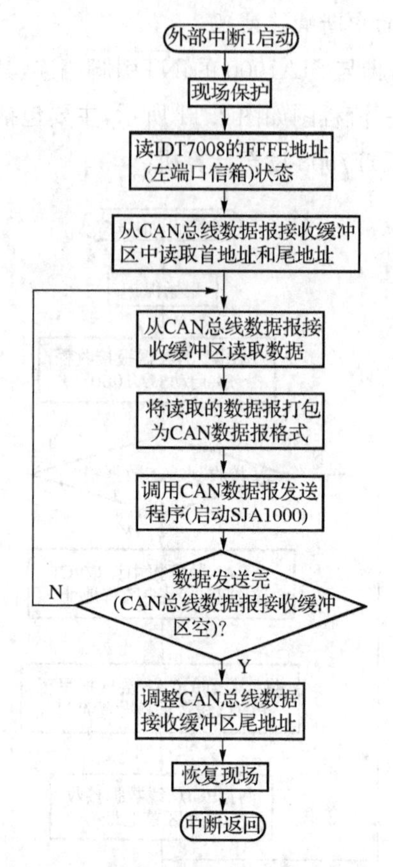

图 7.12　IDT7008 中断响应服务程序流程图

在制作 CAN 网络数据采集转换卡 PCB 板时，其信号线长度须根据总线工作频率进行设置，过短或过长都会对 PCI 总线正常工作造成影响；另外，在电源模块附件插槽可增加电解电容对电源进行滤波，以增加转换卡的工作稳定性。

CAN 总线性能稳定、可靠，抗干扰能力强，在风光互补发电场中利用 CAN 总线构建各个发电站智能数据采集节点，并构成 CAN 网络。通过 CAN 网络数据采集转换卡，可以将来自 CAN 网络的电场状态数据高效、安全地读取至计算机。设计结果表明：使用 PCI 总线接口芯片 PCI9052 及 CAN 总线控制器 SJA1000 等器件设计的基于计算机 PCI 总线插槽的 CAN 网络数据采集转换卡，能有效地对来自风光互补发电场中 CAN 网络的数据进行转换读取，整体性能稳定、可靠。

7.7　网络化数据采集监控系统在风光互补发电厂中的应用

由于大多数的风光互补发电站建立在无人值守的偏远地区，能否有效地对风光互补发电站的整体运行情况进行监控，不仅关系到风光互补系统设备的安全问题，而且关系到用电设备的安全、可靠问题。本节主要介绍一种新型的集数据采集、控制及远程通信于一体的风光互补发电站监控系统，通过 CAN 总线构建各个独立风光互补发电站的数据采集点，并将电站的各种运行参数通过 GPRS 网络进行远程传输，以实现对电站的运行情况进行高效远程监控。

7.7.1　基于 CAN 总线的网络化数据采集系统

整个基于 CAN 总线的网络化数据采集系统如图 7.13 所示。

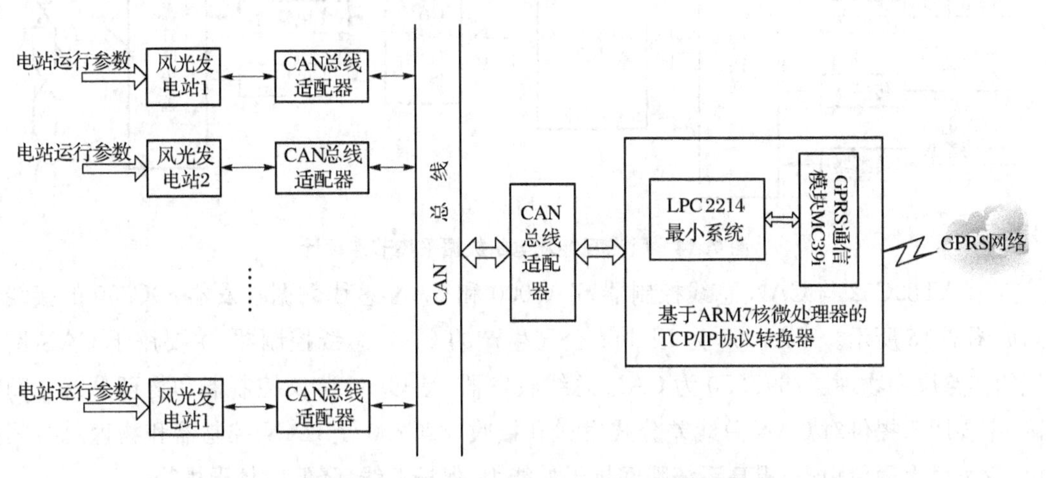

图 7.13　风光互补发电厂数据采集传输系统

本数据采集系统是在 CAN 总线的基础上，采取上、下位机的设计方法。下位机，即在每个风光互补发电站建立基于 CAN 总线的数据采集节点，考虑到硬件设计的兼容性和成本，本设计采用 51 系列单片机 AT89C52 来采集数据采集模块中各种现场设备的传感器信号，通过 A/D 转换器转换后进行进一步的分析、处理，再通过 CAN 总线传送至上位机。上位机则是由性能卓越的 32 位 ARM7 内核微处理器 LPC2214 实现的，通过适当地对系统存储资源进行扩展，及移植嵌入式操作系统 μC/OS－Ⅱ来管理整个系统的运行。上位机对下位机传送来的数据进行进一步分析、处理，最后通过控制 GPRS 模块对数据进行无线远程传输。本系统所使用的 GPRS 模块 MC39i 是由西门子公司生产的，具有使用方便、接口电路简单等优点。需要注意的是，GPRS 虽支持 TCP/IP 业务，但因为 MC39i 没有嵌入 TCP/IP 协议和 PPP 协议，所以需要在基于 LPC2214 的嵌入式系统中实现 TCP/IP 协议和 PPP 协议，否则本系统无法使用 GPRS 网络的数据分组业务。

7.7.2　基于 CAN 总线的数据采集节点设计

CAN(Control Area Network)，最初是德国 BOSCH 公司为汽车工业而设计的一种串行通信协议。目前，CAN 总线以其具有较高的可靠性、数据传输率、传输距离及实时性，使得它已不再局限于在汽车工业中应用，在工业现场、电力系统、安防系统等多个领域也得到了广泛的应用。

各风光互补发电站的 CAN 总线数据采集点设计如图 7.14 所示。利用性能优异的 AT89C52 微处理器控制包括对太阳能发电、风力发电、蓄电池状态及输出电能质量参数的数据采集，并对之进行分析、处理，最终通过控制 CAN 总线收发器将各种监控参数发往 CAN 总线，再由上位机进行进一步的处理。

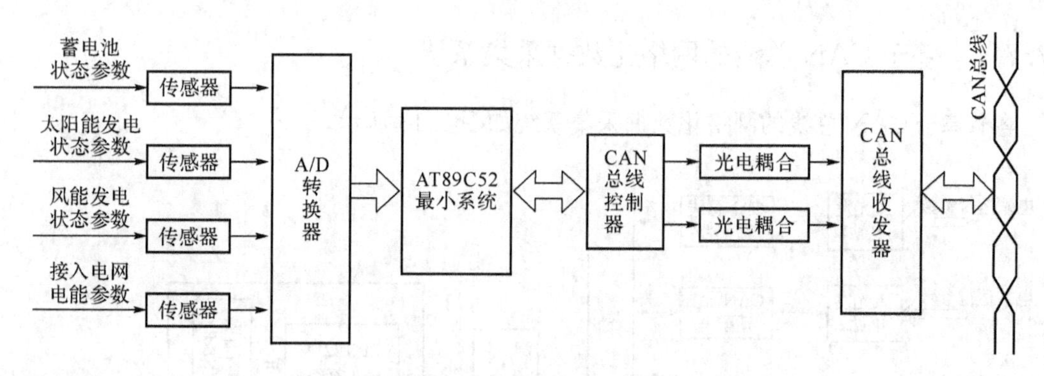

图 7.14　风光互补发电站数据采集节点设计

其中 AT89C52 与 CAN 总线控制器 SJA1000 和 CAN 总线数据收发器 89C250 的接线电路图如图 7.15 所示。SJA1000 为 Philips 公司生产的 CAN 总线控制器，主要用于 CAN 网络系统的链路层和物理层；89C250 为 CAN 总线收发器，是 CAN 协议控制器和物理总线之间的接口，主要用于提供对 CAN 总线差分式发送和接收，82C250 是 CAN 控制器和物理总线间的接口，它可增大通信距离，提高系统瞬间抗干扰能力，保护总线，降低射频干扰等。

整个电路设计主要包括 4 部分：AT89C52 最小系统（未画出）、CAN 通信控制器 SJA1000、CAN 总线驱动器 82C250 和高速光电耦合器 6N137。SJA1000 的初始化和对风光发电站状态参数的接收、发送均由 AT89C52 来控制。其中，SJA1000 的 AD0～AD7 连接到 AT89C52 的 P0 口（DATA0～DATA7），nCS 接到 AT89C52 的 P2.7（ADDR14），当 nCS 为 0 时，AT89C52 选中 SJA1000。SJA1000 的/RD，/WR，/ALE 分别与 AT89C52 的对应引脚相连，/INT 接 AT89C52 的 P3.2 脚（外部中断 0）可用于中断访问 SJA1000。

SJA1000 的 TX0 和 RX0 是通过高速光耦 6N137 后与 82C250 的 TXD 和 RXD 相连，这样可较好地实现本节点在 CAN 总线上的电气隔离，从而增强 CAN 总结点的抗干扰能力。注意光耦部分电路采用的两个电源 V_{CC} 和 V_{DD} 必须完全隔离，否则此光耦就失去了意义。本系统中的电源隔离采用了小功率的电源隔离模块实现。

另外通过在 82C250 的 CAN_H 和 CAN_L 引脚之间串连 60 Ω 的电阻可消除电路中信号反射等干扰。CAN_H 和 CAN_L 与地之间并联两个 30pF 的小电容，可滤除总线上的高频干扰和一定的电磁辐射。另外，在两根 CAN 总线输入端与地之间分别接了一个防雷击管，当两输入端与地之间出现瞬变干扰时，防雷击管的放电可起到一定的保护作用。

数据采集系统 CAN 总线上位机中心节点的设计如图 7.16 所示。

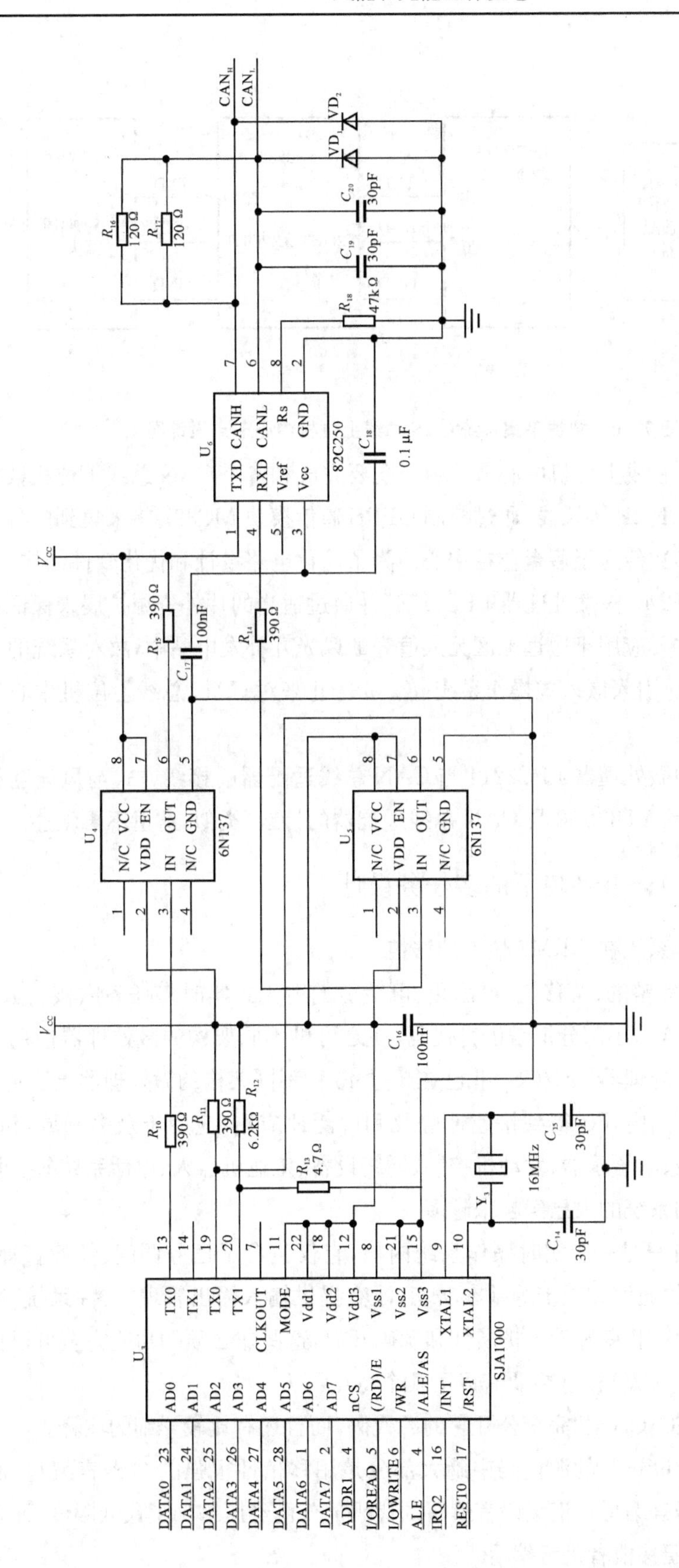

图 7.15 CAN总线接口电路图

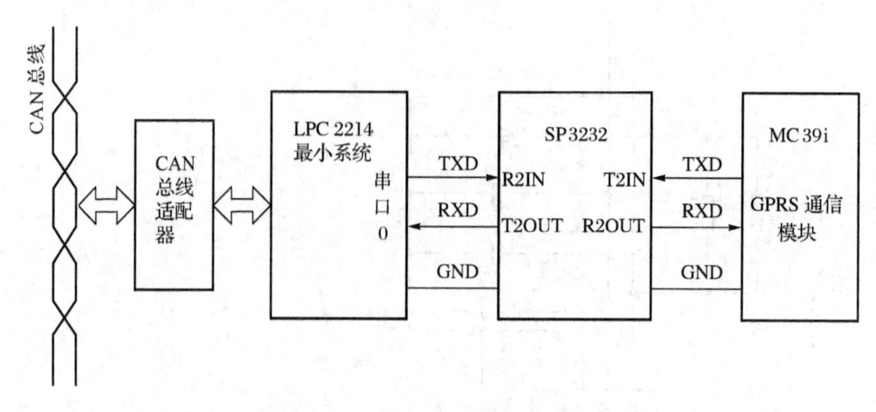

图 7.16 数据采集系统 CAN 总线上位机中心节点设计图

在本系统中,CAN 总线上位机中心节点由于既要完成和各个 CAN 总线下位机数据采集节点的通信,还要实现 TCP/IP 协议栈,通过控制 GPRS 通信模块 MC39i,将采集到的各个风光互补发电站的运行状态参数传送至后台监控中心。为了简化电路设计和优化软件结构,我们选择了性能卓越的 32 位 ARM7 核微处理器 LPC2214,并通过适当的片外资源扩展来保证系统的正常运行。由于本系统主要应用于边远地区无人值守的风光互补发电站中,故对系统的运行要求极为苛刻,这里我们通过引入嵌入式操作系统 μC/OS-Ⅱ来对 CAN 总线上位机中心节点的运行进行管理。

上位机中心节点中微处理器 LPC2214 与 CAN 总线适配器的接线方式与风光互补电站数据采集节点中电路设计(AT89C52 与 CAN 总线适配器的接线)类似,这里不再叙述。

7.7.3 基于 μC/OS-Ⅱ环境下的多任务设计

1) μC/OS-Ⅱ操作系统在 ARM7 核上的移植

μC/OS-Ⅱ是一个完整的、可移植、可固化、可裁剪的占先式实时多任务内核。μC/OS-Ⅱ是用 C 语言编写的,包含一小部分汇编语言代码,使之可供不同架构的微处理器使用。到目前为止,从 8 位到 64 位微处理器,μC/OS-Ⅱ已在超过 40 种不同架构的微处理器上运行。

目前 μC/OS-Ⅱ在国内开始得到快速地普及和广泛地应用,应用于众多领域,包括:航空业、高端音响、医疗器械、电子乐器、发动机控制、网络设备、工业机器人、电话系统等。使用 μC/OS-Ⅱ构建嵌入式应用系统的人已经越来越多。

严格说,μC/OS-Ⅱ只是一个实时操作系统内核,它仅包含了任务调度、任务管理、时间管理、内存管理和任务间的通信和同步等基本功能,没有提供输入输出管理、文件系统、网络等额外服务。但由于 μC/OS-Ⅱ良好的可扩展性和源码开放,这些非必须的功能完全可以由用户自己根据需要分别实现。μC/OS-Ⅱ主要有以下几个特点:

(1) 源代码公开,μC/OS-Ⅱ完全公开它的源代码,而且还有比较详细的注释。

(2) 可移植性,μC/OS-Ⅱ的源代码中绝大部分是用移植性很强的 C 语言编写,而与硬件相关的部分是用汇编语言编写。汇编语言编写的代码部分已经压缩到了最低限度,而且还给出了较为详细的流程,方便移植者进行编写。

(3) 可固化,用户很容易将 μC/OS-Ⅱ嵌入自己的系统,使其成为用户自己系统的一部分。

(4) 可裁剪,用户可以根据自己的具体需要来对 μC/OS-Ⅱ作适当的裁剪。

(5) 多任务,μC/OS-Ⅱ可以管理 64 个任务,然而,目前这一版本保留 8 个给系统。应用程序最多可以有 56 个任务。赋予每个任务的优先级必须是不同的。

(6) 中断管理,中断可使正在执行的任务挂起。如果优先级更高任务被该中断唤醒,则高优先级的任务在中断嵌套全部退出后立即执行,中断嵌套层数可达 255 层。

(7) 稳定性与可靠性,μC/OS-Ⅱ具有足够的安全性和稳定性,μC/OS-Ⅱ的每一种功能、每一个函数及每一行代码都经过了考验与测试。

所谓移植,就是使一个实时内核能在其他微处理器上运行,也就是为特定的 CPU 编写特定的代码。在使用 μC/OS-Ⅱ时,针对具体的 CPU,用户需要用汇编语言编写一些与 CPU 硬件相关的代码,这是因为 μC/OS-Ⅱ在读/写 CPU 寄存器的时候,只能通过汇编语言来进行。

根据 μC/OS-Ⅱ的要求,移植 μC/OS-Ⅱ到一个微处理器的体系结构上需要提供 3 个文件:在 C 语言头文件 OS_CPU. H 中,要定义一些与编译器无关的数据类型;定义所使用的堆栈数据类型,以及堆栈的增长方向;还要定义一些有关 ARM 核的软中断;在 C 程序源文件 OS_CPU_C. C 中,主要是 μC/OS-Ⅱ任务堆栈初始化函数;在汇编程序源文件 OS_CPU_A. S 中,主要是时钟节拍中断服务函数,中断退出时的任务切换函数,以及 μC/OS-Ⅱ第一次进入多任务环境时运行最高优先级任务的函数。

TCP/IP 协议不完全符合 OSI 的七层参考模型。TCP/IP 协议采用 4 层结构,每一层都呼叫它的下一层所提供的网络来完成自己的需求。这 4 层分别为:

(1) 应用层,网络应用层要有一个定义清晰对话的过程。如 SMTP、FTP、HTTP 等。

(2) 传输层,传输层让网络程序通过明确定义的通道及某些特性获取数据。如定义网络连接的端口号等。在此层中,它提供了节点间的数据传送服务,如 TCP 协议、UDP 协议等,TCP 和 UDP 给数据包加入传输数据并把它传输到下一层中,这一层负责传送数据,并且确定数据已被送达并被接收(TCP)。

(3) 网络层,网络层让信息可以发送到相邻的 TCP/IP 网络上的任一主机上。IP 协议就是该层中传送数据的机制。同时为建立网络间的互连,应提供 ARP 地址解析协议,从而实现从 IP 地址到数据链路物理地址的映像。

(4) 网络接口层(链路层),由控制同一物理网络上的不同机器间数据传送的底层协议组成。实现这一层协议通常由网络芯片完成。

标准 TCP/IP 协议使用 4 层结构(从上至下分别为应用层、传输层、网络层和网络接口层),每一层均包含若干复杂、庞大的协议。考虑到在嵌入式系统不可能也没必要实现全部的标准 TCP/IP 协议,故将 TCP/IP 协议在 CAN 总线嵌入式网关中实现,需要对标准 TCP/IP 协议进行深入研究并进行适当裁剪,其裁剪原则以"简单、够用、通用性好"为准则,以获得"嵌入式 TCP/IP 协议"。表 7.6 则对比了标准 TCP/IP 协议与嵌入式 TCP/IP 协议之间的主要差异。

表 7.6　标准 TCP/IP 协议和嵌入式 TCP/IP 协议的主要差异

	标准 TCP/IP 协议	嵌入式 TCP/IPX 协议
应用层	可同时实现若干应用层协议	针对用户具体需要选择并简化应用层协议
传输层	TCP 协议采用若干机制来确保传输过程更可靠	简化 TCP 协议"三次握手"中连接和断开操作,不使用流量控制、拥塞控制等传输机制,传输安全主要依靠网络的稳定
网络层	IP 数据报最大容量可为 65 kB,并可被分段、重装传输	不使用分段、重装传输,不容纳 65 kB 的较大型 IP 数据报
网络接口层	采用"虚拟内存"机制,内存的管理、分配均由操作系统完成,无须考虑内存大小	无内存管理机制,数据接收缓冲区容量有限且地址固定(非动态分配、管理内存)。用户编写具体 Socket 函数以实现通信

裁剪后的嵌入式 TCP/IP 协议舍弃了与用户环境无关的协议,并通过软件编程在 LPC2214 中予以实现。其主要思路为:根据 TCP/IP 协议结构,按照网关"接收"和"发送"数据的两个方向进行,实现的协议主要含 Ethernet 协议、IP 协议、ARP 协议、ICMP 协议和 UDP、TCP 等协议。另外,网络接口层的工作主要由网络控制器 RTL8019AS 完成。

2) 系统任务设计

μC/OS-Ⅱ要求在它上面运行的应用软件"任务化",所以需要按 μC/OS-Ⅱ的任务编写规范设计系统应用任务。按任务优先级从高到低设计如下:

Task0:完成系统各部分(包括 MC39i)初始化工作后,采用时间片的方式进行 PPP 数据数据帧的接收,并完成该数据帧的解析;

Task 1:风光发电厂各发电站状态参数的读取;

Task 2:UDP 数据包的接收处理;

Task 3:TCP 数据包的接收处理;

Task 4:ICMP 数据包的接收处理(主要是响应 PING);

Task 5:针对 UDP 数据报中的命令请求进行响应;

Task 6:针对 TCP 数据报中的命令请求进行响应(Web 服务器功能)。

其任务之间的通信如图 7.17 所示。

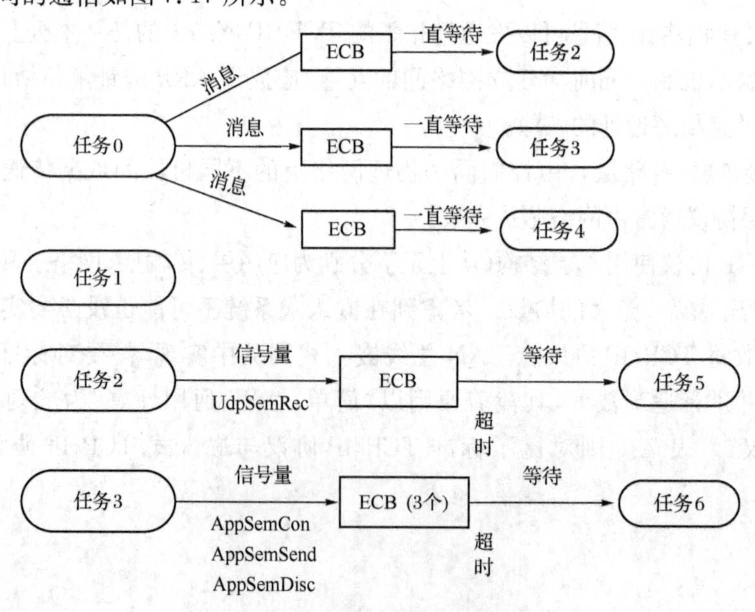

图 7.17　系统各任务之间通信示意图

3) IP 数据包解析模块软件设计

IP 协议是 TCP/IP 协议的核心，也是网络层中最重要的协议，IP 层接收由更低层发来的数据包，并将之发送到更高层——TCP 或 UDP 层；反之，IP 报也把从 TCP 或 UDP 层接收来的数据包传送到更低层，并最终通过 TCP/IP 网络进行无连接传送数据报。

本系统向监控中心传送的数据，需先进行 TCP/IP 协议的处理，即要求 LPC2214 实现 TCP/IP 协议。其中 IP 数据包的封装及发送是通过函数 ip_send( )实现的，通常此函数是在 PPP 协议处理函数中被调用。风光发电站各状态参数在被封装为 UDP 数据包以后，调用此函数进行 IP 协议格式数据封装。也就是在 IP 数据报头的数据结构中添加 IP 报头信息(其中包括计算 IP 报头的校验和值)。封装好 IP 包之后，要设置此 IP 报头数据(20 字节)的"发送结构" Send_Ptr，从而与 UDP 数据报构成一个发送数据链。

发送 IP 报之前要先得到"发送信号量"SendFlag，否则只有挂起当前任务等待此信号量。一旦得到发送信号量，对该 IP 报进行 PPP 协议数据格式封装，之后再启动 MC39i 发送数据，数据发送完毕后要及时释放发送信号量。

具体程序如下：

```
    Uint8 ip_send(struct Send_Ptr * TxdData,uint8 * dest_ip,uint8 PROTOCOL)
{//TxdData 为存放待传输数据首指针;dest_ip 为目的 IP 地址首指针;IP 包中的下一层
//客户协议类型(UDP、TCP)
    uint16 CRC;
    uint8 Ip_Head[20];
    struct Send_Ptr TxdIpData;
    uint8 err;
    static uint16 FrameIndex=0;
    Ip_Head[0]=0x45;
      ……                         //进行 TCP/IP 协议中的 IP 数据包报头设置
    Ip_Head[19]=dest_ip[3];
    CRC=CreateIpHeadCrc(Ip_Head); //对 IP 首部中每 16 位进行二进制反码求和
    Ip_Head[10]=(CRC&0xff00)>>8;
    Ip_Head[11]=CRC&0x00ff;
    TxdIpData.STPTR=TxdData;
    TxdIpData.length=20;
    TxdIpData.DAPTR=Ip_Head;
    OSSemPend(SendFlag,10,&err);//获取 μC/OS-Ⅱ操作系统当前的发送权(得到"发
                                        //送信号量 SendFlag"
    if(err==OS_NO_ERR)//没有得到发送权(发送信号量 SendFlag),挂起任务,等待
{
        if(ip_mac_send(&TxdIpData,dest_ip))//按照 PPP 协议打包数据,并启动 MC39i
                                                 //通信模块进行传输数据
```

```
    {
        OSSemPost(SendFlag);//发送成功,释放“发送信号量”,并返回“1”
        return(1);
    }
    else
    {
        OSSemPost(SendFlag); //发送失败,释放“发送信号量”,并返回“0”
        return(0);
    }
  }
  else
    return (0);
}
```

4) GPRS 模块 MC39i 的驱动设计

GPRS(通用分组无线业务)是 GSM 网络上的升级,是通过在 GSM 网络上增加 SGSN 和 GGSN 两种数据交换节点设备以及一些更新软件来实现的,GPRS 网络中的数据传输都是以数据分组的形式来传送的。在国内,移动通信网络目前已基本覆盖全国地区,利用技术上较为成熟的 GPRS 无线网络,可对风光发厂的各个发电站进行实时远程监测与控制,这对提高整个风光电厂的性能具有较高的意义。

MC39i 作为 GPRS 终端的无线收发模块,从 TCP/IP 模块接收的 IP 数据包和从基站接收的 GPRS 分组数据进行相应的协议处理后再转发。MC39i 提供了 9 针的标准 RS232 接口,通过 SP3232 电平转换芯片与 LPC2214 的 UART0 口相连,进行全双工通信。LPC2214 与 MC39i 的接口如图 7.18 所示。

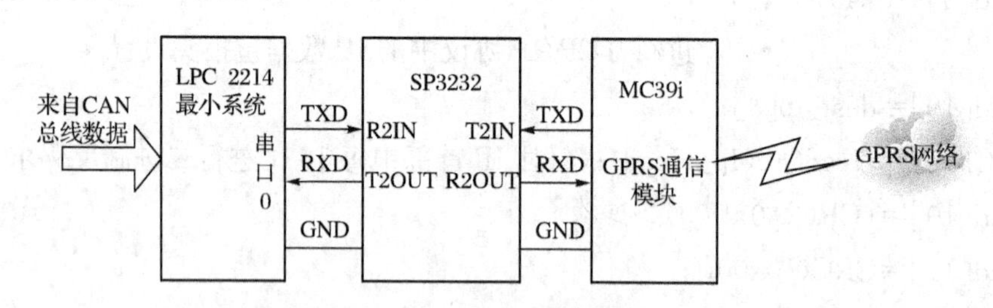

图 7.18　MC39i 的接线图图

利用 GPRS 网络传输数据之前,需要采用 PPP 协议将 GPRS 通信模块接入 Internet。PPP 协议位于数据链路层,是为在两个对等实体间传输数据包连接而设计的,使用可扩展的链路控制协议 LCP 来建立,配置和测试数据链路。用网络控制协议族 NCP 来建立和配置不同的网络层协议,并且允许采用多种网络层协议。在本系统完成启动之后,首先进行 MC39i 的工作频率等参数设置,然后进行拨号和 PPP 协商,得到系统本地 IP,从而完成 GPRS 终端的 Internet 接入。

图 7.19 给出了 GPRS 拨号上网及 PPP 协商软件流程图。

当 GPRS 拨号成功接入 Internet 后,就可以进行无线数据传输了。LPC2214 将风光发电站的状态参数先进行 TCP/IP 协议的处理(封装为 IP 数据包),再经 RS232 串口控制,MC39i 模块将所有数据封装成 GPRS 分组数据包并传送到 GPRS 无线网络。反之,GGSN 的回答也可通过串行口进入本系统。

太阳能、风能是可再生、无污染的清洁能源,风光互补发电系统已经在我国多个地区开始投入使用。利用性能可靠、数据传输率高、传输距离远的 CAN 总线来构建风光互补电站的数据采集点,并通过 GPRS 网络将数据传至后台监控中心,可有效地解决对风光互补电站的远程监控,尤其适合无人值守的偏远地区。

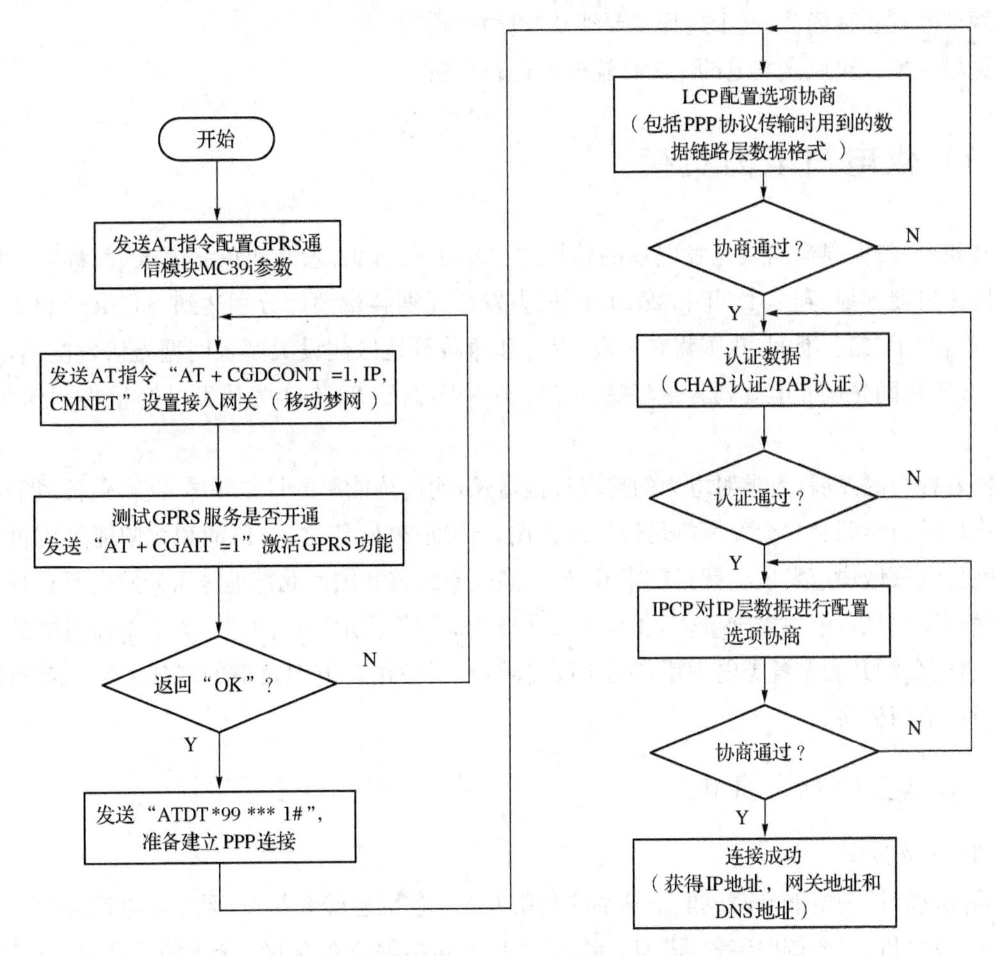

图 7.19　GPRS 拨号上网及 PPP 协商软件流程图

8 风光发电场中的电力传输技术

通常包括风光发电场在内的电厂都是建立在离居民区、工业生产区较远的地方，这就需要用电力线传输电能。特高压是世界上最先进的输电技术，发电厂将发出来的电能输入电网，再由电网传输到各种场合，这个过程就要涉及“电力传输”技术。

这里主要针对风光发电的电力传输技术进行分析。

8.1 供电与电力负荷

在我国，较大规模的风光发电场的建设主要集中在西北、东北和华北地区（简称“三北”）。按照国家发展规划，到2015年和2020年，风力发电规划容量预计分别达到1亿kW和1.8亿kW。而在“十二五”期间，我国将在甘肃、青海和西藏等地区建设大型入网型光伏发电站，预期到2015年我国光伏发电规划容量将达到200万kW，而到2020年光伏发电容量将达到2 000万kW。

随着社会的发展，人类对电力的需求日益增长，而传统能源的日益耗尽，使得包括风能和光能等在内的新能源必然会发挥举足轻重的作用。预期2020年之后，风能和太阳能等可再生能源将在发电领域快速发展。就目前来看，如何高效率地将我国西北部地区风光发电所获得的电能输送到遥远且对电力需求量较大的城市，是当今迫切需要解决的问题。为了确保电能的经济输送、合理分配并满足各类电力用户的不同需求，在了解用户电力负荷的基础上需要对所传输的电压做适当变换。

8.1.1 电力系统与供电

(1) 风光发电

将风能转换为电能是对风能最基本的利用方式。前面已经介绍过，风力发电系统中主要包括风轮、发电机、风向调向装置、塔架、储能装置以及包括限速在内的安全设施。平常，风轮在风力的作用下进行旋转，将风的动能转换为风轮轴的机械能，该机械能通过带动发电机产生电能。

在我国，现有太阳能发电方式主要采用“光一电”转换方式，利用光电效应所制成的太阳能电池将太阳辐射能直接转换成电能。利用相关半导体材料的“光生伏特效应”制成太阳能电池片，再将多个电池片以串联、并联的方式加以连接，形成太阳能电池组件，再将多个太阳能电池组件以串联、并联的方式作进一步的连接，则形成较大规模的太阳能电池方阵，从而获得一定规模的电力输出。作为一种新能源电池，太阳能电池具有永久性、清洁性和灵活性等优点，一次性投资能长期使用，且使用寿命较长，不会对环境造成任何污染。

(2) 变电站

变电站是联系发电厂和用户的中间枢纽，是变换电能、电压和接收电能并对之分配的场所。

变电站中主要包括电力变压器、开关控制设施以及母线等。通常,若变电站只有配电设备而无电力变压器,则该变电站仅用于对电能的接收与分配,这种变电站称为配电站;而将交流电能转换为直流电能的变电站则统称为变流站。

在实际应用中,变电站有升压变电站和降压变电站之分。升压变电站大多位于发电厂内,用于对电能电压进行升压后再长距离输送;而降压变电站则多建设在居民、工业生产等用电区域,用于将高压电能进行适当降低后再提供给电力用户。根据降压变电站的位置及作用不同,降压变电站又可分为三类:

地区降压变电站,它一般位于一个大的用电区域(如城市)附近,从超高压电网(220～500 kV)或者发电厂输出电力中直接输入,经过降压变压器将之转换为 35～110 kV 后再提供给该区域内的广大电力用户。其典型特征为供电范围较大,往往会因为地区降压变电站的断电而导致整个地区的电力中断。

终端变电站则多位于用电的负荷中心,经高压侧接地区降压变电站,经过终端变电站降压后为 6～10 kV,可用于对某个较小城区或农村城镇用户进行电力供应。其主要特点为电力供应范围较小。

企业降压变电站的功能与终端变电站相似,只是应用范围主要集中在企业内部。而企业内部的车间变电站则是从企业降压变电站接入,并将电压降至 220/380V 后再对车间内的各种电气设备进行供电。

(3) 电力网

电力网是电力系统输电线路和配电线路的统称,主要用于电能的输送和分配。通过电力网,可以将电厂、变电站与电力用户相互联系起来。电力网主要由各种不同电压等级和不同结构类型的输电线路组成,若根据电压的高、低对电力网进行划分,可分为:低压网(电压低于 1 kV)、中压网(电压处于 1～10 kV)、高压网(电压处于 10～330 kV)和超高压网(电压高于 330 kV)。

(4) 电力用户

所有用电部门(含单位)均统称为电力用户,其中工业企业为电力用户中电能使用最多的用户。据统计,我国工业企业用电量约占全年总发电量的 63.9%,是国内最大的电能用户。所以,了解工业企业电力供应相关知识对提高工业企业电力供应的可靠性、做好企业的电能使用规划非常重要。

为了兼顾电力系统的可靠性和经济性,可通过电力网将各个电场并联连接,并结合变电站、电力网和电力用户,构成一个庞大的联合动力系统(即电力系统),如图 8.1 所示。电厂生产的电能受发电机制造电压限制而不能远距离传输。发电机的电压通常为 6.3 kV、10.5 kV、13.8 kV和 15.75 kV,个别大容量发电机也不过 20 kV。这种低电压通常仅限于电厂所处的本地区电力供应,若要长距离输送大容量电能,则必须将所生产的电能进行升压,输出电压越高,电流越小,因输电线路阻抗产生的电力损耗(包括电损耗和功率损耗)也相应减小。因此,其常规做法是将电厂发电机的电压升至 330 kV 到 500 kV,再经过超高压、远距离输电网送到遥远的城市和工业企业,最后再利用降压变压器进行层层降压以达到各级电力用户的电力需求。

对于工业企业中用电量较大的厂房、车间,通常将 35～110 kV 电能直接输送至厂房或附近的降压变电站，这能有效地降低输电线网中电能的损耗，从而确保电能质量。

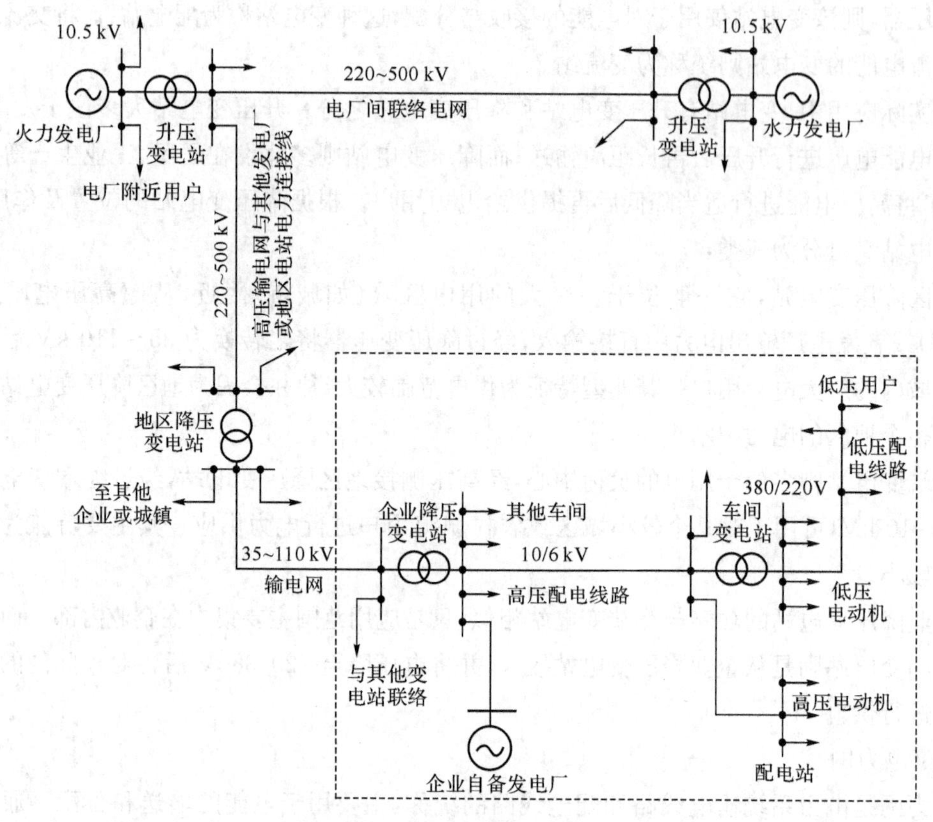

图 8.1　电力系统示意图

8.1.2　电力系统标准电压

电气设备应该实行标准化生产，这样不仅产量大，而且便于在使用中维护。所有用于发电、用电、供电的电气设备的额定电压值都必须进行统一规定，电气设备的额定电压指能使发电机、变压器等所有电气设备在正常运行情况下的经济性最强的电压值。通常，电力系统中所使用的电气设备的额定电压等级往往根据国民经济发展的需要，并结合电气设备制造业的水平以及技术经济上的合理性等系列因素，经过论证并由国家制定、颁布。目前我国使用的额定电压国家标准为 GB156－80(1981 年颁布)。

1) 3 kV 以下的设备与系统的额定电压

3 kV 以下的电气设备与系统额定电压主要含直流、单相交流和三相交流，如表 8.1 所示。通常，风光发电系统中的供电设备额定电压主要是指蓄电池、交直流发电机以及变压器二次绕组等装置的额定电压。国家标准中规定，接入系统的电气设备额定电压必须与系统额定电压保持一致。

表 8.1　3 kV 以下的额定电压　　　　(V)

直　流		单相交流		三相交流		备　注
受电设备	受电设备	受电设备	受电设备	受电设备	受电设备	
1.5	1.5					(1) 直流电压均为平均值，交流电压均为有效值 (2) 标有＋号者只作为电压互感器、继电器等控制系统的额定电压 (3) 标有＊号者只作为矿井下、热工仪表和机床控制系统的额定电压 (4) 标有＊＊号者只准许在煤矿井下及特殊场所使用的电压 (5) 标有▽号者只供作单台设备的额定电压 (6) 带有斜线者，斜线之上为额定相电压，之下为额定线电压
2	2					
3	3					
6	6	6	6			
12	12	12	12			
24	24	24	24			
36	36	36	36	36	36	
		42	42	42	42	
48	48					
60	60					
72	72					
		100+	100+	100*	100*	
110	115					
		127*	133*	127*	133*	
220	230	220	230	220/380	230/400	
400▽,440	400▽,460			380/660	100/690	
800▽	800▽					
1 000▽	1 000▽					
				1 140**	1 200**	

2) 3 kV 以上的设备与系统额定电压及最高电压

3 kV 以上的设备与系统额定电压均为三相交流线电压，其国家标准如表 8.2 所示。表8.2 中所列出的电气设备的电压是根据设备绝缘性能和与最高电压相关的其他性能来确定的该设

表 8.2　3 kV 以上的额定电压及其最高电压　　　　(V)

受电设备与系统额定电压	供电设备额定电压	设备最高电压	备注
3	3.15,3.3	3.5	(1) 标有＊号者只用作发电机的额定电压，与其配套的受电设备额定电压，可取供电设备的额定电压 (2) 设备最高电压，通常不超过该系统额定电压的 1.15 倍。但对 330 kV 以上者取 1.1 倍
6	6.3,6.6	6.9	
9	10.5,11	11.5	
	13.8		
	15.75		
	18		
	20		
35		40.5	
60		69	
110		126	
220		252	
330		363	
500		550	
750			

备所能运行的最高电压。表中对 13.8 kV、15.7 kV、18 kV 以及 20 kV 的电气设备的最高电压没有做出具体规定，在使用时可由供需双方讨论确定。

从表 8.1 与表 8.2 可以看出，电压在 100 V 以上供电设备的额定电压均高于受电设备的额定电压。因为：

(1) 风光发电系统中发电机通过电力传输线输送电流时，由于电力线存在阻抗特性，则在传输过程中必然产生电压损失，所以一般规定发电机额定电压通常要比接入系统的电力设备额定电压高 5%，以弥补电力传输线路上的电压损失。

(2) 当变压器供电距离较远时，变压器二次绕组的额定电压比受电设备的额定电压高出 10%，这是因为当变压器的一、二次绕组额定电压均为空载电压时，若变压器处于满载供电，由于变压器一、二次绕组本身存在阻抗，所以将引起一个压降，该压降导致变压器满载运行时的二次绕组实际的端电压比其空载端电压低 5%，而比受电设备的额定电压高 5%。利用这高出的 5%对电力线路上的电压损失进行补偿，可以维持受电设备工作在额定电压下。

而若变压器二次绕组的额定电压比受电设备的额定电压高出 5%，则多应用于变压器与电力用户比较接近的场合，因为电力传输距离小，因线路阻抗导致的电压损失可不予考虑。所高出的 5%的电压，基本可用于补偿变压器满载时的一、二次绕组因阻抗产生的压降。

通常变压器的一次绕组都与和其额定电压相对应的电力网的末端相连接，即成为电力网中的一个负载，故规定变压器的一次绕组额定电压应与受电设备的额定电压一致。但往往在实际应用中，电力传输网的端到端上存在电压损失，通常距电源距离越远，其电压越低，且随电力负荷的大小不同而不同。所以在计算短路电流时，习惯使用电力传输线路的平均额定电压 U_{av} 表示电力传输线电压。且其平均额定电压是指电力传输网始端处最大电压 U_1（变压器空载电压）和电力传输线末端受电设备的额定电压 U_2 的平均值，即

$$U_{av}=\frac{U_1+U_2}{2}$$

在工业生产中，因为电力设备的多种多样，其电机种类、容量及其电压等级等也存在多种类型。这必然导致在电力系统中增加变、配电以及相关控制设备的投入，导致系统中出现故障的可能性、复杂性加大，并增加继电保护的动作，最终容易导致系统积压浪费，因此在同一企业内不应同时使用两种高压配电电压系统。

8.1.3 电力系统电能质量评价

常用于评价工业企业电能的指标有电压、频率以及可靠性等。

(1) 电压

在电力系统中，当电力设备端的额定电压与电网实际电压相差比较大的时，极易造成电力设备的损坏。以电动机为例，当其工作电压降低时，其电机转矩会急剧减小（如当电压降低 20%，转矩将降至其额定值的 64%）、电流增加 20%～35%，而电机温度会升高 12%～15%。而电机转矩减小会导致电机的转速降低，严重时甚至停转，这会严重影响工厂的正常生产，导致电机线圈过热、甚至烧毁及其他重大事故。

当电网进行扩大容量和增多电压等级后，往往很难保持各级电网的正常工作以及电力用户的正常使用，所以电力公司除了满足用户所需的电压质量标准之外，还需要进行无功补偿，即在电力系统中安装一些必要的无功电源及调压设备。

(2) 频率

我国工业用电和居民用电的标准电流频率均为 50 Hz，但在某些特殊的工业生产场合有时会采用较高频率，其目的是为了减轻工具重量、提高生产效率。如在汽车制造行业等大型流水作业装配车间普遍使用 175～180 Hz 的高频工具。

当电网处于低频运行时，所有电力用户的交流电动机转速都将降低，这对工业正常生产及产品质量都会有很大的影响。当频率降至 48 Hz 时，电机转速会降低 4%，这对冶金、机械、纺织、造纸等多个行业的产量、质量造成很大的负面影响。同样，频率的变化对电力系统的稳定运行也有着重大影响，且频率变化所导致的影响要比电压变化导致的影响严重得多，一般要求低于±0.5%。

通常电力系统中由变电站提供电力的工业、企业，其运行频率由电力系统决定，也就是在任何时刻电站所发出的有效功率和电力用户负荷所需的有效功率一致。在出现重大电力事故时，此时电站所发出的有效功率与用户负荷所需有效功率不再一致，从而导致频率的质量出现问题。通常，电力系统会根据电网频率降低的范围来自动对某些不是很重要的用户负荷进行断开，也就是在出现故障的情况下，系统自动按频率减少用户负荷。

(3) 可靠性

在工业企业中，不同种类的电力负荷有着不同的运行特点，它们在电力系统中的重要性也不一样，且对电能质量的可靠性要求也不相同，这需要根据具体的电力负荷设计具体的供电方案。为了合理选择供电电源以及与之相配套的配电系统，在我国，按照电力负荷对所供电能不同可靠性要求将负荷划分为一级、二级和三级三个负荷等级。

其中，一级负荷若在正常供电期间突然被中断将可能造成人员伤亡、重大设备损坏及难以修复等事故，给国民经济带来重大的损失。所以若用户负荷属于一级负荷，须要求有两个或两个以上独立电源进行电力供应电。这样若多个电源中的一个因为种种原因而出现电力供应中断现象，另一电源则继续对负荷供电，不会导致重大事故发生。通常，只要同时具备以下两个条件的电厂及变电站的不同母线都可被视为独立电源：第一，每段母线的电源均来自不同发电机；第二，母线段之间不存在任何联系，即使存在联系，在其中一段母线出现故障时也能自动切断联系，所以对其余母线段供电不造成任何影响。

在所有一级负荷中，若属于特别重要的通常又被称为保安负荷。保安负荷必须配备有应急使用的可靠电源，以防止所有工作电源因故中断时造成重大安全生产事故。保安电源通常来自企业自备的发电厂或从其他总降压变电站接入，其本质上也属于独立电源。保安负荷的大小与企业规模、工艺设备类型以及相关电力装备的构造和性质有关。在重要工业生产场合的供电设计时，须考虑配备保安电源等措施。

若划为二级负荷，则这类负荷的突然断电将导致生产设备的局部破坏和生产流程的混乱，对正常的工业生产造成很大影响，严重时甚至导致停产、减产或产生大量次废品。二级负荷仅仅允许短暂数分钟的停电，这种性质的负荷在工业、企业中所占比例最大。

应该提供两路供电线路对二级负荷进行供电，且两路线路应尽量引自不同变压器或母线段。若条件有限，无法实施两路线路则可允许由一路专用架空线路供电。

除了一级负荷和二级负荷之外的电力用户皆属于三级负荷，实际应用中经常利用单回线路进行供电，这种类型负荷对供电没有特殊要求，且允许长时间的停止供电。

在工业、企业中，一、二级负荷在所有负荷中所占比例最大(60%～80%)，所以对电力输电系统的要求非常高，通常即使很短时间的断电也会造成重大的经济损失。所以，需要对工业、企业的电力负荷进行深刻的了解并正确的分级，方可确保电力供应的可靠性。在工业生产中，若新建企业供电系统或对之进行重大改造时，都需要按照企业实际情况进行方案的设计并进行分析比较，从而确定最终的经济供电方案。

通常都是由外部电力系统对企业进行电力供应，在经过企业内部的降压变电站后变换成所需要的电压，再用于各种电气设备。作为企业的电力供应枢纽，工业、企业变电站所处的地位往往是非常重要的，正确计算并确定各级变电站中的变压器容量及相关设备方可实现工业、企业安全、可靠地生产。进行企业电力负荷计算的目的就是为了恰当确定工业、企业各级变电站中变压器容量，这同时包括了各种相关电气设备的型号，技术参数水平。

8.1.4　负荷曲线与负荷计算

1）负荷曲线

负荷曲线常用来反映电力负荷随着时间变化的关系。常用直角坐标系进行表示，其中纵坐标为负荷(有功功率或无功功率)，而横坐标则表示与负荷相对应的变动时间(通常以小时为间隔单位)。

在不同的用电场合都有不同的负荷曲线，通常按照电力供应对象将负荷曲线分为工厂负荷曲线、车间负荷曲线以及某种电气设备的负荷曲线等。若从负荷的性质来进行划分则可以将负荷曲线分为有功负荷曲线和无功负荷曲线两种。而从供电的期限来进行划分则可分为年负荷曲线、月负荷曲线和日负荷曲线等。

图 8.2 显示了某企业在一天中日有功负荷曲线，该曲线通常利用有功功率自动记录仪监测整个企业的总供电线路上的有功功率，常以半小时为单位，并对半小时内连续测量值求平均值获得。

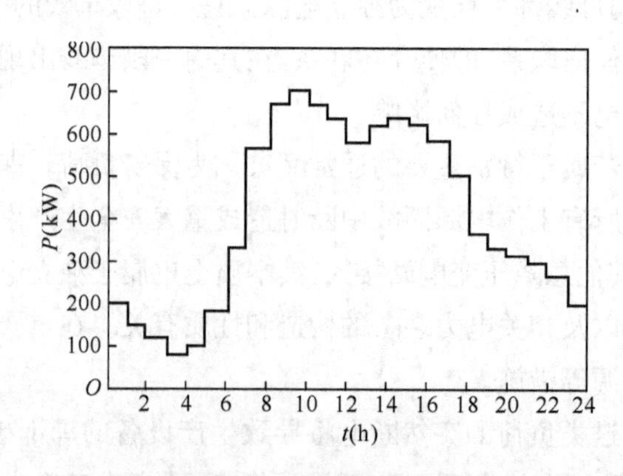

图 8.2　日有功负荷曲线

企业年负荷曲线通常由一年中具有代表性的冬季、夏季时期内的日负荷曲线来获得。在年负荷曲线中，横坐标使用一年 365 天的总小时数(8 760 h)进行分格；曲线中，冬季和夏季所占的总天数应当根据企业所处的地理位置及气温来确定，绘图时往往从最大负荷值开始，再按照负荷递减的顺序进行。图 8.3 为某企业年负荷曲线的绘制，其中负荷功率 P_1 在年负荷曲线上与时间 t_1 相对应(与 P_1 相对应的夏季负荷曲线时间 t_1 和 t'_1 之和，再和整个夏季的天数相乘；负荷功率 P_2 在年负荷曲线上所占时间 T_2 则为和 P_2 相对应的夏季负荷曲线时间 t_2 乘以夏季天数，然后再加上 P_2 所对应的冬季曲线时间($t_2+t''_2$)与冬季天数相乘的乘积。曲线其余部分同样可按照此法进行绘出。

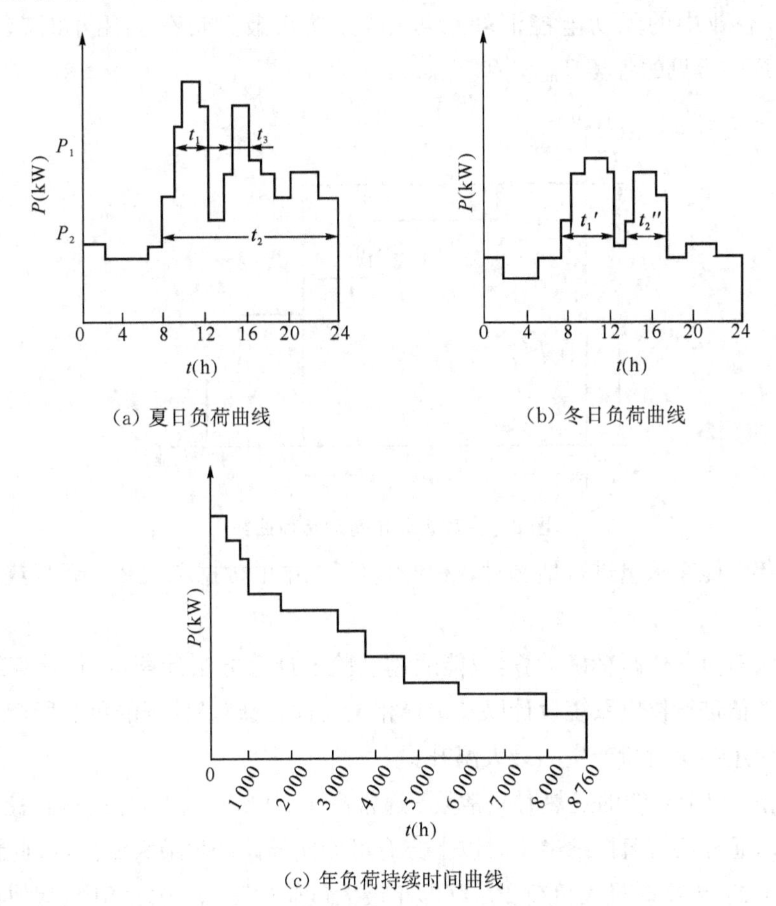

(a) 夏日负荷曲线

(b) 冬日负荷曲线

(c) 年负荷持续时间曲线

图 8.3 某企业年负荷曲线的绘制

2) 年电能需求

企业在一年内在正常生产情况下所消耗的电能即为企业年电能需求，这是在进行企业供电设计时需要重点考虑的指标之一。

图 8.4 为某企业年有功负荷曲线，在负荷曲线的下方面积为该企业的年有功电能需要量 W_a：

$$W_a = \int_0^{8\,760} P\mathrm{d}t \tag{8.1}$$

若将负荷曲线下方的面积用一个等边长的面积“$OABM$”(图 8.4)表示,则

$$W_a = \int_0^{8\,760} P\mathrm{d}t = P_{max} T_{max\cdot a} \tag{8.2}$$

式中:P_{max}——年最大负荷,也就是企业在一年中负荷最大时期内所消耗的平均电能(以半小时为单位平均功率),$P_{max}=P_{ca}$。

$T_{max\cdot a}$——企业“有功年最大负荷利用小时”,8 760 h 是全年用电时长。

图 8.4 中,年负荷曲线越平稳,则 $T_{max\cdot a}$ 值越大;通常在同一类型的企业中,其 $T_{max\cdot a}$ 值近似相等。类似地,企业中的无功电能消耗量可用“无功年最大负荷利用小时”($T_{max\cdot T}$)表示,表 8.3 列出工厂中常见的各类 $T_{max\cdot a}$ 和 $T_{max\cdot T}$:

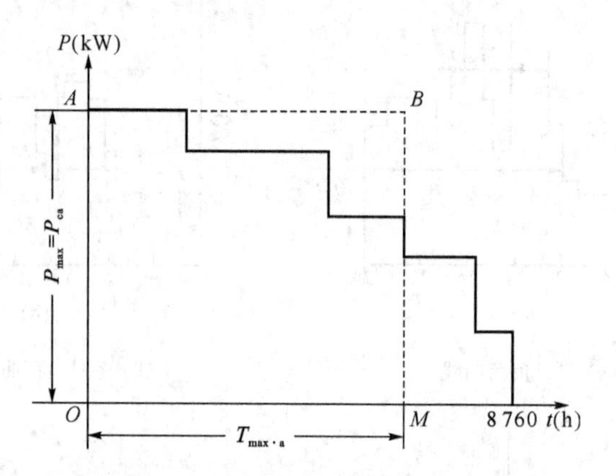

图 8.4　某企业年有功负荷曲线

在对企业年电能需求量进行估算时,常利用表 8.3 中的数据和式 8.2 计算获得。

3) 负荷计算

目前还无法对负荷进行精确计算,只能通过经验统计等方法计算负荷,计算结果常用来作为实际负荷参考值进行供电系统设计以及选择相关元件、设施。计算的负荷所产生的恒定温升基本等于实际应用中负荷所产生的最大温升。

因为 16 mm² 以上导线的发热时间常数 τ 通常高于 10 min 以上,导线达到稳定温升的时间大约为 3τ,所以通常负荷值持续半小时以上方有可能使导体产生最大温升,因此计算负荷一般选取负荷曲线上的“半小时最大负荷 P_{30}”(即年最大负荷 P_{max})。与之相应,其他计算负荷可分别用 Q_{30}、S_{30} 和 I_{30} 进行表示。

表 8.3　各种企业的有功和无功年最大负荷利用小时数

工厂类别	$T_{max\cdot a}$	$T_{max\cdot T}$	工厂类别	$T_{max\cdot a}$	$T_{max\cdot T}$
	有功年最大负荷利用小时数	无功年最大负荷利用小时数		有功年最大负荷利用小时数	无功年最大负荷利用小时数
化工厂	6 200	7 000	农业机械制造厂	5 330	4 220
苯胺颜料工厂	7 100		仪器制造厂	3 080	3 180
石油提炼工厂	7 100		汽车修理厂	4 370	3 200

续表 8.3

工厂类别	$T_{max\cdot a}$ 有功年最大负荷利用小时数	$T_{max\cdot T}$ 无功年最大负荷利用小时数	工厂类别	$T_{max\cdot a}$ 有功年最大负荷利用小时数	$T_{max\cdot T}$ 无功年最大负荷利用小时数
重型机械制造厂	3 770	4840	车辆修理厂	3 560	3660
机床厂	4 345	4 750	电器工厂	4 280	6 420
工具厂	4 140	4 960	氮肥厂	7 000～8 000	
滚珠轴承厂	5 300	6 130	各种金属加工厂	4 335	5 880
起重运输设备厂	3 300	3 880	漂染工厂	5 710	6 650
汽车拖拉机厂	4 960	5 240			

8.1.5 设备的负荷计算

常用的设备负荷计算方法有需用系数法和二项式法。

1) 按需用系数法计算负荷

通常先将企业内的多台电气设备根据其工作性质(具有类似的负荷曲线)进行分组，在同一设备组内的总额定容量 $P_{N\sum}$ 为该组内所有电气设备的额定功率和，即 $P_{N\sum}=\sum P_N$。考虑到同一组内的电气存在不同时运行的情况，且电气设备不一定在满负荷状态下运行，另外电气设备自身和配电线路上都存在有不同程度的功率损耗，故利用式 8.3 获得“用电设备组” 的计算负荷 P_{30}：

$$P_{30}=\frac{K_{\sum}K_{\mathrm{L}}}{\eta\eta_{\mathrm{WL}}}P_{N\sum} \tag{8.3}$$

式中：K_{Σ}——设备组内电气设备同时使用系数(即以最大负荷运行时，设备容量与设备组总额定容量之比)；

K_{L}——各设备组的平均加权负荷系数(设备组在最大负荷时的输出功率和实际运行的设备容量之比)；

η——设备组的平均加权效率；

η_{WL}——企业配电线路的平均效率。

若式(8.3)中的 $\frac{K_{\sum}K_{\mathrm{L}}}{\eta\eta_{\mathrm{WL}}}=K_{\mathrm{d}}$，则 K_{d} 称为需用系数，即 K_{d} 的定义式为：

$$K_{\mathrm{d}}=\frac{P_{30}}{P_{N\sum}} \tag{8.4}$$

式(8.4)说明“用电设备组”的需用系数为设备组在最大负荷运行时所需要的有功功率和设备组的总额定容量之比。

故，需用系数的基本公式为：

$$P_{30} = K_d P_{N\sum} \tag{8.5}$$

因为需用系数与设备组中不同电气设备的生产性质、工艺特点以及技术管理、工人熟练程度等多种因素有关，所以实际应用中的需用系数往往通过测量并对测量结果进行分析，从而使该值尽可能地与实际值接近。表 8.4 列举了企业中常见电气设备组的 K_d 及 $\cos\varphi$ 值。

在获得有功计算负荷 P_{30} 之后，便可分别求出其余计算负荷：

无功计算负荷为：

$$Q_{30} = P_{30}\tan\varphi \tag{8.6}$$

这里的 $\tan\varphi$ 表示设备组的功率因数角的正切值。

视在计算负荷为：

$$S_{30} = \sqrt{P_{30}^2 + Q_{30}^2} = \frac{P_{30}}{\cos\varphi} \tag{8.7}$$

这里的 $\cos\varphi$ 表示设备组的平均功率因数。

则电流为：

$$I_{30} = \frac{S_{30}}{\sqrt{3}U_N} \tag{8.8}$$

这里的 U_N 表示设备组的额定电压。

表 8.4　工业企业常见用电设备组的 K_d 及 $\cos\varphi$

序号	用电设备组名称	K_d	$\cos\varphi$	$\tan\varphi$
1	通风机 生产用及卫生设施用	0.75～0.85 0.65～0.70	0.8～0.85 0.8	0.75～0.62 0.75
2	水泵、空压机、电动发电机组	0.75～0.85	0.8	0.75
3	进平压缩机和透平鼓风机	0.85	0.85	0.62
4	起重机：修理、金工、装配车间用 铸铁、平炉车间用 脱锭、轧制车间用	0.05～0.15 0.15～0.3 0.25～0.35	0.5 0.5 0.5	1.73 1.73 1.73
5	破碎机、筛选机、碾砂机	0.75～0.80	0.8	0.75
6	磨碎机	0.80～0.85	0.80～0.85	0.75～0.62

企业中的电气设备根据其工作时间长短可分为长期连续工作制、短期工作制和反复短期工作制三类。

①长期连续工作制：当电气设备在规定环境温度下长期、连续运行时，要求电气设备的任何

部分所产生的温度不得超过允许值，负荷较稳定。如电炉、电解设备等。

②短期工作制：电气设备的运行时间比较短且停歇时间长，设备往往在工作时间内发热值还未到稳定温度时便停止工作，然后开始冷却，通常在停歇时间内设备完全可以冷却到与环境温度相同值。该类型设备较少，水闸电机、机床辅助电机等设备属于该类型。

③反复短期工作制：电气设备以间歇方式进行工作，其工作时间 t 和停歇时间 t_0 进行相互交替。这类设备一般用暂载率 ε %来表示其工作特性：

$$\varepsilon\% = \frac{t}{T} \times 100 = \frac{t}{t + t_0} \times 100 \tag{8.9}$$

式(8.9)中的 t 和 t_0 分别表示电气设备的工作时间和停歇时间，两者之和便为电气设备的工作周期 T。

因为不同的电气设备的工作制不同，所以不能简单地将设备组内各电气设备的额定容量相加，而应将各设备的额定容量换算为同一工作制后方可相加，其方法为：

①长期连续工作制与短期工作制的电气设备组额定容量 P_N 可以通过将各电气设备铭牌上的额定容量值相加获得；

②反复短期工作制的电气设备组的额定容量计算，应将该额定容量通过式 8.10 先换算为规定暂载率 ε %=25 情况下的各电气设备的额定容量：

$$P_N = P_{N\varepsilon}\sqrt{\frac{\varepsilon}{\varepsilon_{25}}} = 2P_{N\varepsilon}\sqrt{\varepsilon} \tag{8.10}$$

这里的 $P_{N\varepsilon}$ 表示电气设备铭牌上处于额定暂载率 ε %=25 下的额定功率。

③对于照明用电设备组的额定容量 P_N 的计算，可通过对各灯具上所标出的额定功率进行求和获得。

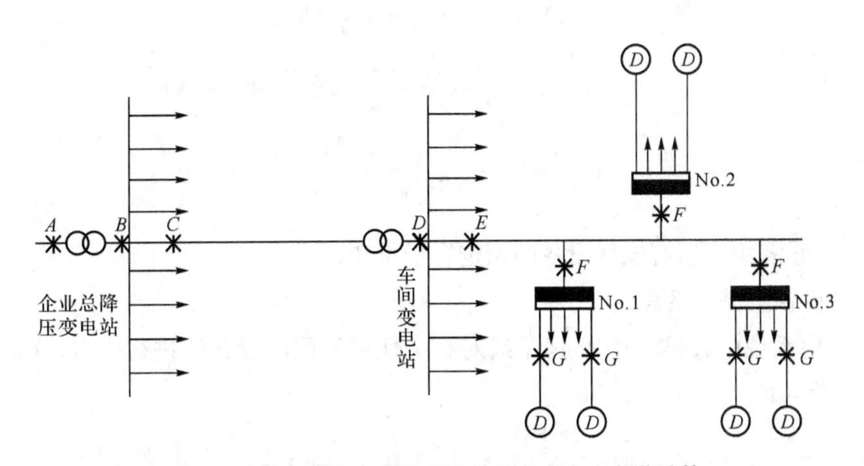

图 8.5　供电系统中具有代表性的各点电力负荷计算

供电系统中计算负荷的确定通常从负载端开始，并逐级向上推到电源进线端。图 8.5 所示的供电系统中，计算负荷的确定方法如下：

(1) 通过式(8.3)和式(8.5)计算单台电气设备支线(G 点)的计算负荷为：

$$P_{30(G)} = K_d P_N = \frac{K_{\sum} K_L}{\eta \eta_{WL}} P_N (\text{kW})$$

因为是单台设备，故 $K_{\sum} = 1, K_L = 1$，且又因为供电系统中支线较短，则 $\eta_{WL} = 1$，则将该式转换为：

$$P_{30(G)} = K_d P_N = \frac{P_N}{\eta} (\text{kW}) \tag{8.11}$$

则剩余计算负荷：

$$Q_{30(G)} = P_{30(G)} \tan\varphi \ (\text{kvar}) \tag{8.12}$$

$$S_{30(G)} = \sqrt{P_{30(G)}^2 + Q_{30(G)}^2} = \frac{P_{30(G)}}{\cos\varphi} (\text{kV} \cdot \text{A}) \tag{8.13}$$

$$I_{30(G)} = \frac{S_{30(G)}}{\sqrt{3} U_N} = \frac{P_N}{\sqrt{3} U_N \eta \cos\varphi} (\text{A}) \tag{8.14}$$

式中：P_N——将电气设备铭牌额定功率换算为规定暂载率下的设备额定功率；

U_N——电气设备额定电压；

$\cos\varphi, \tan\varphi$——分别表示电气设备的功率因数和功率因数角的正切值；

η——电气设备在额定负荷下的效率。

(2) 通过式 8.5，根据需要系数法计算电气设备组（F 点）的计算负荷为：

$$P_{30(F)} = K_d P_{N\sum} (\text{kW}) \tag{8.15}$$

$$Q_{30(F)} = P_{30(F)} \tan\varphi \ (\text{kvar}) \tag{8.16}$$

$$S_{30(F)} = \sqrt{P_{30(F)}^2 + Q_{30(F)}^2} (\text{kV} \cdot \text{A}) \tag{8.17}$$

$$I_{30(F)} = \frac{S_{30(F)}}{\sqrt{3} U_N} (\text{A}) \tag{8.18}$$

式中：$P_{N\Sigma}$——设备组内所有电气设备的额定容量总和；

K_d——设备组需用系数。

(3) 在供电系统中，通常使用低压干线对数个性质不同的设备组进行供电，其低压干线（E 点）的计算负荷为：

$$P_{30(E)} = \sum_{i=1}^{n} P_{30(F)i} (\text{kW}) \tag{8.19}$$

$$Q_{30(E)} = \sum_{i=1}^{n} Q_{30(F)i} (\text{kvar}) \tag{8.20}$$

$$S_{30(E)} = \sqrt{P_{30(E)}^2 + Q_{30(E)}^2} (\text{kV} \cdot \text{A}) \tag{8.21}$$

$$I_{30(E)} = \frac{S_{30(E)}}{\sqrt{3}U_N}(\text{A}) \tag{8.22}$$

(4) 在企业内车间变电站低压母线(D 点)接有多组电气设备,而各设备组电气设备最大负荷可能存在不同时出现的现象,所以企业内车间变电站低压母线(D 点)计算负荷的计算公式中应增加同时系数(及参差系数) $K_{\sum P}$ 和 $K_{\sum Q}$,即:

$$P_{30(D)} = K_{\sum P}\sum_{i=1}^{n}P_{30(E)i}(\text{kW}) \tag{8.23}$$

$$Q_{30(D)} = K_{\sum Q}\sum_{i=1}^{n}Q_{30(E)i}(\text{kvar}) \tag{8.24}$$

$$S_{30(D)} = \sqrt{P_{30(D)}^2 + Q_{30(D)}^2}(\text{kV} \cdot \text{A}) \tag{8.25}$$

$$I_{30(D)} = \frac{S_{30(D)}}{\sqrt{3}U_N}(\text{A}) \tag{8.26}$$

通常,根据经验统计和实际测量的结果确定同时系数数值。对于车间干线,可使用 $K_{\sum P} = 0.85 \sim 0.95$,$K_{\sum Q} = 0.9 \sim 0.97$;而对于低压母线,若需要设备组内各电气设备直接相加计算时,可取 $K_{\sum P} = 0.8 \sim 0.9$,$K_{\sum Q} = 0.85 \sim 0.95$;若车间干线负荷进行相加计算时,则取 $K_{\sum P} = 0.9 \sim 0.95$,$K_{\sum Q} = 0.93 \sim 0.97$。实际计算中,同时系数的确定还要依据设备组的数目,一般来说,组数越多,取值越小。

综合而言,利用需用系数法进行计算负荷比较简单、实用,在今天仍然被普遍用于供电系统的设计。需用系数法的主要缺陷是在计算过程中没有考虑到电气设备组中的大容量电气设备对整体负荷计算的影响,所以在设备组内电气设备数目比较少且相互之间容量差别较大的情况下利用该方法进行低压支线和干线的负荷计算时,其计算结果多偏小。故需用系数法主要适合在变电站负荷中的计算。

2) 按二项式法确定计算负荷

利用二项式法进行计算负荷的基本公式为:

$$P_{30} = bP_{N\sum} + cP_x \tag{8.27}$$

式中:$bP_{N\Sigma}$——电气设备组内的平均负荷,$P_{N\Sigma}$ 可根据上述需用系数法计算获得;

cP_x——因电气设备组中容量最大的 x 台电气设备投入运行导致增加的附加负荷,P_x 为该 x 台电气设备的容量之和;

b,c——二项式系数,具体数值由电气设备组的类别和所包含的设备数确定;

计算负荷 Q_{30},S_{30},I_{30} 的确定过程和上述需用系数法求解过程一致。

确定单台电气设备支线(G 点)的计算负荷方法也与上述需用系数法一致,若电气设备组内仅包含 1~2 台设备,则可取 $P_{30} = P_{N\Sigma}$,此时,$\cos\varphi$ 值应该适当取大。

(1) 对于性质类似的电气设备组,电气设备组(F 点)的计算负荷通过下列各式进行计算:

$$P_{30(F)} = b \cdot P_{N\sum} + cP_x(\text{kW}) \tag{8.28}$$

$$Q_{30(F)} = P_{30(F)}\tan\varphi(\text{kvar}) \tag{8.29}$$

$$S_{30(F)} = \sqrt{P_{30(F)}^2 + Q_{30(F)}^2}(\text{kV} \cdot \text{A}) \tag{8.30}$$

$$I_{30(F)} = \frac{S_{30(F)}}{\sqrt{3}U_N}(\text{A}) \tag{8.31}$$

(2) 确定使用二项式法计算多设备组电气设备供电的低压干线的计算负荷时，通常各个设备组内的电气设备最大负荷不可能同时出现。所以在计算车间低压干线(E 点)的计算负荷时仅将各设备组电气设备的附加负荷 cP_x 的最大值用来计算总计算负荷，计算公式如下：

$$P_{30(E)} = \sum_{i=1}^{n}(bP_{N\sum})_i + (cP_x)_{\max}(\text{kW}) \tag{8.32}$$

$$Q_{30(E)} = \sum_{i=1}^{n}(bP_{N\sum}\tan\varphi)_i + (cP_x)_{\max}\tan\varphi_{\max}(\text{kvar}) \tag{8.33}$$

式中：$\sum_{i=1}^{n}(bP_{N\Sigma})_i$——各设备组的有功平均负荷之和；

$\sum_{i=1}^{n}(bP_{N\Sigma}\tan\varphi)_i$——各设备组的无功平均负荷之和；

$(cP_x)_{\max}$——各设备组的有功附加负荷最大值；

$\tan\varphi_{\max}$——相对应的设备组功率因数角的正切值。

对计算负荷 $S_{30(E)}$，$I_{30(E)}$ 的计算和上述采用需用系数法计算过程一致。

(3) 至于企业车间低压母线(D 点)的计算负荷，同样采取上述需用系数法获得。

使用二项式法时，应将待计算的所有电气设备进行统一分组，通常不采取逐级计算后相加的方法。二项式法综合考虑了电气设备的平均最大负荷，而且顾及设备组中少数容量大的电气设备运行对总负荷计算的影响，为需用系数法的较好完善。但也是在相同情况下，二项式法过分强调了大容量设备在总负荷计算中的影响，这使得二项式法的应用范围在某种程度上受到较大限制，目前该方法多应用在机械加工、热处理等电气设备数少但容量大的车间干线计算负荷。

3) 单项用电设备组计算负荷

在工业生产中，应用最广泛的主要是三相电气设备，除此之外还有各种单相设备，如电炉、照明灯具等。通常将单相设备连接在三相线路中，为使三相负荷整体均衡，单向设备应尽可能地进行均衡分配。若单相电气设备的总容量低于三相电气设备总容量的 15%，此时单向设备应按照三相平衡负荷进行计算。

首先，在计算连接在相电压的单相电气设备时，应按最大负荷相所接的单相设备容量 $P_{N\phi\cdot\max}$ 来求其等效三相电气设备容量 $P_{N\sum}$：

$$P_{N\sum} = 3P_{N\phi \cdot \max} \tag{8.34}$$

之后，单相电气设备的等效三相计算负荷 P_{30}，Q_{30}，S_{30}，I_{30} 按前面的计算公式进行计算。

通常采用电流等效的方法来计算单相设备连接在同一线电压时的负荷计算，也就是让等效三相电气设备容量 $P_{N\Sigma}$ 所产生的电流和单相电气设备容量 $P_{N\phi}$ 所产生的电流一致：

$$\frac{P_{N\sum}}{\sqrt{3}U_{\cos\varphi}} = \frac{P_{N\phi}}{U_{\cos\varphi}}$$

则

$$P_{N\sum} = \sqrt{3}P_{N\phi} \tag{8.35}$$

之后再求等效三相计算负荷。

如果是针对单相电气设备各自连接在线电压和相电压时的负荷计算，应先将连接在线电压上的单相电气设备容量转换成相当于接在相电压上的设备容量，之后再分别求各相上的设备容量和计算负荷。此时，总等效三相有功计算负荷即为最大有功负荷相上的有功计算负荷的 3 倍：

$$P_{30} = 3P_{30 \cdot \phi\max} \tag{8.36}$$

类似地，总等效三相无功计算负荷也为最大有功负荷相的无功计算负荷的 3 倍：

$$Q_{30} = 3Q_{30 \cdot \phi\max} \tag{8.37}$$

计算负荷 S_{30} 与 I_{30} 的确定方法如前所述。

将连接在线电压单相电气设备容量转换为连接在相电压电气设备容量的转换公式为：

$$\left.\begin{aligned}
P_A &= P_{AB-A}P_{AB} + P_{CA-A}P_{CA}\,(\mathrm{kW}) \\
Q_A &= q_{AB-A}P_{AB} + q_{CA-A}P_{CA}\,(\mathrm{kvar}) \\
P_B &= P_{BC-A}P_{BC} + P_{AB-B}P_{AB}\,(\mathrm{kW}) \\
Q_B &= q_{BC-A}P_{BC} + q_{AB-B}P_{AB}\,(\mathrm{kvar}) \\
P_C &= P_{CA-A}P_{CA} + P_{BC-C}P_{BC}\,(\mathrm{kW}) \\
Q_C &= q_{CA-A}P_{CA} + q_{BC-C}P_{BC}\,(\mathrm{kvar})
\end{aligned}\right\} \tag{8.38}$$

式中：P_{AB}、P_{BC}、P_{CA}——连接在 AB、BC、CA 相之间有功负荷；

P_A、P_B、P_C——转换的 A、B、C 相之间的有功负荷；

Q_A、Q_B、Q_C——转换的 A、B、C 相之间的无功负荷；

$p_{\ldots}$，$q_{\ldots}$：有功及无功功率换算系数，见表 8.5 所列。

表 8.5　相间负荷换算为相负荷的功率换算系数

功率换算系数	负荷功率因数								
	0.35	0.4	0.5	0.6	0.65	0.7	0.8	0.9	1.0
$P_{AB\text{-}A}P_{DC\text{-}B}P_{CA\text{-}C}$	1.27	1.17	1.0	0.89	0.84	0.8	0.72	0.64	0.5
$P_{AB\text{-}B}P_{BC\text{-}C}P_{CA\text{-}A}$	−0.27	−0.17	0	0.11	0.16	0.2	0.28	0.36	0.5
$q_{AB\text{-}A}q_{BC\text{-}B}q_{CA\text{-}C}$	1.05	0.86	0.58	0.38	0.3	0.22	0.09	−0.05	−0.29
$q_{AB\text{-}B}q_{BC\text{-}C}q_{CA\text{-}A}$	1.63	1.44	1.16	0.96	0.88	0.8	0.67	0.53	0.29

8.1.6　供电系统的功率损耗

在获得各电气设备组的计算负荷之后，则需要逐级加上输电线路和变压器的功率损耗以获得企业的整体计算负荷。通过将车间变压站低压侧的计算负荷与车间变压器的所有功率损耗、高压输电线上的功率损耗进行相加，其结果则为高压输电线首端的计算负荷。

输电线路功率损耗主要包括有功功率损耗 ΔP_{WL} 和无功功率损耗 ΔQ_{WL} 两部分：

$$\Delta P_{WL} = 3I_{30}^2 R_{WL} \times 10^{-3}(\text{kW}) \tag{8.39}$$

$$\Delta Q_{WL} = 3I_{30}^2 X_{WL} \times 10^{-3}(\text{kvar}) \tag{8.40}$$

式中：I_{30}——输电线路的计算电流(A)；

R_{WL}——输电线路每相的阻抗，$R_{WL} = R_0 l$，其中 R_0 为单位长度输电线路阻抗，其值与具体输电线路特性有关；

X_{WL}——输电线路的每相电抗，$X_{WL} = X_0 l$，其中 X_0 为单位长度输电线路电抗，其值与具体输电线路特性有关；l 为输电线路总长度。

变压器功率损耗包含有功和无功两部分：

(1) 有功功率损耗

有功功率损耗也分为两部分：一部分是主磁通在铁芯所产生的有功功率损耗（铁损 ΔP_{Fe}），通常在一次绕组的外加电压、频率保持不变的情况下为固定值，且与负荷电流没有关系；铁损通常通过实验方法测定，经常将空载损耗 ΔP_0 近似为铁损，因为变压器在空载时的电流很小，所以在一次绕组中所产生的有功功率损耗通常忽略不计。另一部分是负荷电流在变压器的一次绕组和二次绕组中都产生的有功功率损耗（铜损 ΔP_{Cu}），与负荷电流的平方成正比，由变压器短路实验可测定其大小，经常将短路损耗 ΔP_k 近似认为铜损，因变压器短路时的一次绕组短路电压不大，所以在铁芯中所产生的有功功耗可被忽略。

则变压器有功功率损耗：

$$\Delta P_T = \Delta P_{Fe} + \Delta P_{Cu}\left(\frac{S_{30}}{S_N}\right)^2 \approx \Delta P_0 + \Delta P_K\left(\frac{S_{30}}{S_N}\right)^2 \tag{8.41}$$

式中：S_N——变压器的额定容量；

S_{30}——变压器的计算负荷。

令 $\beta=\frac{S_{30}}{S_N}$（β 为变压器负荷率），则：

$$\Delta P_T=\Delta P_0+\Delta P_k\beta^2 \tag{8.42}$$

(2) 无功功率损耗

变压器的无功功率损耗也由两部分构成：一部分用来产生主磁通（即产生激磁电流或近似认为是空载电流），此时无功功率损耗仅与绕组电压有关而与负荷电流无关，用 ΔQ_0 表示；另一部分主要是变压器的一、二次绕组电抗所消耗的功率，这部分损耗与负荷电流平方成正比关系，在额定负荷下用 ΔQ_N 表示：

$$\Delta Q_0\approx S_N\frac{I_0\%}{100} \tag{8.43}$$

$$\Delta Q_N\approx S_N\frac{U_k\%}{100} \tag{8.44}$$

式中：$I_0\%$——变压器空载电流所占的额定电流比值；

$U_k\%$——变压器短路电压（阻抗电压 U_Z）所占额定电压的比值。

所以，变压器总无功功率损耗为：

$$\Delta Q_T=\Delta Q_0+\Delta Q_k\left(\frac{S_{30}}{S_N}\right)^2\approx S_N\left(\frac{I_0\%}{100}+\frac{U_k\%}{100}\beta^2\right) \tag{8.45}$$

式(8.45)中的 ΔP_0、ΔP_k、$I_0\%$、$U_k\%$ 等参数可从变压器相关技术手册中查得。

8.2　短路分析及短路电流计算

供电系统中若产生短路电流将导致非常严重的后果，短路电流往往伴有电弧，不仅造成故障设备自身损耗，而且对设备周围的电气设备及人员造成损害。若导体中产生巨大短路电流，会使导体产生大量热量，从而导致导体过热损害绝缘体，甚至使之熔化；而且强大的短路电流还会产生强大的电动力并作用于导体，从而使导体产生变形或损坏。供电系统中出现短路，会引起系统电压大幅降低，这会导致部分（或全部）电力用户的正常供电遭到破坏，损害供电设备，也可能影响工厂的正常生产或设备损坏。电厂若出现短路故障，会导致系统功率和电压急剧下降，对电厂某些发电机造成很大损害。

8.2.1　短路分析

电力系统为负荷提供电能的过程中，出现最多的故障便是短路，短路是指不同电位的带电导体之间通过电弧或其他较小阻抗而非正常地连接在一起。系统造成短路的原因有多种，电气设备自身设计、安装和运行存在缺陷、电气设备因长期运行使绝缘部分老化均可能使电气设备载流部分绝缘损坏，导致绝缘强度不够而被正常电压击穿引起短路。此外，电气设备绝缘因过压(如雷压)击穿或者遭受人为或者非人为的机械损伤而导致设备绝缘能力大幅下降,这样也都可能造成短路。

三相系统短路的主要形式如图 8.6 所示,有三相短路($k^{(3)}$)、两相短路($k^{(2)}$)、两相接地短路($k^{(1,1)}$) 和单相短路($k^{(1)}$) 。三相短路中属于对称短路,因为短路回路阻抗相等,故三相电流和电压仍成对称分布;而其他类型短路均属不对称短路,不仅每相电路中的电流与电压数值上不等,而且相角也不同。

三相短路发生的可能性最低,约 5%左右,两相短路发生的概率为 10%~15%,而发生两相接地短路的概率为 10%~20%。三相短路导致的后果最严重,发生三相短路时电流值比正常值加大很多。中性点不接地系统中两个不同相均发生单相接地所形成的短路为两相短路。单相短路产生的危害相比于其他短路形式而言后果虽轻,但发生的概率最高,约占短路故障的 65%~70%。

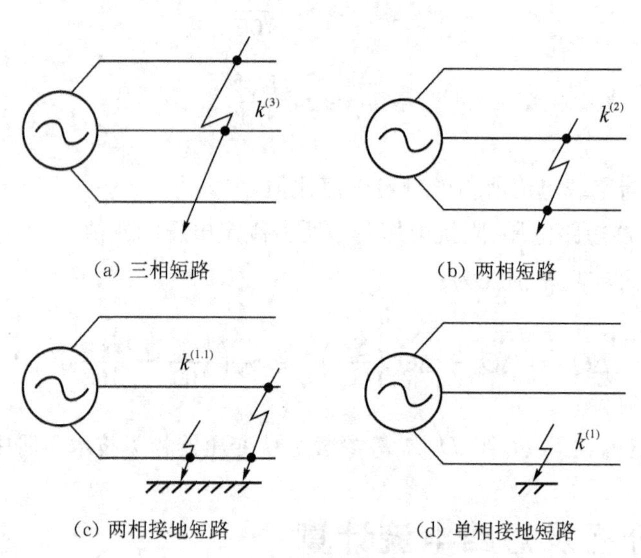

(a) 三相短路　　(b) 两相短路

(c) 两相接地短路　　(d) 单相接地短路

图 8.6　短路的形式

系统发生短路故障时,因为部分负荷被短接导致整个供电系统的总阻抗降低,使短路回路的短路电流要比其正常工作电流高很多(在大容量电力系统,短路电流可高达数万甚至数十万安培),如此强大的短路电流无疑会对整个供电系统造成极大的损害。

供电系统中产生的短路电流经过导体时,会使导体发热,温度急剧上升,对设备的绝缘性造成很大损害;在短路点通常伴有电弧,这不仅会损害电气设备而且还会威胁操作人员的人身安全;当短路电流经过线路时会产生很大压降,导致系统电压水平骤降,从而严重影响电气设备的正常运行;严重时,甚至导致大面积的停电,给正常国民经济生产带来很大损失。不管怎么说,短路的后果都是十分严重的,必须采取一切必要措施以消除可能引起短路的一切因素,从而确保整个电力系统的安全、可靠运行。

8.2.2　短路过程分析

1) 无限大容量电源与供电系统

当电力系统中电源与短路点的电气相隔较远时,因短路导致的电源输出功率变化远远低于电源的容量，此时可认为电源容量无限大，在这种情况下，电源外电路发生短路而导致的功率变化相对于电源容量而言是可以忽略不计的，所以尽管有短路发生，但电源的电压和频率值均保持恒定。

但在实际应用中，无限大容量电源是不存在的。但因供配电系统往往处于电力系统的末端，所以尽管短路故障对短路点邻近电力系统有较大影响，但对那些距离短路故障点较远的电力系统而言，其影响微乎其微，所以在这种情况下也可以视系统为无限大容量电源系统。

实际工程计算中，当电力系统电源的总阻抗低于短路电路总阻抗的 5%～10%时，或者当电力系统总容量高于电力用户供电系统容量的 50 倍时，此时也可视该系统为无限大容量系统。

2）供电系统三相电路工作过程

无限大容量系统发生三相短路时的电路如图 8.7(a)所示。因为短路前、后系统都呈三相对称，则其等效电路如图 8.7(b)单相等值电路所示。当系统正常运行时，电路中的电流与电源以及电路中包括负荷在内的所有元件的总阻抗有关。

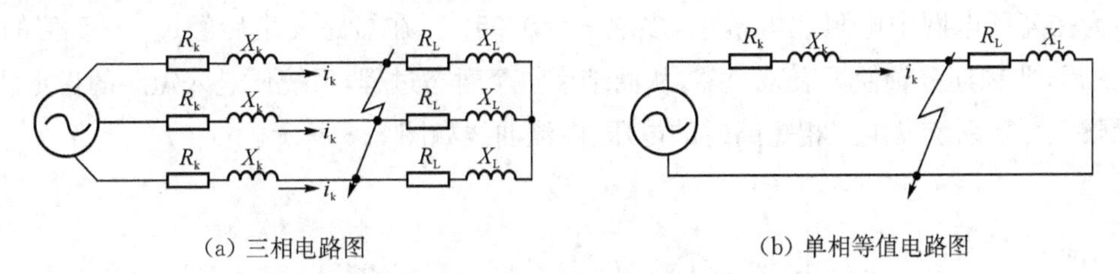

(a) 三相电路图　　(b) 单相等值电路图

图 8.7　无限大容量系统发生三相短路时的电路

三相短路时的电路方程式为

$$R_k i_k + L_k \frac{di_k}{dt} = U_m \sin(\omega t + \alpha) \tag{8.46}$$

式中：i_k——短路电流的瞬时值；

α——电源相电压的初相位；

U_m——电源相电压的幅值；

R_k 和 X_k ——分别表示从电源到短路点的等值阻抗和电抗；其中 $X_k = \omega L_k$；

ω——电源的角频率；

L_k——从电源到短路点的等值电感。

式(8.46)为线性一阶非齐次微分方程，通过求解可得短路电流：

$$i_k = I_{pm}\sin(\omega t + \alpha + \varphi_k) + [I_m \sin(\alpha - \varphi) - I_{pm}\sin(\alpha - \varphi_k)]e^{-1/t} \tag{8.47}$$

$$I_{pm} = \frac{U_m}{|Z_k|} \quad |Z_k| = \sqrt{R_k^2 + X_k^2}$$

$$\varphi_k = \arctan\frac{X_k}{R_k}$$

$$\tau = \frac{L_k}{R_k} = \frac{X_k}{314R_k}$$

式中：I_{pm}——短路电流周期分量幅值；

I_m——短路前电路电流幅值；

φ——短路前电路阻抗角；

φ_k——短路后电路阻抗角；

τ——短路回路的时间常数。

式(8.47)中短路电流 i_k 分成两部分，第一部分为随时按时间正弦规律变化的周期分量，该值取决于电源电压与短路回路阻抗，用 i_p 表示，其幅值在整个暂态过程中保持恒定。因为电路中存有电感，在发生短路瞬间，因电感电路电流不能突变而导致产生一个非周期分量电流以维持其原来电流，所以第二部分是随时间按指数规律进行衰减（衰减快慢取决于短路回路时间常数 τ）的非周期分量，用 i_{np} 表示，该值在发生短路的瞬间最大。整个暂态过程的短路电流为：

$$i_k = i_p + i_{np} \tag{8.48}$$

因为在高压电网中电阻比电抗小，多取 $\tau = 0.05$ s。在短路发生后经过 3～5 倍的 τ（约 0.2 s)之后，非周期分量便可衰减至零，从而结束整个暂态过程，系统便进入短路的稳定状态。

无限大容量系统发生三相短路时的电压、电流曲线如图 8.8 所示。

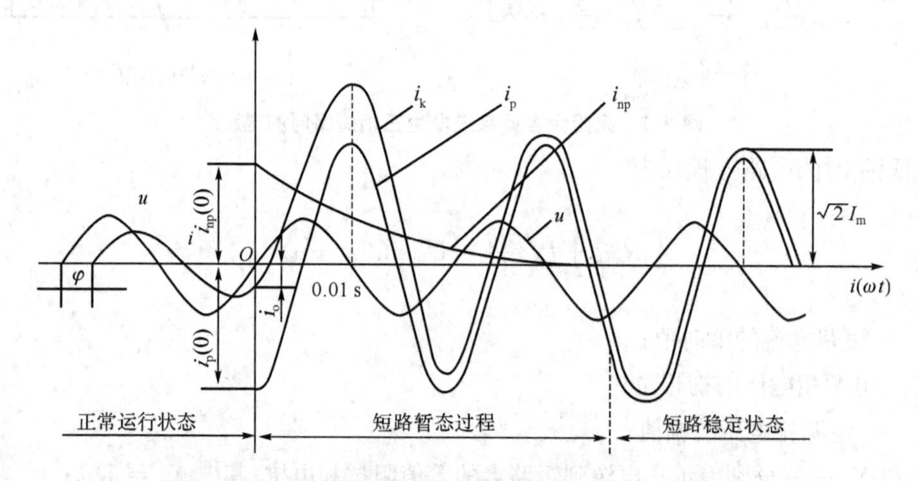

图 8.8 发生三相短路时的无限大容量系统电压与电流曲线

若使短路电流达到最大值，必须同时具备下述条件：

(1) 发生短路前的电路须处于空载状态，即 $|Z| \to \infty, I_m \to 0$；

(2) 在发生短路的瞬间($t=0$)，某相电压初相角 $\alpha = 0°$；

(3) 要求短路回路近似为纯电感电路。

在实际电力系统中，同时出现上述条件的可能性非常低，但一旦发生则会引起极其严重的后果。若将这些条件用于计算短路电流，则短路电流为：

$$i_k = I''_{pm}\sin(\omega t - 90°) + I''_{pm}e^{-t/\tau} \tag{8.49}$$

式(8.49)中的 $I''_{pm} = \dfrac{U_m}{X_k}$，要比短路前电路中电流幅值大幅增加。

3) 与短路有关的物理量

(1) 短路电流周期分量

如图 8.8 所示，短路电流周期分量 $i_p = I''_{pm}\sin(\omega t - 90°)$，在相位上大约滞后于电源电压 90°，在发生短路的瞬间 i_p 值最大，即

$$i_p(0) = -I''_{pm} = -\sqrt{2}I'' \tag{8.50}$$

式中：I''——短路次暂态电流的有效值，这是短路后第一个周期的短路电流周期分量的有效值；

I''_{pm}——短路电流周期分量的幅值。

通常短路电流周期分量的有效值在整个短路过程保持恒定，则有

$$I_p = I'' \tag{8.51}$$

式(8.51)中的 I_p 为短路电流周期分量的有效值。

(2) 短路电流非周期分量

短路电流非周期分量 $i_{np} = I''_{pm}e^{-\upsilon t}$ 的初始值为：

$$i_{np}(0) = I''_{pm} = \sqrt{2}I'' \tag{8.52}$$

在发生短路时，电感会产生一个与 $i_p(0)$ 大小相等、方向相反的感生电流 $i_{np}(0)$ 以保持发生短路时电路中瞬时电流 i_0 不产生突变，随后，i_{np} 则按照一定时间常数 τ 呈指数规律进行衰减，直到一定时间(3～5 倍 τ)后衰减为零，如图 8.8 所示。

(3) 短路全电流

短路全电流 i_k 是任一时刻的短路电流周期分量 i_p 和非周期分量 i_{np} 之和，即

$$i_k = i_p + i_{np} \tag{8.53}$$

因为无限大容量系统中短路电流周期分量有效值保持恒定，则经常将周期分量有效值写为 I_k，即 $I_k = I_p$。

(4) 短路冲击电流(i_{sh})与短路冲击电流有效值(I_{sh})

图 8.8 中，发生短路后约半个周期(0.01 s)之后短路全电流便会达到最大值，此瞬间电流便为短路冲击电流 i_{sh}：

$$i_{sh} = i_p(0.01) + i_{np}(0.01) = \sqrt{2}I'' + \sqrt{2}I''e^{-0.01/\tau} = \sqrt{2}K_{sh}I'' \tag{8.54}$$

$$K_{sh} = 1 + e^{-0.01/\tau} \tag{8.55}$$

式(8.55)中的参数 K_{sh} 表示短路电流的冲击系数。

发生短路后第一个周期的短路全电流有效值称为短路冲击电流有效值：

$$I_{sh} = \sqrt{I_p^2 + i_{np}^2(0.01)} = I''\sqrt{1 + 2(K_{sh} - 1)^2} \tag{8.56}$$

在高压电路中发生三相短路时，一般可取 $K_{sh}=1.8$ ，所以有：

$$i_{sh}=2.55I'' \tag{8.57}$$

$$I_{sh}=1.51I'' \tag{8.58}$$

在高压电路中发生三相短路时，一般可取 $K_{sh}=1.3$ ，所以有

$$i_{sh}=1.84I'' \tag{8.59}$$

$$I_{sh}=1.09I'' \tag{8.60}$$

(5) 短路稳态电流(I_{∞})

通常将短路电流非周期分量衰减完毕之后的短路全电流有效值称为短路稳态电流。无限大容量系统中发生三相短路时，短路后任一时刻的短路电流周期分量保持恒定，则：

$$I_{p}=I_{k}=I''=I_{\infty} \tag{8.61}$$

8.2.3 短路电流计算

短路故障在电力系统中不可避免，所以在选择电气设备和载流导体时，需依靠短路电流参数对其稳定性进行验证，以防止在以后使用过程中可能产生最大短路电流时损坏设备；在电力系统中主要利用短路电流参数确定限制短路电路设备以及和短路保护等相关装置型号时将起到较大作用。所以在进行供电系统设计过程中，必须要进行短路电流计算。

这里主要针对无限大容量系统中发生三相短路、两相短路、单相短路以及大容量电动机短路时计算其短路电流。其中三相短路计算是重点分析内容，用到的计算方法主要有欧姆法和标幺值法两种。前者是短路电流计算的最基本方法，尤其适用于两个以下的电压等级的供电系统计算，而标幺值法则多用于多电压等级的供电系统计算。

1) 三相短路电流的欧姆法计算

(1) 短路公式

因为在计算短路电流的过程中所采用的单位都是“欧姆”，所以称之为欧姆法。对无限大容量系统而言，三相短路电流的周期分量中的有效值计算如下：

$$I_{k}^{(3)}=\frac{U_{av}}{\sqrt{3}\mid Z_{\Sigma}\mid}=\frac{U_{av}}{\sqrt{3}\sqrt{R_{\Sigma}^{2}+X_{\Sigma}^{2}}} \tag{8.62}$$

式 8.62 中的 U_{av} 是系统中短路点电压，通常取 $U_{av}=1.05U_{N}$ ，在我国电压标准中有 0.4 kV、6.3 kV、10.5 kV、37 kV 等。

在高压系统的短路电流计算中，通常总电抗(X_{Σ})比总电阻(R_{Σ})大，所以在计算中只考虑电抗而不考虑电阻，此时三相短路电流周期分量的有效值如式 8.63 所示，三相短路容量则为式 8.64；但是对低压电路的短路电流计算，当发生短路时的 $R_{\Sigma}>\frac{X_{\Sigma}}{3}$ 时，此时需要考虑电阻值。

$$I_k^{(3)} = \frac{U_{av}}{\sqrt{3}X_{\sum}} \tag{8.63}$$

$$S_k^3 = \sqrt{3}U_{av}I_k^{(3)} = U_{av}^2/X_{\sum} \tag{8.64}$$

(2) 供电系统元件阻抗

电力系统的电阻相对于其电抗而言非常小，通常可忽略不计。电力系统的电抗可通过变电器的高压馈电线端口断路器处的断流容量 S_{oc} 来进行估算，S_{oc} 可看作是电力系统的极限短路容量 S_k，此时电力系统的电抗为：

$$X_s = \frac{U_{av}^2}{S_{oc}} \tag{8.65}$$

式中：U_{av}——高压馈电线中的短路电压，在实际计算中为了便于计算短路电路的总阻抗($Z_{\sum}$)，U_{av} 可以直接等于短路点的短路电压；

S_{oc}——系统出口断路器的断流容量值，具体值可查阅相关手册。

变压器的电阻 R_T 通常根据变压器的短路损耗 ΔP_K 来近似求出：

$$R_T \approx \Delta P_K \left(\frac{U_{av}}{S_N}\right)^2 \tag{8.66}$$

式中：U_{av}——系统中短路点的短路电压；

S_N——变压器的额定容量；

ΔP_K——变压器的短路损耗，其与具体变压器型号有关。

变压器的电抗 X_T 则通过变压器的短路电压 $U_k\%$来近似求出：

$$X_T \approx \frac{U_K\%}{100} * \frac{U_{av}^2}{S_N} \tag{8.67}$$

式(8.67)中 $U_k\%$表示变压器的短路电压百分比，具体大小也和变压器的型号相关。

电力线路的电阻 R_{WL} 和电抗 X_{WL}，则通过电力线的长度 l 以及电力线截面和导线单位长度电阻值 R_0、单位长度电抗 X_0 来进行求解：

$$R_{WL} = R_0 l \tag{8.68}$$

$$X_{WL} = X_0 l \tag{8.69}$$

电力线的 R_0 和 X_0 值和具体导线有关，若线路的 X_0 数据不无法查阅，则通常对于 35 kV 以下的高压电路，若是架空线则取 $X_0 = 0.38\ \Omega/km$、若是电缆则取 $X_0 = 0.08\ \Omega/km$，而对于低压线路，若是架空线则取 $X_0 = 0.32\ \Omega/km$，而电缆取 $X_0 = 0.066\ \Omega/km$。

因为电抗器的电阻值很小，故通常仅考虑其电抗值的计算：

$$X_R = \frac{X_R\%}{100} \times \frac{U_N}{\sqrt{3} I_N} \tag{8.70}$$

式中：$X_R\%$——电抗器的电抗百分比；

U_N——电抗器的额定电压；

I_N——电抗器的额定电流。

需要注意的是，在进行短路电路阻抗的计算时，若电路中有变压器，此时各元件阻抗必须统一换算至系统短路点中的短路电压中去，阻抗换算公式：

$$R' = R(U'_{\mathrm{av}}/U_{\mathrm{av}})^2 \tag{8.71}$$

$$X' = X(U'_{\mathrm{av}}/U_{\mathrm{av}})^2 \tag{8.72}$$

式(8.71)和式(8.72)中的 R、X、U_{av} 分别表示换算前的元件电阻、电抗和元件所处短路处的计算电压；而 R'、X' 和 U_{av}' 则分别表示经过换算之后的元件电阻、电抗和元件所处短路处的计算电压。

通常在计算短路电流过程中仅电力线路和电抗器的阻抗需要进行换算，电力系统中包括电力变压器在内的其他阻抗计算则因为其计算公式都包括了 U_{av} 而不需要进行转换，计算时，公式中的 U_{av} 可以直接作为短路点的计算电压(即相当于阻抗已经换算到短路点侧了)。

(3) 欧姆法短路计算步骤

①得出计算电路图，并将各个元件的额定参数都进行标示；确定短路计算点，通常选择在可能产生最大短路电流位置。如，在高压侧选高压母线处位置，而低压侧则选低压母线处位置；而当电力系统中含有限流电抗器时，则应选电抗器后位置。

②根据所选的短路计算点得出等效电路图，并将短路电流可能要流过的主要元件在电路上标示出。

③针对电路中各主要元件计算其阻抗，并将其计算结果标注在其等效电路序号下的分母位置。

④对等效电路进行简化并求系统的总阻抗。对于企业供电系统，因将电力系统视为无限大容量电源且短路电路较简单，故只需要使用串联、并联方式便可将电路进行简化并求出其等效总阻抗。

⑤由式(8.62)、式(8.63)计算短路电流 $I_{\mathrm{k}}^{(3)}$，再根据式(8.57)、式(8.61)分别求出其他短路电流值，最后根据式(8.64)求出短路容量 $S_{\mathrm{k}}^{(3)}$ 。

以某工厂供配电系统为例(见图 8.9)，分别求 35 kV 母线上 $k-1$ 点短路处和变压器低压母线上 $k-2$ 点短路处的三相短路电流值、冲击电流值以及短路容量。

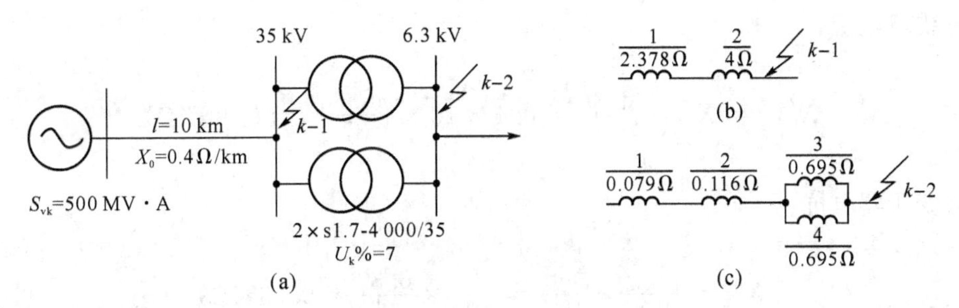

图 8.9　某工厂供配电系统

分析:求 $k-1$ 点处的短路电压 $U_{av1}=1.05\times 35\ \text{kV}\approx 37\ \text{kV}$。

①短路电流中各元件的电抗及总电抗。

电力系统电抗

$$X_s=U_{av1}^2/S_{00}=37^2/500=2.738(\Omega)$$

输电线路电抗

$$X_{WL}=X_0 l=0.4\times 10=4(\Omega)$$

获得 $k-1$ 点短路处等效电路(如图 8.9(b)),计算其总阻抗

$$X_{\sum}=X_S+X_{WL}=2.738+4=6.738(\Omega)$$

②计算 $k-1$ 点的三相短路电流与短路容量。

三相短路电流周期分量有效值

$$I_{k-1}^{(3)}=\frac{U_{av1}}{\sqrt{3}X_{\sum}}=\frac{37}{\sqrt{3}\times 6.738}=3.17(\text{kA})$$

三相暂态短路电流及其短路稳态电流

$$I''^{(3)}=I_{\infty}^{(3)}=I_{k-1}^{(3)}=3.17(\text{kA})$$

三相短路冲击电流

$$i_{sh}^{(3)}=2.55I''^{(3)}=2.55\times 3.17=8.08(\text{kA})$$

三相短路容量

$$S_{k-1}^{(3)}=\sqrt{3}U_{av1}I_{k-1}^{(3)}=\sqrt{3}\times 37\times 3.17=203(\text{MV}\cdot\text{A})$$

计算 $k-2$ 点的三相短路电流与短路容量($U_{av1}=37\ \text{kV}$, $U_{av2}=6.3\ \text{kV}$)

①短路电路中各元件电抗及总电抗计算。

电力系统电抗

$$X'_s=U_{av2}^2/S_{oc}=6.3^2/500=0.079(\Omega)$$

输电线路电抗

$$X'_{\mathrm{WL}} = X_0 l\left(\frac{U_{\mathrm{av2}}}{U_{\mathrm{av1}}}\right)^2 = 0.4\times 10\times\left(\frac{6.3}{37}\right)^2 = 0.116(\Omega)$$

电力变压器电抗

$$X'_{\mathrm{T}} = \frac{U_{\mathrm{K}}\%}{100} - \frac{U_{\mathrm{av}}^2}{S_N} = \frac{7}{100}\times\frac{6.3^2}{4} = 0.695(\Omega)$$

获得 $k-2$ 点处短路等效电路(如图 8.9(c)),计算其总电抗

$$X'_{\sum} = X'_{\mathrm{S}} + X'_{\mathrm{WL}} + \frac{1}{2}X'_{\mathrm{T}} = 0.079 + 0.116 + \frac{1}{2}\times 0.695 = 0.543(\Omega)$$

②$k-2$ 点处的三相短路电流和短路容量计算

三相短路电流周期分量的有效值

$$I_{K-2}^{(3)} = \frac{U_{\mathrm{av2}}}{\sqrt{3}X'_{\sum}} = \frac{6.3}{\sqrt{3}\times 0.543} = 6.7(\mathrm{kA})$$

三相次暂态短路电流和短路稳态电流

$$I''^{(3)} = I_{\infty}^{(3)} = I_{K-2}^{(3)} = 6.7(\mathrm{kA})$$

三相短路冲击电流

$$i_{\mathrm{sh}}^{(3)} = 2.55I''^{(3)} = 2.55\times 6.7 = 17.1(\mathrm{kA})$$

三相短路容量

$$S_{k-2}^{(3)} = \sqrt{3}U_{\mathrm{av}}I_{k-2}^{(3)} = \sqrt{3}\times 6.3\times 6.7 = 73.1(\mathrm{MV\cdot A})$$

2) 三相短路电流的标幺值法计算

标幺值法,即在计算过程中将电压、电流、阻抗以及功率等物理量使用标幺值来进行表示与计算的方法。

(1) 标幺值

物理量的标幺值,是其实际值和所选定的基准值(以[$_\mathrm{d}$]表示)的比值,是一个相对值,以上标[*]表示,无单位。在对物理量求标幺值时,必须对其基准值加以说明,否则标幺值无实际意义。

理论上电压、电流、阻抗和功率等物理量的基准值可任选,但因为它们之间存在特定关系,故通常使用基准容量 S_d 和基准电压 U_d 作为基准值,工程应用中常取 $S_\mathrm{d}=100(\mathrm{MV\cdot A})$,而基准电压则常取元件所在处的短路点计算电压值,$U_\mathrm{d}=U_{\mathrm{av}}=1.05U_N$。确定基准容量和基准电压之后,基准电流和基准电抗值可根据下式计算:

$$I_d = \frac{S_d}{\sqrt{3}U_d} \tag{8.73}$$

$$X_d = \frac{U_d}{\sqrt{3}I_d} = \frac{U_d^2}{S_d} \tag{8.74}$$

(2) 电抗标幺值计算

电力系统中电抗标幺值场根据系统所提供的短路容量 S_K 来进行计算。若电力系统短路容量 S_K 未知,则可近似通过电力系统变电站高压馈电线的出口断路器的断路容量值 S_{∞} 代替,其断路容量 S_{oc} 可从相关技术手册查阅获得,故电力系统的电抗标幺值为:

$$X_S^* = \frac{X_S}{X_d} = \frac{S_d}{S_{oc}} \tag{8.75}$$

电力变压器的电抗标幺值:

$$X_T^* = \frac{X_T}{X_d} = \frac{U_K\%}{100}\frac{U_N^2}{S_N} / \frac{U_d^2}{S_d} \approx \frac{U_K\%}{100} \times \frac{S_d}{S_N} \tag{8.76}$$

式中:S_N——电力变压器的额定容量(MV·A);

$U_k\%$——电力变压器短路电压百分比。

电力传输线路的电抗标幺值:

$$X_{WL}^* = \frac{X_{WL}}{X_d} = X_0 l \frac{S_d}{U_d^2} = X_0 l \frac{S_d}{U_{av}^2} \tag{8.77}$$

式中:l——导线或电缆线路长度(km);

X_0——导线或电缆单位长度电抗(Ω/km)。

电抗器的电抗标幺值:

$$X_R^* = \frac{X_R}{X_d} = \frac{X_H\%}{100}\frac{U_N}{\sqrt{3}I_N}\frac{S_d}{U_d^2} = \frac{X_R\%}{100}\frac{U_N}{\sqrt{3}I_N}\frac{S_d}{U_{av}^2} \tag{8.78}$$

式(8.78)中的 $X_R\%$表示电抗器额定电抗百分比。

待短路电路中的各主要元件电抗标幺值求出之后,便可用于对等效电路进行化简,并计算总电抗标幺值。因为电路中各元件电抗都使用了标幺值,与短路计算点的电压无关,故不再需要进行电压换算,这也是标幺值法比欧姆法更优越之处。

(3) 标幺值法短路计算

当无限大容量系统出现三相短路故障时,其短路电流周期分量有效值的标幺值为:

$$I\frac{(3)}{k}^* = \frac{I_k^{(3)}}{I_d} = \frac{U_{av}}{\sqrt{3}X_\Sigma}\frac{\sqrt{3}U_d}{S_d} = \frac{U_d^2}{S_d}\frac{1}{X_d} = \frac{X_d}{X_\Sigma} = \frac{1}{X_\Sigma^*} \tag{8.79}$$

所以,无限大容量系统三相短路电流的周期分量有效值为:

$$I_k^{(3)} = I_k^{(3)*} I_d = \frac{I_d}{X_{\sum}^*} \tag{8.80}$$

三相短路容量

$$S_k^{(3)} = \sqrt{3}U_{av}I_k^{(3)} = \sqrt{3}U_{av}\frac{1}{X_{\sum}^*}\frac{S_d}{\sqrt{3}U_d} = \frac{S_d}{X_{\sum}^*} \tag{8.81}$$

待得到 $I_k^{(3)}$ 后，便计算其他短路电流。

3) 两相和单相短路电流计算

(1) 两相短路电流计算

无限大容量系统若发生两相短路，其短路电流可根据式(8.82)进行求解：

$$I_K^{(2)} = \frac{U_{av}}{2\mid Z_{\sum}\mid} \tag{8.82}$$

如果只考虑电抗，则短路电流为：

$$I_K^{(2)} = \frac{U_{av}}{2X_{\sum}} = \frac{\sqrt{3}}{2}\frac{U_{av}}{\sqrt{3}X_{\sum}} \tag{8.83}$$

将式(8.82)和式(8.83)相结合得出两相短路电流：

$$I_K^{(2)} = \frac{\sqrt{3}}{2}I_K^{(3)} = 0.866I_K^{(3)} \tag{8.84}$$

即在无限大容量系统中，同一短路点的两相短路电流是三相短路电流的 0.866 倍。所以无限大容量系统中的两相短路电流值可通过三相短路电流求出。

(2) 单相短路电流计算

若在大电流接地系统或者三相四线制电力系统中出现单相短路时，由对称分量法可知其单相短路电流为：

$$I_K^{(1)} = \frac{\sqrt{3}U_{av}}{Z_{1\sum} + Z_{2\sum}Z_{0\sum}} \tag{8.85}$$

式(8.85)中的 $Z_{1\sum}$、$Z_{2\sum}$ 和 $Z_{0\sum}$ 分别为单相回路的正序、负序与零序总阻抗(单位为 Ω)。

在实际工程设计中，常常根据下述公式计算低压配电系统中的单相短路电流(kA)：

$$I_K^{(1)} = \frac{U_{\varphi}}{\mid Z_{\varphi-0}\mid} \tag{8.86}$$

$$I_K^{(1)} = \frac{U_{\varphi}}{\mid Z_{\varphi-PE}\mid} \tag{8.87}$$

$$I_K^{(1)} = \frac{U_\varphi}{|Z_{\varphi-PEN}|} \tag{8.88}$$

式中：U_φ——电力线路的相电压(kV)；

$Z_{\varphi-0}$——相线和地之间的短路回路阻抗(Ω)；

$Z_{\varphi-PE}$——相线和 PE 线短路回路阻抗(Ω)；

$Z_{\varphi-PEN}$——相线和 PEN 线短路回路阻抗(Ω)。

在无限大容量系统中或距发电机处较远位置发生短路故障时，通常两相短路电流与单相短路电流都低于三相短路电流，所以在实际应用中，对用于选择电气设备和导体短路稳定性检验的短路电流多使用三相短路电流。

以图 8.10 所示的某供配电系统为例，计算短路点的最大三相短路电流与最小两相短路电流。

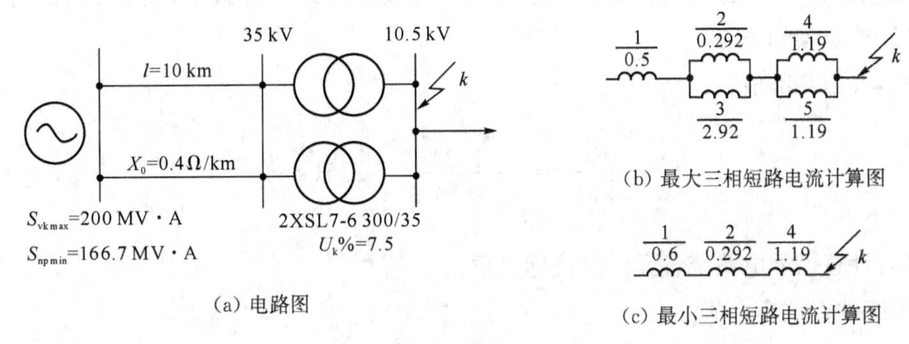

图 8.10　某供配电系统

若整个系统运行在最大运行方式下，则取 $S_{oc\cdot max}=200$ MV · A，电力线路使用双回供电方式，且两台变压器都投入运行，图 8.10(b)为其等效电路图。

第一步：确定基准值，选择 $S_d=100$ MV · A，$U_d=U_{avd}=10.5$ kV，则：

$$I_d = \frac{S_d}{\sqrt{3}U_d} = \frac{100}{\sqrt{3}\times 10.5} = 5.5(\text{kA})$$

第二步：计算该配电系统的各元件电抗标幺值

电力系统的电抗标幺值为：

$$X_S^* = \frac{S_d}{S_{oc\cdot max}} = \frac{100}{200} = 0.5$$

电力线路的电抗标幺值为：

$$X_{WL}^* = X_0 l \frac{S_d}{U_{avl}^2} = 0.4\times 100\times \frac{100}{37^2} = 2.92$$

而变压器的电抗标幺值为：

$$X_T^* = \frac{U_K\%}{100}\times\frac{S_d}{S_N} = \frac{7.5}{100}\times\frac{100}{6.3} = 1.19$$

第三步：计算电路中 k 点三相短路时，其等效电抗标幺值、三相短路电流的周期分量。

k 点发生短路时的总电抗标幺值为：

$$X_{\sum}^{*}=X_{S}^{*}+\frac{1}{2}X_{WL}^{*}+\frac{1}{2}X_{T}^{*}=0.5+\frac{1}{2}\times 2.92+\frac{1}{2}\times 1.19=2.555$$

k 点短路时，短路点的最大三相短路电流为

$$I_{k}^{(3)}=\frac{I_{d}}{X_{\sum}^{*}}=\frac{5.5}{2.555}=2.15(\mathrm{kA})$$

$$I_{p}^{(3)}=I_{k}^{(3)}=2.15(\mathrm{kA})$$

若针对该配电系统计算短路点的最小两相短路电流值时，则电力线路采用单回供电方式，两台变压器中仅有一台投入运行，则该配电系统运行在最小运行方式下，图 8.10(c)为其等效电路图，其计算步骤如下：

第一步：确定基准值：

$$I=\frac{S_{d}}{\sqrt{3}U_{d}}=\frac{100}{\sqrt{3}\times 10.5}=5.5(\mathrm{kA})$$

第二步：计算该配电系统各元件电抗标幺值。

电力系统的电抗标幺值为：

$$X_{S}^{*}=\frac{S_{d}}{S_{oc\cdot min}}=\frac{100}{166.7}=0.6$$

电力线路的电抗标幺值为：

$$X_{WL}^{*}=X_{0}l\frac{S_{d}}{U_{av1}^{2}}=0.4\times 100\times\frac{100}{37^{2}}=2.92$$

变压器的电抗标幺值为：

$$X_{T}^{*}=\frac{U_{k}\%}{100}\times\frac{S_{d}}{S_{N}}=\frac{7.5}{100}\times\frac{100}{6.3}=1.19$$

第三步：计算电路中 k 点三相短路时，其等效电抗标幺值和三相短路电流周期分量。

k 点发生短路时的总电抗标幺值为：

$$X_{\sum}^{*}=X_{S}^{*}+X_{WL}^{*}+X_{T}^{*}=0.5+2.92+1.19=4.61$$

电路中 k 点短路时，其短路点处的最小三相短路电流为：

$$I_{k}^{(3)}=\frac{I_{d}}{X_{\sum}^{*}}=\frac{5.5}{4.61}=1.19(\mathrm{kA})$$

第四步：计算 k 点最小两相短路电流：

$$I_k^{(2)} = 0.866 I_k^{(3)} = 1.03(\text{kA})$$

4) 大容量电动机的短路电流计算

当供配电系统中发生短路时，其短路处附近若连接有大容量电机，此时应将电机作为附加电源来进行考虑，此时电机会向短路处反馈短路电流。发生短路时，电机出于自我保护会迅速制动，则反馈电流会以非常高的速度进行衰减。故该反馈电流仅在单台电机（组）容量高于 100 kW 时方对短路冲击电流产生影响。

电机所提供的短路冲击电流场根据式（8.89）进行计算：

$$i_{sh\cdot M} = CK_{sh\cdot M} I_{N\cdot M} \tag{8.89}$$

式中：C——电机反馈冲击倍数（对于感应电动机 C=6.5、同步电动机 C=7.8）；

$K_{sh,M}$——电机短路电流冲击系数（对高压电机取 1.4～1.7，对低压电机则取 1）；

$I_{N,M}$——电机额定电流。

若考虑到电机反馈冲击影响，则短路处的总短路冲击电流为：

$$i_{sh\sum} = i_{sh} + i_{sh\cdot M} \tag{8.90}$$

8.2.4 预防短路电流的措施

为减轻供配电系统中因为短路所造成的负面影响，确保系统安全、可靠地运行。应在系统的设计及日常维护中努力消除一切可能引起系统短路的隐患；除此之外，还应充分考虑发生故障时如何快速、有效地切断短路故障部分，从而大幅降低对电力系统整体影响并使系统能在较短的时间内恢复正常，这可考虑在系统中装配能快速动作的继电保护和断路器等保护装置来实现。另外，可使用限制短路电流的方法来增大系统阻抗，以降低短路时的巨大电流值。可通过合理选择电气主接线方式、加装限电流电抗器等方式实现，除此之外，还可采取下述措施防止系统产生短路：

(1) 在设计供配电系统时要做好短路电流相关计算，并正确选择相关电气设备，电气设备的额定电压必须和电力线路的额定电压一致；系统中必须安装相关保护装置，以在系统中发生短路时能迅速切断短路电流，从而降低短路电流所造成的经济损失。

(2) 在变电站及重要设施、线路处均须安装避雷针，以减少雷击对系统造成的损害。在日常维护中，需加强对电力线路的检查及维护，使之始终保持线路弧垂一致。

(3) 加强供配电系统的管理，在对电气设备进行带电安装和检修时，切忌误接线、误操作的事件发生。电力系统在运行期间，管理维护人员应对所有规范认真学习，要经常对线路、设备进行巡视检查，及时发现缺陷，迅速进行维修。

8.3 功率因数补偿技术

电网中很多电力负荷都属于电感性负载，如电机、变压器、日光灯负荷。这些感性设备的典型特征为，在其运行中同时需要从电力系统吸收有功功率和无功功率。所以通过在电网中安装并联电容器无功补偿设备可提供补偿感性负荷所消耗掉的无功功率，从而降低电网电源所提供的，以及在传输线路过程中的无功功率。电网中无功功率的减少可降低输配电线路中变压器以及母线因输送无功功率而造成的电能损耗，所采取的措施便称之为功率因数补偿。

8.3.1 功率因数

交流电路中的有功功率与视在功率比值则为功率因数($\cos\varphi$)。因为在交流电路中存在大量电感、电容元件，其电感磁场与电容电场的建立都需要电源提供，从而使部分电流不参与机械做功，它们被称为无功电流。一般来说，无功电流的大小和有功负荷(机械负荷)之间不存在任何关系，其相位和有功电流相差 90°。

三相交流电路的功率因数表达式为：

$$\cos\varphi=\frac{P}{S}=\frac{P}{\sqrt{P^2+Q^2}}=\frac{P}{\sqrt{3}UI} \tag{8.91}$$

式中：P——有功功率(kW)；

Q——无功功率(kvar)；

S——视在功率(kVA)；

U——线电压的有效值(kV)；

I——线电流的有效值(A)。

通常，电路性质的不同导致 $\cos\varphi$ 在 0～1 之间发生变化，具体值取决于交流电路中电感、电容以及有功负荷的大小。当 $\cos\varphi=1$ 时，意味着电源所发出的视在功率全部为有功功率($S=P,Q=0$)；当 $\cos\varphi=0$ 时，则意味着电源发出的功率全部为无功功率($S=Q,P=0$)。对于供配电系统而言，其电力负荷的功率因数希望尽可能接近 1。

在企业供配电系统中还经常使用到瞬时功率因数和平均功率因数：

瞬时功率因数可在功率、电压和电流已经测定的基础上按照式 8.91 进行计算，也可以从功率因数表(相位表)中直接读出。瞬时功率因数通常在企业中被用来了解、分析工厂设备运行过程中的无功功率变化情况。

平均功率因数，也称加权平均功率因数，指在某个规定时期内对功率因数进行求平均值，其公式如式(8.92)所示：

$$\cos\varphi=\frac{A_P}{\sqrt{A_P^2+A_Q^2}}=\frac{1}{\sqrt{1+\left(\frac{A_Q}{A_P}\right)^2}} \tag{8.92}$$

式中：A_P——某个时期内所消耗的有功电能(kW·h)；

A_Q——同一时期内所消耗的无功电能(kvar·h)。

在我国，电力部门常根据每月平均功率因数的高低来调整向企业收费的标准。

因为企业中大量使用感应电机和变压器等大功率设备，使得企业供电系统同时需要提供有功功率和无功功率，这不仅能充分发挥发电厂发电、输电设备的作用，同时增加了电网的功率损耗与电压损失，所以要提高用户的功率因数。

当发电容量和输、配电设备的安装容量一致时，若要提高用户的功率因数，可通过降低相应的无功功率来实现，则在同样使用设备的条件下，电力系统输出的有功功率得到大幅增加。根据输电线路中的有功功率损耗公式 $\Delta P=\dfrac{RP^2}{\cos^2\varphi U_N^2}\times 10^{-3}$，当输电线路中的额定电压 U_N 与其传输的有功功率 P、线路电阻 R 保持恒定时，此时输电线路的有功功率损耗和功率因数的平方成反比。这说明提高用户功率因数可有效降低有功功率的损耗。

若用户功率因数得到提高，则电网中的电流得到大幅减小，这使得电网中的电压损失降低，从而提高电气设备的电能质量，并降低发电成本。

通常，对于大型企业这样的电力使用大户而言，在供配电系统的设计和实际运行中，都确保使总降压变电站 6～10 kV 母线上的功率因数高于 0.95 以上，这样即使考虑到变压器和电源输电线路的功率损耗，也能确保上一级变电站的平均功率因数高于 0.9 以上。

8.3.2 提高功率因数的方法

提高功率因数最重要的环节是降低电力系统中各种设备所需的无功功率，降低负荷从电网中获得无功功率，应尽一切可能使电网在传输有功功率的过程中不输送或少输送无功功率。具体措施如下：

(1) 恰当选择电气设备

企业新购电气设备时，应选择气隙、磁阻 R_a 都比较小的电气设备。在相同容量情况下，应优先选择磁路体积小的电气设备。对无需调速、能持续运行的大容量电机而言，应尽可能选择同步电动机，同步电动机在过激磁运行时，可提高供电系统的功率因数。

(2) 合理运行电气设备

企业中不应使用严重轻载运行的电动机和变压器等电气设备，并限制电气设备的空载运行。对于负荷低于额定功率 40%的感应电机，在满足启动、稳定运行等前提下，应使用小容量电动机或将原三角形接法的电机绕组改成星形接法以减小激磁电压。而对变压器而言，在其平均负荷低于其额定容量的 30%时则应对负荷进行调整或更换变压器型号。

在对电气设备的日常维护检修过程中，应确保电动机电磁特性符合相关标准。针对现有的老、旧电气设备进行必要的技术改造，以降低系统总的无功消耗。

(3) 其他提高功率因数的方法

采用能提供无功功率的设备来进行补偿电气设备所需要的无功功率的方法可减少输电线路中的无功功率输送。除此之外，还应考虑在系统中增加人工补偿装置，主要方法如下：

①并联电容器组

电容器接入系统会产生无功功率，将之和电感负载所产生的无功功率进行交换可降低负载从电网吸收的无功功率。该方法是最为经济的人工补偿方法，具有有功功率损耗低、维护方便、安装灵活、故障率低等众多优点；但该方法只能进行有级调节而不能使电容器随负载无功功率的需要连续自动调节。

②使用同步调相机

实际是通过一个大容量空载运行的同步电动机(功率多高于 5 000 kW),在励磁经过时,电动机则相当于无功发电机。通过它可以对无功功率进行无级调节,但缺点是成本高、有功功率损耗大且需要专人维护等。目前该方法主要用于电力系统中的大型变电所以对区域电网的功率因数进行调整。

③使用可控硅静止无功补偿装置

该装置主要由移相电容器、滤波器、饱和电抗器及可控硅励磁调节器等器件构成。通过将可控的饱和电抗器和移相电容器相互并联,可对电气设备产生的全部(或部分)冲击无功功率进行补偿;在无冲击无功功率时,可通过由饱和电抗器所组成的可调感性负荷吸收电容器中的剩余无功功率,最终使功率因数保持在规定的水平。该装置中的滤波器可用于吸收冲击负荷所产生的高次谐波以确保用户电压质量。

该补偿方法的主要优点是能够以较低损耗动态地对无功功率进行迅速补偿,比较适合那些功率因数经常剧烈变化的系统或大型负荷进行无功功率补偿。该装置的主要缺点为体积大、成本高。

④使用进相机

进相机(即转子自励相位补偿机)是一种较新的感性无功功率设备,目前仅适用于对绕组式异步电机(容量 95~1 000 kW)进行独立补偿。进相机在外形上和电动机类似,但无定子和绕组,仅含有与直流电动机类似的电枢转子,进相机通常由单独的、容量约为 1.1~4.5 kW 的辅助异步电动机驱动。进相机在运转时和异步电动机的转子绕组相互串联,异步电动机的转子电流在进相机的绕组上形成一个旋转磁场(转速 $n_2=3\ 000/p$(p 为极对数));在辅助电机驱动下进相机沿着旋转磁场方向进行旋转;当进相机的旋转速度高于 n_2 时,在其电枢转子上会形成一个相位比异步电机转子电流超前 90°的感应电动势(E_{in}),并且被叠加在异步电机转子的电动势(E_2)上,从而使异步电机的转子电流相位发生变化,最终导致异步电机的定子电流相位发生改变,通过调整 E_{in}则可使异步电机在功率因数 $\cos\varphi=1$ 的条件下运行。

该补偿方法对无功功率补偿非常彻底,同时可降低异步电机的负荷电流以达到节省电能的目的。但进相机自身也是一种旋转装置且需要辅助电机进行驱动,这无形中提高了系统整体的维护成本;除此之外,该方法仅适合那些负荷变化不是很大的高容量绕组转子式电动机,从而导致该方法得不到广泛应用。

8.3.3 电容器补偿方式中的高压集中补偿计算

在前面已经提出,在企业中采取并联电容器组提高功率因数的方法是最为经济的方法,也是应用最为广泛的方法之一。生产中大部分负载都是电感性和电阻性的,故总电流 $\dot{I}$ 将滞后电压一个角度 φ_0;若在系统中增加电容器组且与负载并联,则电容器组上的电流 $\dot{I}_C$ 将会抵消部分电感电流 $\dot{I}_L$,从而使系统无功电流从 $\dot{I}_L$ 降低至 $\dot{I}'_L$;而系统电总流则由 $\dot{I}$ 降低至 $\dot{I}'$,从而使功率因数由最初的 $\cos\varphi$ 增加到 $\cos\varphi'$(见图 8.11)。

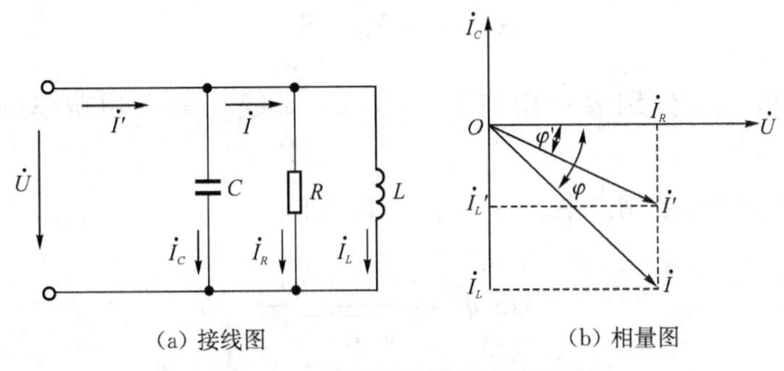

(a) 接线图 (b) 相量图

图 8.11 并联电容器的补偿原理

因为并联了电容器，从而使 8.11(b)中向量图中的功率因数角发生了变化，则该并联电容器称为移相电容器。若电容器选取恰当，可使功率因数角 φ 降低至 0(则 $\cos\varphi$ 提升至 1)，从而实现无功功率的补偿。

在电力系统中采用并联电容器的方法进行无功功率补偿，根据补偿装置的安装位置不同，无功功率补偿的效果也不一致。对用户供电系统而言，电容器组的设置分为：高压集中补偿、低压成组补偿以及分散就地补偿等三种方式。三种方式下的电容器装设地点及其补偿区分布如图 8.12 所示。这里主要以高压集中补偿为例，分析其补偿无功功率的计算过程。

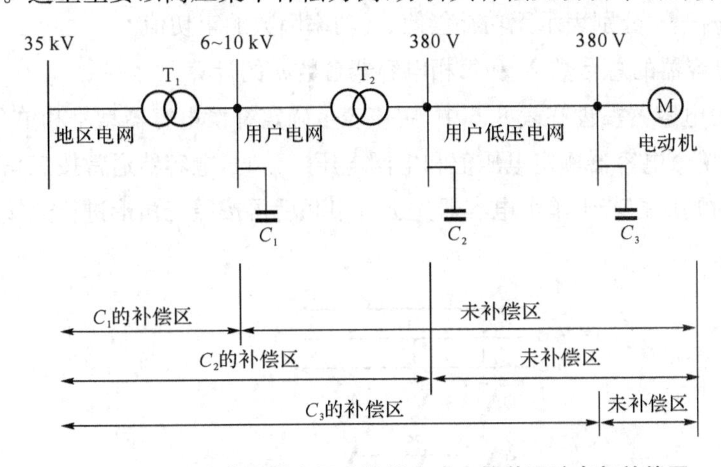

图 8.12 电容器在无功补偿方式中的装设地点与补偿区

高压集中补偿方式是通过在变电所 6～10 kV 的母线上集中装配移相电容器组来实现的(如图 8.12 中的 C_1)。该方式需要设置专门的电容器柜(室)及通风性、可靠性较好的放电装置。通过该方式能对电源侧的 6～10 kV 母线上的无功功率进行补偿，而负荷侧方向上的母线并没有获得无功功率补偿(为其主要缺陷)。

高压集中补偿方式的初期投资成本较低，因为通常在用户 6～10 kV 母线上无功功率变化较平稳，故该方式的利用率较高且便于管理与调节，除此之外该补偿方式还能提高供电变压器的负荷能力，故至今仍是城市及大、中型企业所运用的主要无功功率补偿手段。

通常，采用高压集中补偿提高功率因数的主要计算如下：

(1) 确定用户 6～10 kV 电力母线上的自然功率因数

在供配电系统设计阶段，自然功率因数 $\cos\varphi_1$ 根据下式计算：

$$\cos\varphi_1 = P_{ca\cdot 6}/S_{ca\cdot 6} \tag{8.93}$$

这里，$P_{ca\cdot 6}$ 和 $S_{ca\cdot 6}$ 分别表示用户 6 ～ 10 kV 母线上的有功功率(kW) 和视在功率(kV · A)。

而在已正常使用电能的用户中，$\cos\varphi_1$ 的计算如下：

$$\cos\varphi_1 = \frac{A_P}{\sqrt{A_P^2 + A_Q^2}} \tag{8.94}$$

式中：A_P 和 A_Q 分别表示用户月(年)的有功损耗量(kW · h)和无功损耗率(kvar · h)。

(2) 使功率因数从 $\cos\varphi_1$ 提高至 $\cos\varphi_2$ 所需的补偿量计算：

$$Q_C = K_{t_0} P_{ca}(\tan\varphi_1 - \tan\varphi_2) \tag{8.95}$$

式中：Q_C——所需电容器组的总补偿容量(kvar)；

K_{t_0}——平均负荷系数，取值范围：0.7～0.85；

P_{ca}——用户 6～10 kV 母线上的有功负荷(kW)；

$\tan\varphi_1$ 和 $\tan\varphi_2$——分别表示无功补偿前、后功率因数的正切值。

(3) 三相所需电容器的总台数 N 和每相电容器台数 n 的计算

这里将常用电力电容器整理在表 8.6 中，由该表可确定补偿电容器型号和单台容量。

三相系统中，当单个电容器额定电压值和电网电压一致时，电容器通常按三角形进行连接，而若低于电网电压时则应把若干单个电容器先进行串联后再按照三角形进行连接。图 8.13 为电容器接入电网连接图。

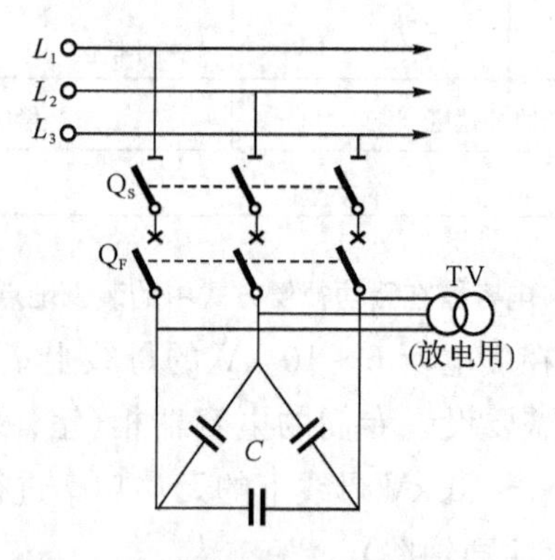

图 8.13 电容器接入电网的连接图

按照三角形方式连接，则单相电容器总台数 N 为：

$$N = \frac{Q_C}{q_C\left(\dfrac{U}{U_{N\cdot C}}\right)^2} \tag{8.96}$$

式中：Q_C——三相所需总电容器容量值(kvar)；

q_C——单台(柜)电容器容量值(kvar)；

U——电网工作电压(V)；

$U_{N\cdot C}$——电容器额定电压(V)。

则,每相电容器数为:

$$n = N/3 \tag{8.97}$$

表 8.6　常用电力电容器技术数据

型号	额定电压 (kV)	标称容量 (kvar)	标称电容 (μF)	相 数	重量 (t)
YY0.4—12—1	0.4	12	240	1	21
YY0.4—24—1	0.4	24	480	1	40
YY0.4—12—3	0.4	12	240	3	21
YY0.4—24—3	0.4	24	480	3	40
YY6.3—12—1	6.3	12	0. 962	1	21
YY6.3—24—1	6.3	24	1.924	1	40
YY10.5—12—1	10.5	12	0. 347	1	21
YY10.5—24—1	10.5	24	0.694	1	40

注:第一个字母 Y 表示电"容"器,第二个字母 Y 表示矿物"油"浸渍。

(4) 选择实际电容器数

待获得 N 值后,因为属于高压单相电容器,则实际值应该是其 3 的倍数(6~10 kV 接线为单母线,不分段),对 6~10 kV 为单母线分段的变电所而言,因为电容器组被分为两组分别安装在各段母线上,所以每相电容器台数应取双数,则最终单相电容器实际总台数 N' 为 6 的整数倍。

若某变电所 6 kV 母线的月有功损耗量为 4×10^6 kWh、月无功损耗量为 3×10^6 kvar · h、半小时有功最大负荷 $P_{30}=1\times10^4$ kW,而平均负荷率为 0.8。现要求将功率因数提高至 0.95,则确定所需电容器容量及其数目分析如下:

第一步:根据式 8.94 计算自然功率因数:

$$\cos\varphi_1 = \frac{A_P}{\sqrt{A_P^2 + A_Q^2}} = \frac{4\times10^6}{\sqrt{(4\times10^6)^2 + (3\times10^6)^2}} = 0.8$$

第二步:计算所需电容器的容量

因为需要将功率因数由原先的 0.8 提升至 0.95,则所需的电容器容量值由式 8.95 进行计算:

$$Q_C = K_{t_0} P_{30}(\tan\varphi_1 - \tan\varphi_2) = 0.8\times1\times10^4\times(0.75-0.33) = 3\ 360(\text{kvar})$$

式中的 $\cos\varphi_1=0.8$, $\tan\varphi_1=0.75$, $\cos\varphi_2=0.95$, $\tan\varphi_2=0.33$。

根据电网电压并查表 8.6,可选择额定电压 6.3 kV、额定容量为 12 kvar 的电容器 YY6.3—12—1 型(单相油浸移相电容器)。

第三步:确定电容器的总数量和每相电容器数

因为电容器按照三角形进行连接,则所需电容器的总数 N 为:

$$N=\frac{Q_C}{q_C\left(\frac{U}{U_{N\cdot C}}\right)^2}=\frac{3\ 360}{12\times\left(\frac{6}{6.3}\right)^2}\approx 310$$

则每相电容器数 n 为:

$$n=N/3=310/3=103.3(\text{台})$$

第四步:确定实际电容器数量

因为大型电力用户变电所 6 kV 接线通常都为单母线分段,所以每相电容器数可取 $n'=104$ 个,最终在实际应用中电容器总数为其单相的三倍($N=312$)。

8.4 智能化供配电系统

智能化供电系统是电力系统发展的趋势,实现包括变电所在内的所有控制系统的信息化,就是将整个电力系统中包括继电保护装置、测量装置、控制装置、信号装置等多个组成部分视为一个整体系统,利用计算机、嵌入式微处理器并结合相应软件为控制核心的新型二次设备代替传统的机电式二次设备(传统控制装置结构复杂、信息采样复杂、系统设备维护量大),其典型特征为用模块化软件实现传统设备的各种功能,利用现代通信网络(LAN、GPRS、GPS、GIS 等)代替传统数据通信的大量信号电缆连接,结合非常友好的人机接口设备,从而对整个电力系统进行信息化管理,实现实时监测、控制、通信、在线诊断等智能化供配电系统。

8.4.1 供配电系统信息化的基本功能

供配电系统的信息化主要根据实际供配电系统的需要,在技术实现上必须具有一定的可行性、经济性。图 8.14 列举了供配电系统所具备的基本功能。

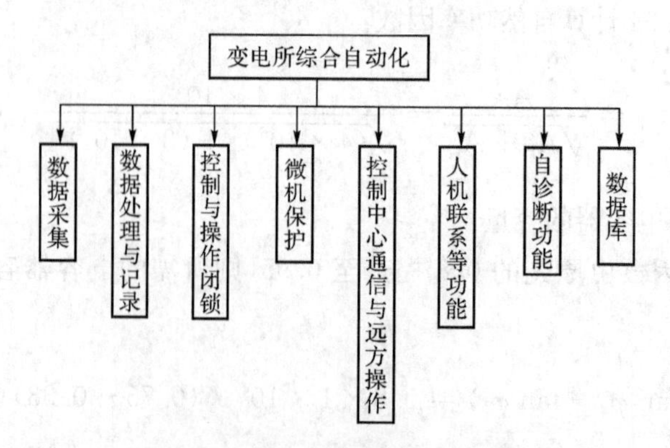

图 8.14 变电所功能信息化框图

(1) 数据采集

数据采集是供配电系统实现智能化的基本功能,也是最重要的功能之一。利用先进的传感器装置通过实时在线采集方式获得供配电系统所有的运行参数，从而对当前供配电系统的运行有清晰的了解。通常，供配电系统的运行参数主要归纳为模拟量、状态量和脉冲量等三部分。

供配电系统中典型的模拟量包括进线电压、各段母线电压、电流和功率值以及各馈电回路的电流和功率值，除此之外还包括变压器的工作温度，电容器组的温度以及直流电源电压等；状态量主要有：断路器与隔离开关的位置状态，变压器分接头位置处的信号、一次设备运行状态及报警型号以及电容器的投切开关位置状态等，对这些信号的控制几乎都是使用光电隔离的方式进行开关量中断的输入或扫描采样；脉冲量数据主要是脉冲电能计量表所输出的脉冲信号。

（2）数据处理

利用先进的微机系统结合相应的软件对所采集到的数据进行实时处理并作定时记录，主要包括：供配电系统运行过程中所涉及的各馈电回路的电压、电流、有功和无功功率、功率因数、有功和无功电量等多参数的统计计算；供配电系统的进线电压、母线电压值、各次谐波分析以及三相电压不平衡计算；另外，还包括电力使用日负荷、月负荷曲线的绘制及统计分析等。在数据过程中，任何时刻发现非正常状态需要进行报警，同时给出可能的故障信息，以供维修人员参考。

正常运行下，供配电系统中所有元部件（如开关）的切合次数、继电保护装置以及所有自动控制装置动作的类型、动作时间等信息均被实时记录。在发出报警信号时，同样需要记录下被测装置名称以及当前运行参数，包括其越限值、越限百分比数及越限起止时间等信息，以供维护人员查阅。

（3）智能控制与保护

借助于供配电智能化信息系统可清晰地了解整个系统内的所有装置的运行状态，并对供配电系统内的各控制装置进行有效控制，包括对变压器的分接头进行调节、对电容器组进行投入/退出操作等。为了避免出现系统故障导致某些控制装置无法被控制的现象，在设计供配电系统时应保留最原始的人工合/开闸的功能。另外，需要对系统提供完善的保护措施，包括输电线路保护、电容器组保护、变压器保护以及备用电源的自动投入等装置的保护措施。

“自我诊断”功能是智能化供配电系统的重要特征，结合系统内各单元模块的自诊断功能，在任何模块发生故障的情况下，其故障信息会被系统监测到并给予报警显示。

（4）与后台的实时通信及人机接口功能

通信功能在智能化供配电系统发挥着巨大作用，在实现基本的、可靠的数据远程传输的基础上必须包括对供配电系统内重要装置的远程控制、修改整定保护定值等功能。

人机接口是用户通过供配电系统的对外显示装置，可随时全面地了解当前供配电系统的运行状态，包括供配电系统的主接线、一次设备的运行状况、报警信息、按时事故的记录、控制系统的配置显示以及各种当前（历史）报表和负荷曲线，对于任何信息均可使用在线打印的方式将重要信息、异常信息等数据进行打印输出。反之，操作人员也可通过人机接口修改保护的定值及保护类型、报警的门限值、手动和自动设置等，以及对供配电系统的现场实时控制。

（5）智能化供配电系统数据库

该数据库用来存储整个供配电系统所涉及的数据信息与资料信息，根据供配电系统的数据类型不同，其数据类型可分为基本类数据、归档类数据、对象类数据等三种类型。

基本类数据主要包括智能供配电系统的运行参数和现场状态数据（如电压、电流、有功和无功功率及各种装置温度等)；而对象类数据实质上是将供配电系统内的部分一次设备与基本数据相结合，再供系统内其他模块所引用；归档类数据主要提供历史查询依据，存于磁盘文件中，主要分为两类：一类是供配电系统基本信息类数据，如系统所用设备的型号、规格、技术参数等资料，而另一类则是反映供配电系统历史运行状态的数据，如月平均、最大、最小负荷，以及出现过的故障报警记录等数据。

8.4.2　网络化终端电能表设计

1）网络化电能表

在中国，由于人口密集，电网拓扑结构复杂，各种电量采集方式都存在一定的缺点。再者，目前国内电力行业的规范和标准尚有一定缺陷，从而导致电力计量方面的产品市场混乱，各生产厂商按照自己的分析生产出产品投放市场。智能化、信息化、网络化是今后电能计量的一种发展趋势。

目前，国内电能计量正处于由传统"机械式电能表"向"电子式电能表"的更新时代。全国已有不少电能表生产厂在针对如何既省力又高效率抄表的课题上投入了很大精力，在某种程度上这也成为各电表厂家进行产品市场竞争的一个焦点。当前市场上已经有各种各样的"省力式抄表"的电能表被研发出来。如，手持红外式抄表器；一度在全国都很热的卡表；基于各种总线(RS485，CAN，I^2C 等)的远程抄表系统；电力式载波表等等。必须承认，这些设计比起传统式的抄表的确是个很大的进步，尤其是后两种。但我们也应看出它们的不足，比如基于 RS485 总线的远程抄表系统。RS485 本身的数据传输距离是有限的，况且若想广泛使用，必须重新布线，那样势必是个很大的工程。而载波表，其原理是利用现有的电力线来传输数据。但考虑到我们国家目前较为落后的电力线传输网络，这在一定程度上限制了它的发展。除此之外，还有电力线载波抄表系统，甚至还有占用 CDMA、GSM、GPRS 网络信道的抄表系统，但这些系统都存在种种弊端，从而给其推广应用带来很大困难。总体而言，在国内关于电能表网络化的研究还尚处于起步阶段。

近年来，由于互联网技术的发展，宽带网络迅速发展，以太网已成为许多住宅小区的基础设施。与以上几种网络传输方式相比，以太网技术是当今最成熟的网络技术。它采用以太网传输媒介，其通信速率高并稳定可靠，实时性好，具有良好的开放性，便于扩充，易于实现，价格低廉；几乎支持所有流行的网络协议，在商业系统以及工业控制领域中被广泛采用，通过借助现有网络，不需要二次布线；尤其是在以太网上采用 TCP/IP 协议，则具有结构简单、成本低，传输距离远，通用性更好，实时性较好，安全性能较好等多方面优点，可通过 Internet 无地域、无限制的通信。

目前，有些电能表虽然具有以太网接口，但是不能称作网络化电能表。因为它的以太网接口只是负责测量数据的接收和发送，各种各样的操作信息无法通过以太网传达到电能表本身。所以这类电能表只能称为以太网接口的扩展，与真正意义上的网络化电能表还有较大的差距。

这里提出一种基于 ARM 的网络化电能表，采用以太网作为传输媒介，其对微处理器的性能和软件系统有很高的要求。最终采用各方面性能优异的 ARM7 核微处理器，不仅完成了用户电能的数据处理，而且还嵌入了 TCP/IP 协议，通过移植嵌入式操作系统 μC/OS-Ⅱ来管理整个系统的运行。

2) 网络化电能表的优势

让电能表上网有着许多卓越的优点：

(1) 电能表上网，可以利用现有的，并且已经在广泛应用的 Internet 资源，它不需要专门铺设现场总线通信网来进行设备之间的信息传送，而是利用广为存在的廉价的、标准的以太网来进行信息传送，建网和变更组网速度较快。

(2) 如果大规模使用网络化电能表，由于经济规模的推动，无论硬件的开发、制造，应用软件的开发，还是系统的安装维护，成本都会大大降低。

(3) 最为重要的是，网络化电能表有利于后期进行在线升级，从而方便电能表的后期维护。

利用接入 Internet 的电能表，从而实现远程自动抄表。方便、快捷、准确。远程控制后台只要通过 WWW 浏览器就可方便地得到整个小区、全县，甚至全市的用户电量数据。集中处理后，再通过 Internet 发送“交费通知”信息到用户电能表上。另外还可根据需要查询各电能表的工作状态。而且，还可利用网络对广大地区的电量使用情况进行有效监控，从而大大提高发电厂、供电部门对电力资源的高效率调配。

3) 网络化电能表设计

(1) 网络化电能表系统

如图 8.15 所示为整个电能表接入以太网的接线示意框图。将某个城市分为若干个小区，每个小区用户的电能表集中组成一个子网，将所有小区(子网)通过以太网接到城市(区)电力部门的后台服务器上。然后电力部门的服务器再接入 Internet。可通过 Internet 将各个城市(区)的电能表进行连接。

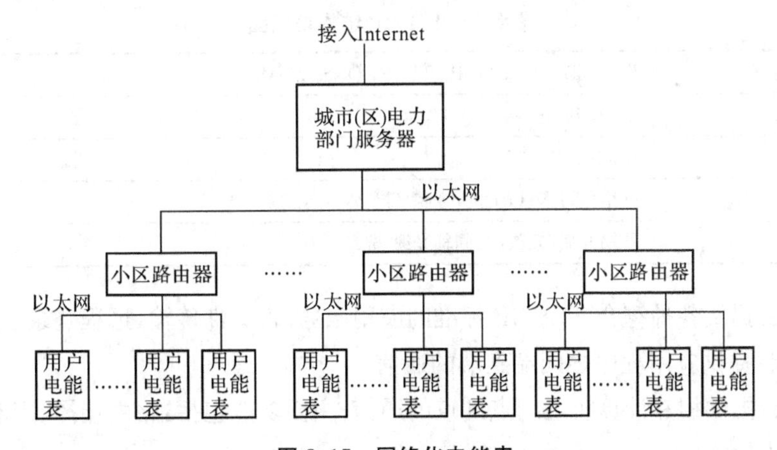

图 8.15　网络化电能表

首先用户的电能表平常主要做的是完成对其电能使用的计算，并根据电能表的设计要求对数据进行处理。然后将数据保存在电能表内的存储器中。电力部门可根据需要，通过发布指令将其所管辖范围之内的所有电能表的电量数据通过 Internet 传到电力部门的服务器上，从而由电力部门集中处理，计算各用户的实际用电费用。然后将用户应缴纳的费用及其他信息再通过 Internet 发给各个用户。电能表在收到后，将缴费信息显示在液晶屏幕上，并发出提示音乐，以提醒用户交费。用户亦可通过电能表上的功能键查询保存在电能表存储器上的历史用电记录(这也可以通过 Internet 查询电力部门服务器来实现)。

（2）基于以太网电能表的结构及大致工作原理

网络式电能表结构图如图 8.16 所示，其基本工作原理如下所述：

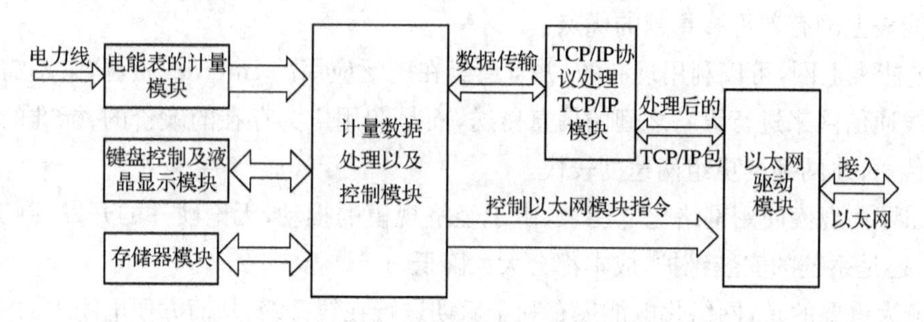

图 8.16　网络化电能表结构

①电能表的计量，及键盘、液晶显示。目前普遍采用的是通过电能计量芯片得到所使用电能的数据（二进制）。传给微处理器后，再根据设计时的要求对数据进行进一步的处理。有关电能表计量方面的设计，目前我国广大电能表生产厂家的技术已经比较成熟，电能表的计量精度普遍都能做得很高。电表液晶屏平常主要显示电表的走字情况和年月日信息。根据需要还可以增加其他信息，比如当前用电是按什么计费标准（峰谷用电计量）等等。键盘按键，是查询用户的用电及缴费的历史记录。

②通信传输协议块。这是本设计的一个核心。电能表与电力部门服务器通过 Internet 传输的数据，都是一些比较重要的数据，如果传输中出现差错，会造成重大的损失。所以它们之间的通信必须是高可靠性的。对此，我们采用 TCP/IP 协议传输层中的 TCP 协议。整个 TCP/IP 结构功能如表 8.7 所示。

表 8.7　TCP/IP 结构功能图

应用层	FTP，Telent，SMTP，TFTP，DNS，SNMP
传输层	TCP，UDP
网络层	IP，ICMP，ARP
网络接口层	网络接口卡（以太网，令牌环网，ARCNET）
	传输介质（双绞线，同轴光缆，光纤）

a. 应用层：提供各种符合 TCP/IP 标准的应用服务，含文件传输、远程登录、电子邮件等。

b. 传输层：提供应用程序之间端到端的通信。

c. 网络层：提供相邻计算机之间点到点的通信，主要功能包括：路由选择、IP 数据报的封装和拆卸、差错报告等。

d. 网络接口层：由各设备之间的物理链接构成，包含了 OSI 物理层和数据链路层的功能。它从网络层接收 IP 数据报，形成数据帧并通过网络发送；或者从网络上接收数据帧，抽出数据报交给网络层。TCP/IP 支持各种低层物理网络，包括不同拓扑结构，不同介质的网络，其中用的最多的是以太网。

TCP/IP 模块由基于单片机 8051 的嵌入式系统实现，运行 TCP/IP 协议对计算机存储器、运算速度等要求较高，会占用大量的系统资源。51 单片机的一个最大的特点就是成本低，但硬件资源非常有限，从而给实现 TCP/IP 协议栈带来一些难度。故可根据设计的具体需要，来对

TCP/IP 协议进行裁剪性的选用。

③网络通信及电能数据处理模块

基于以太网的网络化通信模块功能主要是通过对 RTL8019AS 以太网接口芯片的控制来实现的。该芯片是全双工,收发可同时达到 10Mbps 的速率;内置 16KB 的 SRAM,用于收发缓冲,从而降低对微处理器的速度要求;支持 8 位数据总线,8 个中断申请线及 16 个 I/O 地址选择;支持 UTP、AUI、BNC、自动检测,还支持对 10Baset 拓扑结构的自动极性修正;允许 4 个诊断 LED 引脚可编程输出;100 脚的 PQFP 封装,缩小了 PCB 的尺寸。

以太网控制模块主要完成三个功能:

a. 实现数据帧的封装和解封;

b. 通过内部寄存器,实现微处理器对接口芯片的收发控制、状态检测以及收发数据的缓冲;

c. 对缓冲寄存器进行读写控制。

用户数据进入 TCP/IP 模块后,可先打包成 TCP/IP 数据报,再经微处理器串口发送给以太网模块;以太网模块将其封装成"以太网帧"数据包后传到以太网上。

控制模块主要通过微处理器来实现,可完成对计量数据进一步的处理;完成对键盘操作及液晶显示功能;对数据的存放和读取操作;实现对欲传输数据的 TCP/IP 处理;还有远程控制以太网驱动模块功能。它从以太网接口芯片接收到 IP 包,按 TCP/IP 协议进行解包;反之,微处理器将欲发送的数据,按照 TCP/IP 协议打成 IP 包,再传送给以太网接口芯片。

控制模块完成的功能较多,既要完成电能表的计量处理,又要实现 TCP/IP 协议对数据的处理,因而对微处理器的要求较高。若采用廉价的 8 位微处理器芯片,就要考虑到它的运算速度应比较快,程序储存应当很大,数据储存器也应当较大,中断源也应较多,而且还应该省电、是低功耗型的。

④网络化电能表的发展趋势

电能表所要完成的功能是比较多的,如再增加其他功能(如"多功能表"),那么对系统的要求就更高了。届时,可考虑到在电能表微处理器中引入嵌入式实时操作系统 μC/OS-Ⅱ。这样不仅可改善系统的性能,提高了系统的可靠性,而且还增强了系统的可扩展性和产品开发的可延续性。μC/OS-Ⅱ是比较流行的一种免费公开源代码的实时操作系统。它可广泛应用于从 8 位到 64 位单片机的各种不同类型、不同规模的嵌入式系统。μC/OS-Ⅱ源代码带有详细注解,而且其中 95%是用 C 语言编写的,仅仅与 CPU 类型相关的代码是用汇编语言写的。它不仅具有结构小巧、可固化、可裁剪、多任务和可剥夺型的实时内核等特点;而且其实时性、稳定性与可靠性也得到了广泛认可。

另外一点,目前广泛采用的网际协议是第 4 版(IPv4),它的 IP 地址还是 4 个字节的。随着 Internet 的快速发展,IP 地址资源已经是非常紧缺了。IPv6 是作为 IP 的升级版本而设计的,其中最为关键的是它可扩展 IP 地址分区,IP 地址由原来的 4 个字节扩展到 16 个字节,从而确保在可预见的未来,Internet 不会把地址分配完。所以在将来,也就没必要担心大规模的使用网络式电能表带来 IP 地址资源紧张的问题。与此同时,IPv6 还融合了多媒体特性,可支持长达 40 亿个字节的巨型数据包。而且还为应用程序提供了可以确保联网安全的数据包加密和身份验证措施,从而进一步增强了数据传输的安全性。

现代生活小区、办公楼宇的网络设施完备,在现有的以太网网络基础之上开发成本较低的网络电能表系统,具有投入少、安装方便、传输可靠、方便远程管理等很大的实用意义。随着电力系统对城网和农网建设的改造,网络电能表系统的市场将非常巨大。

参 考 文 献

[1] 杨瑶,张建成,周阳,等. 针对独立风光发电中混合储能容量优化配置研究[J]. 电力系统保护与控制,2013,41(4):38 - 44.

[2] 罗钢,石东源,陈金富. 风光发电功率时间序列模拟的 MCMC 方法[J]. 电网技术,2014,38(2):321 - 327.

[3] 王鲁浩,焦晓红,李晓. 风光互补发电系统功率输出的自适应控制[J]. 电网与清洁能源,2013,29(11):101-107.

[4] 王革华. 新能源概论[M]. 北京:化学工业出版社,2006.

[5] 王建宝,巫卿,王瑾,等. 储能技术在风光发电系统中的应用[J]. 电气技术,2013,9:91 - 93.

[6] 庄发成. 福建省地热发电的探讨[J]. 能源与环境,2010,04.

[7] 梁斌. 生物柴油的生产技术[J]. 化工进展,2005,24(6):577 - 585.

[8] 高敬祥,朱忠尼,姚国顺,等. 风光发电系统的四端 DC/DC 变换器[J]. 空军雷达学院学报,2011,25(6):440- 443.

[9] 林超华. 一种生物柴油的生产方法[P]. CN:1374370A,2002.

[10] 肖建华,王存文,吴元欣,等. 生物柴油的超临界制备工艺研究[J]. 中国油脂,2005,30(12):57 - 61.

[11] Diasakou M. Louloudi A. Papayannakos. [J]. Fuel,1998,77(12):1297 - 1302.

[12] Demirbas A. Gascous products from biomassby pyrolysis and gasification:effect of catalyst on hydrogen yield [J]. Energy Conversion and Management,2002,43:2349 - 2356.

[13] 吴康. 风光发电系统安全可靠运行与低损耗输电的有效技术[J]. 磁性元件与电源,2013,2:127 - 131.

[14] Kusdiana Dadan,Saka Shiro. Effects of water on biodiesel fuel production by supercritical methanol treatment[J]. Bioresource Technology,2004,91(3):289 - 295.

[15] http://zhidao. baidu. com/question/8542451. html

[16] 沈晓彦,黄钟琪,周建新,等. 锂电池在风光发电储能系统中的应用分析[J]. 电源技术,2011,35(5):602 -604.

[17] 张建成,黄立培,陈志业. 飞轮储能系统及其运行控制技术研究[J]. 中国电机工程学报,2003,03:108 - 111.

[18] 金广厚. 电能质量市场体系及若干基础理论问题的研究[D]. 华北电力大学(河北),2005:1 -108.

[19] 刘龙飞,贾科进,杜太行,等. 低功耗风光互补电源控制系统[J]. 电子技术应用,2014,40(2):59 - 61,67.

[20] 张强. 动态电压恢复器检测系统和充电装置技术的研究[D]. 中国科学院电工研究所,

2006:1-60.

[21] 张明锐,林承鑫,王少波,等.一种并网型风光互补发电系统的建模与仿真[J].电网与清洁能源,2014,30(1):68-74,80.

[22] 张宇.新型变压器式可控电抗器技术研究[D].华中科技大学,2009:1-156.

[23] 曾杰.可再生能源发电与微网中储能系统的构建与控制研究[D].华中科技大学,2009:1-129.

[24] 王学通,冀文峰,薛卧龙.耦合谐振无线电力传输谐振频率跟随设计[J].微型机与应用,2013,32(8):58-60.

[25] 周黎妮.考虑动量管理和能量存储的空间站姿态控制研究[D].国防科学技术大学,2009:1-171.

[26] 汤平华.磁悬浮飞轮储能电机及其驱动系统控制研究[D].哈尔滨工业大学,2010:121-130.

[27] 刘春亮,朴在林,孙凤强.基于分布式风光互补电源直流充电装置设计[J].沈阳农业大学学报,2012,43(1):106-109.

[28] 陈仲伟.基于飞轮储能的柔性功率调节器关键技术研究[D].华中科技大学,2011:1-127.

[29] 吴红丽.太阳能光伏发电及其并网控制技术的研究[D].华北电力大学,2011:1-56.

[30] 李延邦.具有 MPPT 功能高效两相交错 DC/DC 变换器的研究[D].燕山大学,2011:1-73.

[31] 王育欣,殷孝雎.智能模糊 PID 控制在离网风光互补发电系统中应用研究[J].制造业自动化,2012,34(16):10-13.

[32] 鹏飞.我国太阳能热发电技术的一座里程碑[J].太阳能,2006,03:59-60.

[33] 付雄新.飞轮电池放电控制系统设计与试验研究[J].自动化与仪器仪表,2013,4:22-23,25.

[34] 卢霞,刘万琨.太阳能烟囱发电新技术[J].东方电气评论,2008,02:63-70.

[35] 陈德明,舒杰,李戬洪,等.用于太阳热发电的铅-铋合金传热特性分析[J].动力工程,2008,05:812-815.

[36] 李劲彬,陈隽.风光互补可再生能源发电的综合效益优化研究[J].电气自动化,2013,35(5):24-26.

[37] 鲁华永,袁越,陈志飞,等.太阳能发电技术探讨[J].江苏电机工程,2008,01:81-84.

[38] 高春娟,曹冬梅,张雨山.太阳能电池技术研究进展[J].盐业与化工,2012,05:14-19.

[39] 刘全根.国家能源结构调整的战略选择——加强可再生能源开发利用[J].地球科学进展,2000,02:154-164.

[40] 李凯,徐勇,邹见效,等.离网型风光互补发电系统实验平台设计[J].实验室研究与探索,2013,32(10):50-54.

[41] 杨金明,吴捷.风力发电系统中控制技术的最新发展[J].中国电力,2003,08:65-67.

[42] 王超,张怀宇,王辛慧,等.风力发电技术及其发展方向[J].电站系统工程,2006,02:11-13.

[43] 董瑞,李晓英. 飞轮电池对风光互补发电系统电压波动的改善研究[J]. 工业仪表与自动化装置,2013,5:117 - 120.

[44] 刘其辉,贺益康,赵仁德. 变速恒频风力发电系统最大风能追踪控制[J]. 电力系统自动化,2003,20:62-67.

[45] 胡家兵,贺益康,刘其辉. 基于最佳功率给定的最大风能追踪控制策略[J]. 电力系统自动化,2005,24:32-38.

[46] 江明颖,鲁宝春,姜丕杰. 风光互补发电系统研究综述[J]. 电气传动自动化,2013,6:11 - 13,22.

[47] 刘志刚,汪至中,范瑜,等. 新型可再生能源发电馈网系统研究[J]. 电工技术学报,2003,04:108 - 113.

[48] 董蕾,王恒星. 飞轮电池提高离网型风力发电系统稳定性研究[J]. 微型机与应用,2012,31(12):58 - 60,63.

[49] 彭第,孙友宏,潘殿琦. 地热发电技术及其应用前景[J]. 可再生能源,2008,06:105 - 110.

[50] 石治国. 飞轮电池的发展及应用综述[J]. 电源技术,2013,37(10):1877 - 1880.

[51] 郭永吉. 增大飞轮电池储能的控制方法研究[J]. 微电机,2013,46(3):50 - 53.